建筑遗产保护丛书

本研究为国家自然科学基金资助项目(51138002)的一部分
东南大学城市与建筑遗产保护教育部重点实验室
朱光亚　主编

中国建筑遗产的预防性保护研究

PREVENTIVE CONSERVATION OF
ARCHITECTURAL HERITAGE IN CHINA

吴美萍　著

U0380448

东南大学出版社·南京

继往开来，努力建立建筑遗产保护的现代学科体系^❶

建筑遗产保护在中国由几乎是绝学转变成显学只不过是二三十年时间。差不多五十年前，刘敦桢先生承担瞻园的修缮时，能参与其中者凤毛麟角，一期修缮就费时六年；三十年前我承担苏州瑞光塔修缮设计时，热心参加者众多而深入核心问题讨论者则十无一二，从开始到修好费时十一载。如今保护文化遗产对民族、地区、国家以至全人类的深远意义已日益被众多社会人士所认识，并已成各级政府的业绩工程。这确实是社会的进步。

不过，单单有认识不见得就能保护好。文化遗产是不可再生的，认识其重要性而不知道如何去科学保护，或者盲目地决定保护措施是十分危险的，我所见到的因不当修缮而危及文物价值的例子也不在少数。在今后的保护工作中，十分重要的一件事就是要建立起一个科学的保护体系，从过去几十年正反两方面的经验来看，要建立这样一个科学的保护体系并非易事，依我看至少要获得以下的一些认识。

首先，就是要了解遗产。了解遗产就是系统了解自己的保护对象的丰富文化内涵，它的价值以及发展历程，了解其构成的类型和不同的特征。此外，无论在中国还是在外国，保护学科本身也走过了漫长的道路，因而还包括要了解保护学科本身的渊源、归属和发展走向。人类步入21世纪，科学技术的发展日新月异，CAD技术、GIS和GPS技术及新的材料技术、分析技术和监控技术等大大拓展了保护的基本手段，但我们在努力学习新技术的同时要懂得，方法不能代替目的，媒介不能代替对象，离开了对对象本体的研究，离开了对保护主体的人的价值观念的关注，目的就沦丧了。

其次，要开阔视野。信息时代的到来缩小了空间和时间的距离，也为人类获得更多的知识提供了良好的条件，但在这信息爆炸的时代，保护科学的体系构成日益庞大，知识日益精深，因此对学科总体而言，要有一种宏观的开阔的视野，在建立起学科架构的基础上使得学科本身成为开放体系，成为不断吸纳和拓展的系统。

再次，要研究学科特色。任何宏观的认识都代替不了进一步的中观和微观的分析，从大处说，任何对国外的理论的学习都要辅之以对国情的关注；从小处说，任何保护个案都有着自己的特殊的矛盾性质，类型的规律研究都要辅之以对个案的特殊矛盾的分析，解决个案的独特问题更能显示保护工作的功力。

最后，就是要通过实践验证。我曾多次说过，建筑科学是实践科学，建筑遗产保护科学尤其如此，再动人的保护理论如果在实践中无法获得成功，无法获得社会的认同，无法解决案例中的具体问题，那就不能算成功，就需要调整甚至需要扬弃，经过实践不断调整和扬弃后保留下来的理论，才是保护科学体系需要好好珍惜的部分。

潘谷西

2009年11月于南京

---

❶ 本文是潘谷西教授为城市与建筑遗产保护教育部重点实验室（东南大学）成立写的一篇文章，征得作者同意并经作者修改，作为本丛书的代序。

丛 书 总 序

建筑遗产保护丛书是酝酿了多年的成果。大约在 1978 年,东南大学通过恢复建筑历史学科的研究生招生,开启了新时期的学科发展继往开来的历史。1979 年开始,根据社会上的实际需求,东南大学承担了国家一系列重要的建筑遗产保护工程项目,也显示了建筑遗产保护实践与建筑历史学科的学术关系。1987 年后的十年间东南大学发起申请并承担国家自然科学基金重点项目中的中国建筑历史多卷集的编写工作,研究和应用相得益彰;又接受国家文物局委托举办的古建筑保护干部专修科的任务,将人才的培养提上了工作日程。90 年代,特别是中国加入世界遗产组织后,建筑遗产的保护走上了和世界接轨的进程。人才培养也上升到成规模地培养硕士和博士的层次。东大建筑系在开拓新领域、开设新课程、适应新的扩大了的社会需求和教学需求方面投入了大量的精力,除了取得多卷集的成果和大量横向研究成果外,还完成了教师和研究生的一系列论文。

2001 年东南大学建筑历史学科经评估成为中国第一个建筑历史与理论方面的国家重点学科。2009 年城市与建筑遗产保护教育部重点实验室(东南大学)获准成立,并将全面开展建筑遗产保护的研究工作,特别是将从实践中凝练科学问题的多学科的研究工作承担了起来,形势的发展对学术研究的系统性和科学性提出了更为迫切的要求。因此,有必要在前辈奠基及改革开放后几代人工作积累的基础上,专门将建筑遗产保护方面的学术成果结集出版,此即为《建筑遗产保护研究丛书》。

这里提到的中国建筑遗产保护的学术成果是由前辈奠基,绝非虚语。今日中国的建筑遗产保护运动已经成为显学且正在接轨国际并日新月异,其基本原则:将人类文化遗产保护的普世精神和与中国的国情、中国的历史文化特点相结合的原则,早在营造学社时代就已经确立,这些原则经历史检验已显示其长久的生命力。当年学社社长朱启钤先生在学社成立时所说的"一切考工之事皆本社所有之事……一切无形之思想背景,属于民俗学家之事亦皆本社所应旁搜远绍者……中国营造学社者,全人类之学术,非吾一民族所私有"的立场,"依科学之眼光,作有系统之研究","与世界学术名家公开讨论"的眼界和体系,"沟通儒匠,浚发智巧"的切入点,都是今日建筑遗产保护研究中需要牢记的。

当代的国际文化遗产保护运动发端于欧洲并流布于全世界,建立在古希腊文化和希伯来文化及其衍生的基督教文化的基础上,又经文艺复兴弘扬的欧洲文化精神是其立足点;注重真实性,注重理性,注重实证是这一运动的特点,但这一运动又在其流布的过程中不断吸纳东方的智慧,1994 年的《奈良文告》以及 2007 年的《北京文件》等都反映了这种多元的微妙变化;《奈良文告》将原真性同地区与民族的历史文化传统相联系可谓明证。同样,在这一文件的附录中,将遗产研究工作纳入保护工作系统也是一个有远见卓识的认识。因此本丛书也就十分重视涉及建筑遗产保护的东方特点以及基础研究的成果。又因为建筑遗产保护涉及多种学科的多种层次研究,丛书既包括了基础研究也包括了应用基础的研究以及应用性的研究,为了取得多学科的学术成果,一如遗产实验室的研究项目是开放性的一样,本丛书也是向全社会开放的,欢迎致力于建筑遗产保护的研究者向本丛书投稿。

遗产保护在欧洲延续着西方学术的不断分野的传统,按照科学和人文的不同学科领域,不断在精致化的道路上拓展;中国的传统优势则是整体思维和辩证思维。1930 年代的营造学社在接受了欧洲的学科分野的先进方法论后又经朱启钤的运筹和擘画,在整体上延续了东方的特色。鉴于中国直到当前的经济发展和文化发展的不均衡性,这种东方的特色是符合中国多数遗产保护任务,尤其是不发达地区的遗产保护任务的需求的,我们相信,中国的建筑遗产保护领域的学术研究也会向学科的精致化方向发展,但是关注传统的延续,关注适应性技术在未来的传承,依然是本丛书的一个侧重点。

面对着当代人类的重重危机,保护构成人类文明的多元的文化生态已经成为经济全球化大趋势下的有识之士的另一种强烈的追求,因而保护中国传统建筑遗产不仅对于华夏子孙,也对整个人类文明的延续有着重大的意义。在认识文明的特殊性及其贡献方面,本丛书的出版也许将会显示另一种价值。

朱光亚

2009 年 12 月 20 日于南京

序一

本书是吴美萍博士在由朱光亚教授指导下的博士学位论文的基础上修改而成的,也是在中国建筑遗产保护从粗放型向集约型转型的阶段完成的。

世纪之交,中国对文化遗产保护工作日益重视,投入逐渐增加,形势整体向好。在此情形下,如何开展保护工作就成了一个前瞻性的研究课题。1999 年,《中国文物古迹准则》在国际专家和国内专家的共同努力下编制完成,一系列的具有普遍价值的概念和原则被介绍到中国,中国自己的经验也经过总结并与国际经验对接与磨合。从 2004 年开始,国家文物局规定了文物保护单位编制保护规划的要求,并通过了相关的技术文件,未经规划的修缮设计不予审批。2007 年,出于对文化遗产保护前瞻性研究的需要,吴美萍将博士学位论文的选题确定在遗产的防灾研究领域。她在调查和资料检索中看到 2007 年比利时鲁汶大学召开的预防性保护研究国际会议的信息,遂决定和主持该会议的鲁汶大学的预防性保护中心联系。她不仅获得响应还得到了参加会议的机会,会议中她对欧洲预防性保护工作有了深刻的印象,会后决定将论文研究的视域扩大至预防性保护,次年,吴美萍又利用东南大学获得的中国政府提供的博士出国访问的资助再次前往鲁汶大学预防性保护研究中心学习,在 Koenraad Van Balen 教授的指导下,她对这一领域的工作有了更加充分的了解和体验,她在此间及回国后又对国内的与预防性保护相关的工作如遗产地的监测等做了不少调研,对于预防性保护开展的必要性和可能性等作了探讨。

2010 年东南大学筹备成立教育部城市建筑遗产保护实验室,2011 年我与朱光亚教授等正式申请自然科学基金的重点项目"中国城镇建筑遗产适应性保护和利用的理论和方法"并经答辩获准。在我的研究计划中同样将预防性保护纳入当代中国城镇遗产保护的实用性技术体系中,东南大学众多教师参加的此项科研为吴美萍的研究提供了新的推动力,设在苏州的联合国教科文组织的培训基地也几次邀请吴美萍提供教材,显示了转型期中的中国建筑遗产保护的新的重要需求。正是在他们的支持和推动下,吴美萍博士完成了她的论文,并在此后又再次充实题材,完成了书稿的修改。

中国自古就有"防患于未然","防病胜于治病"的古训,古代本来就有岁修的制度,就是要求对建筑物每年实施例行的维护和检修。大量名胜古迹的文献碑记上都显示了每五十年左右要大修,而大修之外还有中修和无数的小修。正是这些日常的加上特殊的修缮使得中国的木结构一代代传续使用下去。自然,预防性保护是建立在当代的最新科学成果的基础上且是多学科的系统工程,特别是,一如吴美萍所说,需要详尽的基础工作和广泛的公众参与,中国在这方面还有差距。但是,在新的世纪中,情况开始改变,世界遗产、国保单位的日常维护和日常监测都提到了日程上,预防性保护也将成为文化遗产保护的一种新的科学模式,本书的出版必将为这种取向于科学的模式改变提供有效的"正能量"。记述往事,展望发展,是为序。

王建国

2013 年 6 月 24 日于南京

序二

The School of Architecture of Southeast University in Nanjing, of the People's Republic of China was very soon involved in the initiatives established in Europe to promote exchange and research on preventive Conservation of monuments and sites through the international PRECOMOS initiative set-up in 2007 in collaboration with UNESCO. In December 2007 a first seminar brought together organisations and institutions interested in preventive conservation to Leuven and to Antwerp (Belgium). Professor. Zhu Guangya and PhD student Wu Meiping from the School of Architecture of Southeast University contributed to this first international workshop. It was the start of a fruitful exchange and stimulating collabortation investigating preventive conservation concepts and practices in an international framework. The establishment of the UNESCO chair on Preventive Conservation, monitoring and maintenance of monuments and sites (PRECOM³OS) in 2008 which was inaugurated in March 2009, created the platform in which collaboration between PhD researchers from-amongst others-China, Italy, Ecuador and Belgium is facilitated.

2007 年,关于文物古迹遗址的预防性保护研究交流活动在欧洲发起,以同年 12 月比利时鲁汶大学与联合国教科文组织联合召开的第一届"文物古迹预防性保护"(PRECOMOS, Preventive Conservation of Monuments and Sites)研讨会为标志。通过该研讨会,来自世界各地的对预防性保护感兴趣的组织机构聚集到了比利时的鲁汶和安特卫普,其中就有中国东南大学建筑学院的朱光亚教授和吴美萍博士,这也是彼此之间卓有成效的交流的开始,从而促进了国际框架下预防性保护概念和实践的合作研究。2008 年,"文物古迹的预防性保护,监测和维护"(PRECOM³OS)的联合国教科文组织研究基地正式成立并于次年 2009 年 3 月进行了授牌仪式,该基地为来自中国、意大利、厄瓜多尔和比利时等地的博士研究人员的合作研究创建了一个国际平台。

The result of one of those researchers is reflected in this publication made by Dr. Wu Meiping.

部分研究成果呈现在吴美萍博士的这本书中。

The author starts with positioning the concepts and statements on maintenance and preventive conservation in the international scene as can be found in the literature. She analyses the different key players in history that have contributed to the gradual integration of preventive conservation as developed in the field of movable heritage towards immovable heritage starting from 1930's on. The role of international organisations as ICCROM, ICOM and ICOMOS, up to impact of the recent initiatives as SPRECOMAH and PRECOM³OS are given. In the third chapter the author synthesizes the definitions and concepts of preventive conservation of architectural heritage and concludes that it's approach is very much linked to using a systematic and encompassing methodology. It embraces the collection of information, the development of a proper documentation that allows to assess the risks to which heritage is subjected. From this assessment preventive actions can be designed, which necessarily include maintenance and monitoring.

作者从国际视野下维护和预防性保护的概念分析开始,基于文献研究,对自 1930 年代以来不同时期在可移动遗产、不可移动遗产的预防性保护方面的重要事件、人物和组织机构进行了阐释,其中对国际文物古迹保护和修复研究中心(ICCROM)、国际博物馆协会(ICOM)、国际古迹遗址理事会(ICOMOS)等国际重要组织机构在其中扮演的角色进行了分析,同时也介绍了近年"文物古迹的预防性保护,监测和维护"(PRECOM³OS)的联合国教科文组织研究基地的相关研究。在第 3 章中,作者对建筑遗产的预防性保护进行了概念定义,指出建筑遗产的预防性保护的实施需要结合系统而综合的方法,包括信息收集、精确测绘、风险评估以及基于风险评估基础上的监测和维护等预防性措施。

A study of the various good practices in Europe, East Asia and Australia elucidates how those concepts are implemented at various places worldwide in a more or less successful way. Few examples so far have demonstrated to remain viable for a longer period of time. One of them is definitely the concept of Monumentenwacht as it exists in The Netherlands and in Flanders (Belgium). All cases are sources of inspiration, however they can't be copied as each of them has been constructed in their own local social and legal context. In the second part of the fourth chapter the author gives an overview of tools and concepts that have been developed to facilitate a preventive conservation approach through research projects in Europe and Australia. Two case studies in Belgium and in Japan demonstrate the impact the development of monitoring tools can have and also explains what the contribution can be of periodical maintenance on the preservation of architectural heritage.

接着,作者对欧洲、东亚和澳洲不同国家在与预防性保护相关方面的成功实践进行了研究,分析了预防性保护、监测和维护等概念在全球范围内不同方面的或多或少成功实践的途径和方法。有一些案例已经成功实施了较长一段时间,如:荷兰和比利时弗兰芒区的文物古迹监护组织(Monumentenwacht)的理念和相关实践。这些案例都为预防性保护的成功实施提供了参考,但它们不能被简单地复制,因为它们的成功实施都是基于当地特定的社会和法律背景而展开的。作者在第 4 章中介绍了欧洲国家和澳大利亚等地的不同研究项目并对基于这些项目而发展形成的预防性保护实践的不同工具和概念进行了阐述,通过比利时和日本的两个案例分别就建筑遗产监测工具和方法的发展以及定期维护修复的作用进行了说明。

In the fifth chapter of the book traditional systems of periodic survey and maintenance in ancient China are given beside more recent examples of monitoring projects in modern China. This information could help to rethink the international examples of preventive conservation into nowadays Chinese society.

在本书的第 5 章中,作者对中国古代的定期检测和维护系统进行介绍,同时分析比较了中国当代的几个重要的建筑遗产监测案例,这些都为在当今中国社会背景下重新思考国际上预防性保护的相关实践提供了帮助。

Referring to Chinese current conservation system and conservation plan process, the potential contribution of preventive conservation to regional development is looked into.

本书的第 6 章,作者基于当今中国保护体系和保护规划程序,对预防性保护在地方发展方面的潜在贡献进行了研究分析。

Finally the author elaborates on the way damage analysis of architectural heritage carried out in

China is the basis for a risk-based approach. It helps to develop a maintenance based approach of preservation considering a proper management is put in place which works best including public participation. The Chinese tradition of ancestor worshipping in memorial buildings included social participation that can be of inspiration to involve public in a preventive and maintenance based conservation of the architectural heritage.

最后,作者基于风险分析理念详尽阐述了中国建筑遗产病害分析的方法,其有助于推进以日常维护为基础的科学合理的保护和管理。充分的公众参与更是能促进科学的保护和日常管理。中国传统的祖先崇拜及宗族集资修缮祠堂等行为都为推进建筑遗产预防性保护的公众参与提供了参考。

The work of Wu Meiping has definitely benefitted from and made contributions to the network and the UNESCO chair. The reflections developed at Southeast University in Nanjing and more particularly the research of Dr. Wu Meiping have contributed to the debate and have enlarged the insights.

吴美萍在做研究过程中充分利用"文物古迹的预防性保护,监测和维护"(PRECOM³OS)的联合国教科文组织研究基地的相关资源及其国际学术网络,并积极为其做出了相应的贡献。东南大学在该领域的思考尤其是吴美萍博士的研究拓展了视角,其深入的见解有助于进一步推动后续的学术讨论。

We hope this publictaion will find its way to many scholars and practitioners and that their input and feed-back will enrich worldwide the debate. So ding it can contribute to sharing knowledge and experiences in the PRECOM³OS UNESCO chair network and in the heritage preservation society at large.

我们希望该书能为更多学者和(遗产保护行业)从业者所知,他们的反馈和意见将丰富和促进全球范围内的专业讨论,由此能进一步促进该领域知识和经验的共享并为遗产保护行业做出贡献。

Leuven October 2013
Prof. Koenraad VAN BALEN,
director of the Raymond Lemaire International
Centre for Conservation, KU Leuven and
holder of the UNESCO chair on Preventive
Conservation, monitoring and maintenance of
monuments and sites (PRECOM³OS).
鲁汶大学雷蒙德·勒麦尔国际保护中心主任
联合国教科文组织"文物古迹的预防性保护,监测和维护"研究基地学术带头人
库恩拉德·范·巴伦
2013年10月于鲁汶

目　录

第一部分　基础理论篇

第二部分　实践介绍篇

第三部分 应用探讨篇

1 绪 论

1.1 研究缘起

近年来,建筑遗产的保护越来越受到重视,建筑遗产面临的问题也越来越突出,自然灾害的毁灭性破坏、城市化进程中的建设性破坏、修缮工程中的保护性破坏以及保护力量有限情况下无力应对而只能任由大量建筑遗产自行损毁的无为性破坏等问题已日益严重。此外,现有保护方法的相对单一、保护理论的相对滞后亦已经成为我国建筑遗产保护可持续发展的制约瓶颈。这种情况下,仅依靠目前建筑遗产损毁后的抢救性保护模式显然已经不能从根本上解决问题,需要探讨新的可行的保护方法和理论。

建筑遗产的预防性保护是近几年国际建筑遗产保护界的最新研究课题之一,相对于国内多数于建筑遗产损毁后进行的抢救性保护,预防性保护强调通过最小干预的维护保养、治小病防大病,以避免大动干戈的保护修缮工程,这种理念无疑提供了一种新的保护思路。2007 年 12 月笔者参加了在欧洲比利时召开的首届"建筑遗产的预防性保护与监测论坛"❶,进一步认识到预防性保护重在损毁前预防的保护方式能达到延续建筑遗产真实性和节约人力物力的双赢,这点尤其适合于中国国情,而且预防性保护的理念与中国传统文化中的《周易》居安思危的忧患意识以及《老子》防患于未然的思想都是极契合的,与中国古代房屋建筑的定期检测和保养维护的传统也是相通的,因此,预防性保护作为一种新的保护方法理论在中国推广是必要且可行的。

结合国际形势,建筑遗产的预防性保护作为一个前沿性问题,国外研究也刚刚开始,对其进行系统研究是非常有意义的;再结合国内实际,建筑遗产的预防性保护作为一个新的保护方法理论,对当今中国建筑遗产保护界有着很大的启发作用,对其进行系统研究也是非常有必要的。

1.2 研究对象的说明及范围界定

建筑遗产来自英文 Architectural Heritage 的直译,其最早提出是在 1975 年欧洲建筑大会上,相对于以往只侧重于保护最重要的文物古迹(Monument)的情况,此次大会决议通过的《建筑遗产欧洲宪章》(European Charter of the Architectural Heritage)中明确指出:建筑遗产不仅涵盖那些最重要的文物古迹,还应包括古镇中那些较次要的建筑群以及在自然或人工环境中形成的特色村庄。❷ 后来在 1985 年欧洲建筑大会上通过的《欧洲建筑遗产保护条约》(Convention for the Protection of the Architectural Heritage of Europe)中进一步将建筑遗产分为三个部分:①文物古迹(Monuments):所有具有显著历史、考古、艺术、科学、社会或技术价值的建筑物或构筑物;②建筑物群(Groups of Buildings):以其显著而一致的历史、考古、艺术、科学、社会或技术价值而足以形成景观的城市或乡村建筑组群;③历史场所(Sites):人工和自然相结合的区域,其部分被建造,既保有独特而一致的景观,又具有显著的历史、考古、艺术、科学、社

---

❶ 英文名为 Seminars on PREventive COnservation and Monitoring of the Architectural Heritage,SPRECOMAH,2007—2008 年先后举办了两届,2007 年 12 月为首届论坛,该论坛由鲁汶大学 RLICC 国际保护中心(Raymond Lemaire International Centre for Conservation, RLICC)牵头,携手法国河流和遗产国际研究所(Institut International Fleuves et Patrimoine, Mission Val de Loire, France,IIFP)、比利时佛兰芒 Monumentwacht 组织、荷兰 Monumentwacht 组织、荷兰 TNO 应用科学研究组织(Nederlandse Organisatie voor Toegepast Natuurwetenschappelijk Onderzoek)和意大利米兰理工大学(Politecnico di Milano)等机构联合组办。

❷ 见 1975 年欧洲委员会通过的《建筑遗产欧洲宪章》(European Charter of the Architectural Heritage)第一条。

会或技术价值。❶

　　我国现代意义上的建筑遗产保护始于 20 世纪 20 年代朱启钤发起成立营造学会之时,所谓"**欲举吾国古营造之瑰宝公之世界**",但长期以来国内遗产保护界习惯使用"文物",如较早期的古物❷和文物建筑❸、后来实行的文物保护单位❹以及 2002 年颁行的《中华人民共和国文物保护法》中的不可移动文物等。遗产一词在我国除了本义之外,引申的涵义是指历史上遗留下来的物质财富和精神财富,但大多数是用在精神和思想层面的❺。自 20 世纪 80 年代末开始,随着与国际遗产界交流的增多和世界遗产各方面工作的展开,遗产概念与文物的关系及其在物质层面的意义才逐渐被了解和重视,各种学术论文、著作以及媒体开始普遍使用遗产概念,如文化遗产、物质遗产等。其时,建筑遗产作为文化遗产的一种类型,其概念名称也开始被广泛使用和讨论。2005 年 12 月发布《国务院关于加强文化遗产保护的通知》(国发〔2005〕42 号),标志着我国从"文物"保护走向"文化遗产"保护,之后对作为文化遗产之主要组成部分的建筑遗产的讨论和研究则变得更为广泛和深入❻。

　　结合国际上的既有概念以及国内的既有认识,建筑遗产是指具有一定历史、考古、艺术、科学、社会或技术价值的建筑(构筑)物及其组群和与其密切相关之附属设施。目前在我国,从其部门归属及主要遵循的法规体系来看,广义的建筑遗产涵盖以下四个范畴:一是《文物保护法》所规定之不可移动文物中的建筑遗产部分,内容上涉及各级文物保护单位及地方政府或文物行政部门登记公布的未定级不可移动文物;二是由各级政府公布的历史文化名城、名镇、名村、街区;三是地方政府确定公布的历史建筑及各级政府批准的各类规划中明确要保护的建(构)筑物;四是大量的尚未纳入到以上三类正式官方保护体系之中的具有一定价值、反映历史风貌和地方特色的建筑遗存❼。

　　本书研究的建筑遗产主要包括:①文物类建(构)筑物,包括各级文保单位和尚未公布为文保单位的不可移动文物;②历史建筑,包括历史街区、名镇、名村核心保护范围内的必须有且不得拆除只能维修改善的具有一定历史、科学、艺术价值的建筑;③尚未公布为文物类建筑和历史建筑但具有一定保护价值的建(构)筑物。其中,文物类建(构)筑物和历史建筑具有法定的地位,只是历史建筑的保护等级要低于文物类建(构)筑物❽,而"尚未公布为文物类建筑和历史建筑但具有一定保护价值的建(构)筑物"并不具备法定保护的地位。本书研究对象不包括历史街区以及历史文化名城、名镇、名村。

---

❶　见 1985 年 10 月欧洲委员会在西班牙格拉纳达(Granada)通过的《欧洲建筑遗产保护公约》(Convention for the Protection of the Architectural Heritage of Europe)第一条。

❷　1930—1931 年国民政府颁布《古物保存法》、《古物保存法实施细则》等文物保护法规条例,1932 年成立中央古物保管委员会。

❸　1929—1947 年营造学社成员共测绘重要古建筑 200 多组,2200 多处,遍及 15 个省 200 个县,基于这些调查编写完成了《敌占区文物建筑表》和《全国重要建筑文物简目》。

❹　中国公布文物保护单位肇始于 1956 年。当年,国务院在《关于在农业生产建设中保护文物的通知》中指出:"各省、自治区、直辖市文化局应该首先就已知的重要古文化遗址、古墓葬地区和重要革命遗迹、纪念建筑物、古建筑、碑碣等,在本通知到达后两个月内提出保护单位名单,报省(市)人民委员会批准先行公布,并且通知县、乡,做出标志,加以保护。"在此后的几年内,各省、自治区、直辖市人民政府先后公布了一批省级文物保护单位,从此开了公布文物保护单位、重点保护、分级管理的先河。1961 年,国务院颁布《文物保护管理暂行条例》,规定由各级人民政府公布文物保护单位。同时,国务院公布了第一批全国重点文物保护单位 180 处。这是公布文物保护单位法制化的开端。1982 年《文物保护法》公布实施,对公布文物保护单位作出进一步规定,实现了公布文物保护单位及其保护管理的法制化和制度化。

❺　如毛泽东曾说过:"从孔夫子到孙中山,我们应当给以总结,承继这一份珍贵的遗产。"

❻　以 2010 年 12 月搜索中国知识资源总库结果为例,1979—2005 年题目中含有"建筑遗产"的期刊文章、学位论文、会议论文等相关文章有 38 篇,2006—2010 年则有 146 篇。

❼　建筑遗产的分类标准有多种,这里则采用法定保护的类别体系。参考杨丽霞的博士论文《新世纪我国文物类建筑遗产管理的若干基础问题研究》中对建筑遗产的分类。

❽　2005 年《历史文化名城规划规范》颁布,历史建筑开始作为历史文化街区中的一种建筑类型被描述和规定:"历史建筑 historic building","有一定历史、科学、艺术价值,反映城市历史风貌和地方特色的建(构)筑物"(第 2.0.13 款),其等级低于文物保护单位和保护建筑,高于一般建(构)筑物(表 4.3.3),并明确要求:"历史文化街区内的历史建筑不得拆除"(第 4.3.4 款),其处置措施是维修改善(表 4.3.3)。2008 年 7 月 1 日实行的《历史文化名城名镇、名村保护条例》则更明确为"历史文化街区、名镇、名村核心保护范围内的历史建筑应当保持原有的高度、体量、外观形象和色彩"(第二十七条)。

1.3 国内外的研究动态

1.3.1 国外的研究动态

预防性保护的最早提出是在 1930 年罗马召开的第一届艺术品保护科学方法研究国际会议上[1],之后预防性保护不断被讨论和实践,早期实践主要集中于博物馆文物保护系统,至 20 世纪 80 年代,预防性保护已经成为西方国家博物馆文物保护系统的主要工具并逐渐发展成为一门独立学科[2]。20 世纪 90 年代,预防性保护开始出现在建筑遗产保护领域,一些国际性保护机构[3]和学者开始从事相关方面的研究。1990 年意大利中央保护研究所(Istituto Central peril Restauro, ICR) 发起研究项目"文化遗产的风险评估"(Risk Map of Cultural Heritage),该项目针对建筑遗产保护现状和所处环境的恶劣情况,通过 GIS 技术对环境灾害(如洪水灾害、地震灾害等)进行区划分析,同时对遗产的保护状态进行监测,以此为基础建立了一套合理而经济适用的日常维护、保护和修复的系统方法,该项目首先在罗马、那不勒斯、拉文纳和都灵 4 个城市进行,之后推广到意大利全国范围。[4] 1994 年欧盟环境研发部门设立"古代砖结构损毁评估专家系统"研究项目,该项目由比利时鲁汶大学雷蒙德·勒麦尔国际保护中心(Raymond Lemaire International Center for Conservation, RLICC)、意大利米兰理工大学结构工程系(Department of Structural Engineering, Politecnico of Milan)、荷兰建筑机构研究所 TNO(Building and Construction Research)和德国汉堡技术大学(Technische Universitat Hamburg)共同合作负责,该项目通过收集来自比利时、德国、意大利和荷兰各地不同建筑遗产的损毁情况,通过调查问卷和现场检测确定了建筑遗产的不同损毁类型,并通过现场的持续监测和实验室的精确测试对损毁原因和损毁过程进行分析,最后将所有信息转化为计算机语言,形成了"砖结构损毁诊断系统(Masonry Damage Diagnostic System)"的专家系统软件。[5] 1994 年英国伦敦大学的 May Cassar 教授提出预防性保护在建筑遗产维护中的作用[6],她认为预防性保护需要融合多学科进行综合研究[7](近年来她开始关注建筑遗产室内微气候与预防性保护的关系[8]);1996 年加拿大卡尔顿大学的 Herb Stovel 教授联合 UNESCO、ICOMOS、ICCROM 三大组织力量举办了文化遗产的

---

[1] 见维基百科英文网页 http://en. wikipedia. org /wiki/List_of_dates_in_the_history_of_art_conservation,《艺术保护史之大事记》(List of dates in the history of art conservation),其中提到,"1930 The first International Conference for the Study of Scientific Methods for the Examination and Preservation of Works of Art held in Rome, 13-17, October. Impact on: the founding of IIC, ICOM-CC, many training programs, ethics, standards of practice, documentation, preventive conservation, etc." 另单见文章:詹长法. 预防性保护问题面面观[J]. 国际博物馆(中文版),2009(3):96-99,其中也提到"预防性保护概念的最早提出是在 1930 年罗马国际文物保护会议上"。

[2] LARSEN K E, MARSTEIN N. Conservation of historic timber structures [M]. Oxford: Butterworth Heinemann, 2000:74

[3] 主要的国际性保护机构如:美国盖蒂保护中心,英国伦敦大学的可持续遗产研究中心,英国皇家艺术学院的保护学院,英国剑桥大学的马丁中心,英国的苏格兰历史中心(Historic Scotland),比利时鲁汶大学雷蒙德·勒麦尔国际保护中心,美国佛罗伦达大学的建筑保护研究与教育中心,美国纽约大学艺术研究所下的保护中心,美国的区域保护联盟会(Regional Alliance of Preservation),加拿大卡尔顿大学,国际古迹遗址理事会,国际文化财产保存和修复研究中心,国际博物馆协会之保护委员会,拉丁美洲有巴西米纳斯吉拉斯州大学的文化资产保护与修复中心(the Centro de Conservação e Restauração de Bens Culturais Móveis at the University of Minas Gerais,CECOR),古巴国家保护、修复和博物馆中心(the Centro Nacional de Conservación, Restauración y Museología CENCREM),日本东京大学的结构工程实验室,日本京都大学的防灾研究所,日本东京文化财国立研究所(Tokyo National Institute for Cultural Property),日本奈良文化财国立研究所(Nara National Institute for Cultural Property),澳大利亚国家文化保护中心(National Center for Cultural Preservation)等。

[4] AACCARDO G, GIANI E, GIOVAGNOLI A. The risk map of Italian cultural heritage [J]. Journal of Architectural Conservation, 2003,9(2):41-57

[5] CORE M. MDDS(Monument Damage Diagnostic System): The development of an expert system as a survey and damage interpretation tool for the stability of masonry structures [D]. Belgium: RLICC, K. U. LEUVEN, 2009

[6] CASSAR M. Preventive conservation and building maintenance [J]. Museum Management and Curatorship, 1994(1):39-47

[7] CASSAR M. Interdiscipinarity in preventive conservation. Copyright Centre for Sustainable Heritage [EB/OL]. [2010-3-9] http://www.ucl. ac. uk/sustainableheritage/interdisciplinarity. pdf

[8] YOUNG A, CASSAR M. Indoor climate and tourism effects—a UK perspective[EB/OL]. [2010-3-9]www. arcchip. cz/w07/w07_young. pdf. CASSAR M. Climate change and the historic environment [M]. Nottingham:The Russell Press,2005

灾害预防国际会议❶。这些研究主要集中于建筑遗产的灾害预防、建筑遗产材料和结构的损毁分析和建筑遗产的日常维护等方面，其研究理念均来自于预防性保护的概念。

近十年来，预防性保护越来越被建筑遗产保护界所重视，建筑遗产的预防性保护成为当今国际建筑遗产保护界的最新理论之一，建筑遗产的预防性保护逐渐成为一个专题研究并被纳入了欧盟2002—2006第六框架计划❷。在建筑遗产的预防性保护专题研究方面，以比利时鲁汶大学RLICC国际保护中心为其翘楚，该中心基于1994年欧盟项目"古代砖结构损毁评估专家系统"的研究成果以及当地专门提供建筑遗产维护服务的Monumentenwacht组织❸近20年的维护经验，首次把建筑遗产的预防性保护、日常维护和系统监测纳入一个系统进行综合研究，并成立了一个关于建筑遗产的预防性保护的研究小组，该研究小组的主要成员之一Neza Cebron Lipovec首次对建筑遗产的预防性保护进行了定义，她指出："相对于馆藏文物保护，预防性保护在建筑遗产保护中的应用及其范围是不一样的，建筑遗产的预防性保护包括降低从原材料到整体结构破损的所有措施，可以通过完整细致的记录、检测、监测以及最小干涉的预防性维护得以实现。建筑遗产的预防性保护必须是持续的、谨慎重复的，它需要居民和遗产使用者的参与，也需要传统工艺和先进技术的介入。建筑遗产的预防性保护只有在综合体制、法律和金融的大框架的支持下才能成功实施。其影响体现在三个方面：价值层面——有助于保留材料技术的原真性和整体性；经济层面——有助于形成一个长期成本效益的战略投资；社会层面——促进了当地社区公众的参与。"❹2007—2008年，RLICC保护中心先后两次组织召开了"建筑遗产的预防性保护与监测论坛"❺，2009年3月成功组织申请了"建筑遗产的预防性保护、监测和日常维护的联合国教席"（UNESCO Chair on Preventive Conservation, Monitoring and Maintenance of Monuments and Sites, UNESCO Chair on-PRECOM³OS）❻，后来又先后参与和组织了2009年9月在瑞士弗里堡大学召开的主题为"预防性保护：建筑遗产领域的应用"的国际会议❼以及2009年10月在意大利科莫市召开的"20世纪建筑遗产的规划性保护"国际会议❽：前一个会议内容主要包括建筑遗产的预防性保护的定义、法律政策和相关政府补贴等鼓励措施、检测和监测等技术手段、风险评估在预防性保护中的使用等四个方面，后一个会议对如何在20世纪建筑遗产的保护规划中实施预防性保护进行了讨论。这些相关活动都从一定程度上奠定了RLICC在建筑遗产的预防性保护专题研究方面的中心地位。近几年，该中心开展实现预防性保护的技术手段的研究。目前，该中心主要从技术层面、经济法律层面和公众参与层面这三个方面对建筑遗产的预防性保护展开研究，主要的研究项目包括：实现预防性保护的技术手段（GIS、三维扫描、影像测绘等）❾，预防性保护中的社会参与战略❿，从

---

❶ STOVEL H. Risk preparedness: a management manual for the world heritage [M]. Rome: ICCROM, 1998

❷ 第六欧盟框架项目，The Sixth Framework Programme，简称FP6，是由欧盟建立的2002—2006年间研究与技术发展框架项目，该项目旨在促进欧洲的研究和技术发展；它是欧盟层面的一系列活动，基于目前欧洲的研究是支离破碎的现状，其目的是通过加强欧洲研究的整合和合作以形成欧洲研究区。

❸ 关于该组织见本文第4.1章节内容介绍。

❹ 根据以下两篇文章的相关内容翻译整理而成：(1)LIPOVEC N C, BALEN K V. Practices of monitoring and maintenance of architectural heritage in Europe: examples of 'MONUMENTENWACHT' type of initiatives and their organisational contexts[C]. CHRESP Conference "Cultural Heritage Research Meets Practice" [C], Ljubljana: 内部资料, 2008. (2)LIPOVEC N C. Preventive conservation in the international documents: from the Athens Charter to the ICOMOS Charter on structural restoration. Leuven(BEL): 内部资料, 2008. 该两篇文章均由作者本人提供给笔者。

❺ 英文名为Seminars on PREventive COnservation and Monitoring of the Architectural Heritage，SPRECOMAH。由RLICC牵头携手法国河流和遗产国际研究所(Institut International Fleuves et Patrimoine, Mission Val de Loire, France,IIFP)、比利时佛兰芒Monumentwacht组织、荷兰Monumentwacht组织、荷兰TNO应用科学研究组织(Nederlandse Organisatie voor Toegepast Natuurwetenschappelijk Onderzoek)和意大利米兰理工大学(Politecnico di Milano)等机构联合组办。

❻ 相关内容见本书第2章的论述。

❼ 关于该组织和详细信息在本文第4.1节有具体介绍。

❽ CANZIANI A. Planned conservation of XX Century architectural heritage [C]. Milano: Mondadori Electa S. P. A, 2009

❾ 该研究项目题目为Development of a 3D GIS analysis tool for Heritage Management in Historic Buildings in Cuenca，以厄瓜多尔的世界遗产城市昆卡的建筑遗产作为案例研究，主要研究员为Mario Santana Quintero和Veronica Heras。

❿ 该研究项目题目为Social-involvement as a preventive conservation strategy，主要研究员是Hsien-yang Tseng。

地区发展和全球变化的角度去定位和实施建筑遗产的预防性保护❶。

还有一些其他学者开展的研究,虽然研究主题不是建筑遗产的预防性保护,但这些研究对建筑遗产的预防性保护研究都有一定的借鉴意义,如,日本立命馆大学(Ritsumeikan University)的 Kenzo Toki 教授和 Kanefusa Masuda 教授从减灾(尤其是地震灾害)角度探讨了建筑遗产的灾害风险管理问题❷;意大利卢卡 IMT 进修研究所的 Veronica Piacentini 女士提出建筑遗产灾害管理中应该鼓励个人参与;Renda Tanalli Irmak 提出建筑遗产保护首先需要制定灾害防御规划;❸Krebs Magdalena 探讨了预防性保护的培训问题❹;Kissel Elénore 认为预防性保护的核心是保护者本身❺;Carmon N 提出了针对酸雨破坏的预防性保护措施❻。另外,很多学者提出用遥感技术、高精密测绘技术及电脑技术来进行建筑遗产的防灾、监测与灾害评估❼等。

1.3.2 国内的研究动态

预防性保护是最近几年才出现在国内文化遗产保护界的一个新概念,学界有提出将"文物保护划分为预防性保护、抢救(被动)性保护和加固/修复性保护和养护性保护"❽。2009 年 9 月由国家文物局和国际文化财保护与修复研究中心(International Center for the Study of the Preservation and Restoration of Cultural Property, ICCROM)主办、中国文化遗产研究院承办的"2009 亚太地区预防性保护:藏品风险防范研修班"在北京召开❾,这也是预防性保护首次在国内作为专题正式出现。总的来说,对于预防性保护,国内目前还处于最开始的概念认知与理念提倡的阶段,且多限于针对馆藏文物的预防性保护❿,对建筑遗产的预防性保护还基本没有涉及。然而,与建筑遗产的预防性保护相关的几个方面的研究已经开始受到关注,如建筑遗产的灾害研究和防灾研究、建筑遗产的损毁分析、建筑遗产的监测等方面,虽然目前对这些方面的研究还都是较为零散和不系统的。

关于建筑遗产的灾害研究和防灾研究,从 20 世纪 80 年代开始,就有学者对中国古建筑的防火、防水、

---

❶ 该研究项目题目为 Preventive Conservation, Maintenance and Monitoring of Built Heritage in Relation to Local Development,主要研究员是 Neza Cebron Lipovec 和 Vandesande Aziliz。

❷ Kenzo Toki 教授和 Kanefusa Masuda 教授 2004 年 7 月在巴黎世界遗产中心做了一个报告,提倡对"文化遗产的灾害风险管理"(Disaster Risk Management of Cultural Heritage)进行专题研究,后来在 2005 年 1 月 18—21 日于日本神户召开的联合国减灾国际会议上就专门开设了主题为"文化遗产的灾害风险管理"(Disaster Risk Management of Cultural Heritage)的分会场,2005 年 12 月世界遗产保护会上提出要进行关于"文化遗产的灾害风险管理"的培训课程;2006 年 3 月,以 Kenzo Toki 教授和 Kanefusa Masuda 教授领头的日本立命馆大学向联合国教科文组织申请同样主题的联合国教科文组织教席(UNESCO Chair),后来于 2006 年 10 月获得批准,日本立命馆大学成为了 UNESCO Chair on Disaster Risk Management of Cultural Heritage;自此,每两年都会举办同样主题的培训或研讨会。

❸ IRMAK R T. Disaster prevention and preparedness planning [M]. Boston: Pearson Custom Publishing, 2006

❹ MAGDALENA K. A strategy for preventive conservation training [J]. Museum International, 1999(1): 7-10

❺ ELÉNORE K. The restorer: key player in preventive conservation [J]. Museum International, 1999(1): 33-39

❻ CARMONA N, VILLEGAS M A, NAVARRO J M F. Optical sensors for evaluating environmental acidity in the preventive conservation of historical objects [J]. Sensors and Actuators A-Physical, 2004, 116(3): 398-404; CARMONA N, GARCIA-HERAS M, HERRERO E. Improvement of glassy sol-gel sensors for preventive conservation of historical materials against acidity [J]. Boletín de la Sociedad Española de Cerámica y Vidrio, 2007, 46 (4): 213-217

❼ CHEN K S, CRAWFORD M M, GAMBA P, et al. Introduction for thespecial issue on remote sensing for major disaster prevention, monitoring, and assessment [J]. Geoscience and Remote Sensing, 2007, 45(6): 1515-1518; ARIAS P, HERRAEZ J, LORENZO H. Control of structural problems in cultural heritage monuments using close-range photogrammetry and computer methods [J]. Computers & Structures, 2005, 83(21-22): 1754-1766

❽ 中国科学院传统工艺与文物科技研究中心. 文物保护科学技术的国际背景和动向. [EB/OL] http://cossoch. ihns. ac. cn/zhengce/include/showarticle. asp? id=73&sort=%D5%BD%C2%D4, 2010-4-8

❾ ELÉNORE K. The restorer: key player in preventive conservation [J]. Museum International, 1999(1): 33-39

❿ 关于馆藏文物的预防性保护的介绍文章主要有以下几篇:(1)萨尔瓦托莱·罗鲁索,罗艺蓉,编译.书籍遗产领域的预防性保护措施[J]. 中国文物科学研究,2006(2):83-89;(2)蔡雪玲. 试谈古籍保护中预防性保护工作的重要性[J]. 古籍研究与古籍工作,2008,29(1):53-55;(3)READ F,罗晓东. 光照对文物的影响以及预防性保护[J]. 艺术市场,2009(6):56-59;(4)詹长法. 预防性保护问题面面观[J]. 国际博物馆(中文版),2009(3):96-99。另外,2009 年国家文物局与 ICCROM 合作举办了"预防性保护:博物馆藏品的风险防范"培训班,共招收了 20 名学员(亚太地区 10 名,中国 10 名),由 ICCROM、加拿大文物保护协会、荷兰文化遗产研究所和我国清华大学的专家构成教师团队,对预防性保护的概念和博物馆藏品保存过程的风险调查、风险分析、风险确定和解决建议等进行互动式授课实践。

防震等方面进行研究:吴庆洲先生早在 1983 年就对两广地区的古建筑避水灾问题进行了研究❶;肖大威先生则分析了防火、防震、防风雨与中国古代建筑形式的关系❷;1992 颁布的《古建筑木结构维护与加固技术规范》对木构建筑遗产的防火、防雷、防腐和防虫方面进行了规定❸;王文焰与张建丰提出了窑洞民居的减渗防塌对策❹,王继唐对窑洞民居的防灾进行了研究❺,刑烨炯对古民居聚落的消防对策进行了研究❻;石玉成对石窟防震减灾的问题进行了研究❼;谭小蓉对古塔的抗震保护方法进行了研究❽;李小伟对清代大式殿堂的抗震性能进行了研究❾;常祖峰对潞简王陵古建筑群的抗震进行了研究❿;沐蕊对云南木结构古建筑的白蚁灾害防治进行了研究⓫;罗茂兴对古建筑的雷电灾害防护进行了研究⓬。国内专家对古建筑的灾害研究大多是进行分类研究,其中对防火的研究最多也最为成熟。后来,金磊先生提出古建筑中的防灾减灾问题,第一次把古建筑的各种灾害作为一个系统来看待⓭,提出在建筑遗产保护中如何从观念、方法技术上引入防灾减灾思想的模式⓮。2004 年国家文物局颁布的《全国重点文物保护单位保护规划编制要求》也提到:涉及防水、防洪、防震等应急灾变的保护措施应制订应急预案。⓯ 2008 年汶川大地震后又掀起了一轮建筑遗产的防灾减灾研究高峰。

关于建筑遗产的损毁分析,1992 颁布的《古建筑木结构维护与加固技术规范》基于对国内 11 省区木构建筑遗产的实地勘查,对木构建筑遗产的残损点进行评定界限⓰,这是国内较早也较为系统的针对某类建筑遗产的损毁分析。其余这个方面的研究都是针对某一具体某一地区建筑遗产的,且其研究目的往往都是为加固修复方案提供科学依据,如:东南大学工程结构可靠性鉴定与加固研究中心团队对常熟崇教兴福寺塔和溧水永寿寺塔的结构损伤状态和安全现状进行了评估,对南京城墙中山门和午朝门的结构进行了危险性评估⓱;太原理工大学的李铁英对山西应县木塔的结构机制及残损原因进行了研究⓲;石灿峰对武汉市建筑遗产(包括木结构、砖砌体结构、钢筋混凝土结构)材料损毁机理进行了研究⓳;屈文俊、戴仕炳等对上海地区砖砌体建筑遗产的材料损毁机理进行了研究⓴。

❶　吴庆洲.两广建筑避水灾之调查研究[J].华南理工大学学报(自然科学学报),1983(2):127-141

❷　肖大威.中国古代建筑发展动力新说(一)——论防水与古代建筑形式的关系[J].新建筑,1987(4):67-69;肖大威.中国古代建筑发展动力新说(二)——论防火与古代建筑形式的关系[J].新建筑,1988(1):61-64;肖大威.中国古代建筑发展动力新说(三)——论防震与古代建筑形式的关系[J].新建筑,1988(2):72-76;肖大威.中国古代建筑发展动力新说(四)——论防风与古代建筑形式的关系[J].新建筑,1988(3):68-71

❸　国家技术监督局,中华人民共和国建设部.GB 50165—92.古建筑木结构维护与加固技术规范[S].北京,中国建筑工业出版社,1992

❹　王文焰,张建丰.窑洞民居减渗防塌对策的研究(提要)[J].灾害学,1992(02):94-96

❺　王继唐.窑洞民居防灾[J].灾害学,1993(1):86-90

❻　刑烨炯.古民居聚落的消防对策研究[D]:[硕士学位论文].西安:西安建筑科技大学,2007

❼　石玉成.石窟防震减灾与文物保护[J].灾害学,1998(4):90-94

❽　谭小蓉.古塔结构纠偏及抗震保护方法研究[D]:[硕士学位论文].西安:西安建筑科技大学,2007

❾　李小伟.清代大式殿堂体系弹塑性分析及基于性能的抗震性能评估[D]:[硕士学位论文].西安:长安大学,2006

❿　常祖峰.爆破对潞简王陵古建筑群的震害影响[J].灾害学,2001(2):49-52

⓫　沐蕊.云南陆军讲武堂白蚁种属及防治[C]//文物保护与修复纪实——第八届全国考古与文物保护(化学)学术会议论文集.北京:中国化学会,2004;沐蕊.昆明木结构古建白蚁灾害与防治[C]//科技、工程与经济社会协调发展——中国科协第五届青年学术年会论文集.北京:中国土木工程学会,2004;沐蕊.云南建水文庙虫害综合防治[C]//中国文物保护技术协会第四次学术年会论文集.北京:科学出版社,2005

⓬　罗茂兴.古文物建筑的雷电灾害防护[J].广西气象,2003(2):33-35

⓭　金磊.古建筑保护中的防灾减灾问题综述[J].灾害学,1997(4):59-64

⓮　金磊.城市建筑文化遗产保护与防灾减灾[J].中国文物科学研究,2007(2):44-48;金磊.古建筑文化遗产保护呼唤防灾减灾.规划师,2007(5):86-87

⓯　国家文物局.全国重点文物保护单位保护规划编制要求[S].北京:文物办发[2003]87 号,2004

⓰　国家技术监督局,中华人民共和国建设部.GB 50165—92 古建筑木结构维护与加固技术规范[S].北京:中国建筑工业出版社,1992:9-18

⓱　邓春燕.砖土拱城门结构的安全性分析及加固技术研究[D].南京:东南大学,2004

⓲　李铁英.应县木塔现状结构残损要点及机理分析[D].太原:太原理工大学,2005

⓳　石灿峰.武汉市历史建筑结构诊断与修缮工法对策研究[D].武汉:华中科技大学,2005

⓴　李沛豪.历史建筑遗产生物修复加固理论与实验研究[D].上海:同济大学,2009

关于建筑遗产的监测,其相关实践解放后就已出现,早期最具代表的是虎丘塔监测和莫高窟监测:虎丘塔监测始于 20 世纪 50 年代并于 80 年代形成监测系统,通过对塔身倾斜度、塔基沉降、位移裂缝等方面的实时系统监测,成功协助了虎丘塔塔体修缮工程的安全施工,也建立了国内最早的一套关于建筑遗产单体监测的科学系统❶;莫高窟监测始于 20 世纪 60 年代,从最初的窟区大环境监测到中期的窟内外微环境监测,至 80 年代末建立了国内最早的建筑遗产的环境监测系统,其主要目的是为协助莫高窟的环境整治和壁画保护工作❷。1990 年代后期开始至今的应县木塔监测,首次运用了 GPS、三维扫描等先进技术,对木塔变形等方面进行持续监测❸。21 世纪初开始的保国寺大殿监测,应用数字化信息技术,对殿内微环境(温湿度等)以及木构材质的变化进行持续监测,建立了数据采集、信息管理和数据展示三者融为一体的监测系统❹。近年来,国家文物局完成了《中国世界文化遗产管理动态信息管理系统和预警系统》总体规划、建设实施方案及演示方案,旨在建成国家、省、遗产地三级互联的动态信息监测和预警网络,2005 年"世界遗产——苏州古典园林动态信息和监测预警系统"率先建立成为示范❺。

综合国内外研究动态分析,建筑遗产的预防性保护作为国际建筑遗产保护界近十年内的最新研究课题之一,欧美各国学者已经率先展开相关研究,国内近年来开始强调"要推动文物保护由抢救性保护向预防性保护转变"❻,只是尚无专门研究。总的来说,国外研究比国内要早,但都还处于研究的最初阶段。

1.4 研究内容和本书结构

1.4.1 本书的研究内容重点

基于前文的国内外研究动态可知,建筑遗产的预防性保护是国际建筑遗产保护界近十年来的最新理论之一,国内外尚无系统研究专著,且以前国外对预防性保护方面的研究都偏向于实践应用方面的研究,而极少基础理论方面的研究。基于这些分析,本书试图在以下几个方面有所进展:

1) 预防性保护的发展脉络研究

理清预防性保护的发展脉络对全面理解预防性保护有很大帮助,由于国际上尚无该方面的专门研究,本书尝试去梳理预防性保护的各个发展阶段,并尝试从西方建筑遗产保护史的角度去弄清预防性保护最初出现的社会历史背景以及后来预防性保护被建筑遗产保护界所重视的缘由。

2) 构建建筑遗产的预防性保护的框架

弄清建筑遗产的预防性保护的内容范畴是进行系统研究的基本前提,也是研究工作的重要成果之一,因此,本书尝试构建建筑遗产的预防性保护的框架,并对各个组成部分进行深入说明;尝试构建价值评估和风险评估并重的新的评估模式。

3) 现阶段建筑遗产的预防性保护的应用性探讨

本书结合我国建筑遗产保护现状以及预防性保护的已有研究成果,从建筑遗产的灾害预防、监测和日常维护、基础性管理工作和公众参与等方面对预防性保护在我国的可行性应用进行了探讨,并对建筑遗产的灾害预防以及建筑遗产的病害分析进行了较为深入的探讨。

---

❶ 陈嵘. 苏州云岩寺塔维修加固工程报告[M]. 北京:文物出版社,2008
❷ 国家文物局. 全国世界文化遗产监测工作会议资料汇编[C]. 敦煌:敦煌研究院,2007
❸ 中国文物研究所. 应县木塔监测系统设计. 北京:中国文物研究所,2007:3-18
❹ 路杨,吕冰,等. 木构文物建筑保护监测系统的设计与实施[J]. 河南大学学报. 2009,39(3):327-330
❺ 苏州市园林和绿化管理局. 世界文化遗产——苏州古典园林管理动态信息和监测预警系统建设工作总结[R]. 苏州:内部资料,2008-11-15
❻ 2010 年编制的《国家文物事业发展"十二五"规划》(征求意见稿)特别提出,要推动文物保护由抢救性保护向预防性保护转变. 见:中国文化报:"十二五"期间文物保护将由抢救性转向预防性,http://www. sach. gov. cn/tabid/299/InfoID/26368/Default. aspx,2011 年 2 月 26 日

1.4.2 本书结构图

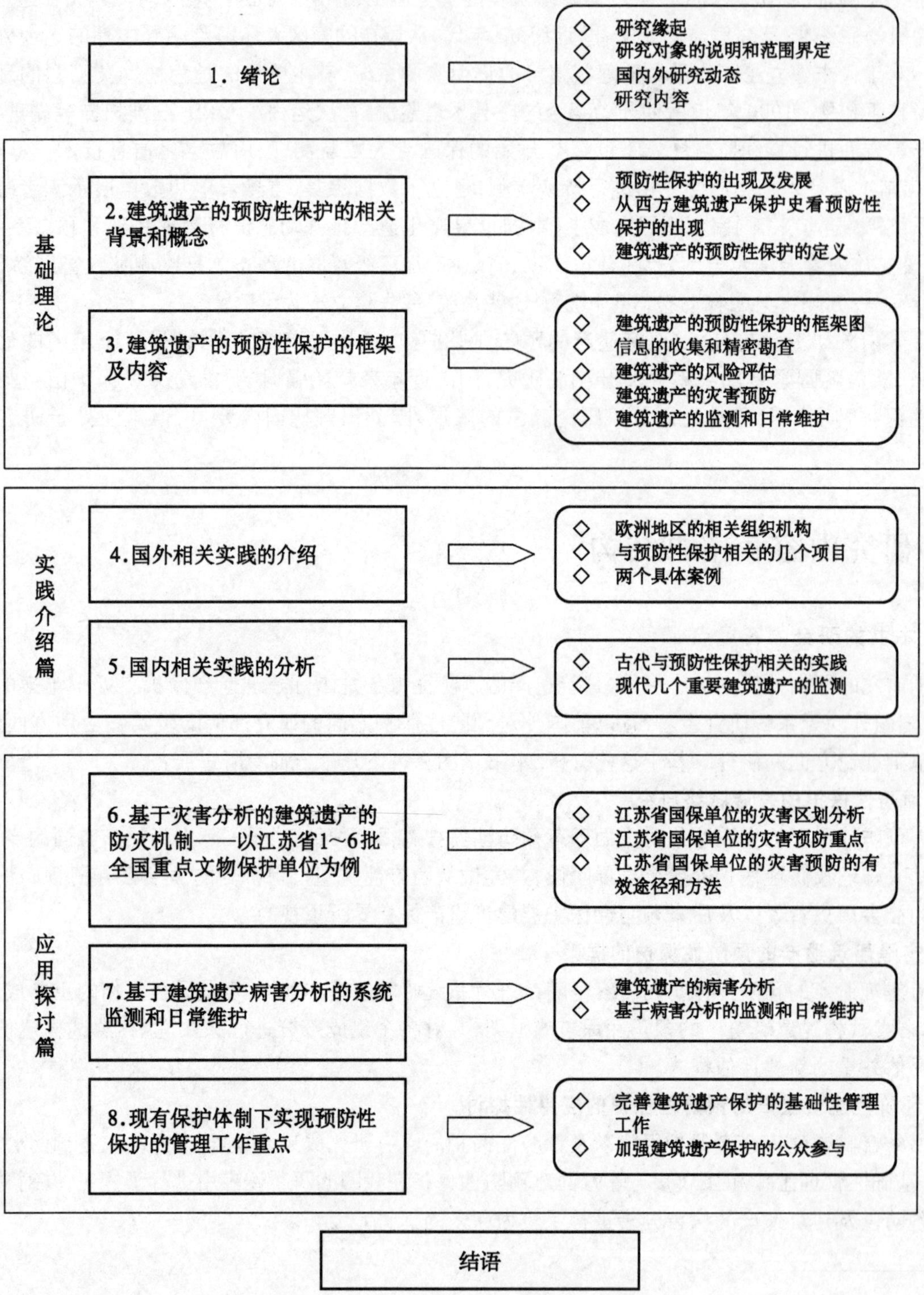

| 1. 绪论 | ⇒ | ◇ 研究缘起
◇ 研究对象的说明和范围界定
◇ 国内外研究动态
◇ 研究内容 |

基础理论

| 2.建筑遗产的预防性保护的相关背景和概念 | ⇒ | ◇ 预防性保护的出现及发展
◇ 从西方建筑遗产保护史看预防性保护的出现
◇ 建筑遗产的预防性保护的定义 |

| 3.建筑遗产的预防性保护的框架及内容 | ⇒ | ◇ 建筑遗产的预防性保护的框架图
◇ 信息的收集和精密勘查
◇ 建筑遗产的风险评估
◇ 建筑遗产的灾害预防
◇ 建筑遗产的监测和日常维护 |

实践介绍篇

| 4.国外相关实践的介绍 | ⇒ | ◇ 欧洲地区的相关组织机构
◇ 与预防性保护相关的几个项目
◇ 两个具体案例 |

| 5.国内相关实践的分析 | ⇒ | ◇ 古代与预防性保护相关的实践
◇ 现代几个重要建筑遗产的监测 |

应用探讨篇

| 6.基于灾害分析的建筑遗产的防灾机制——以江苏省1～6批全国重点文物保护单位为例 | ⇒ | ◇ 江苏省国保单位的灾害区划分析
◇ 江苏省国保单位的灾害预防重点
◇ 江苏省国保单位的灾害预防的有效途径和方法 |

| 7.基于建筑遗产病害分析的系统监测和日常维护 | ⇒ | ◇ 建筑遗产的病害分析
◇ 基于病害分析的监测和日常维护 |

| 8.现有保护体制下实现预防性保护的管理工作重点 | ⇒ | ◇ 完善建筑遗产保护的基础性管理工作
◇ 加强建筑遗产保护的公众参与 |

| 结语 |

图 1.1　本书的结构图

第一部分

基础理论篇

2　建筑遗产的预防性保护的相关背景和概念

2.1　预防性保护的出现及发展

预防性保护一词来自英文"Preventive Conservation"的直译,概念的最早提出是在1930年于罗马召开的第一届艺术品保护科学方法研究的国际会议上。之后预防性保护不断被讨论和实践,并逐渐发展成为遗产保护领域的一门独立学科。纵观其发展历程,大致可以分为以下几个阶段:

2.1.1　第一阶段——20世纪30—70年代的定义讨论

预防性保护作为一个新概念出现,如何对其进行界定是这个阶段的讨论重点。预防性保护在1930年罗马国际会议上被提出,一定程度上是作为艺术品保护的一种新的科学方法被提出的。当时的意大利保护专家Gustavo Giovannoni(1873—1947)反对在欧洲各地盛行的样式修复的做法,提倡科学性保护,强调尊重文物古迹各个阶段的全部生命。该理论在当时的遗产保护行业引起很大反响,人们开始探讨更科学的保护方法。后来,意大利保护专家Cesare Brandi在其撰写的《修复理论》❶一书中专门对预防性保护进行了讨论,当时用的词为"Preventive Restoration",书中提到:"文化遗产保护最重要和优先的原则应该是对艺术品采取预防性保护措施,其效果极大地优于紧急情况下的'临终'抢救性修复。预防性保护是指所有致力于消除危害以及确保有利保护措施得到实施的统一行动,其目的在于阻止极端紧急状态下的修复行为,因为这样的修复很难达到对艺术品的全面保护,并且最终总会对艺术品造成某种创伤性损害"❷。修复理论一书及书中提到的预防性保护的概念主要是针对木版画、壁画、彩画等艺术品的,书中也提到了废墟遗址的预防性保护问题:"废墟遗址保护的最初阶段就是预防性保护,即对现状的保存和保护,任何不是保护监测和材料加固的干预行为都不允许。"❸《修复理论》一书在整个意大利遗产保护领域有着很大的影响力,书中提到的预防性保护概念也引起了很大关注,后来在1972年意大利制定的《修复章程》中得到进一步明确:从修复结果评估的角度强调采取预防性保护措施是为了避免对艺术品实施更大规模的干预。❹此外,20世纪70年代中期,ICCROM组织的副主任Gael de Guichen❺先生也是预防性保护的一个非常重要的构思者,他当时对预防性保护概念的构思以及在ICCROM乃至全世界召开相关课程的构思都对预防性保护的后来推广和发展起到了很大的作用。

2.1.2　第二阶段——20世纪80—90年代对控制文物环境的广泛实践和研究

这个阶段欧美各个国家主要是从控制文物(尤其是馆藏文物)所处环境的方面对预防性保护展开讨论和实践的,预防性保护作为一个独立的保护学科也是在这个时期得到了发展。

早在1980年,美国盖蒂保护研究所就进行了关于博物馆外环境、室内微环境和虫害方面的研究,从

❶　该书写于20世纪四五十年代,于1963年正式出版,主要是针对帆布画、木版画、壁画等传统艺术品的保护问题的专门著作。该书原为意大利文所写,后由Gianni Ponti翻译成英文,英文名为"Theory of Restoration"。

❷　BRANDI C. Teoria del restauro [M]. Rome: edizioni di storia e letteratura, 1963 (reprint, Turin: G. Einaudi, 1977. Translated by Gianni Ponti with Alessandra Melucco Vaccaro)

❸　BRANDI C. Teoria del restauro [M]. Rome: edizioni di storia e letteratura, 1963 (reprint, Turin: G. Einaudi, 1977. Translated by Gianni Ponti with Alessandra Melucco Vaccaro)

❹　萨尔瓦托莱·罗鲁索,罗艺蓉,编译.书籍遗产领域的预防性保护措施[J].中国文物科学研究,2006(2):83-89

❺　Gael de Guichen曾为ICCROM副主任,退休后也非常活跃,目前为ICOM-CC董事会成员。

1985 年开始的相关研究还包括博物馆的能量节约与气候控制、博物馆存储品的潮湿缓冲能力、艺术品的抗震减灾措施的评估等方面,后来还开展了"保护评估方法:对藏品有负面影响的环境因素的全面检查和分析"的专项课题研究,并最终形成了"保护评估:一种博物馆环境管理需要评价模式"(The Conservation Assessment: A Proposed Model for Evaluating Museum Environmental Management Needs),该评估模式从原来仅关注博物馆外环境和室内微环境扩展到对文物藏品和存储藏品建筑之间共生关系的关注,并在突尼斯的突尼斯巴尔多博物馆(Bardo Museum in Tunis, Tunisia)和巴西的巴伊亚宗教艺术博物馆(Museum of Sacred Art in Bahia, Brazil)进行实地测试。❶ 自 1987 年开始,美国盖蒂保护研究所为中级和高级保护专家开设了与预防性保护相关的培训课程,课程内容既有宏观方面又有微观方面,包括对文物藏品围护结构的评估、对文物微环境的评估等,技术信息是该课程的主要组成部分,但预防性保护的重要性也在课程中得到了提倡。❷ 1987 年意大利制定《艺术品和文物保护及修复章程》❸,其中申明:预防性保护即是对所要保护的艺术品及其周边环境条件的共同保护行动;同年 ICOMOS 颁布《历史城镇和城市地区的保护宪章》(华盛顿宪章),其中第 14 条提到了针对历史城镇面临自然灾害和环境污染时的预防性措施问题❹。

进入 20 世纪 90 年代,1990 年国际博物馆协会 ICOM 在德国德累斯顿召开的年会(每三年一次)上,"光照和气候控制"工作组从控制馆藏文物所处环境的角度指出了预防性保护的总体工作框架。❺ 1990—1995 年,美国盖蒂保护研究所开设了"预防性保护:博物馆藏品及其环境"(Preventive Conservation: Museum Collections and Their Environment)的培训课程(每年举办一次),培训对象包括全球各国的高级保护专家以及来自博物馆、图书馆、档案馆、地方保护中心、培训中心的保护科学家,课程内容包括技术知识、理论基础和案例研究等方面,该课程提升了保护专家在预防性保护方面的技术知识,也帮助他们向其所在单位进行预防性保护政策与实践的推广;后来盖蒂保护中心停止举办培训课程,将该课程纳入了丰泰-特拉华大学艺术保护学硕士(Winterthur-University of Delaware Masters Program in Art Conservation)的三年培训项目中。❻ 1994 年,ICCROM 启动了"预防性保护团队"项目(Teamwork for Preventive Conservation),这是一个泛欧洲计划和行动倡议,由来自欧洲 9 个国家 11 个博物馆❼的工作人员参与,并得到了14 个保护咨询服务机构的支持,目的是建立一个非正式的网络以支持预防性保护的推广。❽ 同年,第一

---

❶ 见以下两篇文章:(1) LEVIN J. Preventive conservation [J]. GCI Newsletter, 1992, 7(1) : http://www. getty. edu/conservation /publications /newsletters /7_1/preventive. html, 2010-4-28; (2) Preventive conservation [EB/OL]. [2010-4-28] http://www. getty. edu /conservation /education /prevent /index. html. 2010-4-28

❷ DARDES K. Preventive conservation courses [J]. GCI Newsletter, 1995,10(3): 4-5 http://www. getty. edu /conservation /publications /newsletters /10_3 /feature1_1. html # prevent, 2010-4-28

❸ 该章程是对 1972 年《修复章程》的进一步补充修订。

❹ 见 1987 年 ICOMOS 通过的《历史城镇和城市地区的保护宪章》(Charter for the Conservation of Historic Towns and Urban Areas)第十四条。该宪章也被称为华盛顿宪章。

❺ 会上 Stefan Michalski 发表了题目为"预防性保护和维修保护的总体框架"(An overall framework for preventive conservation and remedial conservation)的演讲。

❻ 该培训课程一开始主要针对北美国家的保护专家,后来也有来自欧洲、拉丁美洲、澳大利亚和新西兰等世界各地的保护专家参加,培训地点也不仅仅局限于洛杉矶,盖蒂通过与地方机构合作并针对当地需求在地方举办培训。1993 年,盖蒂与英国博物馆联合会以及英国画廊委员会合作在伦敦举办课程,对象是来自英国和欧洲其他地方的保护专家。1995 年,培训课程在墨西哥举办,当时还提出了为预防性保护教育构建一个沟通和资源共享平台的新战略。见 DARDES K. Preventive conservation courses[J]. GCI Newsletter, 1995,10(3): 4-5 http://www. getty. edu /conservation /publications /newsletters /10_3 /feature1_1. html # prevent, 2010-4-28

❼ 这 11 个博物馆包括:比利时鲁汶的城市博物馆"Vander Kelen-Mertens"(Municipal Museum "Vander Kelen-Mertens", Leuven, Belgium),捷克国家博物馆(Czech National Museum),法国民间艺术和传统国家博物馆(National Museum of Folk Arts and Traditions, France),匈牙利人类博物馆(Museum of Ethnography, Hungary),意大利布莱西亚自然科学城市博物馆(Brescia Civic Museum of Natural Science, Italy),意大利考古国家博物馆(National Museum of Archaeology(Ferrara), Italy),荷兰皇家军队博物馆(Royal Netherlands Army and Arms Museum),葡萄牙古代艺术国家博物馆(National Museum of Ancient Art),西班牙巴塞罗那当代艺术博物馆(Barcelona Museum of Contemporary Art, Spain),英国乌尔斯特博物馆(Ulster Museum, United Kingdom),英国伯明翰博物馆和艺术长廊(Birmingham Museums & Art Gallery, United Kindom)。

❽ 参考以下两个专题报告的相关内容:(1)DARDES K, DRUZIK J. Managing theenvironment: an update on preventive conservation [J]. GCI Newsletter, 2000,15(2): 4-9;(2)PUTT N, SLADE S. Teamwork for preventive conservation [M]. Rome: ICCROM, 2004

届预防性保护的国际会议——"预防性保护：实践，理论和研究"(Preventive conservation：practice, theory and research)在加拿大渥太华召开❶，这次会议一定程度上标志着预防性保护作为独立学科研究的开始。1996 年，ICOM 在爱丁堡召开的年会上首次确立了预防性保护的专门工作小组，明确了"预防性保护工作组负责处理避免和减少将来恶化或损失的一切行动措施，这些行动需要结合项目所在环境背景而展开，这些行动往往是间接的，不会影响和改变材料和结构，也不会影响它们的外观"❷。同年，加拿大保护研究所 CCI 成立了预防性保护服务部门，专门提供关于预防性保护方面的相关服务咨询及实际工作指导。❸

这个阶段，美国盖蒂保护研究所举办了预防性保护专题培训课程，ICOM 召开的几次年会都有预防性保护的专门讨论，ICCROM 开设了预防性保护的专题项目，第一届预防性保护的专题国际会议也得以召开，这些活动都促进了预防性保护作为一个独立保护学科的发展。期间，预防性保护的相关实践主要集中在博物馆馆藏文物保护领域，关注的核心是文物所处的环境，认为"文物保护不应该只关注单体，应该关注整体环境，通过控制环境来预防或减缓文物破坏"，"强调对藏品所处环境条件的管理"，研究"防止文物破损或降低文物破坏可能性的所有措施"❹，其中研究重点之一为环境监测，包括对文物所处环境的温湿度、光照、虫害等方面的监测。

2.1.3　第三阶段——20 世纪 90 年代末至今的系统化

经过 20 世纪 80—90 年代的广泛实践，预防性保护逐渐发展成为一个独立学科，其涵盖的内容不再仅仅局限于对文物所处环境的控制。1999 年资深预防性保护专家 Gael de Guichen 发表了文章《预防性保护：只是一种时尚还是一场意义深远的变革？》(Preventive Conservation：A Mere Fad or Far-reaching Change?)，该文章总结了过去预防性保护的相关实践并将它提高到战略性的高度，认为它是遗产保护领域的系统性变革，文中指出："预防性保护的出现是对 20 世纪环境和遗产发生巨变做出的回应，是作为一个新的保护战略用以应对遗产面临的新的更激烈性的侵害。预防性保护意味着传统思维的改变，它不仅仅指维护和环境监测，它将会给保护带来多方位的变化，包括培训（培训中，所有的员工都得被灌输预防性保护的基本理念）、组织、规划和公众（我们向公众展示艺术品价值的同时也应该展示这些遗产的脆弱性）。"❺从一定程度上说，这篇文章是预防性保护的 21 世纪宣言，预示着预防性保护的更加系统化和全面化。

2000 年，美国盖蒂保护研究所举办了主题为"预防性保护的未来发展"的座谈会，邀请了几位预防性保护方面的资深专家：Colin Pearson❻、Luiz Souza❼、Catherine Antomarchi❽。会上专家对预防性保护将来的发展提出了自己的看法：Colin Pearson 认为要从博物馆建筑的设计层面就开始关注预防性保护，从最初的平面设计开始介入，通过气候控制并连续监测其发展以看是否能实现保护文物藏品的科学微环境；Luiz Souza 提出全球化的影响会使许多艺术品去各地展示，艺术作品会比以前面临更多的运输问题，也就需要预防性保护有这个方面的考虑，他还提出预防性保护的跨学科性需要各个专业领域的专家介入，预防性保护的相关培训和教育也至关重要；Catherine Antomarchi 提出：由于损坏因素和风险日益增多，就需

---

❶　该会议由历史艺术品国际保护研究所 IIC 组织和加拿大保护研究所 CCI 协助举办.

❷　http：//www.icom-cc.org/36/working-groups/preventive-conservation/, 2010-4-29

❸　http：//www.cci-icc.gc.ca/services/preventivebro-eng.aspx, 2010-4-29

❹　LEVIN J. Preventive conservation[J]. GCI Newsletter, 1992, 7(1)：http://www.getty.edu/conservation/publications/newsletters/7_1/preventive.html, 2010-4-28

❺　DE GUICHEN G. Preventive conservation：a mere fad or far-reaching change? [J]. Museum International, 1999,51(1)：25-30

❻　澳大利亚堪培拉大学文化遗产研究中心主任(The codirector of the Cultural Heritage Research Center at the University of Canberra in Australia)

❼　巴西米纳斯吉拉斯联邦大学文化电影保护和修复中心主任[The director of the Centro de Conservação e Restauração de Bens Culturais Móveis (CECOR) at the Universidade Federal de Minas Gerais in Brazil]

❽　罗马国际文化财产保护和修复研究中心收藏品项目主任

要行动的改变,需要更多的管理策略和技巧来实现不同专家之间的沟通和协调。❶

2001 年,ICOM-CC 的预防性保护工作小组制定了未来 10 年的预防性保护的实施计划,从中可以看出预防性保护涵盖的内容越来越广:2002—2005 年的三年计划更多是对空气环境方面因素的关注,2005—2008 年的三年计划中将风险管理、材料、机械处理等方面纳入了进来,2008—2011 年的三年计划则显示安全防卫方面也成为预防性保护的内容。❷ 目前,在很多大学都设有预防性保护的专业方向,其中较具代表的为:美国丰泰-特拉华大学艺术保护学硕士(Winterthur-University of Delaware Masters Program in Art Conservation)和英国伦敦大学的可持续遗产研究中心(Centre of Sustainable Heritage, University College London)。

这个阶段,预防性保护开始被建筑遗产保护领域所重视,建筑遗产的预防性保护成为专题研究,并作为欧盟第六框架计划的一部分。2007—2008 年,比利时鲁汶大学 RLICC 保护中心连续组织举办了两届"建筑遗产的预防性保护与监测论坛",该论坛邀请了来自各个领域的专家,包括建筑师、考古学家、结构工程师、化学工程师、人类学家、保护专家以及遗产管理者来共同讨论预防性保护在建筑遗产保护中应该起的作用,就建筑遗产的预防性保护的定义和范畴进行了讨论,并形成了一个建筑遗产的预防性保护和监测的指导方针。后来基于这两届论坛的成功举办,于 2009 年 3 月 RLICC 联合比利时佛兰芒 Monument-watch 组织和厄瓜多尔昆卡大学成功申请了"建筑遗产的预防性保护、监测和日常维护的联合国教科文组织教席"(UNESCO Chair on Preventive Conservation, Monitoring and Maintenance of Monuments and Sites),并先后在比利时鲁汶大学(2009 年 3 月 24—25 日)和厄瓜多尔昆卡大学(2009 年 11 月 30 日—12 月 2 日)举行了教席启动仪式并同时举办了同样主题的研讨会❸。除此之外,相关国际会议也在各个国家相继召开,如 2009 年 9 月 3—4 日在瑞士弗里堡大学召开的主题为"预防性保护:建筑遗产领域的应用"的国际会议,该会议内容主要包括四个方面:①建筑遗产的预防性保护的定义,包括对其任务、权限和结构组成的讨论;②法律政策和相关政府补贴等鼓励措施;③检测和监测等技术手段;④风险评估在预防性保护中的使用。2009 年 10 月 30—31 日在意大利科莫市召开的"20 世纪建筑遗产的规划性保护"国际会议,对如何在 20 世纪建筑遗产的保护规划中实施预防性保护进行了讨论。

综上所述,预防性保护自 1930 年被提出以来,30—70 年代对其定义讨论的重点是如何能够"阻止紧急情况下的抢救性修复";80—90 年代预防性保护在馆藏文物保护领域被广泛实践,关注的核心为文物所处的环境;至 20 世纪 90 年代末,预防性保护逐渐发展成为一个独立学科,对其研究更加系统化,开始关注对文物构成威胁的所有因素,包括博物馆建筑的设计、文物运输、管理手段、政策导引、培训教育、公众展示等方面,预防性保护的参与者也由原来"以修复师和保护专家为主"❹扩展为博物馆的全体员工——"预防性保护并不是一个人或几个人的事情,而是需要全体员工的参与,是所有员工都应该持有的意识"❺。最近几年,风险评估、安全防卫等方面也被纳入了预防性保护的范畴。同时,建筑遗产的预防性保护开始作为研究专题被建筑遗产保护领域所重视。

2.2　从西方建筑遗产保护史看预防性保护的出现

预防性保护为什么会在 1930 年被提出? 预防性保护又为什么会在 21 世纪初被建筑遗产保护领域所重视? 要回答这两个问题,则需要结合西方建筑遗产保护史,从历史发展的角度去分析和探询源头。由于西方建筑遗产保护史极其漫长和复杂,本章主要是从古代社会的建筑遗产保护、18—19 世纪的样式修复

---

❶ DARDES K. Preventive conservation: a discussion [J]. GCI Newsletter, 2000,15(2): 5-6

❷ 根据 ICOM-CC 网上下载的三个三年计划相关内容翻译整理而成。

❸ Koenraad Van Balen. The Southern Launch of the UNESCO Chair. Raymond Lemaire International Centre for Conservation Newsletter, 2010(1): 8-10

❹ KISSEL E. The restorer: key player in preventive conservation [J]. Museum International, 1999, 51(1): 33-39

❺ PUTT N, SLADE S. Teamwork for preventive conservation [M]. Rome: ICCROM, 2004

(或称风格式修复)、20 世纪初至 60 年代和 20 世纪 70 年代至今这几个阶段展开讨论,其中对 20 世纪初—60 年代这段建筑遗产保护史讲述较细,因为这段历史对理解预防性保护的出现及其后来发展极为关键。

2.2.1 西方建筑遗产保护史的各个历史阶段

1) 古代社会的建筑遗产保护

西方古代社会,一般因缅怀悼念之由而对一些重要遗迹进行保护,圣经中有多处提到对重要神庙建筑(尤其是所罗门在耶路撒冷都城所建的一些重要神庙)的修缮和维护。古代社会比较有代表的建筑遗产保护实践或方法主要有:①古代希腊为纪念普拉塔亚(Plataea)战争❶(公元前 479 年),并未重建被毁的雅典卫城,而将其废墟保留了 30 年并对其进行保护;②公元前 1 世纪毁于火灾的埃雷赫修神庙(Erechtheum)❷灾后修复,原有的部分材料和形制被保留,如山花、天花板部分按照原有形制重建,新柱子替代老柱子时原有的风格形式也得以保留——当时的保护建筑师认为要将其作为一个有高艺术价值的文物古迹来修复;③公元 1 世纪罗马建筑师维特鲁维所写的《建筑十书》中将日常维护作为建筑保护的主要方法,书中也提到因潮湿等因素引起建筑损毁后如何进行修缮的问题;④从公元 4 世纪 Julian the Apostate❸国王执政起,罗马国王就开始颁布一系列政令以保护和维护先辈遗留下来的公共建筑,如,公元 485年国王给罗马市行政长官发的指令中就明确指出"所有古人建的神庙和文物古迹,还有那些用作公共建筑的不允许任何人毁坏,一旦发现要付 50 磅金子作为惩罚金,重则要被砍手",在 Theodoric the Great❹(493—526)执政期间,国王向罗马市行政长官发出保护古代文物古迹的指令,并推荐和指定建筑师负责完成保护项目奥勒良城墙(Aurelian Walls)❺、渡槽、斗兽场和圣天使城堡(Castel Sant'Angelo)❻的修复。❼这个阶段期间,也开始强调赋予文物遗迹以新的功能。

中世纪主要强调的是对宗教文物古迹的保护,具有宗教功能的神圣场所,区别于日常生活场所,被赋予特别的意义并对其进行专门保护,是最早形式的"被保护的遗产"。在对其保护过程中,除了保护宗教建筑的结构和材料等方面外,还强调精神层面的保护,即对体现上帝与人之间关系的构筑物、室内装饰和室外环境等方面的保护。❽

文艺复兴时期是建筑遗产保护史上的转折点,随着古罗马遗迹的被发现,遗产保护开始不仅仅局限于对宗教遗产的保护。1515 年被誉为现代遗产保护之父的拉斐尔致信教皇呼吁对罗马市内的文物古迹进行保护,并开始着手负责对罗马古迹的调研和记录工作,同时呼吁成立了欧洲第一个负责文物古迹保护工作的正式机构,由他担任具体负责人。文艺复兴的另外一个重要影响主要体现在对文化遗产尤其是艺术品的概念认识上:中世纪主要从功能角度看艺术品及其他文化遗产,而文艺复兴时期则开始关注它们的美学价值。❾

2) 样式修复——18—19 世纪的建筑遗产保护主流

18 世纪后半叶,科学技术知识的增长促进了社会各个方面的全面发展,城市区域人口的骤增急需新类型的城市管理方法,社会与建筑遗产、居住环境和土地使用之间的关系发生了改变,对艺术、历史和遗产

---

❶ 普拉塔亚战役(Battle of Plataea)发生在公元前 479 年 9 月 26 日,是在希波战争(Greco-Persian Wars,公元前 500—前 449)期间,以雅典和斯巴达为首的 24 个希腊城邦的联军与波斯军队在普拉塔亚(希腊维奥蒂亚南部古城邦)附近进行的一次大规模交战。

❷ 雅典卫城一神庙,它是雅典卫城建筑中爱奥尼亚样式的典型代表。

❸ Julian the Apostate 于公元 355—363 年担任罗马国王,他也是一位著名的哲学家和希腊作家。

❹ Theodoric the Great 于公元 471—526 年为东哥特(Ostrogoths)国王,公元 493—526 年期间为意大利统治者,公元 511—526 年期间为西哥特(Visigoths)的摄政王,后来他还担任东罗马帝国的总督。

❺ 乌里安城墙建于公元 271—275 年,为罗马皇帝乌里安(Aurelian)和普罗比斯(Probus)执政期间。

❻ 圣天使城堡又名哈德良陵墓,建于公元 135—139 年,最初是罗马皇帝哈德良为自己及家人建的陵墓,后来教皇将其作为堡垒和城堡来使用,如今是罗马一个博物馆。

❼ JOKILEHTO J. A history of architectural conservation [M]. Oxford:Butterworth-Heinemann,1999:3-6,9

❽ JOKILEHTO J. A history of architectural conservation [M]. Oxford:Butterworth-Heinemann,1999:9

❾ JOKILEHTO J. A history of architectural conservation [M]. Oxford:Butterworth-Heinemann,1999:16

的概念也发生了根本的变化——不同时代不同区域的文化开始引起关注,艺术品和历史建筑作为不同文化的见证和载体,保护其独一无二性得到强调。18 世纪末出现的这种新的历史意识,对建筑遗产保护的变革起了根本性的作用,也标志着现代保护的开始。到了法国大革命时期,教堂和文物古迹因代表着过去统治者的压迫而遭到很大的破坏,但同时有人提出它们也代表着古代劳动人民的成就应该得到保护。1815 年布鲁士国王发表公告声称要保护莱茵兰(Rhineland)的国家资产,这标志着近现代时期政府控制历史建筑保护的开始。❶

19 世纪上半叶,经过大量的考古和历史研究,基本建立了关于历史和历史遗产的现代观念,并且进行了一系列的保护工程探索。19 世纪 30 年代,样式修复运动在英国教会学家(Ecclesiologists)和法国政府导则的倡导下开始,其主要是强调修复后实现历史建筑样式的统一。由于实证主义的胜利和科学知识的发展,样式修复不断得到加强,从 19 世纪后半叶开始在欧洲建筑遗产保护界一直处于统治地位——欧洲很大一部分的重要建筑遗产都被修复成特定时期的某种样式,其他时期的不同风格大多数情况下都一概被摒除。样式修复的代表人物为法国保护专家 Eugène Emmanuel Viollet-le-Duc❷,当时另外两个主要学派——英国学派和意大利学派的保护专家虽然提倡各自不同的保护理论,但在很多实际保护工程中,又往往效尤样式修复的做法。样式修复影响了世界各个地方,直至第二次世界大战结束,样式修复还一直在世界各地被广泛实施。❸

3) 20 世纪初—60 年代——反样式修复到威尼斯宣言颁布

20 世纪初,样式修复的行为引起越来越多的社会批评和反对,被视为是对建筑遗产的毁灭性破坏,从而产生了反修复运动——鼓励平等对待每个时代的遗存,认为每个历史阶段都有各自不同的价值。自此,建筑遗产保护正式进入了以价值认识为核心的现代保护的新阶段。这个阶段,不同形式的修复行为和保护实践平行发展着:从一开始的反样式修复运动到第一次世界大战后大量复建重建中样式修复的部分再实施,从雅典宪章的保护导则到第二次世界大战后对重建、修复等保护问题的讨论,从 UNESCO、IC-CROM、ICOM 国际保护机构的成立到威尼斯宪章的颁布……若要梳理这段历史,则需要从几位意大利保护专家及其提倡的理论谈起,再结合几个国际保护机构的成立及其组织的相关活动以及两次世界大战后的保护工程实践等方面进行分析。

(1) 几位意大利保护专家及其理论

首先要提的是 Gustavo Giovannoni(1873—1947):Gustavo Giovannoni 反对 Viollet-le-Duc 的样式修复,他"提倡科学性修复,强调日常维护的重要性,在修缮和加固过程中,如果有必要可以使用现代技术,如通过灌浆、使用金属或不可见的混凝土框架等方法实现抗震,科学性修复的最主要目的是保存结构的原真性,尊重古迹的全部生命,而不是某一阶段的生命。"❹他参加了 1931 年在雅典召开的关于建筑类文物古迹保护的国际会议,并发表了关于科学性修复的演讲,引起强大反响,可以说他的理论为雅典宪章的内容提供了参考。

接着要提的是意大利艺术史学家 Giulio Carlo Argan(1909—1994),他提出文物古迹修复应该有一个统一而科学的标准,他认为修复应该基于对艺术品的全面调查,通过发现和再现其原始信息显示艺术品清晰和准确的历史,修复的目的不应该仅是所有构件的整合而是要体现其材料方面的原真性。他将修复分为保守修复和艺术修复两类,前者强调通过材料加固和损毁预防实现对现状的维护,后者则是基于历史批评性评判基础采取的措施。由于 Argan 后来担任美术总局(the General Directorate of Fine Arts)的首席检察官及罗马市市长,他的这些理论在后来罗马大量的文物古迹保护实践中得到实施,成为继 Gustavo Giovannoni 修复理论之后具有较大影响力的第二套修复理论,成为了意大利现代修复理论发展的基础,

---

❶ JOKILEHTO J. A history of architectural conservation [M]. Oxford:Butterworth-Heinemann,1999:17,18,303
❷ Eugène Emmanuel Viollet-le-Duc 是一位建筑师和理论家,他因修复中世纪建筑而闻名。
❸ JOKILEHTO J. A history of architectural conservation [M]. Oxford:Butterworth-Heinemann,1999:9,18,32,33,137-173
❹ JOKILEHTO J. A history of architectural conservation [M]. Oxford:Butterworth-Heinemann,1999:221-222

影响了后来的 Cesear Brandi 等保护理论家。❶

最后需要说一下 Cesare Brandi 先生,他的著作《修复理论》在意大利遗产保护界占有很重要的地位。他的修复理论强调对历史和艺术原真性的保护,重在形象原真性的保护而不是整个结构,更多时候被看作是彩画保护理论。尽管如此,"其强调的:①修复前、修复中和修复后的记录存档 ②建立监测和定期维护系统 ③对损毁原因及变化的分析,这些方面都为后来遗产保护政策和导则的制定提供了参考,并逐渐发展成为了遗产保护的一个模式,成为了诸多遗产保护培训课程的导则,并为威尼斯宣言的撰写提供了参考。"❷另外,由上节内容知道,预防性保护是其修复理论的一部分。

(2) 国际保护机构的成立及其组织的相关活动

第一次世界大战爆发,大量文物古迹被破坏,文化遗产的保护问题逐渐引起国际联盟的关注,1919 年巴黎和平会议上成立了国际联盟(The Leagues of Nations),在国际联盟下面有一个关于知识合作的国际委员会(International Committee on Intellectual Cooperation),该委员会于 1926 年成立了博物馆国际办公室(International Museums Office),主要负责博物馆馆藏文物保护的倡导工作以及国际会议的组织工作。1945 年原来的国际联盟成为联合国(the Organization of United Nations),原来的知识合作国际委员会也变成联合国教科文组织 UNESCO(the United Nations Educational, Scientific and Cultural Organization)。1946 年原来的国际博物馆办公室重组为国际博物馆协会(the International Council of Museums, ICOM),1949 年欧洲委员会成立,1956 年联合国教科文组织在罗马成立了国际文化资产保存和修复研究中心(the International Centre for the study of the Preservation and Restoration of Cultural Property,ICCROM)。1965 年文物古迹国际理事会 ICOMOS 成立。

UNESCO 一开始关注的是博物馆保护领域,1949 年召开国际专家会议讨论关于成立文物古迹国际委员会的事情,委员会章程于 1951 年获得通过,第一届委员会会议在巴黎和伊斯坦布尔召开,会上提出了立法行政问题,建议出版历史文物古迹的修复手册。1951 年,UNESCO 组织第一批支援队伍前往秘鲁协助地震后库斯科(Cuzco)❸城市的修复重建,同期 UNESCO 派出 Cesare Brandi 前往奥利德(Ochrid)❹和南斯拉夫(Yugoslavia)协助当地的壁画修复。自此,UNESCO 开始频繁活动在国际舞台上,它参与了阿斯旺大坝的建设,以及威尼斯、佛罗伦萨、印度、斯里兰卡和柬埔寨等地的保护工程。UNESCO 的一个重要功能是组织撰写国际公约和建议为各国保护立法和实践提供参考。❺

这期间,博物馆国际办公室和 UNESCO 先后组织召开了三次会议,其中前面两次会议是由博物馆国际办公室组织的:

① 1930 年 10 月在罗马召开的第一届艺术品保护科学方法研究的国际会议,就是在这个会议上预防性保护的概念被首次提出。

② 1931 年 10 月 21—30 日在雅典召开的关于建筑类文物古迹保护的国际会议,有来自 23 个国家的120 名代表参加了这次会议,会议就总导则、管理立法措施、美学价值、修复材料、保护技术和国际合作等方面展开讨论。会议明确建议:摈弃样式修复,提倡日常维护和定期维修,尊重每个时期的风格样式。此外,会上也提到:历史文物古迹的保护应该有社区民众的参与;考虑私有建筑遗产的保护问题和紧急情况下的保护对策,以及新材料的使用问题——现代建筑材料如钢筋混凝土等可以在保护中使用,一般情况下新材料应具有可识性,但如果为了保护原有古迹的特性,新材料也可隐藏。会议最后形成了《雅典宪章》,这是提倡现代保护政策的第一个国际文件,对当时的保护实践和以后的诸多国际宪章都产生了深远的影响。❻

---

❶ JOKILEHTO J. A history of architectural conservation [M]. Oxford:Butterworth-Heinemann,1999:224

❷ JOKILEHTO J. A history of architectural conservation [M]. Oxford:Butterworth-Heinemann,1999:237-238

❸ 库斯科位于秘鲁东南部。

❹ 奥利德为马其顿共和国奥赫里德湖东的一个海岸城市。

❺ JOKILEHTO J. A history of architectural conservation [M]. Oxford:Butterworth-Heinemann,1999:287-288

❻ JOKILEHTO J. A history of architectural conservation [M]. Oxford:Butterworth-Heinemann,1999:284

UNESCO 1964 年 5 月 25—31 日在威尼斯组织召开了历史文物古迹保护的国际会议,来自 61 个国家的 600 多名专家学者参加了此次会议,包括 UNESCO、ICCROM、ICOM 和欧盟的代表。会议上除了历史建筑之外,开始将历史城镇区域纳入历史文物古迹的范畴,开始强调关注建筑的整体性和历史原真性。会议最后形成了《威尼斯宪章》,该宪章被看作是 1931 年版《雅典宪章》的再次修订,确立了现代的建筑遗产保护概念。

(3) 两次世界大战战后的相关实践

第一次世界大战爆发后,大量文物古迹被破坏,在战后重建复建工作中,样式修复仍被广泛实施。第二次世界大战后,很多人认为应该修复和重建被毁的历史建筑,初步建立起来的修复导则在实际工程中受到挑战,加上每个案例都具有特殊性,统一的导则并不可行。针对这种情况,罗马大学历史建筑保护研究系的创始人 Guglielmo De Angelis d'Ossat(1907—1992)在 1948 年佩鲁贾(Perugia)❶会议上将战后历史建筑的损毁分为有限的损毁、重大损毁和毁灭性损毁三类,提出不同类型的损毁应该采取不同的保护方法。❷ 在大量的重建工程中,有两种极端做法:一种是完全拷贝被毁前的历史结构,一种是完全以当代建筑形式进行重建。介于两个极端之间的是修复和部分重建,只保留外立面的历史样式而以现代建筑形式重建其他部分的立面主义做法在战后历史城镇街道修复中极其常见。期间,比利时保护专家 Raymond Lemaire❸主持了多个修复项目,他强调原材料的重要性,往往祛除表层抹灰等涂物重现砖构或石构;他也强调提升原有建筑空间的质量。他主持完成的鲁汶市贝居安女修道院(Grand Beguinage)修复工程,既保存了修道院原有的历史风貌,又通过提升内部空间将其用作鲁汶大学的教职工住宅区,被誉为第一个融文物古迹保存和现代实用功能为一体的保护修复工程。这个项目的做法成为战后重建的一个重要模式。❹

(4) 其他方面

这个阶段对建筑遗产记录工作开始重视。最早从《雅典宪章》开始倡导为"历史性纪念物"建立档案并出版相关著述。宪章指出:"每个国家或者专门创立的有一定资质的相关机构,应出版一份有关文物古迹的详细清单,并附照片和文字注释","各国建立的官方档案中应包含本国历史性纪念物的所有文档","各国应在国际博物馆办事处存放有关艺术和历史纪念物的出版物","出版物中应指定一部分篇幅用于详细介绍历史性纪念物保存的总体进展和方法","应研究出一套最佳方法以使用这些收集来的资料"。后来的《威尼斯宪章》进一步阐述了建筑遗产报告的基本内容以及公开记录成果的重要性,指出"一切保护、修复或发掘工作应有配以插图和照片的分析及评论报告,要有准确的记录;清理、加固、重新整理与组合的每一阶段以及工作过程中所确认的技术及其形态特征均应包括在内。这一记录应存放于公共机构的档案馆内,使研究人员都能查到,建议该记录应公开出版"。另外,在 1968 年联合国教科文组织第十五届会议上提出的《保护受到公共或私人工程危害文物的建议案》中提到:"当经济或社会发展需要而必须搬迁、放弃或毁掉文物时,应对所涉及的文化遗产进行仔细研究、详细记录"。同年,国际古迹遗址理事会(ICOMOS)及国际摄影测量与遥感学会联合创建建筑摄影测量国际委员会(CIPA)致力于将测量相关学科的方法和技术移植应用于文化遗产的测绘和档案记录。

4) 20 世纪 70 年代至今——遗产保护的系统化和国际化

"20 世纪 60 年代发生的巨大改变体现在:文化遗产开始代表国家,它是包括单体、环境和景观的一个整体,是一个文化或一个重大事件的见证。保护的涵义也由原来对过去历史艺术品的处理变为对能代表过去文化的所有见证的保护"❺。20 世纪 70 年代,管理体系开始发生变化,原来文化遗产保护基本都是

---

❶　意大利中部翁布丽亚地区(Umbria)台伯河(the Tiber River)附近的一个省会城市。

❷　JOKILEHTO J. A history of architectural conservation [M]. Oxford:Butterworth-Heinemann,1999:224

❸　Raymond Lemaire(1921—1997)为欧洲著名遗产保护专家,他曾是联合国、欧盟和 UNESCO 的总顾问,他也是 ICOMOS 创始人之一,曾任 ICOMOS 首任秘书长,他也是 ICCROM 的教授。1976 年,他在布鲁日欧洲学院创立了国际保护中心,后来从 1981 年开始该保护中心成为鲁汶大学工学院下的一个硕士点,正式命名为雷蒙德勒梅尔国际保护中心(Raymond Lemaire International Centre for Conservation,RLICC),同年起开始面向全球招收遗产保护的硕士。

❹　JOKILEHTO J. A history of architectural conservation [M]. Oxford:Butterworth-Heinemann,1999:286

❺　JOKILEHTO J. A history of architectural conservation [M]. Oxford:Butterworth-Heinemann,1999:290

政府公共机构具体负责,随着 1972 年世界遗产公约的颁布和 1975 年欧洲建筑遗产年的开展,UNESCO、ICCROM、ICOM、ICOMOS 这些非政府性的国际组织机构开始在文化遗产保护领域扮演越来越重要的角色,文化遗产保护也开始了欧洲之外的国际化进程。此外,诸多地方非政府组织的相继成立,也为地方文化遗产保护注入新的力量,如成立于 1973 年荷兰的 Monumentenwacht 组织为专门负责建筑遗产的日常维护和检查,成立于 1975 年英国的抢救我们的遗产(Save our Heritage)组织关注濒危建筑遗产,成立于 1979 年英国的 Upkeep 组织专门为历史建筑所有者/用户提供日常维护、检查相关方面的培训问题。在这些机构中 Monumentenwacht 机构最具影响力,后来在欧洲各国相继成立同样机构,1991 年 Monumentenwacht 在比利时弗兰芒区成立,在当地建筑遗产保护领域发挥了重要作用。❶

1982 年意大利保护专家 Bernard M. Feilden 的《历史建筑保护》(*Conservation of Historic Buildings*)一书出版,书中强调对材料结构损毁类型和原因的分析,强调日常维护、检查技术和科学修缮,提出在实际保护工作中应该遵循两害相较取其轻的道理。在该书的绪言中还提到历史建筑的保护需要科学的管理、合理的判断等。虽然较之 Gustavo. Giovannoni 和 Cesare BRANDI,Bernard M. Feilden 的影响力要小得多,但该书在建筑遗产保护领域还是较有影响力的。20 世纪 80—90 年代,原真性的概念被广泛讨论,成为文化遗产保护界的一种时尚,一开始它主要关注的是记录不同时代信息的材料的真实性。1994 年 11 月 1—6 日世界遗产委员会在日本奈良召开了关于原真性的会议,会议讨论了关于定义和评估原真性的大量复杂问题,对原真性概念及其应用作了详细阐述。*"但由于原真性的广泛被用导致对其理解的混淆,一些保护专家尽量回避使用它,而用特性和完整性代替"*。❷

20 世纪 80 年代末至整个 90 年代,随着人类损坏(海湾战争、前南斯拉夫的内战、吴哥窟的抢劫等)和自然灾变(魁北克沙格内的洪水、加利福尼亚州的地震、澳大利亚和亚马逊的火灾等)给文化遗产造成的损失的日渐明显,许多遗产保护机构和专业人士呼吁灾前进行预防性保护措施,而不是灾后的周期性治疗措施。1992 年 10 月 ICOMOS 推出蓝盾运动,以寻求重新定位保护态度和做法的相关途径。后来 ICCROM、UNESCO、ICOMOS、ICOM 等机构成立了跨机构工作小组(Inter-Agency Task Force),该小组于 1996 年 7 月创建了蓝盾国际委员会,旨在代表 ICOMOS、ICOM、ICA 和 IFLA 负责协调应急救灾工作。在跨机构工作小组组织或倡议的多次会议讨论中,开始形成文化遗产风险框架(Cultural-heritage-at-risk framework),一种以预防为重点的新的保护模式越来越被认可。1997 年在日本神户召开了"文化遗产的风险防范"国际研讨会,并发表了同主题的宣言。1998 年加拿大学者 Herb Stovel❸ 出版了专题报告——《风险防范:世界文化遗产管理手册》(*Risk-Preparedness: A Management Manual for World Cultural Heritage*),该报告旨在指导文化遗产的管理者如何预防及应对文化遗产面临的各种风险灾害,报告对灾后修复重建问题也有所涉及。❹ 虽然风险防范的提出主要是针对自然灾害的,但其理念也使遗产结构本身存在的损毁风险受到关注:20 世纪 90 年代,欧盟环境研发部门有一个项目为"古代砖结构损毁评估专家系统"(EV5V-CT92-01-08, Expert System for Evaluation of Deterioration of Ancient Brick Masonry Structures),该项目由 RLICC 牵头,旨在研发出一个能够评估砖结构损毁的软件系统(具体见第 3.2.1 节相关内容)。1999 年 ICOMOS 颁布的《历史性木结构保护原则》(ICOMOS Principles for the Preservation of Historic Timber Structure)❺第 1~3 条强调了检查和记录的重要性,指出在任何干预之前必须要对木构建筑的损毁原因和结构问题做一个彻底而准确的诊断,而正确的诊断是依赖于完整的文件档案的,另外也提出持续监测和日常维护是木构建筑保护至关重要的组成部分。

---

❶ 对这些组织的深入介绍见本文第 4.1 章节相关内容。

❷ JOKILEHTO J. A history of architectural conservation [M]. Oxford:Butterworth-Heinemann,1999:304

❸ Herb Stovel 现为加拿大卡尔顿大学加拿大研究学院遗产保护计划的教授和统筹人。他于 1978—1984 年曾任加拿大安大略省历史遗产基金会部门经理;1990—1998 年任加拿大蒙特利尔大学建筑遗产保护专业的教授和主任;1990—1993 任国际古迹遗址理事会秘书长;1998—2006 年任 ICCROM 遗产住区部(Heritage Settlement Unit)主任。

❹ STOVEL H. Risk preparedness:a management manual for the world heritage [M]. Rome:ICCROM, 1998

❺ 1999 年 10 月 ICOMOS 在墨西哥召开第十二次大会,会上通过形成了《历史性木结构保护原则》。

20 世纪末,随着旅游业的迅猛发展和可持续发展概念的被强调,遗产保护界意识到要更好地实施保护就必须将遗产保护纳入到当地的规划程序,"规划性保护"(Planned Conservation)的概念被提出;世界遗产地的监测以及濒危建筑遗产地的管理问题也日益受到关注。随着对遗产面临的自然灾害和风险的进一步关注和强调,风险防范、减灾防灾、风险管理等成为了遗产保护国际政策的首要主题。2005 年由联合国主持的世界减灾会议(World Conference on Disaster Reduction, UN-WCDR)在日本兵库神户召开,会上有个专题会议为"文化遗产的风险管理"(Risk Management of Culture Heritage),由日本立命馆大学的城市文化遗产减灾中心(Research Center for Disaster Mitigation of Urban Cultural Heritage, Rits-DMUCH)主持;后来该中心于 2006 年 10 月成功申请了"风险管理与文化遗产的联合国教科文组织教席"(UNESCO Chair on Cultural Heritage and Risk Management),并于 2006—2010 年连续五年举办相关专题的国际研讨会和课程培训。

2.2.2　从历史发展角度看预防性保护的出现及其发展

1) 预防性保护为什么会在 1930 年被提出?

纵观历史,我们可以看出:样式修复曾被力捧而盛行,后来引起民众反对,被视为是对建筑遗产的毁灭性破坏,于是就有了 20 世纪初的反修复运动。期间关于建筑遗产的修复理论被广泛讨论,Gustavo. Giovannoni 反对样式修复并提出科学性修复理论,强调"科学性修复的最主要目的是保存结构的原真性,尊重古迹的全部生命,而不是某一阶段的生命"。科学性修复理论在当时学术界影响很大,在这种背景下,预防性保护一定程度上是作为实现科学修复的一种新的保护方法被提出的。

雅典会议后,初步建立了"摈弃样式修复,提倡日常维护和定期维修,尊重每个时期的风格样式"的修复理念。然而,任何一种新的科学理论从出现到被普遍应用是需要一段时间的,20 世纪 30 年代的欧洲,各国各地遵循样式修复的做法及其他传统保护方法已经由来已久,不可能马上摈弃样式修复而进行科学性修复的实践,因此,科学性修复更多是学术讨论,在实践中的尝试非常有限。后来二次世界大战爆发,战后大量的重建工程更使刚刚建立起来的修复导则遭受挑战,样式修复的做法在大量重建复建的实践中再次抬头,在这种情况下,Cesare Brandi 提出预防性保护的目的在于阻止极端紧急状态下的修复行为是情有可原的。我们知道,相对于建筑遗产保护,馆藏艺术品的保护更具可控性,新的保护理念在艺术品保护领域能更快被实施;另外 Cesare Brandi 个人参与的许多项目也偏重于壁画保护。从这些方面来看,Cesare Brandi 的修复理论更多针对艺术品保护领域是必然的,后来预防性保护于 20 世纪 80—90 年代在馆藏文物保护领域被广泛实践,而直到 21 世纪初才被建筑遗产保护领域所重视也是可以理解的。

2) 预防性保护为什么会在 21 世纪初被建筑遗产保护领域所重视?

Gustavo. Giovannoni 和 Cesare Brandi 的保护理论对当时的遗产保护界产生了很大影响,"如果说《雅典宪章》部分体现了 Gustavo. Giovannoni 的修复理论,《威尼斯宪章》则一定程度上体现了 Cesear Brandi 的修复理论"❶,这两个宪章对后来的建筑遗产保护产生了深远影响——样式修复在二战后大量重建完成之后基本被摈弃,基于价值评估的尊重遗产各个时期遗存和保存结构的原真性等科学理念开始被广泛接受。自 20 世纪 70 年代开始,遗产保护逐渐发展到国际层面,相关的国际宪章、公约和导则相继颁布,文化遗产的概念也从原有的艺术品和历史文物古迹扩展到历史园林、历史城镇村庄和文化景观等,范畴上的变化和文化多样性的认识导致了新的局面,原真性、完整性、连续性的概念被广泛讨论,成为遗产价值评估的关键词,所有保护行为必须符合这几个基本原则。也是从 20 世纪 70 年代开始,专门提供维护服务的 Monumentenwacht 机构及其他类似机构(见本书第 4.1 节)在欧洲各地出现,这些机构负责对建筑遗产进行定期检测和最小干预的针对性维护,相对于更早时期大动干戈的保护、修复或修缮行为,这些检测和维护工作是相对静态而对建筑遗产扰动较少的,既能有效实现建筑遗产的保护,又能较好遵循原真性、完整性或连续性等原则。之后到 20 世纪 80—90 年代,随着对遗产面临自然灾害和人为破坏的关注,

---

❶　JOKILEHTO J. A history of architectural conservation [M]. Oxford: Butterworth-Heinemann, 1999: 288-289

风险防范的意识开始增强;进入20世纪90年代,随着现代测量技术的不断进步,原有的经验型检测渐渐移交给基于现代测量设备的科学监测,使对遗产结构和材料损毁的分析评估工作变得可行。

基于这些方面,"日常维护胜于大动干戈,灾前预防优于灾后修复",渐渐获得了建筑遗产保护界专家学者的认可,以前的修复也渐渐被预防性维护(Preventive Care)所替代。在这样的国际背景下,RLICC基于当地Monumentenwacht组织多年的成功维护经验以及以"古代砖结构损毁评估专家系统"为代表的诸多科研成果,首先提出了关于建筑遗产的预防性保护的专题研究,积极召开了相关论坛并成功申请了"建筑遗产的预防性保护、监测和日常维护的联合国教科文组织教席"。自此建筑遗产的预防性保护方面的学术讨论越来越多,仅2009年一年就有三次相关专题的国际会议先后在比利时鲁汶大学、瑞士弗里堡大学和意大利科莫市召开(相关内容见前文)。

从以往以修复为主的保护转为预防性保护,"这样的转变并不容易,因为它需要基于系统的检查和数据库,需要回避遗产管理的过分官僚化,需要地方管理机构和文物古迹所有者和使用者保护意识的增强,需要相关评估方法技术的增强,另外它还涉及经济法律政策以及城乡规划的诸多方面"❶。笔者认为,预防性保护能够在欧洲建筑遗产保护领域被重视和实施,是离不开以下两个"基础"的:一个是详尽深入的基础性工作,包括贯穿整个20世纪的对建筑遗产基本信息的收集整理(从最初的记录档案到大整合的文化遗产信息系统),也包括基于强大信息基础上的应用性理论研究,如材料和结构损毁机理研究、评估方法技术研究等;另一个是广泛的民众参与基础,从1931年雅典会议上强调"历史文物古迹的保护应该有社区民众的参与",到后来大量非政府组织及地方民间机构的成立,再到后来民众遗产保护意识的增强、专家性保护知识的普及,加上欧洲建筑遗产所有权的构成特征❷,民众能够积极参与并监督遗产保护的相关工作,这从一定程度上也促进了预防性保护能够有效实施。

反思历史,定位现在,预防性保护的出现是对20世纪遗产面临环境变化及诸多新威胁做出的回应,后来预防性保护被建筑遗产保护领域所重视,也是有其一定的历史必然性的,它体现了建筑遗产保护领域一种新的保护趋势和保护理念。

2.3　建筑遗产的预防性保护的定义

预防性保护自1930年被提出以来,先后有不同学者对其进行了定义和特点分析,本节通过梳理以往的不同定义,概述其不同特点,并通过和风险管理、防灾减灾这几个相关用语的比较分析,对建筑遗产的预防性保护进行了定义。其中,对不同定义的梳理是按照时间先后进行的,部分定义在前文中已经有所提及,但为先后连贯性的需要,这些定义在这里仍被列出。

2.3.1　预防性保护的既有不同定义

(1) Cesare Brandi在《修复理论》中的定义:"预防性保护是指所有致力于消除危害以及确保有利保护措施得到实施的统一行动,其目的在于阻止极端紧急状态下的修复行为,因为这样的修复很难达到对艺术品的全面保护,并且最终总会对艺术品造成某种创伤性损害。"❸

(2) 1992年美国盖蒂保护研究所的Jeffrey Levin在其撰写的文章《预防性保护》中指出:"预防性保护为防止文物破损或降低文物破坏可能性的所有措施,它需要保护态度和习惯上的改变:首先要理解预防性保护的意义,将其作为合法合理的一种保护战略,最后也是最重要的是使它成为机构意识的一个组成部分,将它纳入日常操作中。预防性保护的科学研究框架包括四个阶段:①潜在威胁的确定;②证实存在的

---

❶　JOKILEHTO J. A history of architectural conservation [M]. Oxford:Butterworth-Heinemann,1999:318

❷　欧洲大量建筑遗产属于私人财产。

❸　BRANDI C. Teoria del restauro [M]. Rome:edizioni di storia e letteratura,1963. (reprint, Turin:G. Einaudi,1977. Translated by Gianni Ponti with Alessandra Melucco Vaccaro)

风险;③以具有成本效益的方法来衡量风险;④制定方法以减少或消除风险。"❶

(3) 1994 年召开的第一届预防性保护的国际会议上,Koller Manfred 提出:"预防性保护并不是一个新概念,它至少从古希腊和古罗马时期就已经存在了。预防性措施主要包括:被动方面,由结构引起的(如气候控制,防止潮湿,表面保护等);积极方面的(如定期清理,护理,保护层的更新等)。"❷

(4) 1996 年国际博物馆协会 ICOM 在爱丁堡召开的年会上首次确立了预防性保护的专门工作小组,明确了"预防性保护工作组负责处理避免和减少将来恶化或损失的一切行动措施。这些行动结合项目所在环境背景而展开,这些行动往往是间接的,不会影响和改变材料和结构,也不会影响它们的外观"❸。

(5) 1999 年 Gael de Guichen 在其文章《预防性保护:只是一种时尚还是一场意义深远的变革?》中指出:"预防性保护的出现是对 20 世纪环境和遗产发生巨变做出的回应,是作为一个新的保护战略用以应对遗产面临的新的更激烈性的侵害。预防性保护意味着传统思维的改变,它不仅仅指维护和环境监测,它将是给保护带来多方位的变化,包括培训(培训中,所有的员工都得被灌输预防性保护的基本理念)、组织、规划和公众(我们向公众展示艺术品价值的同时也应该展示这些遗产的脆弱性)。预防性保护的综合规划将会在每一个博物馆逐步形成:与遗产相关的每个人,公共机构的、私人机构的,都应该参与进来,针对自然和人为引起的破损,采取并协调各种间接的或者直接的方法,以延长它们的生命,保证它们所携带信息的传播。不同于治疗性保护(Curative Conservation)关注的是那些因为某危害因素而面临消失风险的遗产,预防性保护关注的是那些现状良好或者面临损毁的遗产,旨在保护它们以防止各种来自自然和人类的侵害。"❹

(6) 2003 年 ICOMOS 颁布的《壁画的保存和保护修复导则》(Principles for the Preservation and Conservation-Restoration of Wall-Paintings)中:"预防性保护的目的是创造有利条件最大限度地减少破损,避免不必要的补救性治疗,从而延长寿命的壁画。监测和环境控制是预防性保护的重要组成部分。"❺

(7) 美国历史文物与艺术品保护研究所对预防性保护的定义:"一种经由制定文物保护监测及实行保护措施以减缓文物损害的方法,保护措施可包括良好的环境控制,藏品典藏、展示、包装、迁移、使用时的持拿及维护措施,整合性虫菌管理,急难救灾准备,拷贝及复制"。❻

(8) 澳大利亚国家画廊网页上对预防性保护的定义:"预防性保护旨在将艺术品危害损毁最小化,以避免侵入性保护措施。预防性保护方法是基于这样的认识的:艺术品的损毁破坏是可以通过控制引起破坏的主要因素得以降低的。早期通过控制艺术品所在环境,包括保持稳定的温度、相对湿度、光照、虫害控制和防止艺术品遭受其他物理化学危害等方面。预防性保护是一个相对新的概念,也是一个很需要跨学科知识综合的专业,它涉及材料科学、建筑科学、化学、物理、生物、工程学、系统科学、管理科学等多种学科以及相关技术。预防性保护的相关行动包括:环境监测以保证合适的条件——温度、相对湿度、空气质量和光照;虫蚁管理和虫害治理;关于艺术品存放、展览、打包和运输方面的处理和日常维护手续;灾害预防;特殊事件的保护措施;鼓励员工的参与和团队工作来实现预防性保护的目标。"❼

(9) 2007—2008 年"建筑遗产的预防性保护和监测论坛"形成的指导方针中提到:相对于博物馆馆藏文物的保护,预防性保护在建筑遗产中的应用及其范围是不一样的——建筑遗产的预防性保护应用范围包括从对地震区域建筑结构的稳定加固到对建筑的检测和日常维护,也包括对建筑遗产所有改动和破损

❶　Jeffrey Levin. *Preventive conservation* [EB/OL]. GCI Newsletter, 1992, 7(1)http://www.getty.edu/conservation/publications/newsletters/7_1/preventive.html, 2010-4-28

❷　Manfred K. Learning from the history of preventive conservation[C]//ROY A, SMITH P, Preventive conservation practice, theory and research:preprints of the contributions to the Ottawa Congress, 12-16 September, 1994. London: International Institute for Conservation of Historic and Artistic Works,1994: 1-8

❸　http://www.icom-cc.org/36/working-groups/preventive-conservation/, 2010-4-28

❹　DE GUICHEN G. Preventive conservation: a mere fad or far-reaching change? [J]. Museum International, 1999,51(1): 25-30

❺　见 2003 年 10 月 ICOMOS 于津布巴韦召开的第十四次大会上通过形成的《壁画的保存和保护修复导则》第四条。

❻　参考美国历史文物与艺术品保护研究所文物保护对文物保护专用术语(Definitions of Conservation Terminology, American Institute for Conservation of Historic and Artistic Works, AIC)。

❼　http://nga.gov.au/Conservation/prevention/index.cfm, 2010-5-1

进行监测的各种技术,以及如何选择正确的修缮材料等方面。预防性保护体现在两个层面:大的层面,预防方法意味着正确到位的遗产管理;小的层面,考虑到风险发生的不同尺度和规模,预防性保护的目的在于尽早发现可能造成的损害,避免损毁速度加快,以降低损害所带来的负面影响。为了使这样的方法具有可操作性,预防性保护需要遵循风险评估的程序,这就意味着对预防性保护的研究包括:①破损和退化的分析和诊断;②文件记录,逐渐发展为监测;③日常维护;④轻微的兼容且持久的干预。❶

(10) RLICC 的研究员 Neza Cebron Lipovec 对建筑遗产的预防性保护的认识是这样的:预防性保护包括所有减免从原材料到整体性破损的措施,可以通过彻底完整的记录、检测、监测以及最小干涉的预防性维护得以实现。预防性保护必须是持续的、谨慎重复的,还应该包括防止进一步损害的应急措施。它需要居民和遗产使用者的参与,也需要传统工艺和先进技术的介入。预防性保护只有在综合体制、法律和金融的大框架的支持下才能成功实施。预防性保护的影响体现在三个方面:价值层面——有助于保留材料技术的原真性和整体性;经济层面——有助于形成一个长期成本效益的战略投资;社会层面——促进了当地社区的参与,通过把责任从维护者转入所有者或用户得以实现。❷

综合分析以上关于预防性保护的多个定义,会发现每个定义的侧重点虽然不尽相同,但也有达成共识的部分,即预防性保护主要指能够防止、降低或减缓遗产破损的所有措施,目的在于阻止极端紧急状态下的修复行为、不必要的补救性治疗或侵入性保护措施,日常维护和环境监测是其主要组成部分。目前对预防性保护的研究主要是从技术层面、社区民众参与和经济法律制约等方面展开的。

2.3.2　几个相关用语及其比较

在对建筑遗产的预防性保护进行专题研究之前,文化遗产的风险防范(Risk Preparedness)、风险管理(Risk Management)和防灾减灾(Disaster Prevention and Mitigation)已经分别有专题研究,而风险防范、风险管理和防灾减灾这几个概念都是与预防性保护很相关的,对它们的理解及其分析比较可以帮助我们更好地认知预防性保护。

风险研究在过去 30 年已经广泛开展,一开始"风险分析研究主要用在核工业领域,后来扩展到近海石油、天然气、铁路运输等领域,现在也被健康安全的相关学科所应用"❸,文化遗产领域的风险研究是从 20 世纪 90 年代开始的。伴随着自然灾害对文化遗产造成的巨大损失以及世界减灾防灾活动❹的广泛开展,许多遗产保护机构和专业人士提出以往一贯的治疗性保护措施已经不能应付这些局面,应该有一种新的保护态度和保护模式,在此基础上 Herb Stovel 撰写了专题报告《风险防范:世界文化遗产管理手册》,提出了文化遗产风险框架和风险防范的相关实施措施。到 21 世纪初,文化遗产的风险管理和防灾减灾作为世界减灾的子课题出现,对其进行的专题研究也已经开始。

1) 风险防范

风险防范是一项减少风险和灾害后果的规划工作,它也包括灾后紧急应对和灾后恢复的规划工作。其具体的工作框架为:防范阶段,包括风险源的降低,遗产加固以抵制灾害后果,为即将发生的灾难提供足

---

❶ Guidelines SPRECOMAH 2007—2008[EB/OL]. http://www.sprecomah.eu/site/, 2010-5-1

❷ 根据以下两篇文章的相关内容翻译整理而成:(1)LIPOVEC N C, BALEN K V. Practices of monitoring and maintenance of architectural heritage in Europe: examples of 'MONUMENTENWACHT' type of initiatives and their organisational contexts[C]. CHRESP Conference "Cultural Heritage Research Meets Practice"[C], Ljubljana: 内部资料, 2008; Neza Cebron Lipovec. Preventive conservation in the international documents: from the Athens Charter to the ICOMOS Charter on structural restoration. Leuven(BEL):内部资料,2008。这两篇文章均由 Neza Cebron Lipovec 本人提供。

❸ BALL D, WATT J. Risk management and cultural heritage. [EB/OL]. [2010-5-1] www.arcchip.cz/w04/w04_ball.pdf. 2010-5-1.

❹ 20 世纪 80 年代末,联合国决定于 1990—2000 年开展"国际减轻自然灾害十年"活动。在国际减灾十年活动的推动下,我国防灾减灾工作取得了长足的发展:国家和地方政府均设置了防灾减灾工作领导小组,先后颁布了《中华人民共和国防震减灾法》《中华人民共和国消防法》《地质灾害防治条例》等国家法律和国务院政令,应急机制和管理体系也初步形成。20 世纪 90 年代,将原有地震工程、人防工程等专业合并拓展为"防灾减灾工程及防护工程"学科,为土木工程下设的二级学科。近年有学者提出将"防灾减灾工程及防护工程"独立出来,建立"防灾减灾科学与工程"一级学科,下设防灾减灾学、防灾减灾工程、防灾减灾技术与设备工程、防灾减灾管理等 4 个二级学科。

够的警告,制订应急预案;回应阶段,确保应急预案的可行性,调动保护团队;恢复阶段,努力减轻灾害的负面影响,努力重建遗产以及使用遗产的社会结构和社区,努力恢复和加强防范措施。风险防范应该遵循十大准则:①对处于危险境地的文化遗产有效保护的关键是事先规划和准备;②事先规划关注遗产整体,包括其建筑物、结构及其相关的内容和景观;③文化遗产保护防灾的事先规划应当纳入遗产整体的防灾战略;④防范要求应当符合文物建筑的价值评估;⑤明确记载遗产的重要属性和救灾历史,将此作为适当的灾害规划、紧急应对和恢复的基础;⑥遗产的日常维护方案应结合文化遗产面临风险的角度;⑦遗产所有者或用户应当直接参与应急预案;⑧紧急情况下要优先保护文化遗产的特色;⑨灾难后应该尽一切努力来保留、修缮遭受损害的结构或功能;⑩保护原则适用于灾害规划、应对和恢复的所有阶段。❶

2) 风险管理

一般意义上的风险管理是以风险分析为基础的,主要分四个基本步骤:①确认风险;②评估每一个风险的程度;③确定可能的减灾战略;④评估每个战略的成本和效益。❷ 其组成及过程如图 2.1 所示。

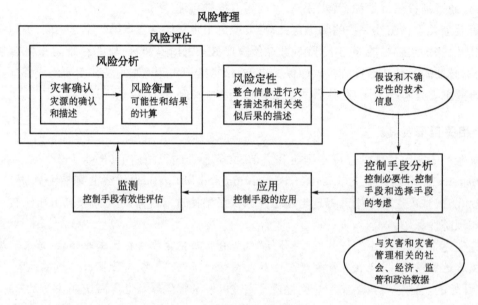

图 2.1　风险管理的分析图

目前对文化遗产的风险管理的研究主要是基于风险管理的一般方法再结合文化遗产保护领域的相关原理进行的。在 2006 年日本立命馆大学举办的文化遗产与风险管理的国际培训课程上,该大学的访问学者 Rohit Jigyasu 先生做了《文化遗产的风险管理的原则》(*Principles of Risk Management of Cultural Heritage*)的报告,指出:"文化遗产的风险管理不仅包括灾前预防,还包括应急预案和灾后长期重建,风险管理有必要了解灾害产生的原因,应该将文化遗产的风险管理融入到日常维护和管理规划中去。"❸

3) 防灾减灾

现有的关于防灾减灾的概念主要有:"防灾减灾是一个复杂的、综合的系统工程,它是基于对灾害产生的原因和成灾过程的了解基础上的。所谓防灾,就是尽可能地防止灾害的发生以及防止受灾区所发生的灾害对该区造成难以控制的危害和不良影响。所谓减灾,包含了两重含义:一是指采取措施以减少灾害发生的次数和频率;二是指要减轻灾害对受灾区所造成的影响。减灾系统工程是一个由多种减灾措施组成的有机整体,主要包括灾害监测、灾害预报、防灾、抗灾、救灾和灾后重建等多个环节,每个环节又包括若干个相互联系的子系统。其中,防灾是在灾害发生前采取的避难性措施,防灾措施主要有规划性防灾、工程

---

❶　STOVEL H. Risk preparedness: a management manual for the world heritage [M]. Rome: ICCROM, 1998

❷　Robert R. Waller. Risk management applied to preventive conservation. [EB/OL]. [2010-4-1] http://museum-sos.org/docs/WallerSPNHC1995.pdf. 2010-5-1

❸　http://www.rits-dmuch.jp/en/unesco3.html, 2010-5-1

性防灾、技术性防灾、转移性防灾和非工程性防灾：规划性防灾是指在进行规划和工程选址时尽量避开灾害危险区；工程性防灾是指在工程建设时，充分考虑灾害因子的影响程度来进行设防，包括工程加固以及避灾空地和遇难工程、避灾通道的建设等；技术性防灾是指运用科学技术来抵制灾害的侵袭，如工程结构中采用隔震、耗能减震及振动控制技术来避震；转移性防灾是指灾害预报和预警的前提下，在灾害发生之前把人、畜及动产转移至安全地方；非工程性防灾措施是指通过灾害与减灾知识教育、灾害与防灾立法、完善防灾组织等措施达到防灾效果。"❶

　　最近几年国内有学者提出文化遗产的防灾减灾，如中国灾害防御协会副秘书长金磊先生于 2007 年开始撰文呼吁文化遗产的防灾减灾工作，他提出"文化遗产保护的防灾减灾对策，重在强化、普及安全文化教育。要同时在文博界、建筑界、安全与环保界开展以提高从业人员安全文化素质与能力为中心的防灾减灾教育，强化古建筑文化遗产保护工程的监理制度。只有做好这些基础工作，才能有效展开文化遗产的防灾减灾工作：对不同文化遗产进行灾害易损性分析；根据不同文物的重要性进行灾害风险区划研究；确定防灾减灾设防的重点及文物保护的加固标准；进一步研究具有文化遗产价值的工程项目的防灾减灾设防问题等"。❷ 后来也有其他学者讨论文化遗产的防灾减灾思路和方法，但更多是直接套用防灾减灾系统工程的思路，并没有结合文化遗产的特色深入展开。❸

4）比较分析

　　风险防范、风险管理和防灾减灾这三个方面的研究都是以风险灾害分析为基础的，这三个概念用在文化遗产保护领域，主要是针对文化遗产面对风险灾害，特别是大型自然灾害和人为事故时提出的处理措施，旨在通过事先规划和系统管理防止或降低文化遗产遭受风险灾害的破坏。其中，防灾减灾较为通俗，使用最为频繁。最近几年，风险防范和风险管理都被纳入了防灾减灾系统的研究范畴。

　　相对于这三个概念，建筑遗产的预防性保护现有实践更关注微观层面的具体措施，虽然也强调宏观层面的规划和管理，但仅仅是提及而已。导致这样的定位是有历史原因的：一方面，对预防性保护较早进行系统研究的是博物馆文物保护领域，关注的都是单体文物本身；另一方面，RLICC 提出建筑遗产的预防性保护概念是基于当地 Monumentenwatcht 机构近 30 年的古建筑维护监测经验，该机构关注的基本都是单栋建筑本体。风险防范、风险管理和防灾减灾这三个方面的研究都是以风险灾害分析为基础的，而目前建筑遗产的预防性保护主要侧重于对遗产本身损毁机制的研究，通过监测等技术手段对材料和结构方面的损毁类型、原因和过程进行研究，在此研究基础上，选择采取日常维护以及干预小的相应措施防止遗产破损，从而避免破损后的大规模保护修复工程。我们知道，若要对建筑遗产的预防性保护进行系统研究，仅仅对损毁机理的研究是不够的，而风险防范、风险管理和防灾减灾中强调的事先规划和管理以及风险分析的方法则有着很大的启发作用。

2.3.3　结合预防性保护的特点谈谈本文对建筑遗产的预防性保护的定义

1）预防性保护的特点

　　有关学者结合预防性保护的相关实践以及与其他保护方法的比较，对预防性保护的特点进行了分析总结，主要概括出以下几点：①预防性保护关注整体胜于单体，强调不作为胜于作为，强调事先行动胜于事后反应行动，注重长期效果胜于短期效应；②预防性保护通常不包括对遗产外在形象的改进，相对于其他立竿见影的保护工程，预防性保护的效果不是很明显，从短期看，这意味着投钱进去却不能马上见到效果，因此往往很难得到支持；③预防性保护在于防止或减少破损，由于破损往往只有长时间后才被察觉，其破损率很难被量化，预防性保护的作用也很难被量化，由此预防性保护更容易从理论上被理解和接受，而不是在具体实践中；④预防性保护强调保护态度和习惯的改变，它并不总是需要昂贵或复杂的技术支持，在

❶　周云，李伍平，浣石. 防灾减灾工程学［M］. 北京：中国建筑工业出版社，2007：13-15
❷　金磊. 古建筑文化遗产保护呼唤防灾减灾［J］. 规划师，2007（5）：86-87
❸　李宁，苏经宇，郭小东，等. 文化遗产防灾减灾对策研究［J］. 中国文物科学研究，2009（4），47-49

很多情况下,只需要应用常识就能实现;⑤预防性保护的跨学科性,其成功实施需要多方合作。❶

2) 本文对建筑遗产的预防性保护的定义

　　建筑遗产的预防性保护是指防止遗产价值丧失和建筑结构破损的所有行动,它基于信息收集、精密勘查、价值评估和风险评估等来确定建筑遗产面临的风险因素,通过定期检测和系统监测等方法分析掌握遗产结构的损毁变化规律,通过灾害预防、日常维护、科学管理等措施及时降低或消除各种风险,使建筑遗产一直处于良好的状态以避免盲目的保护工程,最终实现建筑遗产的全面保护。预防性保护基于的基本理念是:建筑遗产的损毁破坏是可以通过控制引起损毁破坏的主要因素得以降低或消除的,而对遗产价值和结构破损规律的全面科学的认识能帮助识别和确定各类引起遗产损毁破坏的风险因素。预防性保护的相关行动主要包括:①灾害预防——以防止自然灾害和人为灾害的破坏;②针对遗产所处环境以及遗产本体损毁变化的系统监测,以分析引起遗产结构破损的环境因素以及遗产结构和材料的损毁规律,并以此为依据选择确定科学的保护方法技术;③定期检测和日常维护——以及时消除结构隐患,以防止不必要的保护工程;④预防文化的构建和管理方法的正确到位——以预防人为因素破坏。预防性保护需要管理者、所有者、用户、周边居民及其他相关者的共同参与,也需要传统工艺、传统材料以及现代先进技术的共同介入。预防性保护的影响主要体现在三个方面:价值层面——有助于保留材料技术的原真性和整体性;经济层面——有助于形成科学经济的保护管理战略;社会层面——有助于促进社区公众参与遗产保护。

　　预防性保护是一种新的保护战略,它意味着保护态度、习惯、方法和思维的多方面改变,它由过去的"保护为主"转为提倡"预防为主",关注对象也由原来的"已经破损的建筑遗产"转为关注"现状良好或者可能面临损毁的建筑遗产";具体到工作思路,最大的变化在于基础调研和评估模式两个方面,基础调研强调高精密性和病害记录,评估模式则由原来的基于价值评估为主转为价值评估和风险评估并重;工作重点则由原来依赖于损毁后的抢救性保护工程转为强调灾害预防、系统监测和预防性维护,它鼓励传统工艺和现代技术的共同使用,提倡构建自觉性的全民预防文化,鼓励社会公众的共同参与和正确到位的日常管理。

---

　　❶　参考以下几篇文章的相关内容翻译整理而成:(1) Jeffrey Levin. Preventive conservation [EB/OL]. GCI Newsletter, 1992, 7(1) http://www.getty.edu/conservation/publications/newsletters/7_1/preventive.html, 2010-4-28;(2) Preventive conservation[EB/OL]. http://www.getty.edu/conservation/education/prevent/index.html, 2010-4-28. (3) Kathleen Dardes. Preventive Conservation Courses [EB/OL]. GCI Newsletter, 1995,10(3)http://www.getty.edu/conservation/publications/newsletters/10_3/feature1_1.html # prevent, 2010-4-28.

3 建筑遗产的预防性保护的框架及内容

3.1 建筑遗产的预防性保护的框架图

本章就相关信息的收集、建筑遗产的精密勘查、风险评估、灾害预防、监测和日常维护等方面展开阐述,关于人为行为风险预防的相关内容,则在第 7 章进行相关讨论。

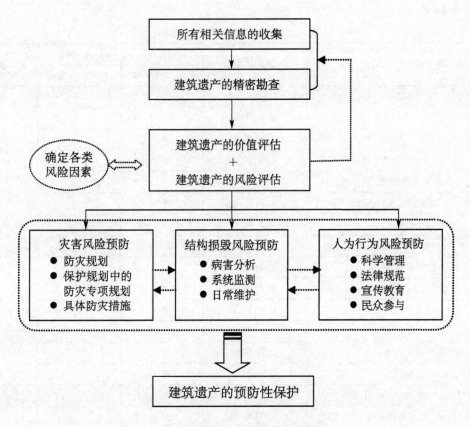

图 3.1 建筑遗产的预防性保护框架图

3.2 所有相关信息的收集

所有相关信息的收集是进行建筑遗产预防性保护的一项基础性工作,也是进行精密勘查的前提性工作,它主要包括历史文献收集、所在环境的相关信息收集以及与管理相关的信息收集等几个方面。具体而言,(1)历史文献收集,需要关注与环境灾害和影响遗产结构相关的资料,它包括:①与历史环境相关的信息——建筑遗产所在区域的地震、雷击、洪水、风灾等自然灾害的史料,所在区域的地质构造和水文地质史料,所在区域的气象史料;②与历代修缮改建或改造工程相关的史料(也包括历代使用功能的资料)——各个时期的测绘图,文物调查、勘探、发掘的相关资料和报告,所在区域其他同类建筑的样式特征;③其他间接史料——地方志、史书、碑记石刻、老照片、契约文书、曲艺传说、民歌民谣、文学作品等其中的相关记载。(2)所在环境的相关信息收集,关注与自然灾害、人为灾害等方面相关的资料,它包括:所在区域的地震烈度和场地类别,环境污染(如水污染、有害气体污染、放射性元素污染等),工程地质和水文地质资料,近期气象资料,地下资源开采情况,植被分布和动物活动情况等。(3)与管理相关的信息收集,它包括:①定期检测维护的相关信息——定期检测工作、临时修补工程和防渗防潮工程的相关信息;②防灾设备管理——所在区域的火灾隐患分布和消防设施,电线线路的安全防护措施和检查维修制度,防雷装置的现状,防止车辆碰撞的设施(若建筑遗产位于交通要道)等;③游客管理——对游客结构(年龄、受教育程度、职业、籍贯等)、游客行为、游览频率和游客意见等方面的统计,关注可能对建筑遗产造成损害的游客行为;④员工管理;⑤对使用功能调整和经济效益的分析;⑥对影响保护的其他社会因素的记录分析——通过问卷调查和访谈了解当地民众的需求以及对建筑遗产保护的认知。

由于信息种类的众多繁复,可考虑制定具体的工作计划(见表 3.1),以方便确定各种信息的记录形式、标准要求(精确度或工作深度)、工作方式、费用预算等方面,从而保证所有信息的正确有效的收集。计划表众多项中,费用预算因项目不同而不同,因此只列出需要开支费用的子项,每个子项的具体费用可根据项目总预算来确定。

表 3.1　信息收集的工作计划表

信息种类		记录形式	精确度要求			工作方式		费用预算
			低	中	高	野外	室内	
历史文献收集								
与历史环境相关的信息	自然灾害史料	文字,图表			●		√	包括资料查询费、资料打印费、通讯交通费、人工费等,以资料查询费为主
	地质史料	文字,图纸		●			√	
	气象史料	文字,图表		●			√	
历代修缮改建或改造工程的史料	本体修缮/改建/改造的史料	文字,图纸,照片			●	√	√	
	同时期同区域的普遍建筑样式	文字,图纸,照片		●		√	√	
其他间接史料		文字,图片	●				√	
所在环境的相关信息收集								
地震烈度和场地类别		文字,图表			●		√	包括资料购买费、通讯交通费、人工费、打印费以及少量勘查费等,以资料购买费为主
工程地质和水文地质		文字,图表		●		√	√	
环境污染		文字,图表		●			√	
近期气象资料		文字,图表			●		√	
地下资源开采情况		文字,图表		●			√	
植被分布和动物活动		文字,照片		●		√		
与管理相关的信息收集								
定期检测维护的相关信息	定期检测的工作	文字,图表,照片			●	√	√	包括人工费、通讯交通费、建筑材料等,以人工费为主
	防渗防潮工程	文字,照片			●	√	√	
	临时修补工程	文字,照片		●		√	√	
防灾设备管理	火灾隐患分布和消防设施	文字,图纸,照片			●		√	包括通讯交通费、人工费、打印费等,以人工费为主
	电线线路的安全防护措施	文字,照片			●	√	√	
	防雷装置	文字,照片			●	√	√	
	防止车辆碰撞的设施	文字,照片		●		√		
	其他	文字,照片		●		√	√	
游客管理		文字,图表		●			√	包括人工费、资料费、通讯交通费等,以人工费为主
员工管理		文字		●			√	
对使用功能调整和经济效益的分析		文字,图表,图纸	●				√	
对影响保护的其他社会因素的记录分析		文字,图表		●		√	√	

3.3　建筑遗产的精密勘查

勘查是了解和研究建筑遗产的基本方法,与勘查相关的常见说法有:文物调查、现状勘测/勘察、工程勘查、建筑测绘等。本文用精密勘查一词,旨在强调基于预防性保护要求的勘查应该达到的深度和精确度都要高于普通勘查。

3.3.1　精密勘查的内容

建筑遗产的精密勘查主要包括对建筑遗产的现状结构体系和残损情况的全面记录。现状结构体系部分包括:①整体结构、各个构件及其连接的尺寸和时代属性;②建筑材料的品种规格;③承重构件、主要节点和连接处的强度、弹性和受力等性能;④彩绘、雕塑等建筑装饰的专门记录。残损情况部分主要包括:①结构的整体变位,包括建筑物的荷载分布、地基基础、整体沉降或不均匀沉降、倾斜、位移、扭转等方面;②承重构件的材质状态——"木材腐朽、虫蛀、变质的部位、范围和程度,对构件受力有影响的木节、斜纹和干缩裂缝的部位和尺寸",有过度变形或局部损害构件的强度和弹性;③承重构件的受力状态——受弯构件(梁、枋、檩、椽、楞木等)的挠度和侧向变形(扭转),"构件折断、劈裂或沿截面高度出现的受力皱褶和裂纹,屋盖、楼盖局部塌陷的范围和程度",柱头位移、柱脚与柱础的错位、柱脚下陷,斗拱的变形、错位及其构件或连接的残损程度;④主要连接部位的工作状态——"梁、枋拔榫,榫头折断或卯口劈裂,榫头和卯口处的压缩变形,铁件锈蚀、变形或残缺";⑤历代维修加固措施的工作状态——"受力状态,新出现的变形或位移,原腐朽部分挖补后重新出现的腐朽,因维修加固不当对其他部位造成的不良影响"❶;⑥建筑表面材料的损毁情况,包括油漆、彩绘等的褪色、变色、氧化及其传统工艺技术。

3.3.2　精密勘查的方法技术概述

现状结构体系的勘查,即建筑测绘,所用方法技术主要分为传统的测绘方法和新型的数字式测绘技术,各种测绘方法和技术设备能达到的精确度一般分为低、中、高三个层面,以平面/剖面和重要节点部分的图纸精确度为例:低精度一般为草图,它可以是不按比例的草图;中精度则是平面/剖面的精确度为±10 cm,重要节点的精确度为±2 cm;高精度则是平面/剖面的精确度为±1 cm,重要节点的精确度为±2 mm。❷ 图 3.2 为各种测绘工具及其对应的精确度比较,另外,要正确使用各种仪器设备,需要掌握不同的技能,表 3.2 则是测绘仪器及其需要的技能总览。一般而言,精度要求越高,所需要的仪器设备越昂贵,测绘所需工作时间和费用也会越高。

在选择具体的测绘工具时,要基于建筑遗产本身的特点、项目要达到的具体目标和费用预算及其他方面的限制这几个方面综合考虑。近几年,三维激光扫描仪在国内建筑遗产测绘领域备受关注。作为一种新技术,其最初使用于建筑遗产测绘的主要缘由是:国外大量建筑遗产的体量大,对它们的测绘往往需要搭建大量的脚手架,而搭脚手架的费用很高,往往会占总保护费用的 70%~80%,三维激光扫描仪的引进,可以实现不用脚手架而进行高效率高精度的测绘,由此节省了大量的保护费用。我们知道,相对于国外,国内建筑遗产的体量要小得多,测绘也不需要搭大量脚手架,三维激光扫描仪的引进更大程度上是因为其测量的高精确性,但其设备的昂贵和后期数据处理的大量工作使高精确性的代价过大,不仅增加了相关费用也从一定程度上降低了测绘的效率,这不适应国内遗产保护经费有限和保护工程急迫的现实;同时,由于国内大部分建筑遗产单体为木构建筑或砖木混合型建筑,柱子、斗拱和屋架向来都为勘查重点,但三

---

❶　国家技术监督局,中华人民共和国建设部. GB 50165—92 古建筑木结构维护与加固技术规范[S]. 北京:中国建筑工业出版社,1992:5-7

❷　LETELLIER R. Recording, documentation, and information management for the conservation of heritage places [M]. Los Angeles: The Getty Conservation Institute, 2007:40

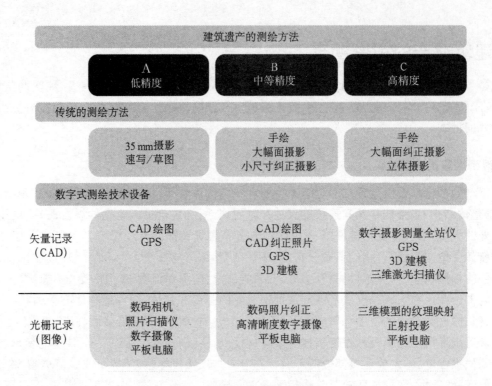

图 3.2　建筑遗产的测绘方法

表 3.2　建筑遗产的测绘技术总览表❶

		产品	用途	典型的输出比例	典型的范围	需要使用的软件和技能
间接的						
摄影测量法 (Photogrammetry)	2D	卫星图像 (Satellite Imagery)	遥感	1∶5 000		后处理和三维建模软件＋专业三维 CAD / GIS 的技能
	3D	立体像对 (Stereo Pairs)	现状记录和灾害前记录	1∶20～1∶200	5～50 m	相机校准，精确控制数据
	3D	线框 CAD 图纸 (Wire-frame CAD Drawings)	绘制每块石头，记录地形			
	2D	正投影照片 (Orthophotograph)	记录,工程进度			摄影测量绘图系统，经验丰富的操作者＋图像判读技术，图像处理，CAD 和三维建模＋CAD 技能
	3D	数字高程模型 (Digital Elevation Models)	状态监测，建模和逆向工程，视觉效果	1∶5～1∶50		
激光扫描 机载激光雷达 (Airborne Lidar) 地面扫描仪 (Terrestrial Scanner) 人工制品扫描仪 (Artefact Scanner)	3D	点云 (Point Clouds)	勘查地形，二维曲面造型	1∶50～1∶100	5～200 m	扫描仪，后处理和三维建模软件，逆向工程软件＋专业三维 CAD 技能
			副本部件和铸件 (replica components and castings)	实际大小～1∶10	0.5～2 m	
纠正摄影 (Rectified Photography)	2D	缩放图像 (Scaled Images)	情况记录和评估,工程调度	1∶20～1∶50	5～50 m	度量相机或非公制相机，精确控制数据或缩放信息，修正软件

❶　LETELLIER R. Recording, documentation, and information management for the conservation of heritage places [M]. Los Angeles: The Getty Conservation Institute, 2007:87

续表 3.2

		产品	用途	典型的输出比例	典型的范围	需要使用的软件和技能
直接的						
素描(Drawing)	2D	速写/草图	诊断,支持三维建模	—	0～30 m	熟练的草稿人＋CAD技能
		测绘图纸	平面,剖面等	1∶20～1∶50		
校平电子测距仪(Leveling EDM)	3D	精密水准测量(Precise Leveling)	结构监测等	1∶20～1∶50	1～30 m	熟练的调查人员＋监测制度
		点数据(Point Data)	地形模型	1∶50	5～100 m	电子测距仪组合＋野外工作的CAD单元＋CAD技能
		线框CAD图纸(Wire-frame CAD Drawings)	平面,剖面等			
		控制数据(Control Data)	监测和数据集成度量	1∶20～1∶500		电子测距仪组合＋专业勘测技能
GPS	3D	点数据(Point Data)	地形模型	1∶100	20～500 m	GPS组合＋专业勘测技能
		线框CAD图纸(Wire-frame CAD Drawings)	控制数据,场地总平面,地形勘测			

维激光扫描仪能否用于这些方面的精密勘查值得质疑❶。基于此,三维激光扫描仪在国内木构建筑遗产测绘勘查的推广应用需要慎重,而其他同等精度的技术设备(如全站仪、数字摄影等)在国内建筑遗产测绘方面的适用性倒是值得进一步关注的。

　关于残损情况的勘查,尤其需要对建筑构件受力状态和建筑材料内部残损进行勘查,其时除了使用测绘工具之外,还需要借助必要的检测技术。对建筑遗产构件受力状态的勘查,往往需要借助于力学试验和必要的结构计算(如受弯构件的挠度计算等),而现今相关标准大部分是针对现代建筑设计的,因此,在进行相关试验和结构性能计算时,要充分利用所查阅到的相关历史信息以及传统的保护经验,并适当参考现行相关保护规范(如《古建筑木结构维护与加固技术规范》、《木结构设计规范》等)。关于建筑遗产内部残损的勘查,应优先考虑无损检测技术,当没有合适的无损检测技术而又必须对遗产结构内部做检测的时候,可以使用一些特殊的仪器设备做抽样和检查,这些方法可能会对建筑遗产造成微小的损害,被称为微创检测技术。建筑遗产材料内部残损的常见检测技术如表3.3。

表 3.3　适用于建筑遗产的材料残损情况勘查的检测技术❷

名称		原理	功能	局限性
无损检测技术	X射线摄影	利用射线穿透不同部位时吸收和衰减效应的不同并根据感光底片上的图像,直观地判定内部缺陷	可以得出内部缺陷的清晰三维图像,缺陷识别精确度可达95%以上	停留在实验室阶段,鉴于古建筑结构现场的复杂情况,以及现场防护的难度,该项技术在短期内难以进入实用阶段
	微波检测法	利用微波在不同介质中传播速度和衰减速度不同,研究不同部位和不同方向的差异,测定内部缺陷	测定内部缺陷,可以测定木材含水率、密度及木材纹理等	该方法检测时受木材含水率的影响较大
	红外线检测法	利用材料中极性基团或水分子对红外光能量的吸收强弱来判定该物质的数量多少或疏密程度	测定材料内部含水率	是一种尖端的军用技术,进入民用仍需时日

❶ 三维激光扫描仪允许的误差范围为 6 mm,而这个范围的误差却不允许其用于斗拱的测量。
❷ 陈允适. 古建筑木结构与木质文物保护[M]. 北京:中国建筑工业出版社,2007:15-18

续表 3.3

名　称		原　理	功　能	局　限　性
无损检测技术	超声波检测法	利用材料弹性模量(E)与超声波在材料中传播速度的平方(C^2)与介质密度(p)成正比的关系,借助一起检测数值,计算出材料的弹性模量	根据弹性模量与木材力学性质的正相关性,估算出被测材料的机械强度	现在已有便携式超声波探测仪,但仍存在着一定问题,如探测头与木材介质之间的耦合难题
	机械应力检测法	采用机械方法施加恒定变形(或力)于被测试件上,测得相应的荷载(或变形),由计算机系统计算出试件的性能	测算弹性模量和抗弯强度	工业中已用,建筑遗产结构的现场检测尚未见应用实例
	应力波检测法	利用应力波传播速度与材料弹性模量之间的相关关系计算材料的弹性模量,并最终估算出力学强度	通过处理可以得出木材内部开裂、节疤和腐朽等缺陷的相对准确的三维图像	目前已开发出多个探头的现场使用的专用设备
	核磁共振法	利用材料内部的极性分子或水分子对核磁共振光谱的吸收性质,形成核磁共振图谱或图像,从而直观地了解材料内部缺陷	测定材料内部含水率、腐朽程度等	该方法费用高,现场维护困难,目前仍停留在实验室阶段
微创检测技术	Pilodyn 检测仪	在固定力作用下,将微型探针(直径2 mm)打入木材内部,进针深度说明了木材的软硬程度	与标准健康材对比判定木材的腐朽程度	由于木构古建筑通常有地仗和彩绘层,影响了 Pilodyn 使用的准确性;由于针头很细,它仅是对木材表面腐朽情况的检测
	阻力检测仪	将直径 1.5 mm 的微型探针,靠软轴驱动将探针钻入木材内部(最深可达 100 cm),探针前进时所遇阻力不同,可绘制高低不同的曲线,可清晰反映木材年轮、早晚材的变化。遇到特殊情况,如节疤、腐朽时反映为过高、过低曲线和数值	可以通过计算机分析处理绘制出进针平面木材内部缺陷的二维图形,用以直观地确定木材内部缺陷的程度和范围	该种方法成功应用于故宫木结构材质状况的勘查,解决了多年未能做到的立柱内部及檐柱墙内部分材质勘查的难题
	生长锥	是一种手动(或电动)地空心钻,直径5～6 mm,钻入木材内部,取出一个完整的木芯,凭肉眼观察可以确定缺陷的程度和种类	用于木构件内部腐朽程度的检查	钻取的洞较大,为不影响构件的承载力,一般做法是取样后经防腐剂浸泡过的木条塞入孔洞内,表面用腻子和油漆复原

　　近年来,建筑遗产保护领域较多使用的无损检测技术有红外热像技术、数字化放射线透视技术等,红外热像技术可用于建筑遗产潮湿检测,其原理是通过扫描建筑表面材料断定温差,进而通过红外线定位墙和屋顶中的潮湿部位,其优势在于可以提供实时图像,且图像可从离探测对象一定距离之外获得。它能提供精确的表面温度测量,可用 256 色显示来表现墙体或其他部位损害的温度不规则状况。红外热像技术也可用于蚁害检测,因为白蚁的集体代谢活动和白蚁巢穴大量滋生场所的温湿调控都会产生热量,导致蚁巢与其周围环境的温度不同;另外白蚁在建巢时也会产生大量湿气,这些都为红外热像技术在蚁害检测方面提供了可能性。● 数字化放射性透视技术主要以 X 射线技术为主,表 3.3 中已叙述。

　　现今也出现很多针对结构整体变形移位的新型检测技术(如新型地基沉降监测仪等),但由于很多检测工具针对的主要是混凝土等结构,所用设备很多时候并不适用于以砖、木为主要建造材料的建筑遗产,由于建筑遗产保护有着特殊的要求,因此在选择好适当的仪器后需要结合建筑遗产保护的相关标准对设备做相应的改进。另外,对于建筑遗产表面材料残损情况的勘查则往往需要取样进行化学分析,在了解其成分组成和工艺技术的基础上结合所在环境的空气因素对残损情况和原因进行分析。

3.3.3　精密勘查的结果记录

　　现今国内建筑遗产现状勘查的结果记录主要包括现状情况说明书、建筑测绘图纸、地质勘查图纸、照片影像资料等,其中,建筑测绘图纸以 CAD 绘制的二维线图为主,侧重于对建筑结构体系的表达,而对残损情况的表达则局限于在测绘图纸上加上文字和节点照片的简易说明以及在现状情况说明书中对残损情况的专项说明。基于精密勘查的要求,这样的记录方式显然是不够全面细致的。要实现对建筑遗产现状结构体系和残损情况的全面记录,应在文字说明的基础上充分利用精确全面的图纸表达,现有的 CAD 二维线图用于表达结构样式是可以的,但对结构现状和残损情况的充分表达是不够说服力的。基于精密测绘技术的使用,这里着重从以下几个方面谈谈精密勘查的图纸表达(关于文字说明和表格记录等方面在本书第 8 章会有叙述,这里不再赘述)。

1)"二维线图＋正投影照片"的图纸表达

此种表达方式是指在 CAD 二维线图的基础上附以对等比例的正投影照片,尤其适用于对建筑遗产立面现状的说明,比单纯的 CAD 立面图要形象和真实很多(图 3.3 左);

如果再附以节点照片和文字说明,此种图纸表达也极其适用于说明建筑构件的损毁情况(图 3.3 右)。要完成这样的图纸表达,需要使用正投影照相和修正照片法(见表 3.3)。

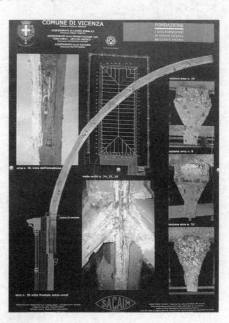

图 3.3 "二维线图＋正投影照片"的立面表达示意图 [本图为意大利维琴察大会堂(Basilica Palladiana)的局部立面以及屋顶横跨构件现状]

2)建筑表面残损情况的图纸表达

对于建筑表面残损情况的记录,可基于建筑遗产的病害分类(见本书第七章相关内容),并结合现状测绘图纸,采用细部节点照片、残损现状立面大样图和文字标示三者结合的方式进行图纸表达(见图 3.4)。由于建筑遗产残损情况分布复杂,在图纸上不可能完全反映残损范围和所有的残损构件,必须辅以残损情况调查表以及相关文字说明(本书第 7 章会有相关内容)。此类图纸表达比较适用于建筑立面、平面、屋顶仰视平面等表面残损情况的记录。

3)三维图纸表达

以上两种表达方式均为二维图纸,在条件允许的情况下,可通过三维图纸来说明建筑遗产现状和残损情况,以更加直观形象地表达残损的分布及其范围(见图 3.5)。

图 3.5 主要表达的还是表面残损分布,而针对建筑遗产残损情况的三维表达,应在三维建模时将现状勘查中发现的裂缝、腐朽、磨损等病害表达出来,指出其各自的分布位置和范围,在三维模型的基础上再采用细部节点照片、残损现状立面大样图和文字标示三者结合的方式进行图纸表达。另外,三维激光扫描技术可实现对建筑遗产残损病害情况的三维表达,如梁变形、柱移位等结构性病害,虽然前文提到三维激光扫描技术在木构建筑遗产勘查方面的使用值得慎重,但三维扫描针对变形、移位等结构性病害的勘查及其三维表达所能达到的精确度是普通测绘和三维建模无法达到的。

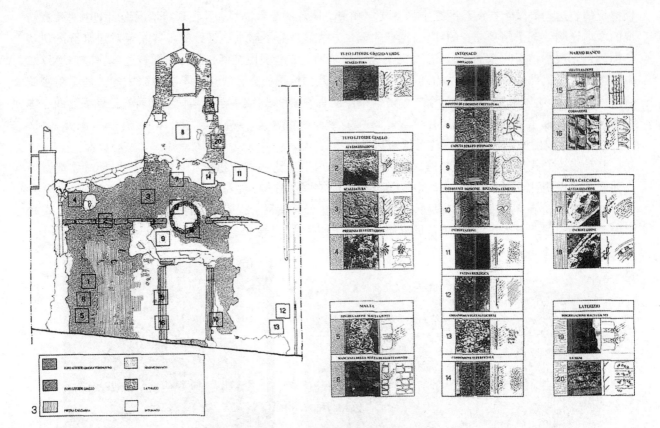

图 3.4   意大利某古建筑墙面损毁状况示意

图 3.5   莫高窟第 85 窟壁画残损分布示意

3.4   建筑遗产的风险评估

通常意义上的保护是基于以价值评估为核心的专项评估(通常包括价值评估、利用评估、现状评估和管理评估几项)开展工作的,而建筑遗产的预防性保护则提倡价值评估和风险评估并重的评估模式。通常意义上的风险评估是指在风险识别的基础上,综合所有相关信息对风险发生频率、可能性后果及其影响程度进行分析,主要包括风险识别和风险影响分析两个方面❶。建筑遗产的风险评估是基于专项评估(尤其是价值评估)并借助于常用的风险评估方法,科学全面地认识建筑遗产面临的各类风险因素,并分析不同

---

❶ 刘钧.风险管理概论.北京:清华大学出版社,2008:92

风险因素对建筑遗产价值及本体结构造成损毁或破坏的不同程度,旨在以此为依据制定相应的预防性保护措施。

3.4.1　风险识别的概念和方法

风险识别就是收集有关风险因素、风险事故等方面的信息,发现导致潜在破损的风险因素,它包括发现或调查风险源、认知风险源、预见危害、确认风险因素与风险事故之间的关系几个方面。风险识别的方法主要有:清单列举法、现场调查法、流程图分析法、因果图法和事故树分析法等❶。下面逐一介绍这几种方法:

1) 清单列举法

清单列举法主要通过清单表来识别面临的各种风险源,常见的清单表是按照直接风险、间接风险和责任风险三大项编制的。清单列举法虽然能够比较全面地列出风险源,但它不可能概括面临的特殊风险。❷

2) 现场调查法

现场调查法比较常用,通过现场直接观察相关设备设施,了解管理方式和利用活动,调查存在的风险隐患,它包括:①调查前的准备工作——确定调查时间、地点和对象,制定事实检查表、回答问题检查表和责任检查表等表,确定需要询问的问题;②现场调查和访问——现场每个角落的调查,同工作管理人员的交流沟通,密切关注极易产生风险的地方,提出粗略的整改方案;③撰写调查报告——说明各个建筑的用途,极易引起风险的活动的说明,照明、供热供电系统的情况,消防器材的具体情况,对消防器材的维护保养和定期检测情况的评价,管理水平的评价,消除或减少风险隐患的建议等。❸

3) 流程图分析法

流程图法是将遗产的保护管理过程绘成流程图,并针对流程中的关键环节和薄弱环节调查风险、识别风险的方法。绘制流程图的具体步骤为:①调查保护管理活动的先后顺序;②分清流程中的主要活动和次要活动;③先绘制流程图的主体部分,再加入分支和循环。由于流程图只注重过程,不注重引发风险事故的原因分析,因此流程图往往需要和流程图解释表相结合,对每个阶段可能发生的事故、导致事故发生的原因和可能产生的结果进行阐释说明,这样才能全面准确地识别风险。❹

4) 因果图法

因果图法❺是一种用于分析风险因素与风险事故之间关系的方法,导致风险事故的原因可以归纳为类别和子原因,可以画成类似鱼刺的图,因此,因果图又称为鱼刺图(图 3.6)。其绘制过程为:"①确定风险事故;②将风险事故绘在右侧,从左至右画一个箭头,作为风险因素分析的主骨,接下来将影响结果的主要原因作为大骨,即为风险识别的第一层次原因;③列出影响大骨的原因即中骨,作为风险分析的第二层次原因,用小骨列出影响中骨的原因,作为为第三层次原因,依此类推;④标出对风险事故产生显著影响的重要因素并作记录。"❻在绘制因果图时确定的原因应尽可能具体。

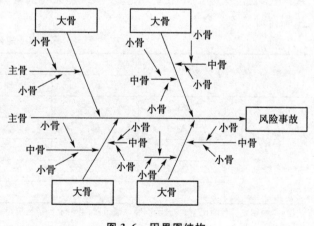

图 3.6　因果图结构

❶　刘钧.风险管理概论[M].北京:清华大学出版社,2008:37-39
❷　刘钧.风险管理概论[M].北京:清华大学出版社,2008:39-40
❸　刘钧.风险管理概论[M].北京:清华大学出版社,2008:45-49
❹　刘钧.风险管理概论[M].北京:清华大学出版社,2008:61-64
❺　因果图法是日本东京大学教授石川馨于1953年首次提出的。
❻　刘钧.风险管理概论[M].北京:清华大学出版社,2008:65-66

5) 事故树分析法

"事故树法就是从某一事故出发,运用逻辑推理的方法,寻找引起事故的原因,即从结果推导出引发风险事故的原因。事故树分析常常能够提供防止事故发生的手段和方法。事故树法的理论基础是,任何一个风险事故的发生,必定是一系列事件按照时间顺序相继出现的结果,前一事件的出现是随后发生事件的条件,在事件的发展过程中,每一事件有两种可能的状态,即成功或者失败。"❶事故树分析法一般比较适合分析比较复杂系统的活动过程。

3.4.2　风险影响分析的方法

风险影响分析的方法主要有风险度分析法、检查表分析法、优良可劣分析法和矩阵图分析法:(1)风险度分析法——风险度分析是对风险事故发生的频率及其损害程度进行综合分析,一般来说,风险度可以分为 1 至 10 级,级别越高危险程度越大。(2)检查表分析法——"将检查对象按照一定标准给出分数,对于重要的项目确定较高的分值,对于次要的项目确定较低的分值,再按照每一检查项目的实际情况评定一个分数,每一检查对象必须满足相应的条件才能得到这一项目的满分,当不满足条件时,按一定的标准将得到低于满分的评定分,所有项目评定分总和不超过 100 分,由此就可以根据得分评价风险因素的风险度和风险等级。"检查表分析结果的准确性依赖于列举风险因素的全面性。(3)优良可劣分析法——优良可劣分析法是根据以往相关经验状况对风险因素列出全面的检查项目,并将每一检查项目分为优良可劣若干个等级,以此分析风险影响。优良可劣分析法比较直观且可操作性强。(4)矩阵图分析法——"矩阵图法是一种利用多维思考逐步明确问题的方法,就是从问题的各种关系中找出成对要素 $A_1 A_2 A_3 \cdots$ 和 $B_1 B_2 B_3$ $\cdots$,用数学上矩阵的形式排成行和列,在其交点上标示出 A 和 B 各因素之间的相关关系,从而确定关键点的方法,通过交点处给出行和列对应要素的关系和关系程度,可以大致判断出影响风险的关键因素。矩阵图分析法绘制过程可以分为:①列举出影响风险事故发生的各类风险因素;②确定风险因素的对应关系,找出具有对应关系的风险因素,此为建立矩阵图的基础;③根据成对风险因素的个数,确定合适的矩阵图类型,将具有对应关系的风险因素排列成行和列,将共同的风险因素放在图的中间位置;④在成对风险因素交点处表示其重要程度,一般用符号表示风险因素之间相互关系的重要程度,如用◎表示主要风险因素,用○表示次要风险因素,用△表示可疑风险因素(表 3.4);⑤针对主要风险因素采取必要的对策措施,并制作对策表。"❷

表 3.4　矩阵概念图❸

A		B				
		B_1	B_2	…	B_i	B_n
	A_1					◎
	A_2	○	◎			○
	…					
	A_i			○		△
	A_n	△			◎	○

注:◎表示主要风险因素;○表示次要风险因素;△表示可疑风险因素

3.4.3　建筑遗产的风险评估

1) 风险评估对建筑遗产的适用性分析

以上介绍的几种风险识别的方法各有长处,应结合建筑遗产的特点及保护工作的开展利用。现场调查法较为容易被理解;清单列举法可以帮助认清各种风险源也可以协助现场调查法中事先准备阶段的调

---

❶　刘钧. 风险管理概论[M]. 北京:清华大学出版社,2008：67-68
❷　刘钧. 风险管理概论[M]. 北京:清华大学出版社,2008：98-111
❸　刘钧. 风险管理概论[M]. 北京:清华大学出版社,2008：105

查表制定工作;流程图法可以清晰认识保护管理的各个阶段面临的风险因素,从而可以有的放矢地进行对应的预防措施;而因果图法和事故树分析法通过演绎分析导致风险事故的主次原因,将风险因素分为不同层次,基于此可确定不同保护措施的先后次序和相关保护工程的优先度。在风险识别的基础上进行风险影响分析,则有助于根据影响程度确定建筑遗产的保护工程和管理工作的重点,其中,风险度分析、检查表分析和优良可劣分析几种方法在分析风险影响程度的同时能够比较直观反映保护设施和日常管理工作存在的问题,而矩阵图分析则能对保护工程和管理工作中不同阶段或工序中的风险影响进行分析,从而可以针对性地采取预防措施以降低风险影响。除了采用以上一般风险评估的方法之外,建筑遗产的风险评估需要结合建筑遗产的价值评估进行,明确指出体现建筑遗产价值的不同元素面临的潜在风险因素及其影响程度应该是建筑遗产的风险评估工作的核心。

2)建筑遗产的风险评估及对应的预防措施概述

建筑遗产面临的主要风险有自然灾害风险、人为破坏风险、遗产结构自身老化损毁风险三大类:(1)自然灾害为不可控制的风险因素,其危害性极大,经常造成建筑遗产的毁灭性破坏,建筑遗产对自然灾害的预防关键在于区域性防灾规划的宏观控制以及具体预防措施的有力实施。(2)人为破坏为可控制性的风险因素,其危害性或大或小,但根据多米诺骨牌理论,小危害也易致大破坏,因此要从小治理,从根本预防。人为破坏通常是由管理不当引起,如管理决策失误、日常管理疏忽、保护措施不当、管理方法不当等,对其预防主要包括风险源的控制、风险预防文化的构建、风险预防知识培训和教育以及相关规章制度的制定等,以培养管理决策者、保护工程师、遗产使用者等所有相关者的风险意识和预防意识,科学和优化现有的保护管理模式。(3)遗产结构的老化损毁为自然规律,其风险势必一直存在,但可通过适当措施减缓结构老化速度以降低风险。结构老化损毁风险的预防需要基于对结构和材料老化及损毁规律的科学认识,而关于结构和材料的老化和极限寿命是目前的一个研究难题,在这种情况下,需要基于历史修缮经验总结出关于结构和材料老化的一定规律,并通过系统监测等现代技术深入探讨结构和材料的损毁变化规律,在此基础上研究并采取可行的预防措施。目前较为常见的是通过定期检测和及时的必要性维护预防结构老化损毁。

从灾害学的角度,常见的灾害分为自然灾害和人为灾害两大类。通常,自然灾害可以分为天文灾害、地球灾害和生态环境灾害,例如,臭氧层破坏、陨石冲击、电磁异常、辐射能变化等为天文灾害,病虫害、森林火灾、尘暴、大气污染、水体污染、水土流失、土壤盐渍化等为生态环境灾害。关于地球灾害,通常又分为气象灾害、水灾害和地质灾害,暴雨、雷击、雪灾、冰雹、霜冻、风灾、洪水等为气象灾害,地下潜流、海啸、潮汐海浪、建筑地基失稳等为水灾害,地震、山体滑坡、泥石流、地面沉降、火山爆发等为地质灾害。人为灾害可分为行为过失灾害、认识灾害、社会失控灾害和政治灾害,例如,火灾、爆炸、工程事故、核泄漏、车祸等为行为过失灾害,决策失误、观念守旧、科技负效应、生态平衡破坏等为认识灾害,人口膨胀、经济失控、城市膨胀、治安失控等为社会失控灾害,政治动乱、战争等为政治灾害。❶ 建筑遗产面临的灾害,因其所在区域地理环境的不同而不同,比较常见的对建筑遗产造成损害的有:暴雨、雷击、冰雹、风灾等气象灾害,海啸、地下潜流、建筑地基失稳等水灾害,地震、山体滑坡、泥石流、地面沉降等地质灾害,病虫害、尘暴、大气污染等生态环境灾害,火灾、工程事故、战争、政治动乱等人为灾害。对建筑遗产面临的各种灾害进行风险评估,主要包括对灾害的发生频率及高发期、可预测的难易度、次生灾害种类及引发率、可能带来的损害程度等几个方面进行评估。其中,发生频率与建筑遗产所在区域的地理社会环境相关,可预防的难易度、次生灾害种类及引发率与灾害种类相关,可能带来的损害程度与灾害类型、建筑遗产所在位置、建筑遗产的结

---

❶ 周云,李伍平,浣石.防灾减灾工程学[M].北京:中国建筑工业出版社,2007:4-5。关于自然灾害的分类,除了文中所提到的分类法,比较常见的还有从过程特性来分,自然灾害大致可以分为四种类型:(1)突变型,如地震、泥石流等,它们的发生往往缺少先兆,发生历时较短但破坏性很大,且可能在短期内重复发生;(2)发展型,如暴雨、台风、洪水等,它们的发生有一定的先兆,其过程具有一定的可估性,但发展速度也很迅速;(3)持续型,如洪水、病虫害等,其持续时间可能有几天到几个月到半年或几载的;(4)环境演变型,如水土流失、地面下沉、气候干燥化等,它们是自然环境演化的必然伴生现象,较难控制和减轻,但这类灾害往往具有较大的可预报性,可以采取一定的措施加以防止或延迟。

构材料以及建筑遗产的保护管理现状等方面相关。在进行具体的风险评估工作时,可以借助于表格的形式进行(如建筑遗产灾害的风险评估表),用以描述的语言要简易明确,以便使评估结果一目了然。例如,发生频率及高发期,要明确多长时间发生一次和高发期的时间;可预测的难易度分为可预测、有一定的预测性、很难预测和不可预测几类;次生灾害种类及引发率要明确指出次生灾害种类,其引发率可分为很高、较高、低和极低几类;可能带来的损害程度,可分为很严重、严重、中等、较低、很低和轻微几类,并具体描述每种损害情况。

3.5　建筑遗产的灾害预防

一般来说,灾害发生时涉及的空间范围往往是整个大区域,因此对于建筑遗产的灾害预防应该分三个层面开展:宏观层面——编制整个区域的建筑遗产的防灾规划,作为地方防灾规划的一个专项工作;中观层面——制定建筑遗产的保护规划时纳入防灾规划的战略思想,提出配合防灾规划实行的具体措施;微观层面——根据区域防灾规划的要求,采取针对性的预防措施,如结构加固以抗震、加强安防管理等。

3.5.1　制定建筑遗产的防灾规划

建筑遗产的防灾规划应该是城市防灾规划的一个专项规划,但目前"我国的城市规划中至今尚没有一个系统、综合的防灾减灾规划,有的发达城市也仅有单灾种规划"❶,在这种情况下,制定建筑遗产的防灾规划需要独立进行,可以从以下几个方面展开:

1) 明确建筑遗产防灾规划的目标、原则和主要内容

建筑遗产的防灾规划的最主要目标是预防或最小化灾害给建筑遗产带来的损害,除此之外的其他目标有:①防止灾害的链式效应,使灾害链易被中断,杜绝破坏后果扩散或次生灾害;②确保自然灾害发生时救灾防范行为的顺利进行;③与城市规划、历史文化名城保护规划相协调,促进并带动整个区域的防灾工作。

建筑遗产防灾规划的原则为:①防灾规划要最大程度上遵循建筑遗产保护的基本原则,应满足已有的关于建筑遗产防灾的相关管理规定❷等;②防灾规划应具有系统性和全局性。灾害的多样性及其链式效应要求防灾规划必须从整个区域环境出发,系统性、全局性地进行整体部署,统一防灾标准和协调防灾措施等;③建筑遗产的防灾规划应与区域环境保护规划、区域灾害应急预案等互相协调工作,采取的防灾措施必须遵循相关防灾减灾法律条例❸;④防灾规划必须定期补充和修订。主要是基于灾害的频繁发生和不可抗拒性。

建筑遗产的防灾规划的主要内容包括:①灾害的风险评估和灾害风险区划;②灾前预防措施和灾后应急措施;③各项专项规划——防火规划、防洪规划等;④投资预算等。

2) 编制建筑遗产的防灾规划

编制建筑遗产的防灾规划可以按照以下步骤进行:

(1) 调查分析

① 灾害调查分析——调查历史上发生过的灾害,分析灾害发生的规律(发生原因、频度、烈度、地域分布等)。

② 区域资源概况调查——包括地理位置、地质地貌、气候、水土资源、植被、环境污染等。

---

❶　周云,李伍平,浣石.防灾减灾工程学[M].北京:中国建筑工业出版社,2007:603
❷　关于建筑遗产防灾的相关管理规定,如:《古建筑消防管理规则》、国家文物局突发事件应急工作管理办法、文物系统安全保卫人员上岗条件暂行规定等。
❸　关于防灾减灾的法律条例,如:《中华人民共和国防震减灾法》、国家突发公共事件总体应急预案、国家自然灾害救助应急预案、国家地震应急预案等。

③ 当地防灾工程调查——包括河流、涵闸、桥梁、堤坝、水库、湖泊、防护林、消防工程、防灾组织(防洪防旱、防风、抗震、消防部等机构)、防灾工程的管理概况等。

④ 对已有防灾设施实际防灾能力进行调查,对当前灾害防御现状进行评价。

⑤ 建筑遗产的调查分析——地理分布、遗产级别、建筑类型(年代、结构、材料等方面)、保护管理现状等。

(2) 灾害预测与灾害区划

⑥ 灾害危险性分析——进行资料、数据和图表整理分析,以便"弄清未来灾害特点、严重程度和频度、可能影响的范围以及袭击的时间和可能持续的时间等",用地点、频度和强度等参数或图形勾画出危险程度,包括危险性描述、参数预测和险势图等,以供规划参考。以地震为例,危险性分析包括:地震目录、地震震中分布图、地震地质构造图、地震区划图等。

⑦ 灾害易损性分析——分析建筑遗产面临灾害时可能遭受损害的程度及敏感性。基于建筑遗产对灾害的承受能力和敏感程度,结合建筑遗产的整体构成,找出薄弱环节,以便有侧重地采取防范措施。

⑧ 灾害风险区划——基于灾害危险性分析和灾害易损性分析,确定灾害风险区划,以便统一防灾规划标准和协调防灾措施。

(3) 确定防灾规划目标,制定防灾措施,明确标准要求

这部分是防灾规划的核心内容。防灾规划的目标要与建筑遗产的保护战略相协调,要与未来可能发生灾害的情况以及经济技术水平相适应。防灾措施的制定需要遵循可操作性、经济合理、有效性等原则,一般来说,防灾措施可分为结构抗震加固等工程性措施和灾害政策法规建设等非工程性措施。关于标准要求的制定,以防震为例,根据地震区划分制定所在区域的建筑遗产的抗震设计标准。另外,由于防灾措施可以有多种方案,应基于技术可行性、保护可实现度以及费用预算等几个方面综合考虑,以便选择科学合理的方案。

(4) 编制建筑遗产的防灾规划文本和图纸

文本中需要对防灾规划背景、防灾规划的目标和原则、灾害区划和防灾措施、各个防灾专项规划、投资预算等方面进行文字说明。图纸则主要包括自然灾害风险区划图、各个防灾专项规划图、工程方案图等,图纸要求与城市规划图相一致。

3.5.2 保护规划中的防灾专项规划

以上建筑遗产的防灾规划是针对整个区域建筑遗产的防灾工作的,如果要落实到每一处建筑遗产,则应该在其保护规划中融入预防灾害的理念,并加入关于灾害风险的专项评估以及关于防灾的专项规划。

1) 现有保护规划编制要求的相关内容

(1) 现有保护规划编制要求中的专项评估主要包括价值评估、现状评估、管理评估和利用评估(这 4 项为基本专项评估,其他评估内容根据需要酌情增加),虽然在现状评估中也涉及环境破坏因素❶,但并没有针对自然灾害的专门评估。编制要求未将灾害评估作为保护规划的基本专项评估单列,但对于有些保护规划,灾害评估是有要求的,或融合到现状评估中,或单列,只是多不够深入。

(2) 保护规划编制要求中也有涉及防灾方面的内容,如在保护措施编制内容中提到:"涉及防火、防洪、防震等急性灾变的保护措施应制定应急措施预案","涉及古建筑修缮、岩(土)体加固、防灾工程等专项保护工程时,应提出具体规划要求、技术路线、实施方案计划等,注明其对文物保护单位本体的干扰程度……";另外在环境规划编制内容提到:"生态保护内容包括维护地形地貌、防止水土流失、策划水系疏

---

❶ 见文物办发[2003]87 号《全国重点文物保护单位保护规划编制要求》第二十四条 专项评估报告:(二) 现状评估:评估文物保护单位及其环境现存状况的真实性、完整性、延续性。真实性评估主要内容为现存各类工程干扰情况;完整性评估主要内容为保护区划状况、文物残损状况以及病害类型;延续性评估主要内容为破坏速度破坏因素等。

浚、防治风蚀沙化、农业综合治理等"。❶ 保护规划的一般体例未包括防灾专项规划,是以不少保护规划没有专项的防灾规划,最多在基础设施规划里有些防火防盗等内容;现也有很多保护规划将防灾规划作为专项规划之一,但多仅限于防火防雷方面。

2）关于防灾的专项规划

制定关于防灾的专项规划,需要遵循一定的步骤:

(1) 根据建筑遗产的地理位置,参考区域建筑遗产的防灾规划,明确灾害区划和防灾措施的大方向。

(2) 进行灾害风险评估,明确遗产本体面临的灾害种类并指出各种灾害的发生频率及高发期、可预测的难易度、次生灾害种类及引发率、预防的难易度以及可能带来的损害程度等。

(3) 根据灾害风险评估结论,制定防灾工作计划,明确防灾重点。

(4) 制定相对应的预防措施——结合区域防灾规划的统一标准和工作安排,提出具体的要求、技术标准和实施方案。

专项防灾规划的成功实施,除了要积极有效地配合区域防灾规划外,还需要同管理规划、展示规划等专项规划互相补充,共同协调进行。

3.5.3　具体的预防措施

1）不同灾害种类的预防措施

通常针对地质灾害的预防措施包括调查分析、监测预报、采取防治措施等行动。调查分析利用遥感、地面地质测绘和勘探试验方法来进行,以查明地质灾害的类型要素,分析其稳定程度和发展趋势;监测预报通常包括动态监测和异常现象观察,目前"我国在气象预报中已加入了地质灾害发生危险等级的预报"❷,对预报地质灾害起了很大的作用;采取防治措施主要是通过工程措施阻碍地质灾害扩散以减少危害。针对气象灾害的预防措施以监测预报和采取防范措施为主——气象预报会提前告知各种气象灾害的危险等级并提出具体相关应对措施的建议;建筑遗产应充分利用气象预报系统以及时做好对应的防范工作;对于洪水灾害的预防,应该考虑古代防洪工程的更新和再利用问题。针对生态环境灾害的预防,建筑遗产关注比较多的是病虫害方面的防治工作。针对人为灾害的预防措施,通常是通过法律规范、科学管理、技能培训、安全教育、媒体宣传、群众监督等手段避免不安全行为的发生。

总的来说,针对自然灾害的预防措施以防灾工程为主,进行防灾工程建设时,在充分考虑防灾必要性的同时要注意避免防灾工程建设对建筑遗产造成危害;同样道理,建筑遗产的保护工程也应避免对防灾工程设施和防灾观测环境造成破坏。此外,建筑遗产在做好自救性的灾害预防工作外,还应考虑如何配合并促进所在区域的灾害预防。

2）几种主要灾害的预防措施

(1) 针对地震灾害的预防措施

由于地震的预测预报目前仍未成功,严格意义上来说无法实现地震灾害的事先预防,但是可以通过采取一定的措施减轻地震灾害损害。常见的措施有:抗震鉴定、结构抗震加固工程和地震次生灾害的预防措施。

① 抗震鉴定——建筑遗产的抗震鉴定应充分利用建筑残损情况的精密勘查资料,结合国家标准《建筑抗震鉴定标准》和《古建筑木结构维护与加固技术规范》的相关要求进行。

② 结构抗震加固工程——对位于高烈度地区的重要建筑遗产应进行必要的结构抗震工程,除了采用

---

❶ 见文物办发[2003]87号《全国重点文物保护单位保护规划编制要求》第九条和第十条相关内容。
❷ 周云,李伍平,浣石.防灾减灾工程学[M].北京:中国建筑工业出版社,2007:166

传统的结构抗震加固措施外,如果经济允许技术可行的话,可以尝试基础隔震❶、耗能减震技术❷以及结构主动控制技术❸等新抗震技术。基于建筑遗产结构的复杂性和不可再生性,抗震加固工程要慎重施工,抗震加固设施应具备可逆性且不影响原有结构的完整性。

③ 地震次生灾害的预防——地震的次生灾害有火灾、山体滑坡、泥石流、海啸等,后三种次生灾害很难控制,但对于次生火灾还是可以采取一定的预防措施,如震后及时切断电源,关闭煤气/天然气等。

(2) 针对暴风雨灾害的预防措施

暴风雨的发生有着较明显的季节性,应在暴风雨频发季节来临之前,对下水道、排水管等排水系统设备进行检测和维护,以保证它们在暴风雨发生时的正常使用。如果建筑遗产所在区域属于低洼地带或排水情况欠佳的地区,在完善遗产本身的排水系统的同时,还要考虑如何尽可能解决所在区域的排水问题,所谓唇亡齿寒,建筑遗产要充分利用其保护的特殊要求,考虑如何以建筑遗产为源头,促使政府实现所在区域的排水系统的更新或重新规划。

关于暴风雨灾害,现在已经有一套暴风雨预警系统,分为三级,分别以蓝、黄、橙、红四色标示。建筑遗产部门应充分利用该警告系统,掌握暴风雨发生的相关信息,并制定相对应的预防措施,如遇黄色信号,则及时检查下水道、排水管等以保证排水系统的正确使用,并做好附近大树的防倾覆工作以预防暴风雨刮倒大树压坏建筑遗产;遇红色及橙色信号,则要预防因交通堵塞可能给建筑遗产造成的危害,设置一些防止车辆碰撞的设施,并在一些交通要道安排工作人员进行督察,必要时协调相关的疏散管理工作。

关于暴风雨次生灾害的预防,如山体滑坡、泥石流等地质灾害,如果建筑遗产所在区域为山地,则应该在暴风雨频发季节来临之前督促政府做好这些方面的勘查和防范工作,并尽可能制定针对这些次生灾害的应急预案。

(3) 针对雷击灾害的预防措施

针对雷击灾害的预防措施,最常见的为安装防雷装置。建筑遗产的防雷装置,需要按照国家标准《建筑防雷设计规范》和《古建筑木结构维护与加固技术规范》的相关要求❹进行;另外还需要做好防雷装置的定期检测和维护工作❺。

除安装防雷装置之外的防雷措施还有:根据气象预报做好雷电的预测,在雷电到来之前及时清除建筑遗产室内及周边可能引起雷击的物品(如金属物);如果建筑遗产附近有高大树木则应做好大树的防雷,如在树顶装避雷针、封堵枯朽树木的洞穴防止积水导致树木接闪等;如果有游客参观时则要提醒游客相关注意事项,如不要使用手机、避免接触金属制品、不要靠近暖气片等金属管道及门窗等易被雷击的地方等;此外还要做好雷击次生灾害火灾的预防措施,如遇雷雨应把电视机等电器电源关闭,在建筑遭遇雷击后及时

---

❶ 周云,李伍平,浣石.防灾减灾工程学[M].北京:中国建筑工业出版社,2007:113-117:在建筑物基础与上部结构之间设置隔震装置(或系统)形成隔震层,把房屋结构与基础隔离开来,利用隔震装置来隔离或耗散地震能量以避免或减少地震能量向上部结构传输,以减少建筑物的地震反应,实现地震时隔震层以上主体结构只发生微小的相对运动和变形,从而使建筑物在地震作用下不损害或倒塌,这种抗震方法称之为房屋基础隔震。"隔震系统一般由隔震器、阻尼器、地震微震动与风反应控制装置等部分组成。"

❷ 周云,李伍平,浣石.防灾减灾工程学[M].北京:中国建筑工业出版社,2007:123:"耗能减震结构技术是在结构物某些部位(如支撑、剪力墙、节点、连接缝或连接件、楼层空间、相邻建筑间、主附结构间等)设置耗能(阻尼)装置(或元件),通过耗能(阻尼)装置产生摩擦、弯曲(或剪切、扭转)弹塑(或黏弹)性滞回变形来耗散或吸收地震输入结构中的能量,以减少主体结构地震反应,从而避免结构产生破坏或倒塌,达到减震控震的目的。"

❸ 周云,李伍平,浣石.防灾减灾工程学[M].北京:中国建筑工业出版社,2007:137-138:"结构主动控制是利用外部能源(计算机控制或智能材料),在结构受到地震作用或风荷载的激励过程中,瞬时施加控制力或瞬时改变结构的动力特征,以迅速衰减和控制结构振动反应的一种减震技术。""第一个采用主动控制系统的建筑是日本东京的Kyobasi Seiwa Building,该建筑共11层,总高33米,总重400吨,采用两个AMD来控制结构的风振相应。"

❹ 国家技术监督局,中华人民共和国建设部.GB 50165—92古建筑木结构维护与加固技术规范[S].北京:中国建筑工业出版社,1992:第5.3.3~第5.3.5条

❺ 国家技术监督局,中华人民共和国建设部.GB 50165—92古建筑木结构维护与加固技术规范[S].北京:中国建筑工业出版社,1992:第5.3.6条:对古建筑的防雷装置,应按下列要求做好日常的检查和维护工作:一、建立检查制度。宜每隔半年或一年定期检查一次;也可安排在台风或其他自然灾害发生后,以及其他修缮工程完工后进行。二、检查项目应包括防雷装置中的引线、连接和固定装置的联结有无断开、脱落或变形;金属导体有无腐蚀;接地电阻工作是否正常等。三、在防雷装置安装后应防止各种新设的架空线路,在不符合安全距离要求时,与防雷装置系统相交叉或平行。

切断电源、关闭煤气/天然气等。

(4) 针对病虫害的预防措施

建筑遗产面临的病虫害以白蚁虫害为主,针对病虫害的预防措施有使用防虫药剂和使用虫蚁探测仪等,使用防虫药剂的预防方法较为传统,虫蚁探测仪的预防方法为新技术。关于使用防虫药剂,由于防虫药剂众多,不同防虫药剂有着不同的特点、使用范围和使用方法,因此,选择防虫药剂不仅要符合持久驱避害虫、不污染环境、不腐蚀材料、不使木材助燃、不影响油漆彩画等要求,而且要根据不同构件部位的特点选择,并使用相适应的处理方法,具体可参考《古建筑木结构维护与加固技术规范》第 5.1.2～5.1.7 条的规定。关于病虫害防治的新技术新手段,较多为国外引进,目前国内一些建筑遗产已经开始使用,如微波型白蚁探测仪、心居康白蚁族群灭治系统等,具体可见本书第 5.2.3 节的相关内容。

(5) 针对火灾的预防措施

关于建筑遗产的防火措施,常见的有以下几种:

① 对易燃构件进行防火处理,如对天花、木板墙等喷洒防火涂料。

② 在经济技术可行的条件下,室内安装火灾自动报警器以及自动喷水灭火设备,其设计应符合国家标准《火灾自动报警系统设计规范》、《自动喷水灭火系统设计规范》和《古建筑木结构维护与加固技术规范》的相关要求。

③ 室内电线的敷设和电器设备的安装应符合《古建筑木结构维护与加固技术规范》的相关要求,应定期检测电线电路的安全问题,安全使用电器设备及燃气设备并对其定期检测维护。

④ 注重安全管理,规范人的活动,预防不安全行为引起的火灾,如严格控制室内可燃物质的大量长期堆放,暴风雨、雷电后及时切断电源,严禁明火并悬挂相关警告牌等。

⑤ 在建筑遗产的保护范围内设置消防系统设施,其消防栓布置、给水管网布置、消防通道和疏散通道等的设计要求应符合《中华人民共和国消防法》以及国家标准《建筑设计防火规范》和《古建筑木结构维护与加固技术规范》的相关规定。

⑥ 采取措施预防火灾蔓延。防止火通过起火房间边界、房间交叉处、开口、阁楼等蔓延;通过设置安全隔离带防止火蔓延至附近的其他建筑。

3.6 建筑遗产的监测和日常维护

3.6.1 建筑遗产的监测

1) 关于监测的几个既有定义

关于监测的定义,比较常见的有以下几个:

① 监测是一种为了记录、测试或是控制某工作而持续看管的行为。(《牛津字典》)

② 监测是一种基于特殊经营管理的目的所做的一连串收集观察结果的过程。❶

③ 监测是一种对于每一件工作的开展都采取系统化且持续收集与分析咨询的过程,藉此确认工作的优劣势,提供足够的咨询给具有决策权的人,使其在合适的时间点做出正确的决策来改善工作品质。❷

④ 监测是一个系统化的监督程序,监测的目的是为了尊重原本建立的目标、目的、程序或规则而密切注意具特殊且敏感性的演进状况或是永久性的改变;同时,也是为了假若或是察觉某些状况在演进发生偏

---

❶ WIJESURIYA G, WRIGHT E, ROSS P. Cultural context, monitoring and management effectiveness (Role of monitoring and its application at national levels) [M]//STOVEL H. Monitoring world heritage. Paris:UNESCO World Heritage Centre and ICCROM,2004:70-75

❷ ABBOT J, GUIJT I. Changing views on change: a working paper on participatory monitoring of the environment [M]. London:International Institute for Environment and Development(IIED), 1997

差时,可以及时保全所有信息以便做适当的危机处理。❶

从以上这几个定义可以看出,监测的工作必须是系统且持续的,监测的目的是为正确的管理提供科学的咨询信息。如果从遗产保护的角度对监测问题展开讨论,则需要从世界遗产的监测机制谈起,了解其组成及其发展形成过程对建立建筑遗产的科学监测系统以及确定监测工作的重点会有一定的启发作用。

2) 世界遗产的监测机制

世界遗产的监测工作是从 20 世纪 80 年代开始的,发展至今已经形成了一套明确的监测机制。世界遗产的监测机制包括三个部分:申报文本中的监测项目、反应式监测和定期报告。

(1) 申报文本中的监测项目

按照 2005 年版《世界遗产公约操作指南》的规定,所有缔约国若要申请登录世界遗产名录必须准备一份完整的申报文本资料供世界遗产中心审核。申报文本的内容比较繁复,其监测机制可以简化成 5 个重点:①资产维护状态关键指标的评估与措施计划书;②影响维护的因子;③资产的维护措施;④定期检测;⑤确认管理责任制。同时,世界遗产委员会为了保护世界遗产的 OUV-AI(Outstanding Universal Value: Authenticity and /or Integrity,杰出价值—原真性 /整体性),特别在申报文本中的第 II. 5 规定必须对下列影响因子做出说明并反映在经营管理计划书中,包括发展压力、环境压力、自然灾害与预防、游客观光压力以及其他压力等,缔约国必须如实回答现况状态和未来的应对措施。除此之外,申报文本必须列出该世界遗产的相关监测项目。

(2) 反应式监测

按照 2005 年版《世界遗产公约操作指南》第 169 条对反应式监测的定义:"反应式监测是由世界遗产委员会秘书处、UNESCO 其他部门和专家咨询机构递交的有关濒危世界遗产保护状况的报告。为此,每当出现异常情况或开展可能影响遗产保护的活动时,缔约国都必须于每年 2 月 1 日之前经世界遗产委员会秘书处向世界遗产委员会递交具体报告与影响调查。"在执行监测过程中,世界遗产委员会将尽可能地通过国际协助的方式改善保护现状,但同时也有可能会将其列入世界遗产濒危名单之中,甚至被排除于世界遗产名录之外。反应式监测是一种被动式的监测机制,由世界遗产委员会的专家咨询机构与世界遗产中心针对受到威胁的世界遗产提出调查评估报告,最后递交给世界遗产委员会做出相关裁定。反应式监测往往会由于监测机制启动的层次过高而无法做出及时的反应。

(3) 定期报告

定期报告是有别于反应式监测的阶段性自我检测(每五年提交一次),它的前身为 1996 年版《世界遗产公约操作指南》中的系统监测与报告规范。现在的定期报告主要分为两个部分:①世界遗产的基本信息——依据世界遗产公约标准格式的内容完成缔约国对于世界遗产维护、法令与行政相关事务的介绍;②对世界遗产目前保护状态的说明,包括世界遗产价值及其保护状态的陈述,世界遗产经营管理的影响因子,未来预期的行动方案、负责机构、计划执行的时间表以及需要何种国际援助等方面的说明。定期报告以现况陈述为主,强调的是现况的监管机制。

其中,反应式监测制度建立最早,已日渐成熟稳定;定期报告制度自 20 世纪 90 年代后期被提出以来,其经历较为曲折,至今其内容和指标还在不断被讨论和调整;申报文本中的监测项目制度出现最晚,它的提出使监测问题被越来越多的文化遗产(尤其是欲成为世界遗产的那部分文化遗产)所重视。世界遗产的监测主要出于两个目的:一是确认世界遗产的实际现状和维护情况,二是评估世界遗产的经营管理的成效。然而,无论是定期报告或是反应式监测,都无法满足遗产管理本质上的动态性所产生的问题,鉴于此,2007 年的世界遗产年会上提出了加强监测的新监测机制。目前是世界遗产监测工作的重要时期,世界遗产委员会将进一步改进和完善遗产监测的形式和程序,加强反应式监测和定期报告的联系,建立新的文献数据库,特别是围绕定期报告的格式、指标、框架和方法,制定新的政策,出台新的标准,使监测在遗产保护管理中的功效得到更好发挥。

---

❶　BONNETTE M. Monitoring:some ideas about the concept [J]. ICOMOS Canada Bulletins, 1995, 4(3)

3）建筑遗产监测需要思考的几个基本问题

（1）为什么监测？——监测是手段不是目的

从上文可知,世界遗产的监测目的主要在于了解世界遗产的保护管理现状,以进一步提高世界遗产经营管理的成效。近几年,建筑遗产的监测问题在国内越来越被重视,其背后的推动原因主要有:①修缮工程需要,如早期虎丘塔的监测和近年应县木塔的监测(见 5.2.1 节)②文物科技保护的探讨,如保国寺大殿的监测(见 5.2.3 节);③世界遗产地的要求,如苏州园林的监测(见 5.2.4 节);④申遗的要求(申遗文本中需要列出相关监测项目并说明具体监测情况)。目前,又以后两种原因为主流,申遗热和定期报告的压力,一定程度上使监测成了一项政治任务,许多世界遗产地以及准备申遗的单位都将监测作为重要目标来实现。基于此,需要强调的是,监测只是手段不是目的。如果将手段作为目的,很容易会导致监测系统的盲目建设。因此,需要明确的是,建筑遗产的监测目的在于:①采用先进技术持续采集相关信息数据,通过分析了解建筑遗产的损毁变化规律;②分析相关的技术标准,为科学制定保护方案提供必要的数据和可靠的依据;③确认建筑遗产的保护现状,为进一步有效展开经营管理提供参考依据。

（2）监测什么？——监测对象的确定

确定监测对象是整个监测系统中最重要的一部分,它应该遵循一定的程序和原则:首先信息收集,包括对历史文献、历代保护维修工程、历代自然灾害、历代测绘记录、结构现存问题的勘查记录(如裂缝、霉变、白蚁侵蚀、砖石风化、彩绘残损)、现处自然环境及所在微环境、现有电路系统等方面所有相关信息的收集和调查;接着进行风险评估,分析诊断出主要存在的问题、体现形式及其影响因素,指出现存的和潜在的病害风险,列出病害风险表,画出病害风险区域图(标出现有病害分布及潜在的病害分布);基于风险评估的结果,最后才能确定监测对象,监测对象应该包括遗产面临的现有和潜在的所有病害风险因素,为了防止由于知识局限和急功近利的短视造成的监测疏漏,监测对象的确定应该由尽可能召集多方面专家(包括材料专家、结构专家、建筑师、保护专家、监测技术人员、工匠、管理者等)共同研究确定。此外,在确定监测对象时应该遵循监测的必要性和操作的可行性,那些可以通过日常检测完成的方面(如屋面漏雨等)无须持续监测,需要监测的方面往往是日常检测维护无法完成的且往往是需要精确测量的(如裂缝变化),在有限条件下,应选择最迫切的先进行监测。

（3）怎么进行监测？——监测点、监测技术、监测方法和监测人员的确定

确定了监测对象之后,就需要明确监测点、监测方法、监测技术、监测频率、监测数据处理和人员分工等方面。确定监测点极其关键,直接决定监测数据的科学性和可靠性,监测点可选择在:病害风险集中区、病害风险潜发区、重要结构部位或节点,除此之外,应选一个无病害区监测,以便比较分析。在确定监测点时有几个问题是需要注意的:①监测点应该布置在稳定的地方(以监测地面沉降为例,监测点不能置于地表面,而应该深入地层,置于地基土层稳定处);②针对材料方面的监测,其监测点应该深入材料内部,如木材湿度的监测,其监测点应该同时置于木材表面和木材内部,对外在微环境湿度和木材内部湿度同时监测,以便综合分析;③监测点的分布应该是固定不变的;④ 确定监测点时要坚持"危害最小"和"监测最有效"两个原则,因为监测本身可能会对古建筑产生危害,而且如果监测点选择不当,监测数据的有效性会受影响。关于监测技术,现有多种技术设备,其价格、性能各不相同,应根据具体的监测对象和现有的资金情况选择适用而可行的技术设备。对于监测方法,应该鼓励仪器监测和人工目测相结合、持续监测和定期检测相结合、专业监测人员和日常维护人员相结合的工作方式;对部分监测难点,如建筑整体变形、斗拱等节点变形、材质损毁变化等方面的监测,应该采取现场监测和实验室模型监测相结合的方式。另外需要明确监测时段和监测周期,监测时段视具体环境和情况而定(可分为采暖期、非采暖期两个时段,也可分为旅游淡季旺季不同时段),监测周期可每天、每周、每月、每季度或每半年一次,监测周期应保持不变,且在周期性的监测之外,特殊时段或特殊事件发生后需要进行反应式监测,如暴雨等特殊天气后的加测。确定监测人员,监测人员必须固定,需培训使其熟悉监测设备操作、监测数据处理等,鼓励成立专门的监测负责部门,定期对监测设备、监测过程、监测人员等进行检查考核,不断完善监测系统。整个监测要尽量做到"定人、定时、定仪器、定监测站和定监测点"的五定准则。

4) 建立建筑遗产的监测系统

(1) 建筑遗产监测系统的构架图(图 3.7)

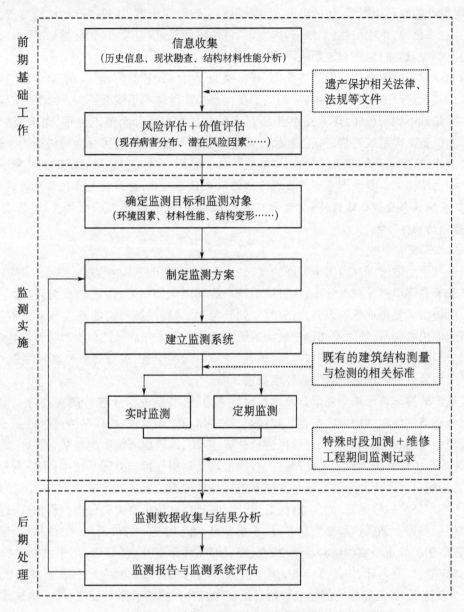

图 3.7　建筑遗产监测系统的构架图

(2) 监测方案的主要内容

制定监测方案应包括以下几个方面内容:①监测对象的概况,包括类型、特性等方面;②监测系统的布置要求,要满足对遗产结构本体扰动小、不影响遗产建筑美观、耐久性和抗干扰性强(能在恶劣环境条件下正常工作)、方便拆卸和更换等要求;❶③监测的依据,包括所依据的标准及有关的技术资料等。所依据的标准一方面包括关于文化遗产保护的法律法规等文件,另一方面也应该参考既有的关于建筑检测、勘查等相关方面的技术标准;④监测方法,明确监测手段、监测频率、监测时段等,注重仪器监测和人工目测相结合,注重实时监测和定期检测相结合,特殊天气情况下或自然灾害发生后的专门检查❷和维修工程中的监测记录;⑤监测人员和仪器设备的情况;⑥监测工作进度计划;⑦监测数据的收集和存储方法以及分析评估;⑧监测过程中的注意事项。

❶　王娟,杨娜,杨庆山.适用于遗产建筑的结构健康监测系统[J].北京交通大学学报,2010,34(1)
❷　特殊天气情况如暴雨、狂风等,自然灾害如地震、风灾、水灾、火灾、雷击等,这些情况发生后,应进行一次全面检查。

（3）实时监测和定期监测的主要内容

实时监测的内容主要包括：大环境下的灾害因素，这个部分需要联合当地地震局、消防局、防洪部门等机构展开；建筑遗产的微环境因素，包括温度、湿度、风向、风速、尘土等；建筑遗产的结构变形，包括不均匀沉降、倾斜（歪闪）或扭转、承重构件（如柱子）的变形、挠曲或倾斜，重要节点（如斗拱）的受力与强度等。其中结构变形的监测应该实时监测和定期检测相结合进行。

定期监测的项目主要包括结构变形与损伤、材料性能、构件缺陷，消防、防雷、防洪等安全设施，游客和其他社会因素对建筑遗产的影响。其中，结构变形与损伤类型因结构不同而不同，砖砌体结构变形一般可分为裂缝、倾斜、基础不均匀沉降、环境侵蚀损伤等，木结构的变形可分为节点位移、连接变形、构件挠度、侧向弯曲、矢高、屋架支撑系统的稳定状态和楼面系统的振动等；材料性能可分为材料的力学性能（如抗弯抗剪强度）、含水率、密度和干缩率等项目；构件缺陷可分为腐朽、虫蛀、裂缝、锈蚀等项目。❶ 一般而言，定期监测应该以下列构件为主要监测重点：*"出现渗水漏水部位的构件；受到较大荷载作用的构件；暴露在室外的构件；受到腐蚀性介质侵蚀的构件；受到污染影响的构件；受到冻融影响的构件；存有安全隐患的构件；容易受到磨损的构件"* ❷。

（4）实时监测系统的组成

针对建筑遗产所处地地理环境灾害方面的实时监测系统，其组成部分包括：①GIS 系统，综合建筑遗产的地理分布和所在环境常发灾害分布，分析建筑遗产的环境灾害风险；②通讯系统，包括电话、传真、网络、文件发放、对讲机等多种通讯联系方式，实时获知气象局、地震局等部门的专项气象预报信息，实时与消防、防洪、抗震等机构联系，实时通知遗产机构的所有工作人员告知具体的危害风险及可能的应急措施；③数据收集与分析处理系统，收集环境灾害前、中、后的所有相关信息，进行分析处理并融入 GIS 系统，以便进一步科学全面地分析建筑遗产面临的环境灾害风险。

针对建筑遗产的微环境和结构变形方面的实时监测系统，其组成部分包括：①传感器系统：包括感知原件的选择和传感器网络在结构中的布置方案；②信号采集与处理系统：实现多种信息源和不同物理信号的采集与预处理，并根据系统功能要求对数据进行分解、变换，以获取所需要的参数，并以一定的形式存储起来；③数据通信与传输系统：将采集、处理过的数据传输到数据分析与处理系统中；④数据分析与处理系统。其中，传感器的科学选择和合理布置是监测系统成功的前提。目前用于建筑结构监测的传统传感器主要包括：用于感知环境的传感器，如风速仪、温度计、动态地秤（记录交通荷载流时程历史，连接数据处理系统后可得交通荷载谱）、强震仪和摄像机等；用于感知结构几何变形的传感器，如位移计、倾角仪、GPS、电子测距器、数字相机等用于监测结构各部位的沉降、倾斜、线形变化、位移等；用于感知结构的静动力反应的传感器，如应变仪、测力计、加速度计等，用于监测结构的位移、转角、应力、索力、动力反应频率模态等。❸ 除了传统传感器，建筑结构的监测也开始尝试使用光纤光栅传感器及压电材料、电磁致伸缩材料制成的传感器等新型智能传感器，与传统传感器相比，智能传感器具有高精度、高可靠性与高稳定性、高信噪比与高分辨力、强自适应性等优势。然而，不管是传统传感器还是智能传感器，大多数都适用于混凝土和钢结构，并没有专门针对建筑遗产监测设计的传感器，因此只有对现有传感器进行相应的改装设计后才能用于建筑遗产的监测。传感器的布设必须遵守遗产保护的相关原则，需要综合考虑建筑遗产的结构特点和残损现状以及传感器布设的干涉性和有效性等方面。此外，数据分析与处理系统是实现监测系统成效的关键和核心。一般而言，数据分析与处理系统可分为在线分析处理和离线分析处理两部分。❹ 在线分析处理主要是对实时采集的监测数据进行基本的统计分析和趋势分析，给出初步的评估。由于建筑遗产的复杂性，往往还需要进行离线分析处理，特别是建筑遗产的结构变形方面的监测，需要对结构受力、材料

❶　中华人民共和国建设部. GB/T 50344—2004 建筑结构检测技术标准[S]. 北京：中国建筑工业出版社，2004，第 5.1.2 节、5.6.1 节、8.2.1 节、8.6.1 节相关内容。

❷　中华人民共和国建设部. GB/T 50344—2004 建筑结构检测技术标准[S]. 北京：中国建筑工业出版社，2004，第 3.4.6 节内容。

❸　史学涛. 结构健康监测系统的研究[D]. 上海：同济大学，2006

❹　王娟，杨娜，杨庆山. 适用于遗产建筑的结构健康监测系统[J]. 北京交通大学学报，2010，34(1)

性能等方面的各个参数进行综合分析,这样才能科学地给出结构安全评估以及预警系数。

3.6.2 建筑遗产的日常维护

1) 日常维护的定义和内容

关于日常维护工作,有不同的名称称谓,常见的有"日常保养"、"保养维护工程"、"经常性的保养工程"等,其各自的定义如表 3.5 所示。根据表 3.5 内容可以看出:《古建筑木结构维护与加固技术规范》用"经常性的保养工程"称谓,所给定义涉及了一些具体的工作内容;《中国文物古迹保护准则》则明确"日常保养"是一种预防性措施,并将连续监测和记录存档作为其主要的组成部分;《文物保护工程管理办法》则将"保养维护工程"作为文物保护工程的一类单独列出❶。鉴于"经常性的保养工程"和"保养维护工程"称谓太长且过于偏工程性,"日常保养"将连续监测和记录存档纳入其组成部分而导致概念过泛性等理由,本文以"日常维护"称谓,专指为及时排除隐患和消除轻微损害所作的制度化的周期性养护工作,它不包括日常监测问题,而是与"科学监测"相互补充,共同作为日常管理的重要组成部分。

表 3.5　日常维护的名称和定义

文　件	名　称	定　义
《古建筑木结构维护与加固技术规范》(1992)	经常性的保养工程	不改动文物现存结构、外貌、装饰、色彩而进行的经常性保养维护。例如屋面除草勾抹、局部揭瓦补漏,梁、柱、墙壁等的简易支顶,疏通排水设施,检修防潮、防腐、防虫措施及防火、防雷装置等
《中国文物古迹保护准则》(2000)	日常保养	准则正文部分第 29 条:"日常保养是及时化解外力侵害可能造成损伤的预防性措施,适用于任何保护对象。必须制定相应的保养制度,主要工作是对有隐患的部分实行连续监测、记录存档,并按照有关的规范实施保养工程。"
		《关于〈中国文物古迹保护准则〉若干重要问题的阐述》之 10.2 节:"日常保养是指实施经常性保养维护工程,是管理事务中及其重要的内容,其目的是及时排除隐患,避免更多干预。"
《文物保护工程管理办法》(2003)	保养维护工程	针对文物的轻微损害所作的日常性、季节性的养护

日常维护的具体工作内容大致可以分为五类:"第一类为维护文物古迹的清洁卫生,如清扫瓦顶、清除庭院污物、清洁室内外构件等;第二类为防渗防潮工程,如针对屋顶的洗垄、除草、抿、补漏、捉节挟垄等,杜绝瓦顶渗水现象,并修筑、疏通渠道,检补泛水和散水,保持排水畅通;第三类为临时修补工程,如填塞结构孔洞、椽眼和自然裂隙,以减少风力、鸟兽和灰尘的侵蚀污染,并在必要时实施简易的支顶加固等;第四类是维护防灾设施,包括防火、防震、防雷击等,如维持避雷网的完好状况和消防设施的有效性等";❷第五类是维护电路系统以及为满足现代使用功能的设备设施,如维持电路的完好状态和照明设备、取暖器、各种电器、煤气/天然气管道等设备的安全工作。

2) 日常维护的实施

定期检查和日常维护是古代建筑遗产保护的一大传统(见后文 5.1.3 节相关内容),其实践在古代有着一定的季节性规律,但也多体现为随机性甚高的小修小补。时至今日,日常维护被看作为"最基本和最重要的保护手段"❸,其重要性不断被强调,但在实际保护工作中却往往是口头强调多、真正实施少,而且实施的日常维护也往往局限于解决某一特殊问题,如防渗水受潮和临时修补养护等,从基本上来说并没有

---

❶ 《文物保护工程管理办法》第五条 文物保护工程分为:保养维护工程、抢险加固工程、修缮工程、保护性设施建设工程、迁移工程等。(一)保养维护工程,系指针对文物的轻微损害所作的日常性、季节性的养护。(二)抢险加固工程,系指文物突发严重危险时,由于时间、技术、经费等条件的限制,不能进行彻底修缮而对文物采取具有可逆性的临时抢险加固措施的工程。(三)修缮工程,系指为保护文物本体所必需的结构加固处理和维修,包括结合结构加固而进行的局部复原工程。(四)保护性设施建设工程,系指为保护文物而附加安全防护设施的工程。(五)迁移工程,系指因保护工作特别需要,并无其他更为有效的手段时所采取的将文物整体或局部搬迁、异地保护的工程。

❷ 清华城市规划设计研究院文化遗产保护研究所. 中国文物古迹保护准则案例阐释[S]. 北京:国际古迹遗址理事会中国委员会,2005:85-86

❸ 国际古迹遗址理事会中国委员会. 中国文物古迹保护准则[S]. Log Angeles:The Getty Conservation Institution, 2002:第 20 条:定期实施日常保养。日常保养是最基本和最重要的保护手段。要制定日常保养制度,定期监测,并及时排除不安全因素和轻微的损伤。

脱离随机性传统。基于预防性保护的思路,日常维护是实现预防性保护的重要措施之一,其实施则需要从全面保护建筑遗产的角度整体考虑,需要基于现状精密勘查和风险评估而展开,基于建筑遗产的存在问题而明确工作重点及其标准要求,并制定完善的周期性工作计划,解决谁做什么、怎么做、多久做一次等方面的问题。具体而言,可以分为以下几个方面:

(1)日常维护的标准制定

根据 2002 年《文物保护法》第二十一条规定:"国有不可移动文物由使用人负责修缮、保养;非国有不可移动文物由所有人负责修缮、保养",可以知道建筑遗产的日常维护是由使用人或所有人负责,通常情况下,对于占绝大多数的、规模小且等级低的非国有建筑遗产的日常维护工作,多数是直接由所有人或使用者自己进行维护的,而所有人或使用者不一定具备建筑遗产的维护能力,如果只凭其自行维护可能会因为不当维护造成对建筑遗产的破坏,这种情况下,就需要有一个关于建筑遗产的日常维护的标准规范来指导。由于不同区域建筑遗产的不同特点,日常维护的要求和标准也会不同,因此,建筑遗产的日常维护标准应由不同地区的市县级保护机构制定,并由基层保护组织协助日常维护标准的推广和相关培训工作,从而使非专家的普通所有人或使用者能够正确地进行日常维护。对于那些等级较高且规模较大的建筑遗产的日常维护,就不是所有人或使用者自行能解决的,往往需要由一群人共同完成,这种情况下就更需要一个日常维护的标准规范来约束和指导具体工作的执行。

我们知道,日常维护的主要目标是保证建筑遗产每个构件的性能和功能,保证所有设施的正常使用❶。鉴于此,日常维护的标准制定必须基于对建筑遗产的详尽知识的掌握,包括建筑遗产的损毁规律和使用功能等方面,例如,随着建筑遗产功能的调整,其日常维护的标准也应做相应调整。由于日常维护对技能要求较高,往往需要熟练掌握传统工艺的工匠来完成,而目前拥有传统工艺的工匠越来越少,因此,日常维护的标准制定往往需要结合现存传统工艺和相关新技术指标来考虑;另外,所制定的标准必须具有操作技术上的可行性,同时也必须符合建筑遗产保护的相关政策,并得到所有相关者的同意,如防灾设施的维护标准需要综合一般防火要求和建筑遗产保护要求而制定。

(2)明确日常维护的责任制

那些规模较大的建筑遗产的日常维护,往往是由专门的管理机构统一负责,而目前国内的这类组织机构基本都没有设立专门的日常维护部门,在这种情况下就需要将日常维护的责任落实到户,明确分工和赏罚细则。与日常维护的相关人包括:管理者、检查员(保护专家)、工匠、清洁工、记录员、安防员等工作人员以及使用者、所有者等其他相关人。一般而言,管理者的主要职责有费用预算、协调沟通和制订计划等方面;检查员往往是外聘的保护专家,其职责主要有:对损毁现状的观察及损毁缘由的诊断,定期检查,定期指导清洁工、工匠和其他相关技术人员,定期准备正式报告等;记录员的职责是记录每一项维护工作的所有细节,包括维护人员、时间、费用、范围/程度等,尤其需要清晰记录每一项维护的开支和每一项工作的维护程度,以为将来费用预算和确定工作细节提供依据;使用者和所有者的主要职责在于承担维护费用和配合维护工作。

基于日常维护的具体工作内容分工,第一类清洁卫生工作由清洁工承担(对于平常难以到达处,需要定期清洁),第二类防渗防潮和第三类临时修补工作一般应外请工匠定期进行,第四类维护防灾设施和第五类维护电路系统的工作应外聘技术人员定期检查维护(第四、第五类的维护工作往往需要机构内安防人员的合作)。由于清洁工、工匠和技术人员往往缺乏遗产保护方面的知识,因此在开展检查维护工作前必须让他们明确日常维护的标准要求,用来描述其具体行动的语句应该简单易懂,以方便他们能够很好地理解其各自工作的性质和具体内容。在所有相关人中,管理者的角色尤为重要,他需要统筹安排每一项维护工作,费用预算和制定工作计划都是保证每项维护工作成功的关键。一般来说,日常维护的费用大致可以分为以下几类:①日常清洁等小项目;②设备修缮:暖气设备、电器设备、自来水管道等;③长期维护的定期计划每年实施的费用;④需要更新时的主要项目,如屋顶、墙、窗、门、地板和服务设施等;⑤紧急情况下

---

❶ FEILDEN B M. Conservation of historic buildings [M]. Elsevier: Butterworth-Heinemann, 1994: 221

的费用,应预留本项的10%保证持续工作。❶ 对于工作计划,一般可以通过详尽的日程安排以及每项维护工作的工作手册加以落实。

(3) 制定日程安排和工作手册

日常维护是一项周期性工作,要保证其有效展开,必须要有清晰的日程安排,明确每天、每周、每月、每季度、每半年、每年、每几年的具体工作,当然,日程安排也应该具有一定的灵活性,以保证紧急情况发生后能够迅速解决问题。如表3.6所示为某一建筑遗产关于日常维护的日程安排,从日程安排表可以看出,日常维护的工作种类繁多,且每项维护工作的要求又不尽相同,因此,每项维护工作都应该有针对性的工作手册作为指导,每个工作手册需要对工作的频率、时间单元、范围以及标准要求等方面进行具体说明。如清理排水管,频率一般为一年两次,时间单元为春秋各一次,范围则是所有的排水管,如果建筑遗产周围有树和很多鸽子则应该经常性检查并清理落叶和鸽子粪等,在特殊天气前后,如暴雨前大风后应及时检查和清理,标准要求是确保所有时间排水管通畅无堵,另外还需关注排水管的寿命极限以便及时更换等。再如电路系统的日常维护,频率一般为每天一次,时间单元为下班之前,范围为所有的电闸开关,在特殊天气前后,如打雷前后及时关闸和检查,确保电路安全和设备正常使用,同样也需要关注电路设备的寿命极限以及时更换消除隐患,国内因电路老化导致火灾,焚毁建筑遗产的例子不乏其数,因此电路系统的检查维护是日常维护工作的重中之重。

表 3.6　某一建筑遗产的日常维护的日程安排 ❷

日　　程	工作内容
每天的工作	要求清洁工汇报他们所看到的损害;确保火警系统正常工作,工作人员每天上班和下班前检查;检查暖气、控制器、温湿器、烧水器、暖气管道等设备;检查安防工作,下班前对门窗的检查,大量游客参观后的检查;更换坏的灯泡,及时处理电器设备的存在问题;检查洗手间和更衣室等
每周的工作	检查暖气的空气滤清器、空调、增湿器;检查温度计、湿度计和其他测量设备,更新数据和报告,及时纠正设备问题;检查扩音器、麦克风等音响设备;检查所有钟表的精确度,包括电力和风力设备;检查自动火警报器和其他安全设施
每月的工作	清理排雨设备、排水沟等;加油润滑和调整所有的机械设备,如皮滑轮和皮带;检查日志本;向负责日常维护的技术检查官和委员会人员以及其他负责人进行汇报
每季度的工作	检查屋顶(内部和外部)、排水沟、下水道;检查上光度,清理窗户油漆周边;仔细检查增湿器;检查扩音系统、磁带机和唱机转盘,更换坏皮带;清理照明设备;为钟表轴承加油;检查滚球轴承;技术检察官指导日常维护检查
每半年的工作	探测火警系统,对员工进行火警演练;清理所有的排水沟、下水道、排雨管,秋天清理落叶,春天清理冬天遗留物,保证夏季暴雨来临之前的清洁
每年的工作	清理所有排水系统、污物处理设备;仔细检查电气设备,更换灯泡、灯管,尤其是那些平常不容易达到的地方;检查烧水器和控制器,清理烟囱,更新耐火砖,检查阀门;检查管道和风力取暖器;为锁、转轴加油润滑;检查电梯;检查空调;进行火灾警报系统;检查安全通道问题;检查所有灭火设备;装饰和清理建筑内部;秋天补修外部装饰缺损的地方;检查避雷设备
每五年的工作	建筑师或检查者每五年做一个完整的报告,特别指出哪些结构部分是需要检查的。每次检查后不断修正和更新长期的日常维护计划,注意那些应该检查的地方以及那些下一个报告应该研究的地方;必要时把工作分为:马上就需要做的、紧急的、必须的和合适的。每五年应该做的事务有:检查所有的空隙并报告发现的损毁处;更换止动垫圈;检查卫生洁具防止感染;检查避雷设备;检查电器绝缘设备;检查机械磨损;检查暖气
高频率工作	大量人群使用之后的清理工作
非定期工作	紧急情况发生后的维护工作

---

❶ CHAMBERS J H. Cyclical maintenance for historic buildings [M]. Washington D. C. : Interagency Historic Architectural Services Program, Office of Archeology and Historic Preservation, National Park Service, U. S. Dept. of the Interior, 1976: 223

❷ 作者根据 CHAMBERS J H. Cyclical maintenance for historic buildings [M]. Washington D. C. : Interagency Historic Architectural Services Program, Office of Archeology and Historic Preservation, National Park Service, U. S. Dept. of the Interior, 1976: 224-226 的相关内容整理而成。

3.6.3　建筑遗产的监测和日常维护系统

　　日常维护是最基本和最重要的保护工作,却往往处于蜻蜓点水般的不作为状态。这样的不作为会导致建筑遗产的损毁以及随之而来的大动干戈的保护修缮工程,费钱费力,因此,应提倡一种防微杜渐式的保护方法,即建立建筑遗产的科学监测和日常维护系统。基于本节上述内容,该系统组成如图 3.8 所示。该系统可作为预防性保护的重要组成部分,其提供的监测数据和日常维护报告可作为其他保护工程立项的重要依据,用以科学地判断保护工程的必要性和实施的可能性,从而可以避免盲目的大动干戈的保护工程,节省保护成本并促进科学保护。

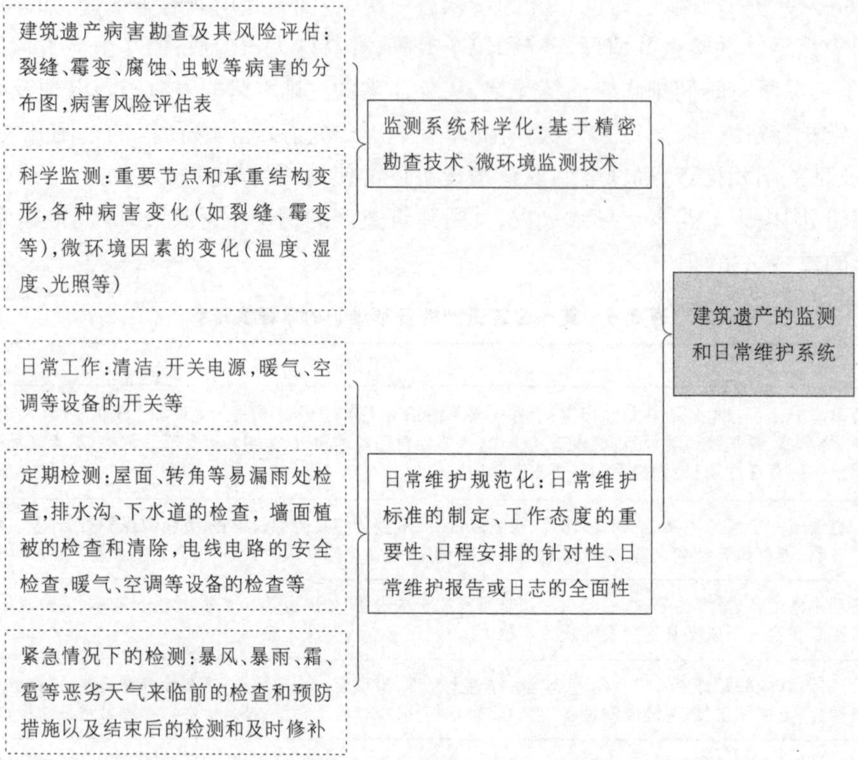

图 3.8　建筑遗产的监测和日常维护系统

第二部分

实践介绍篇

4 国外相关实践的介绍

4.1 欧洲地区与建筑遗产的预防性保护相关的组织机构

欧洲首个现代意义的建筑遗产保护组织当属 1877 年由威廉·莫里斯(William Morris)成立的"古代建筑保护协会"(the Society for the Protection of Ancient Buildings,SPAB)。自此很多相关组织机构相继成立,这些组织机构都有着各自的特殊目标和侧重点。自 20 世纪 70 年代开始,出现了一些专门进行建筑遗产日常维护及其他预防性措施的组织机构,提倡损毁前预防胜于损毁后保护的理念,对当今建筑遗产的预防性保护的概念推广及其具体实践都起了很大作用。主要组织机构如表 4.1 所示。

表 4.1 进行预防性保护相关实践的组织机构 ❶

机构名称	所在国家	成立时间	创始人/创始缘由	目标以及强调的重点
荷兰文物古迹监护(Monumentenwacht Netherland)	荷兰	1973	应一群文物古迹所有者的要求,省级部门决议成立	1) 年度检查,报告以及关于历史建筑维护的相关建议; 2) 强调通过与古迹所有者的沟通提高其保护意识
救救英国的遗产(SAVE/SAVE Britain's Heritage)	英国	1975	由一群记者、历史学家、建筑师和规划师联合发起创办	1) 公开竞选濒危历史建筑; 2) 强调历史建筑多种用途的可能性; 3) 濒危建筑的重新利用计划
保养(Upkeep)	英国	1979	由一个教育慈善机构和一个担保有限公司发起,由董事会和治理委员会共同管辖	1) 教育人们如何照看房子; 2) 促进历史建筑维护、翻新和改善各方面好的实践; 3) 通过展陈促进公共教育和培训
比利时弗兰芒文物古迹监护(Monumentenwacht Vlaanderen)	比利时(弗兰芒区)	1991	学习荷兰 Monumentenwacht 的模式,从地方层面开始,有五个省级组织和一个中心	1) 年度检查,报告以及关于历史建筑维护的相关建议; 2) 强调通过与古迹所有者的沟通提高其意识; 3) 室内检查
维护我们的遗产(Maintain our Heritage)	英国	1999	由一群政府机构人员、工业界人士、遗产保护部门的人员和历史建筑所有者共同发起	1) 日常维护的提倡和培训; 2) 负责日常维护方面的重要科研项目
北欧手工艺保护 Raadvad 中心(Raadvad Nordic Centre for Preservation of the Crafts)	丹麦	2004	由 Monumentenwacht 和建筑维护中心联合承办,是一个部分政府组织	1) 促进对传统工艺的维护; 2) 促进传统材料和工艺技术的连续生产和使用; 3) 促进最经济可行的维护方法; 4) 促进传统工艺的培训
匈牙利文物古迹监护(Mameg)	匈牙利	2006	学习荷兰 Monumentenwacht 的模式创建	1) 年度检查,报告以及关于历史建筑维护的相关建议; 2) 强调通过与古迹所有者的沟通提高其意识

在这些组织机构中,成立最早的是荷兰文物古迹监护,它的模式后来被欧洲其他国家所模仿和学习,相应的类似机构在欧洲各地相继成立,分别承担各地文物古迹的检查和维护工作,在文物古迹保护领域逐渐扮演越来越重要的角色。下文介绍这些组织机构的成立缘由、发展状况、组织结构和工作内容等方面的具体情况,以为我国预防性保护工作的开展提供参考。

---

❶ WU M. Understanding 'preventive conservation' in different cultural contexts[C]//GUYOT O, JAMES J. Preventive conservation: practice in the field of built heritage, Fribourg, SCR, 2009 [C]. Fribourg: University of Fribourg, 2009: 134-140

4.1.1　荷兰文物古迹监护(Monumentenwacht Netherland)

1) 成立缘由

荷兰在古代社会就有专门从事维护的机构,如 15 世纪贺托根布希❶(Hertogenbosch)小城的圣约翰机构(St John's),负责教堂的建设,也负责检查和必要的修缮;17—19 世纪阿姆斯特丹的一个公共机构(Public Works),负责荷兰南部、西部和北部地区教堂的建设,也负责教堂、房屋、桥梁等的维护工作。到了 19 世纪,由于各种原因,对老建筑及其维护渐渐不被重视。到了 19 世纪后期 20 世纪早期,文物古迹又开始引起社会关注,一些组织也相继成立❷。政府开始投钱用于老建筑的修复。二战后大量的重建和修复被批准。1961 年,荷兰正式确立文物古迹的概念,自此国家文物古迹的登录工作开始,一直延续到 1969 年,最后有 48 000 处被列入受保护的文物古迹。对文物古迹的修复,政府有补助,而对维护工作并没有提及。1967 年荷兰文物古迹监护的创始人瓦特·克雷默(Walter Kramer)先生负责调查荷兰福尔堡省❸(Voorburg)的肯彭塔楼(Kempen towers)的结构现状,需要对其列出一个目录清单。这个地区的肯彭塔楼在 1948—1968 年间已经被大量修复,然到了 20 世纪 70 年代,几乎所有的塔楼就都存在问题,如砖头、石材和瓦片遗失或破损,但是没有人管这些事情。瓦特·克雷默开始意识到维护的问题。1967 年伍德里科姆(Woudrickem)的荷兰改革教堂(the Dutch Reformed Church)面临排水沟泄漏、排水管遗失、下水管堵塞等问题,当地保护部门写了一封信给教堂,建议他们处理这些问题,提出如果这些问题不及时处理会引起结构问题;教堂很快回复说:"我们是在登录文物古迹,我们自己没有钱去做这些事情。"后来这个事情就被搁置,没有采取任何措施,直到 8 年后进行了重大修复工程,而该修复工程原本可以通过及时的一些小型维修解决的。后来类似情况频繁发生,但维护还是没有被重视,文物古迹所有者或用户向当地社会服务部门提建议,往往总是不明理由地被驳回。1971 年瓦特·克雷默因工作需要从安大略省(Ontario)搬到了弗里斯兰省(Friesland)和格罗宁根省(Groningen)❹。那段时间,弗里斯兰省的修复风盛行,在瓦特·克雷默看来:这些看似科学、实际短效的修复行为不能持续永久地解决结构问题,修复工程资金需求大,而政府用于这方面的资金越来越显不足。这样的情况使瓦特·克雷默越来越认识到长期定期对结构进行检查并立即对小损毁进行维修可以节省很多钱,而且这样的小维修可以保存结构的原真性。后来他负责皇家修复建设阿迈德沃登贝赫(the Royal Restoration Construction Ameide Woudenberg),在修复工程完成之后,他和公司签了维护合同,计划进行年度检查。这件事情使他很受启发,因为修复公司分布在荷兰各地,因此维护存在着广大的市场,可以做一些事情。后来他和阿姆斯特丹科耐普斯历史建筑再利用公司(Aannemingbedrijf Kneppers)的科耐普斯先生(S. Kneppers)、乌特勒支的朱瑞恩斯结构修复公司的(Restauratiebouwbedrijf Jurrins)朱瑞恩斯先生(H. Jurrins)、沙科勒结构修复公司(Restauratiebouwbedrijf Schakel)的负责人沙科勒先生(Y. Schakel)讨论了这个事情。沙科勒先生建议应该成立一个文物古迹检查服务的机构,并取了 Monumentenwacht 的名字。1973 年 2 月 23 日,在文化部的支持下 Monumentenwacht 正式成立。成立之后,瓦特·克雷默向负责格罗宁根省省级登录(Provincial Registry)工作的科莱伯先生(C. J. Kreb)咨询关于如何开展具体工作的事情,科莱伯先生提议各省应该成立一个省级 Monumentenwacht 作为国家 Monumentenwacht 协会的补充,这样每个省的工作就会清晰,由于各省更了解其自身的文物古迹,可以更好地进行维护,也有可能获得来自省级部门的资助。于是首批省级 Monumentenwacht 在格罗宁根省和弗里斯兰省两个省注册成立。❺

---

❶　贺托根布希小城位于荷兰南部,距离阿姆斯特丹 80 千米。

❷　如:荷兰皇家考古协会(Royal Dutch Archaeological Association, 1899),亨德里克代基瑟协会(Association Hendrick de Keyser, 1918);荷兰磨坊协会(the Holland Society Mill, 1923)。

❸　福尔堡省位于荷兰西南部,靠近海牙。

❹　安大略省位于荷兰中部,弗里斯兰省和格罗宁根省为荷兰北部两个省。

❺　KRAMER W. Monumentenwacht zorg[t] voor monumenten. [EB/OL]. [2009-5-2] http://www.monumentenwacht.nl/

2）工作方式和组织结构❶

Monumentenwacht 的定位是预防保健,它提倡预防胜于治疗——通过进行定期检查,必要时进行小型维修,以预防建筑损毁。检查工作由工作小组完成,每个工作小组由一辆车和两名检查员组成(图4.1):检查车配备齐全,里面有进行维护检查可能用到的所有设备——梯子、安全带、望远镜、电脑等,各种小型维修需要的材料(屋面瓦、板瓦、铅板)、工作台和各种工具;检查员都是有经验的保护建筑师或者工程师,每个检查员都有一套安全设备可以保证他们能在很高的地方和难以到达的地方进行工作。

图 4.1 Monumentenwacht Netherland 的检查员、检查专车和现场处理

检查费按每小时每人收取,一般费用不高(最多大概有 40 欧元),如果需要更换材料则另外加算相关费用,且不同季节进行不同的检查。一开始 Monumentenwacht 的工作仅由几位兼职人员负责,检查车是租的,检查员是借用结构修复公司的工程师或建筑师。1973 年刚建立时只有两名兼职检查员(Douwe Van Der Zee 和 Sjoerd Van Der Wijk),到 1975 年年底有了 10 名检查员,后来随着规模不断扩大,Monumentenwacht 开始独立经营运作,开始聘用全职检查员,到 2009 年年底已经约有 110 名检查员。另外 Monumentenwacht 获得伯恩哈德亲王基金会的赞助❷,不再用租车作为检查车,而专门配备了检查车。每个小组每年检查 200～250 栋历史建筑(准确的数字依据建筑的规模大小和所在位置的远近而定,小房子可能几个小时就完成检查,而大教堂或城堡可能需要 1 个星期),检查的频率依据结构的尺寸大小和目前的维护情况而定,一般而言是 1～2 年进行一次。

Monumentenwacht 采用会员制度,历史建筑的所有者或用户可以自愿报名,只需交 50 欧元年费,其历史建筑便可成为 Monumentenwacht 会员,享受其提供的相关服务。Monumentenwacht 会对每栋会员建筑进行第一次检查,并做一个完整的清单目录。第一次检查主要是为了对建筑各个部分有个印象,确定是否有维护问题。第一次检查目录完成后,历史建筑每 1～2 年检查一次,难以到达处或者两种材料相连接处则进行持续的监测,因为这些地方很容易出现问题。每次检查完成后,检查小组会提供一个详细的报

---

❶ KRAMER W. Monumentenwacht zorg[t] voor monumenten. [EB/OL]. [2009-5-2] http://www.monumentenwacht.nl/

❷ 伯恩哈德亲王基金会(一开始名字为 Prince Bernhard Culture Fund,后来是 Prince Bernhard)赞助了 50 多辆车专门用于检查工作,基金会赞助检查车的所有费用。

告给用户,可以作为维护计划的基础。自成立以来,Monumentenwacht 的会员建筑数量迅速增长:1973 年 5 月有 35 个,1974 年 4 月 100 个,1976 年 10 月 500 个,1977 年 1 000 个,1981 年 2 500 个,1993 年 9 800 个,直到 2008 年年底已经有 22 000 栋会员建筑。值得一提的是,荷兰 90％的教堂都是 Monumentenwacht 的会员。

随着会员建筑的不断增多,各省相继成立省级 Monumentenwacht,至 1978 年有 9 个省级 Monumentenwacht,如今已经有 11 个省级 Monumentenwacht 和 1 个考古 Monumentenwacht。机构组织呈伞状结构,即联邦协会和 12 个独立组织,共有 150 名全职人员(110 名检查员和 40 名管理行政人员)。省级 Monumentenwacht 都是独立经营操作,各自承担其经营成本,其资金来源主要来自省的资助(85％)、会员费和检查费(10％)以及中央政府的赞助(5％)❶各自有自己的管理、检查车和工作单位,只负责所在省的文物古迹的检查维护工作(其检查费用按照所在省现行资费标准);省级 Monumentenwacht 依据会员建筑的数量确定其规模大小,一般由 1 个管理行政人员、5～14 个文物古迹看护者组成的 2～7 个检查小组以及多个顾问共同组成。考古 Monumentenwacht 则在全国范围内运营,专门负责结构部分的分析评估(一般针对比较严重的结构问题)。联邦协会则主要负责沟通、协调、安排培训等工作,不负责具体的检查维护工作。

3)工作内容

Monumentenwacht 的主要任务是:对历史建筑的结构现状进行系统检查,向用户提供详细的检查报告,必要时进行小型维修(如换屋面瓦、修排水管等),并为大型修复和损毁问题解决提供建议;也提供其他服务,如制订计划、评估表述、多年的维修计划和监督维修等。总的来说,Monumentenwacht 的工作包括以下这些方面❷:

① 提供一个基础支持平台;

② 质量检测和报告,安全评估,数据管理等;

③ 年度培训方案的拟订工作,相关研讨会的组织;

④ 制定新的文物古迹保护规则;

⑤ 将提供的服务和具体项目相结合;

⑥ 监测;

⑦ 为用户提供与国家和国际相关经营组织的联系,如国家修复机构;

⑧ 提供跨省项目的沟通和通信服务;

⑨ 提供在欧洲其他地方的 Monumentenwacht 组织的联系。

由于定期检查是 Monumentenwacht 的核心工作,因此对检查员的要求很高:①必须有丰富的材料知识,包括材料性能、质量、持久性及结构和维护方法等方面的知识;②必须拥有多学科的技术培训,有着修复工程方面的经验,这样才有能力发现问题和分析导致问题的原因;③因为要与用户沟通,因此也必须具备一定的社会交际能力。Monumentenwacht 会定期给他们提供相关培训。

每次检查工作都需要具体问题具体分析,因为每个文物古迹每天的情况都不尽相同。以下这些方面是必须遵循的❸:

① 准备阶段——与业主或经理通电话,安排检查;查看以前的检查报告或图纸上的注意重点。

② 与客户交谈——抵达后,将报告给用户,询问维修情况以及新的问题或缺陷。

③ 外面检查——实际检查通常从外面开始,包括对砖、排水沟、排水管道及泄漏的痕迹的检查,也包括对周边地区的检查,注意围栏、围墙、路面、植被等方面。

④ 检查屋顶——检查屋顶要特别注意,如果缺陷发生在这里,几乎总是影响到底层结构。应该注意极易漏雨处或昆虫和真菌损害处。如果有可能则直接采取行动,如向后溜瓦,替换破碎的石板瓦,清理堵

❶　LIPOVEC N C, BALEN K V. Practices of monitoring and maintenance of architectural heritage in Europe: examples of 'MONUMENTENWACHT' type of initiatives and their organisational contexts[C]. CHRESP Conference "Cultural Heritage Research Meets Practice"[C], Ljubljana:内部资料,2008. 该文由 Neza Cebron Lipovec 本人提供。

❷　Monumentenwacht Netherland[EB/OL]. [2009-5-2] http://www.monumentenwacht.nl/

❸　Monumentenwacht Netherland[EB/OL]. [2009-5-2] http://www.monumentenwacht.nl/

塞的排水沟等。

⑤　难以到达的地方——平常用户难以到达处,则在屋顶、屋顶建筑弯道或墙上悬挂绳子,专家通过梯子等攀爬设备到难以到达处进行检查。

⑥　内部检查——小范围潮湿、裂缝等小问题鼓励直接干预,对楼梯、天花板、地板、家具和壁画等方面要进行专门检查。

⑦　注重细节——检察官要有批判而敏锐的眼光,发现特殊的东西,如特殊的牌匾、玻璃、玻璃窗户等,这些特殊、不常见的东西可能需要特殊的处理方法,它们的损毁也有特殊之处。

⑧　中肯的意见——考察期间若遇到悬而未决的问题,立即在电脑做记录;若检查完成后不久收到用户的相关意见,检查员则需要仔细做出解释,针对性地帮助用户。

⑨　专业检查员——通过广泛的人员培训方案,进一步教育和培养专业检查员。

⑩　报告——报告包括检查情况,对建筑每个部分进行评估,分为优、良、中、差(High, Moderate, Marginal, Bad)几种情况;建议采取何种修缮方式,哪种修缮先进行;资金赞助和资金申请等。

4) 发展前景

在过去的 30 多年里,Monumentenwacht 通过与历史建筑所有者或用户的长期合作,很好地提高了民众的预防性保护的意识,他们越来越认识到:相对于建筑破损后的修复工程,定期检查维护的费用相当便宜,极大地节约了成本,因此更愿意和 Monumentenwacht 合作并听从其提供的维护建议。同样,政府官员也越来越意识到:基于预防理念的定期检查和系统维护比起昂贵的修复工程能节省很多,以前文物古迹保护界关注的核心是修复工作,而现在中央政府开始开展将文物古迹修复和定期维护相结合的保护新计划,提出昂贵的修复工程只有在预防性的系统维护完成之后才能进行,并对文物古迹的定期维护实行减税计划。另外,Monumentenwacht 作为一个非政府组织,实干而少有官僚作风,踏踏实实地进行定期检查和维修使文物古迹长期处于良好状态,直接使文物古迹及其用户受益。相对于以往的修复工程,Monumentenwacht 通过定期检查维护很好地保存了文物古迹的原始结构和历史价值,由此成为了实行新保护政策的有力支持。❶

1998 年 Monumentenwacht 为庆祝其成立 25 周年举办了一次大型展览。2000 年 9 月,在欧盟"欧洲,共同遗产"的框架下,第一届文物古迹看护国际会议(First International Conference Monumentenwacht)在阿姆斯特丹召开,对象是那些在 Monumentenwacht 或者类似机构中的工作人员,有来自 11 个国家的 27 名代表参加(会议报告于 2002 年出版)。通过这两次活动,许多其他欧洲国家开始对这样的组织和观念表示出很大的兴趣,并相继成立类似机构。

4.1.2　其他几个类似 Monumentenwacht 的机构

1) 比利时弗兰芒文物古迹监护(Monumentenwacht Vlaanderen)

1991 年,比利时弗兰芒地区的 Monumentenwacht 成立,设有总部和 5 个省级 Monumentenwacht,总部设在安特卫普(Antwerp),5 个省级 Monumentenwacht 分别位于弗兰芒区的 5 个省:安特卫普、林堡(Limburg)、东弗兰芒省(East-flanders)、佛兰芒布拉班特(Flemish Brabant)和西弗兰芒省(West-flanders)(图 4.2)。其工作方式、主要工作内容、机构性质和资金来源都与荷兰 Monumentenwacht 类似:①采用会员制,只是费用收取有所差别(会员费 40.00 欧元/年,包括 21%的增值税;检查费,每个检查员每小时 24.32 欧元;报告费用在 12.10～48.40 欧元之间❷);②以检查小组的形式进行定期检查,检查小组也是由 1 辆检查车和两名检查员组成;③主要工作内容是对文物古迹进行定期检查和必要性维护,给用户提供检查报告以及相关维护建议;④是非政府非营利性组织,"其启动资金由堡德恩国王基金会(King

---

❶　Monumentenwacht Netherland[EB/OL].[2009-5-2] http://www.monumentenwacht.nl/

❷　LIPOVEC N C, BALEN K V. Practices of monitoring and maintenance of architectural heritage in Europe: examples of 'MONUMENTENWACHT' type of initiatives and their organisational contexts[C]. CHRESP Conference "Cultural Heritage Research Meets Practice"[C], Ljubljana: 内部资料, 2008,该文由 Neza Cebron Lipovec 本人提供。

BaudouinTrust)与各个省分机构提供；目前的资金来源有：各省资助70%，会员费和检查费10%，弗兰芒区政府资助20%"❶。

图4.2　比利时地图（粗线以上为弗兰芒区）

但两者也存在不同之处：①组织结构有所不同：比利时弗兰芒 Monumentenwacht 有总部和各省分机构，省级 Monumentenwacht 不是独立组织而是隶属于总部，荷兰的省级 Monumentenwacht 则是独立组织；比利时弗兰芒 Monumentenwacht 的总部设在安特卫普，设主席1名、主任1名、办事员2名和各类顾问6名（预防顾问2名，建筑工程顾问1名，项目协调和成本分析员1名，室内检查顾问1名，信息和通信技术顾问1名），总部除了协调、沟通和培训工作之外，很大一个作用是为各个省级 Monumentenwacht 提供顾问咨询工作，而荷兰 Monumentenwacht 的联邦协会则主要只负责协调和沟通工作；②检查员的梯队有所不同，比利时弗兰芒 Monumentenwacht 的检查小组人员也是两名，但通常由一个在修复方面有经验的建筑师和一个有实践经验的工匠组成；③比利时弗兰芒 Monumentenwacht 从1997开始室内检查工作，主要是对室内和可移动文物的检查，每个省级 Monumentenwacht 除了设有建筑检查员都设有室内检查员，现在室内检查已经很成系统且取得了很好的效果，而荷兰最近几年也受此启发开始开展室内检查工作。

此外，比利时弗兰芒 Monumentenwacht 在以下几个方面的工作也很值得肯定：

（1）关注那些非在录的而有价值的历史建筑

比利时有文物古迹的国家名录，列入名录的文物古迹其保护费用主要由政府承担。但是有大量历史建筑很有价值，却因为不在名录无法享受政府的补贴，因为承担不起昂贵的保护费用，很多这样的历史建筑面临破损。比利时弗兰芒 Monumentenwacht 从成立之日开始关注这些问题，鼓励这些历史建筑成为其会员建筑，相对于昂贵的修复费，会员年费和定期检查费是很低的，也是所有者或用户能够承担的，因此很多用户愿意将其建筑列为 Monumentenwacht 的会员建筑，2006年47%的会员建筑都是非名录而有价值的历史建筑，2007年比例增长为48%。用户可以根据 Monumentenwacht 提供的检查报告自己进行有针对性的维护，尤其值得一提的是，用户可以凭借检查报告向当地政府要求资助——Monumentenwacht 的检查报告相当于一种专业证明，当地政府是认可的，资助可以高达55%❷，如果没有检查报告，用户是不可能获得政府资助的。如今，"安特卫普（Antwerp）、林堡（Limburg）、佛兰芒布拉班特（Flemish Brabant）3个省级 Monumentenwacht 设有一套专门对那些非名录但有价值的历史建筑的资助系统，如果这些建筑连续十年为 Monumentenwacht 会员（十年的规定有助于维护工作的持续性），Monumentenwacht 就可以为其所有者或用户提供资助，可以帮助筹措资金进行相关保护，目前此资助系统已经在佛兰芒布拉班特得到实施。"❸

（2）类似机构的促进和新领域的开辟

比利时弗兰芒 Monumentenwacht 促进了比利时其他地方类似机构的成立：1994年，瓦隆区开始有类似

❶　LIPOVEC N C, BALEN K V. Practices of monitoring and maintenance of architectural heritage in Europe: examples of 'MONU-MENTENWACHT' type of initiatives and their organisational contexts[C]. CHRESP Conference "Cultural Heritage Research Meets Practice"[C], Ljubljana: 内部资料, 2008, 该文由 Neza Cebron Lipovec 本人提供。

❷　2009年10月30日在意大利科莫开会之间，笔者访问比利时弗兰芒 Monumentenwacht 主席 Luc Verpoest，根据其口述信息所得。

❸　LIPOVEC N C, BALEN K V. Practices of monitoring and maintenance of architectural heritage in Europe: examples of 'MONU-MENTENWACHT' type of initiatives and their organisational contexts[C]. CHRESP Conference "Cultural Heritage Research Meets Practice"[C], Ljubljana: 内部资料, 2008, 该文由 Neza Cebron Lipovec 本人提供。

Monumentenwacht 的机构,后来被纳入当地区域研究所(Institute du Patrimoine Wallon),2006 年开始,研究所成立了 Cellule de Maintenance,负责早期独立机构时期的维护工作;此外也促进了位于林堡省苏达市(Zolder)的欧洲修复中心的成立(European Centre for Restoration, ECR),以及位于布鲁日的欧洲艺术和历史修复工艺培训中心(European Centre for Training and Crafts Perfection in Art and Historic Restoration / Europees Centrum Voor Opleiding en Vervolmaking in Kunstambachten en Historische Restauratie, EUCORA)等传统工艺培训机构的成立。❶ 近几年 Monumentenwacht 还开拓了两个新领域:对历史船只的检查和对考古场所的检查,现设有历史船只检查员 2 名,负责历史船只的定期检查工作。

(3) 与当地高校科研单位合作,注重科研和实践紧密结合

比利时弗兰芒 Monumentenwacht 的主席是比利时鲁汶大学 RLICC 国际保护中心的教授,主任曾是 RLICC 毕业的硕士,因此一直与 RLICC 长期合作,积极参与中心的科研项目,并注重及时将科研成果转为实践。RLICC 在 1994 年开始承担实施欧盟项目"古代砖结构损毁评估专家系统",该项目的主要成果是形成了砖构损毁诊断系统软件(见第 4.2.1 章节内容),Monumentenwacht 专门对其检查员进行相关方面的培训,鼓励其会员使用该软件,并要求检查员在给用户提供的检查报告中要包括以下内容:概述病害的原因及其可能产生的后果,就维护修缮给出具体的建议,应急性指示措施。报告采用照片和文字说明相结合,方便用户有个整体认识并容易找到问题所在。此外,比利时弗兰芒 Monumentenwacht 多次与 RLICC 合办关于维护、监测等方面的相关国际研讨会,并积极参与了"建筑遗产预防性保护、监测、日常维护的联合国教科文组织教席"的申请工作(见本书第 2 章相关内容)。

2) 维护我们的遗产(Maintain our Heritage, MOH)

(1) 相关背景

MOH 位于英国,成立于 1999 年,由一群政府机构人员、工业界人士、遗产保护部门的人员和历史建筑所有者共同发起,旨在提倡一种新的、长期的、可持续的历史建筑保护战略,通过事先的预防性维护,避免历史建筑损毁及之后的大修工程。MOH 指出:要实现系统维护则需要政府、建造业、遗产部门和历史建筑所有者等相关部门或相关人在态度、政策和实践中有所变化。❷

英国尽管有着很强的预防性维护的学术基础,如约翰·罗斯金(John Ruskin)❸和威廉·莫里斯(William Morris)❹都提倡维护是历史建筑保护中最基本的和最重要的工作,但实际上维护在英国的真正实践却很不尽如人意,根据最近研究表明,其主要原因有:缺乏政府的引导,矛盾的政策——鼓励维护但增值税征收率很高,对大型修缮有资助但对维护没有资助。❺

(2) 两个试点项目

在这种背景下,MOH 的经营很不容易,由于荷兰 Monumentenwacht 经营很成功,MOH 开始学习其经验并效仿其模式。2002—2003 年,MOH 采用荷兰 Monumentenwacht 的模式在英国巴斯❻区开展进行了一个实验性项目。该项目 80% 的花费(64 000 欧元)是由巴斯保护基金会(Bath Preservation Trust)、

---

❶ LIPOVEC N C, BALEN K V. Practices of monitoring and maintenance of architectural heritage in Europe: examples of 'MONU-MENTENWACHT' type of initiatives and their organisational contexts[C]. CHRESP Conference "Cultural Heritage Research Meets Practice" [C], Ljubljana: 内部资料, 2008,该文由 Neza Cebron Lipovec 本人提供.

❷ http://www.maintainourheritage.co.uk/, 2009-5-3

❸ 约翰罗斯金(1819—1990)是英国艺术评论家和社会思想家,也是一位诗人和艺术家,他撰写的关于艺术和建筑的散文在维多利亚时代和爱德华时代都很有影响力。在遗产保护方面,他是英国学派的代表人物,相对于同时代的法国学派 Eugène Viollet-le-Duc 的提倡样式修复,他提倡保护每一个时期的历史信息,他著有的《建筑的七盏灯》(The Seven Lamp of Architecture)一书集中体现了他在建筑遗产保护方面的一些思想和见解。

❹ 威廉. 莫里斯(1834—1896)是英国一名纺织品设计师、艺术家、作家,也是英国工艺美术运动中的一名社会活动家。他虽然从来没有成为职业建筑师,但他一直对建筑以及古建筑保护有保持着强烈的兴趣和热忱,1877 年,他创立了欧洲现代最早的民间保护组织——古代建筑保护协会(SPAB),另外他也关注自然环境的保护,现代绿色运动的史学家们将他看作是现代环保运动的先驱。

❺ GEORGE A. Preventive maintenance: some UK experiences. [C] //Preventive conservation: practice in the field of built heritage, Fribourg, 2009. Fribourg: University of Fribourg, 2009: 27-29

❻ 巴斯是英国西南部的一个著名古城,位于伦敦西部 97 千米处。

埃斯密费尔帮恩基金会(Esmee Fairbairn Foundation)和英国遗产(English Heritage)提供,一共检查了72座在录建筑。检查结果显示,每次检测费高达1 100欧元,远高于市场价100欧元,因为经济上的不可行,这个实验项目没有继续。但不管怎样,该项目还是产生了一定影响,如巴斯附近格洛斯特教区(Diocese of Gloucester)的一些教堂对预防性维护感兴趣。另外一个试点项目为英国遗产在萨福克(Suffolk)❶和伦敦开展的教堂维护的项目。❷

2007年,在威尔斯王子的帮助下,MOH从私人组织筹到了一笔资金,开展了"排水沟清理计划"(Gutter-Clear Scheme),该项目针对格洛斯特教区的所有礼拜场所、各种宗教和各种教派的教堂。第一年,有49个礼拜场所加入了,根据检查结果显示:每次检查费用从200～900英镑不等,小而简单的单栋建筑为200英镑,大而复杂的教堂为900英镑,平均下来每次检查费用为250英镑(还要外加增值税)。第二年,营销策略有所改变,前50个加入的教堂可以享受100英镑的优惠,对部分小教堂则免费提供检查维护费用,这样的策略比较成功,越来越多的宗教建筑加入这个项目。❸

(3) MOH实践的启发

MOH的相关实践显示:在没有政府支持的情况下,要广泛开展维护工作,需要有一个专门的市场营销策略,将维护作为一种理念或产品进行推广,使民众认识它和接受它并能够实施。另外,MOH的经验也显示:要成功开展预防性维护,政府的支持是一个关键点,包括减税政策、资金支持等;所有者或使用者的支持也是一个关键点,和他们建立起长期合作关系,共同维护才能落到实处。

3) 北欧手工艺保护中心(Nordic Centre for Preservation of the Crafts)

北欧手工艺保护中心位于丹麦,成立于1986年,当时是因为缺乏对历史建筑进行维护和维修的工匠而建立起来的。它是一个私人基金会,取名如此是因为当时北欧国家表示有兴趣成立一个联合中心,在瑞士和挪威已经成立了国家中心,该中心成立则表示丹麦有兴趣参与泛北欧合作。该中心除了进行传统手工艺的保护研究外,还有关于传统建造工艺和建筑保护技术方面的培训。❹ 它召集了一帮经验丰富的技工和工匠,包括泥水匠、粉刷工人、木工和车床工人、盖屋匠、铁匠、金银匠、雕刻家、画匠和印章者等,这些工匠能够从各个方面准确地对历史建筑现状进行评估。该中心集研究、教育培训、咨询和维护于一体,旨在:

① 促进丹麦建筑遗产保护,包括它的特性、原真性和合理功能的保存;

② 促进与丹麦建筑遗产保护相关的建造工艺的延续和保护;

③ 促进生产传统材料和使用传统工艺技能;

④ 促进最经济有效的古建筑维护和维修方法;

⑤ 促进开发和使用建造行业最具可持续性的材料、建造方法等。❺

北欧手工艺保护中心于2004年成立了专门从事维护工作的建筑保护中心,主要是由原来中心的员工组成,主要提供以下几种维护服务:①五年维护计划:对历史建筑各部分进行仔细检查,包括屋顶、烟囱、水槽、外墙、门窗、阳台、外楼梯等方面,检查完后提供关于住房状况和保护措施的建议报告。报告会指出哪些保护工作是要立刻进行的,哪些保护工作是1年之内要完成的,哪些工作是5年之内要完成的;报告最后则是未来的维护计划,需要建设工程的经费预算以及其他的可能选择。②每年对建筑进行检查:每年对

❶ 萨福克是英国东部一个郡。

❷ 参考下面两篇文章:(1)GEORGE A. Preventive maintenance: some UK experiences. [C] //Preventive conservation: practice in the field of built heritage, Fribourg, 2009. Fribourg: University of Fribourg, 2009: 27-29;(2)LIPOVEC N C, BALEN K V. Practices of monitoring and maintenance of architectural heritage in Europe: examples of 'MONUMENTENWACHT' type of initiatives and their organisational contexts[C]. CHRESP Conference "Cultural Heritage Research Meets Practice" [C], Ljubljana: 内部资料, 2008(该文由 Neza Cebron Lipovec 本人提供)

❸ GEORGE A. Preventive maintenance: some UK experiences. [C] //Preventive conservation: practice in the field of built heritage, Fribourg, 2009. Fribourg: University of Fribourg, 2009: 27-29

❹ DONKIN L. Crafts and conservation: synthesis report for ICCROM [M]. Rome: ICCROM, 2001

❺ VADSTRUP S. Working techniques and repair methods for plaster decoration on facades[EB/OL]. [2009-5-2] http://www.plasterarc.net/essay/essay/Soren01.html

历史建筑的窗户、屋顶、立面、阳台等部位进行检查,完成一个书面报告,指出当前的应急工作和更长期的工作。③目测检查和现场的口头建议:和用户一起进行目测检查,指出存在的技术问题,给出一个口头评估,不提供书面报告。④对有特殊设备的历史建筑进行专门检查。⑤为国家机构、省市级机构、咨询机构、建造者和私人用户提供关于历史建筑维护和修缮的建议,也为在录建筑、地标建筑、一般的城市和农村建筑提供维护服务。

4）匈牙利文物古迹看护（Mastill Hungary）

Mamég 的主席海特·罗伯特（Heiter Robert）于 2003 年在一次培训课程上接触到了荷兰 Monumentenwacht 的相关活动,从此就有想法在匈牙利建立类似的机构。2005 年起草了计划,2006 年 1 月 11 日成立了匈牙利历史文物古迹维护基金会（the Hungarian Monument Pületgondozó Network Foundation）,学习荷兰 Monumentenwacht 模式,采用检查小组和会员制的工作方式,为历史文物古迹提供定期检查和维护服务。基金会的启动资金是由私人赞助的,共有 8 个检查员（他们的背景都为保护技术师）。检查员只负责检查,不负责具体的维护工程,具体的维护工程由其他员工来做。过去的 3 年多时间里,会员建筑由 8 个增加到了 32 个,其中 24 个是属于在录建筑（有私人的,也有公有的）。目前,资金来源主要是会员费（60%）和私人赞助（40%）。❶ 另外,该基金会也负责面向国内和国际开展维护技术的培训工作。

5）Upkeep

Upkeep 成立于 1979 年,是英国的一个教育慈善会和担保有限公司,旨在教育民众如何照看好房子,通过定期展览和培训课程向民众展示维护、整修和改善各类建筑的经验。Upkeep 有十几年的教育经验,已经培训了成千上万的人员,他们来自各种规模的不同机构,有住房协会、地方当局、物产管理机构、房地产代理机构、承包商和慈善机构等。Upkeep 和城市与行业协会（the City and Guild）一起为学员提供诊断缺陷和定购修理的证书（The Certificate in Diagnosing Defects and Ordering Repairs）,该证书适用于房地产或者物产管理部门的非技术性人员,以及那些为承包商工作或负责照看房子的人员。

Upkeep 举办的展览主题有:如何保持建筑干燥,维护管道系统、电路系统、屋顶、阁楼与隔热系统、窗户、墙等。在展览中,会看到住宅建筑室内和室外的复制品、建筑的建造过程、一般缺陷及其原因和解决方法的阐释、如何改进建筑的可持续环境等方面。❷

不同于以上介绍的其他组织机构,Upkeep 没有效仿荷兰 Monumentenwacht 的模式,它也不是专门针对文物古迹维护的,但它通过展览教育民众如何进行房子维护的方式,为如何开展文物古迹维护的民众教育提供了参考。

4.2 与建筑遗产的预防性保护相关的几个项目

4.2.1 MDDS——文物古迹损毁诊断系统

1）MDDS 的由来和形成过程

MDDS 全名为 Monument Damage Diagnostic System,是通过计算机软件对文物古迹损毁情况进行评估的一个专家系统,该系统是由 1994 年的砖结构损毁诊断系统（Masonry Damage Diagnostic System）发展而来。1994 年欧盟环境研发部门有一个项目为"古代砖结构损毁评估专家系统"（EV5V-CT92-0108, Expert System for Evaluation of Deterioration of Ancient Brick Masonry Structures）,该项目由比利时鲁汶大学 RLICC 国际保护中心（Raymond Lemaire International Center for Conservation, RLICC）、意大利米兰理工大学结构工程系（Department of Structural Engineering, Politecnico of Milan）、荷兰建筑

---

❶ LIPOVEC N C, BALEN K V. Practices of monitoring and maintenance of architectural heritage in Europe: examples of 'MONUMENTENWACHT' type of initiatives and their organisational contexts[C]. CHRESP Conference "Cultural Heritage Research Meets Practice"[C], Ljubljana: 内部资料, 2008,该文由 Neza Cebron Lipovec 本人提供。

❷ http://www.upkeep.org.uk/, 2009-5-3

机构研究所 TNO(Building and Construction Research)和德国汉堡技术大学(Technische Universitat Hamburg)共同合作负责❶,MDDS 是该项目的主要成果之一。

最初的系统主要关注的是砖构建筑不同材料之间的相互关系以及环境因素的影响,对不同材料的损毁类型、损毁原因及损毁过程进行了研究分析。后来该系统由对材料损毁的诊断扩展到对结构损毁的诊断,分析对象也由原来的砖构建筑扩展到其他建筑类型,由此发展成为了文物古迹损毁诊断系统。

MDDS 的形成过程,首先是收集相关信息,包括损毁类型、损毁原因和损毁过程中的物理表现等,主要收集手段有文献研究、问卷调查、现场检测和监测以及实验室精确监测:通过问卷调查和现场检测收集不同案例的具体损毁情况(所选案例主要为来自比利时、德国、意大利和荷兰四个国家的典型砖构建筑);由意大利米兰理工大学建立 1∶1 模型对损毁过程进行监测,确定损毁类型并有对应图示说明;由实验室精确测试——通过热力学模型确定造成损毁的因素,把损毁类型和具体原因联系起来,形成损毁过程分析。然后由荷兰代尔伏特建筑结构研究所将所有的相关知识信息转化为计算机语言,形成软件 MDDS。

2) MDDS 软件的结构

(1) 专家系统❷

MDDS 是一个软件型专家系统,所谓专家系统是一套融合专家理念,利用专家为使用者提供问题分析的软件系统,主要由知识库(数据库)、推理工具❸和用户界面三部分组成(图 4.3),其中,知识库用以存储和管理数据;推理工具是专家系统的核心,提供分析知识库数据的方法并形成答案;用户界面是使用者和专家系统的沟通工具。

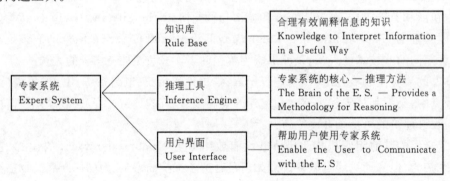

图 4.3　专家系统组成

专家系统用在保护领域主要为了达到两个目的:①对实际情况的评估;②选择合适的措施。专家系统可以帮助保护专家根据诊断情况和其他相关信息给出最好的可行措施,也可以为使用者提供多种选择并帮助比较其优缺点,还可以作为一个教学工具(针对一个具体案例,比较专家系统和学生各自给出的答案,从而测试学生的知识水平)。

(2) MDDS 软件系统的结构

MDDS 软件系统由损毁图集(数据库)、决策表(推理工具)和调查问卷(用户界面)三部分组成(图 4.4)。

---

❶　具体负责人有:鲁汶大学 Prof. Dr. Ir. Koen. Van Balen, M. Sc. (Eng) Joao Mascarenhas Mateus;意大利米兰理工大学 Prof. Luigia Binda and Prof. Giulia Baronio, M. Sc. (Eng) Donatella Ferrieri;荷兰建筑机构研究所 Rijswijk M. Sc. (Ir) Rob Van Hees, B. Sc. (Eng) Loek Van Der Klugt, M. Sc. (Dott) Silvia Naldini, Dr. G. L. Lucardie, M. Sc. (Ir) C. M. Duursma;德国汉堡技术大学 Prof. Dr. Ing. Lutz Franke, M. Sc. (Min-Dipl)Irene Schumann。

❷　CORE M. MDDS(Monument Damage Diagnostic System): The development of an expert system as a survey and damage interpretation tool for the stability of masonry structures [D]. Belgium: RLICC, K. U. LEUVEN, 2009: 14-17

❸　对推理规则的理解是认识专家系统的关键,推理规则一般包括两个部分:如果怎么怎么样,就会怎么怎么样,即,前提条件得到满足,结果就会出现。使用推理规则的主要有正向链接和反向链接两种方法:正向链接,又称数据驱动,是从数据本身出发使用推理规则直到答案出现;反向链接,又称目标驱动,是从一系列结果出发去寻找是否有数据说明其结果。一个专家系统由很多这样的推理规则组成,每个规则都是独立的单元,因此如果一个单元被删也不会影响另外单元。推理规则的一个优点就是使用的推理更接近人思维。因此,当一个结论出来时,我们可以知道它是怎么来的。

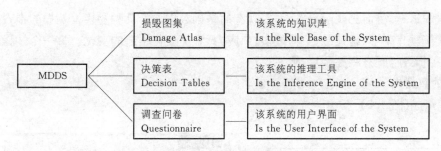

图 4.4 MDDS 构成图

损毁图集包括对不同损毁类型的定义和图示,有针对砖、抹灰、天然石材、节点、海盐等各种材料的专门图集(现有新的图集加入:一个是砖建筑的结构损毁图册,另外一个是关于威尼斯城建筑的结构损毁)。目前结构损毁图集还在建设中,主要分为:地基引起的(Damage Due to Settlement)、超荷载(Overloading)和热应力(Thermal Stresses)等三个方面(见本书第7.1节相关内容)。

决策表系统工具,可以有一系列表格,每个表格包括条件和行动方案,条件往往是行动方案的重要参数。损毁图集中的信息被图式化为损毁类型、原因、表现形式与损毁过程之间的关系。决策表主要有损毁类型和损毁原因两个分支,这两支之间的联系是该系统的工作基础。基于损毁类型,各自相对应的原因及损毁过程就会出现在屏幕上。

调查问卷主要是在用户界面通过提问并根据用户回答来检测损毁类型以发现可能的相关原因。

3) MDDS 的使用原理

MDDS 反映了专家的推理过程,第一步是现场目测,目测完成后,系统引导用户获取参考(损毁图集)并整理他的观察结果:通过损毁图集所提供的图和解释,目测所得的损毁很容易被认知;一旦损毁类型被确定,系统就会提问用户,以排除不可能发生的过程以重新认识损毁类型。第二步是用户输入建筑的基本信息,之后系统就会列出一系列相关的新问题,通过用户所给答案的数据和信息,该系统就会搜索出导致该损毁的原因(通过提问能够保证调查的每个方面都不会被忽略)。第三步是基于损毁发生背景的相关信息,引导用户通过演绎过程来纠正诊断损毁——该系统可以将一种损毁归因于一个或多个过程,并评估每个过程所需的条件。最后,该系统会生成一个关于建筑损毁情况的报告,方便用户以此为依据采取合适的保护措施。❶ 目前比较成熟的且已经完全使用的是对材料损毁的诊断,对结构损毁的诊断还没有完全被开发使用。

对材料损毁的诊断(即建构材料与环境因素之间的互相作用引起的损毁)。通过描述损毁类型,软件会分析出其原因,这样的分析适用于任何类型的建筑,从分析构件开始(如墙、地板、屋顶等等)到构成材料结束。在分析每个构件时,该系统会自动要求用户提供"特性和描述"这两个不同方面的数据,特性用来描述基本特征,描述则提供进一步的信息。在描述部分,可以提供关于建筑的任何信息,如地址、历史、制图或照片;在特性一栏,材料特征和损毁方面的数据必须输入。对材料特征的描述是来自专家的现场检测,其损毁类型及其严重性是基于软件数据库的案例和定义做出的。在确定损毁类型时,用户可以直接选择,当其对自己判断不够自信时就可以通过与系统互动来进行(在这种情况下,通过回答一些简单的问题,用户就会得出损毁类型的答案)。一旦损毁类型被确定,就需要对其损毁程度进行评估。该系统有细微至严重5种不同程度。在材料损毁方面,唯一的量化测试是针对湿度大小、盐分含量及其分布情况的。一旦所有的数据都输入之后,诊断就开始了,系统会提出关于盐分和湿度方面的问题,以确定盐分是否影响到所选材料从而导致必然的损毁类型。最后就会产生一个包含所有信息的报告。❷ 值得一提的是,该系统是动态的,除了数据库中现有的损毁类型,还允许增加同种材料或构件的其他损毁类型。

---

❶ CORE M. MDDS(Monument Damage Diagnostic System):The development of an expert system as a survey and damage interpretation tool for the stability of masonry structures [D]. Belgium:RLICC, K. U. LEUVEN, 2009:14—16

❷ CORE M. MDDS(Monument Damage Diagnostic System):The development of an expert system as a survey and damage interpretation tool for the stability of masonry structures [D]. Belgium:RLICC, K. U. LEUVEN, 2009:16—17

对结构损毁的诊断,目前正属于研发阶段,现有的基础数据包括几种易引发倒塌的损毁类型:沉降,地基变化引起的建筑垂直变形;超荷载,负荷过多;热应力,温度变化引起的变化。每一个过程都与裂缝类型紧密联系,每一种损毁都配有相关照片。❶

4）MDDS 的数据库

（1）数据库组成(图 4.5)

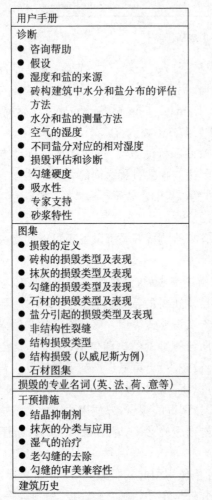

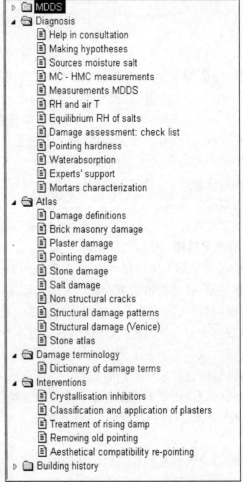

图 4.5　MDDS 的数据库组成

MDDS 的工作是基于有数据库的支持,数据库主要分为:用户手册、诊断(Diagnosis)、图集(Atlas)、损毁的专业术语(Damage Terminology)、干预措施(Interventions)和建筑历史 6 部分,其中诊断部分包括:①咨询帮助;②假设;③湿度和盐的来源;④砖构建筑中水分和盐分布的评估方法;⑤水分和盐的测量方法;⑥空气的湿度;⑦不同盐分对应的相对湿度;⑧损毁评估和诊断;⑨填缝灰浆硬度测试;⑩吸水性;⑪专家支持;⑫砂浆特性。图集部分包括:①损毁的定义;②砖构的损毁类型及表现;③抹灰的损毁类型及表现;④填缝灰浆的损毁类型及表现;⑤石材的损毁类型及表现;⑥盐分引起的损毁类型及表现;⑦非结构性裂缝;⑧结构损毁类型;⑨结构损毁(以威尼斯为例);⑩石材图集。干预措施包括:①结晶抑制剂;②抹灰的分类与应用;③湿气的治疗;④老填缝灰浆的去除;⑤填缝灰浆的审美兼容性。❷

---

❶　CORE M. MDDS(Monument Damage Diagnostic System): The development of an expert system as a survey and damage interpretation tool for the stability of masonry structures [D]. Belgium: RLICC, K. U. LEUVEN, 2009:17

❷　根据 2007 年 MDDS 软件相关内容翻译而成。

（2）数据库的使用

关于诊断部分的使用，以湿度和盐的来源为例（图4.6），双击"Sources moisture salt"，就会出现图片，指出1～16处的湿度和盐的来源（分别包括内、外部墙的内、外表面，桥体，花园墙等处），然后双击数字，以第3处为例，就会出现具体说明，指出该处湿度与盐的来源分别是什么。另外以填缝灰浆硬度测试（图4.7）和砖材吸水性测试（图4.8）为例，对这两个方面的测试都有专门工具，如砖材吸水性是用Karsten管❶来测试，方法是固定Karsten管与砖，向管中倒水，通过管上数字读出砖材吸水量。

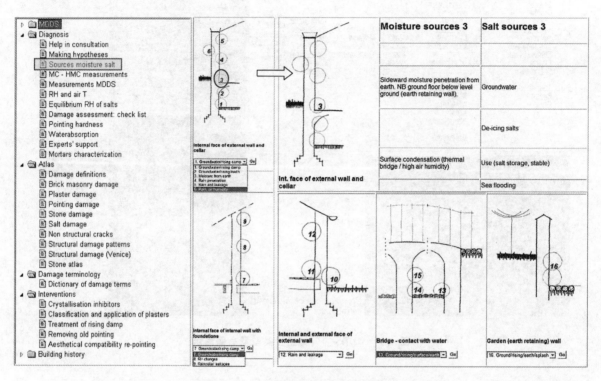

图4.6　MDDS数据库构成及使用说明

图4.7　填缝灰浆硬度测试

图4.8　砖材吸水性测试

关于图集部分的使用，软件列出了所有的损毁类型，并对应有图示说明。以砖构损毁为例，双击"Brick Masonry Damage"，就出现损毁类型列表，再双击某一损毁类型，以砖材粉化和砖表面苔害为例，就会出现对该损毁类型的具体描述并配有照片说明（图4.9）。非结构性裂缝主要分为砖材裂缝、抹灰裂缝和填缝灰浆裂缝三部分，其中裂缝类型又分为发形裂缝、鳄鱼皮形裂缝、星状裂缝。对于结构损毁部分，目前还处于不断完善建设的阶段，现在主要是从沉降、超荷载和热应力等几方面对砖构的损毁类型进行分

---

❶　Karsten管是上世纪50年代末发明用来测量石材的吸水性的，后来也用于砖材吸水性的测量。

析,此外还专门对威尼斯砖构建筑的沉降和超荷载引起的结构损毁进行了总结(图 4.10)。

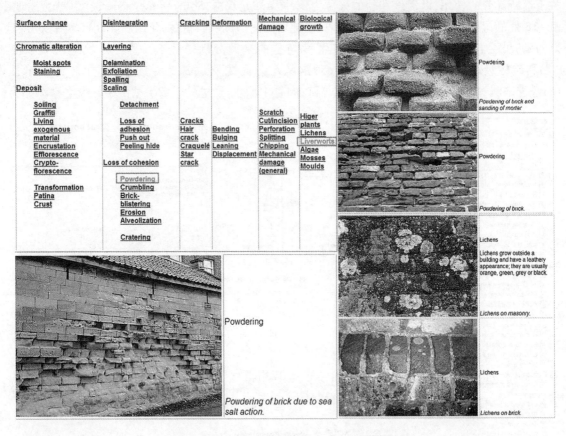

图 4.9　MDDS 内砖材损毁类型及举例图示

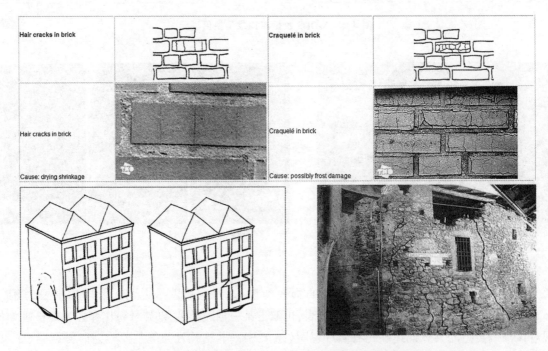

图 4.10　非结构性裂缝(上)和结构性沉降中的拱状裂缝

关于干预措施部分的使用,以清除老填缝灰浆为例,较好办法是用智能磨具来清除,这是一套自动化遥控设备,可清除深至 50 mm 处的老填缝灰浆(图 4.11)。

MDDS 的数据库是软件的支撑工具,也是软件最有价值的部分,它可以有三大作用:①用为百科全书作为参考;②搜寻专用名词之词义;③用户输入数据,系统进行评估,得出结论。

图 4.11 用智能磨具来清除老填缝砂浆

5) MDDS 的主要用户、优点分析、未来发展及其启示

(1) MDDS 的主要用户和优点分析

MDDS 的主要用户有:保护领域的建筑师和工程师,材料专家和工匠技师,负责建筑遗产检测的专业机构,文化遗产保护的地方、国家和国际性机构,建筑遗产保护的政策制定者和决策者,文物古迹保护专业的学生(已经在荷兰代尔伏特大学和比利时鲁汶大学硕士课程中进行相关课程讲授)及建筑遗产保护领域的其他相关人员。

MDDS 有着普通专家系统拥有的优缺点,如表 4.2 所示。除了表中所提到的这些优点,MDDS 还有着以下这些优点❶:

① 包含一整套关于砖构建筑遗产材料方面的损毁图集,可以作为分析损毁的参考,即使不是该领域的专家也可以对砖构建筑遗产损毁进行分析;

② 可以提供对建筑遗产损毁的正确诊断,可以通过对损毁过程的理解形成建筑遗产保护现状和计划保护措施相关方面的报告,而且报告可以及时存储成为档案;

③ 可以用来收集各种案例,可以不断更新和插入新的案例,图集可以进一步拓展;

④ 可以存储数据形成报告,也可以通过比较不同时间收集的数据成为一个监测工具;

⑤ 该系统的损毁字典同时用英语、法语、意大利文、荷兰语和德语 5 种语言编成,便于全球范围的专业术语形成。

表 4.2 专家系统的优缺点❷

优 点	缺 点
可以一年 365 天、一天 24 小时持续使用	发生特殊情况或者不可预见性情况时不能如专家做出科学的回应
可以不知疲倦工作,比专家作出更快的反应	必须不断更新
永远不会忘记提出问题	依赖于系统性的输入,而不能像专家可根据经验
从理论上来说,专家系统可以一直存在,不管专家退休、离职或者去世	知识库有可能会有错误,从而导致错误的结果
可以融合很多专家的知识	尽管操作成本低,但其研发和维护则很昂贵
通过专家系统的链接,结果可以非常容易地被专家核实	——

(2) MDDS 的未来发展及其启示

MDDS 从 1994 年发展至今,内容不断被扩充,将来 MDDS 将会发展成为 MCDS,即文物古迹保护诊断系统(Monument Conservation Diagnostic System),所涉及的内容将包括更多的建筑材料(木构和混凝土),更多结构方面的知识,以及政策支持工具。

建筑遗产保护是很复杂的问题,通过软件来实现保护可能有点过于简单化和教条化,但结合 MDDS 系统软件的特点,它对当前中国建筑遗产保护界有如下的启示作用:

---

❶ CORE M. MDDS(Monument Damage Diagnostic System):The development of an expert system as a survey and damage interpretation tool for the stability of masonry structures [D]. Belgium:RLICC, K. U. LEUVEN, 2009:28

❷ CORE M. MDDS(Monument Damage Diagnostic System):The development of an expert system as a survey and damage interpretation tool for the stability of masonry structures [D]. Belgium:RLICC, K. U. LEUVEN, 2009:18

① 对中国经验主义式的保护传统的重新思考；

② MDDS 的数据库内容对中国建筑遗产（特别是砖构建筑）的保护有着很大的参考价值；

③ MDDS 的数据库建设，其研发和维护虽然比较昂贵，但其不断更新持续建设的方式为有效整合先后完成的诸多保护工程的相关信息提供了一种思路；

④ MDDS 通过计算机语言将专家知识转化为操作软件，以普及保护专业知识，促进相关用户在软件辅助下采取专业的保护措施，这种思路为如何实现保护领域最新研究成果的及时转化和知识普及提供了参考；

⑤ MDDS 协助非保护专家的用户对建筑遗产的损毁病害进行诊断，提前（或及时）采取有效保护措施，这样可以避免损毁后大动干戈的保护工程，为有效开展预防性保护提供了科学的工具支持。

4.2.2　Wood-Assess——木材评估

1）背景

Wood-assess（System and Methods for Assessing Conservation State and Environmental Risks for Outer Wooden Parts of Cultural Buildings，文化建筑外部木构件的保护现状和环境风险评估方法系统）是 20 世纪 90 年代欧盟的一个科研项目（EU-Project ENV4-CT95-0110），是针对欧洲木构建筑保护面临的诸多问题（如环境影响、错误的保护方法、缺乏正确的保护技术工具和资源等）而展开的研究，主要的目的是开发和认证一系列正确评估木构建筑保护现状和分析环境风险因素分布及影响的方法和技术，分别从宏观、地方和微观三个层面上展开。所选案例来自德国、瑞典、挪威和波兰 4 个国家，且位于不同地理气候环境，主要案例如下：（1）德国埃伯斯巴赫（Ebersbach，内陆气候，原始农业和多年工业排放）的 Alte Mangel，是德国 Umgebindehaus 建筑，建于 1767—1770 年；（2）波兰斯韦德尼茨（Swidnica，内陆干燥气候，严重的工业污染）的 Peace church of the Holy Trinity，建于 1656—1657 年；（3）挪威 Maihaugen 露天博物馆的 Hjeltarstua 房子，建于 1763 年；（4）瑞典耶夫勒（Gavle 沿海，寒冷）的 Berggrenska Garden，位于城市中心，建于 1813 年，部分于 1869 年重建；（5）斯德哥尔摩（Stockholm）的 Norrkulla gard，底层建于 1750—1800 年，二层建于 1850 年。该项目主要的工作有：评估规程和田野检查系统的开发，木构表面和内部微环境的温湿度的持续监测，WETCORR 系统的开发，以及基于现有气候数据、标准和 WETCORR 的测量数据对不同地理环境中木材腐蚀指标体系的开发，最后要形成的评估系统包括日常维护管理，可以通过基于计算机的地理信息系统来实现，简称 GISWOOD。❶

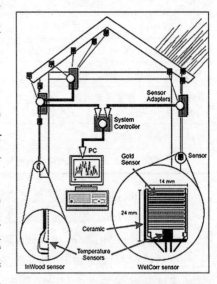

图 4.12　WETCORR 系统组成示意图

2）WETCORR

WETCORR（木构表面和内部微环境的温湿度的持续监测系统）所用测量工具是由挪威大气研究中心❷（The Norwegian Institute for Air Research，NILU）开发的（图 4.12）。它由 1 个系统控制器（System Controller，SC），1～16 个传感适配器（Sensor Adapters，SA），1～64 个木材表面和木材内部传感器（Sensors WetCorr and InWood）构成：①系统控制器：是一个沟通传感适配器和系统控制器的控制单元，也是外部和电脑取得直接联系的中心，给传感器和传感适配器充电，所有数据的采样和储存单元。②传感适配器：控制并记录传感器的数据，测量某抽样时间内的温度和电流，将温度和电流测量转换为数据，该设备防雨且能在 -28℃ 至 +85℃ 的环境里工作，尤其适用于

---

❶　HAAGENRUD S E, HENRIKSEN J F, VEIT J, et al. Wood-Assess—Systems and methods for assessing the conservation state of wooden cultural buildings[C]//Proc. CIB World Building Congress. Sweden：Gavle, 1998(2)：593-600

❷　挪威一个非盈利性机构，成立于 1969 年。

室外条件。③传感器:所有的 WetCorr 传感器(图 4.13)通过 2 m 长的缆线和传感适配器相连,包括一个温度传感器(Pt - 100)和一个通过记录电流量来测量表面湿度的传感器。WetCorr 传感器安装在大小为 30 mm×23 mm 的薄氧化铝底板上,InWood 传感器由一个铝管内的温度传感器(Pt - 100)和两个作为电极的不生锈螺丝钉组成(除了螺丝钉的末端,其余都与电流隔离);其中,关于电流量和湿度之间关系的校准线应有详细说明,一个木材内部的探头应用于同一个传感适配器以防止杂散电流问题。④所得数据,包括相应时间内的电流和温度,电流与时间的百分比,零度以下的百分比,最大值和最小值。❶

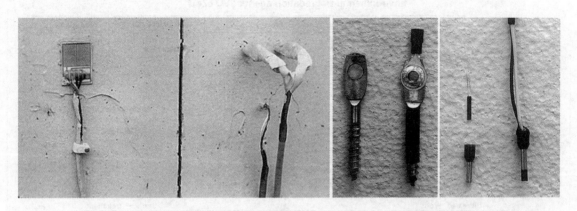

图 4.13 WETCORR 传感器(左为安装在薄氧化铝底板上的 WetCorr 传感器以及 InWood 传感器的两个电极和温度探头,中为原始的不生锈螺丝钉、改装后的传感器以及 InWood 传感器的电极,右为温度探头的组成构件和组装后的 WetCorr 温度探头)

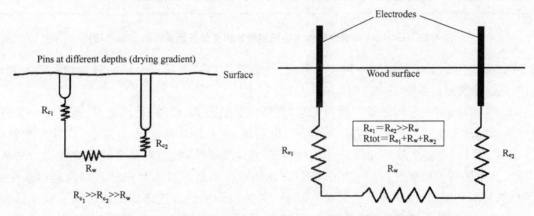

图 4.14 InWood 传感器的电极深入木材不同深度和相同深度两种情况示意图

3) GISWOOD

木构的损毁是由很多因素决定的,其中最常见最严重的危害是因含霉菌而产生腐朽。霉菌需要足够的水和适当的温度,除了来自地表的水外,主要的源头在于降雨。对木材腐朽风险的分析预测,最著名的是 Scheffer 提出的气候风险指标公式:

$$\text{Climate index} = \frac{\sum_{jan.}^{Dec.} [(T-2)(D-3)]}{16.7}$$

公式中 T 指每个月的温度,D 指一个月之内降雨量≥0.25 mm 的天数。为了方便起见,该公式的除数也可以是 17。❷

---

❶ NORBERG P. Monitoring wood moisture content using the WETCORR method part 1 [J]. European Journal of Wood and Wood Products, 1999, 57(6): 448-453

❷ SCHEFFER T C. A climate index for estimating potential for decay in wood structures above ground [J]. Forest Products Journal, 1970,2(1): 10-25

Scheffer 的公式对预测木材腐朽很有用,但其所用参数有局限。木材腐朽的分析需要考虑所处地方的宏观背景,如气候、地理条件等方面,还需要从建筑结构、建筑内微环境等微观方面进行考虑。GIS 的 ARCINFO 中的 GRID 则提供了一个构建气候参数模型的合适工具。另外,1984 年颁布的 ISO 6241 建筑性能标准(Performance Standards in Building—Principles for Their Preparation and Factors to be Considered),其中对外部木构件损毁因素及其影响的模型很具有参考意义(图 4.15)。

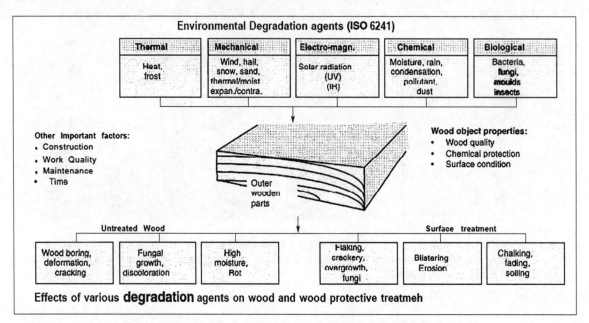

图 4.15   ISO6241 建筑性能标准中提到的木构件损毁因素及其影响的模型

GISWOOD 结合计算机技术和地理信息系统,从宏观、中观、微观三个层面对各种影响因素进行分析,从而形成最后的评估系统(图 4.16)。

如图 4.16 所示,首先分析地理方面的因素,如环境影响因素、道路/管理边界、地势地形等方面;然后是对建筑单体的分析,包括基本信息(所有者、所在地、所在国家等)、历史信息、日常维护管理等方面,通过 CAD、照片、历史文献、以前的工作记录来研究建筑单体;接着对某个建筑立面进行分析,通过照片、文献、测绘图等方面展开;最后利用 WETCORR 等检测系统对木材内外温湿度进行长期系统检测,从而对木材腐朽原因、保护现状进行分析评估,并提出相应的改进建议措施。除了以上这些方面,还需要考虑非地理信息系统的一些基础数据,如专业术语、现状评估规程、通用定位系统、检查方法、标准、损毁类型程度等。

4) 对挪威 Hjeltarstua 房子和瑞典 Berggrenska Garden 进行测试

利用 GISWOOD 和 WERCORR 系统对挪威 Maihaugen 露天博物馆的 Hjeltarstua 房子进行测试,再综合其他各方面的相关信息对 Hjeltarstua 面临的危害因素进行评估,从而为规划、日常维护以及保护措施的实施提供依据。

除了测量木材表面和木材内部温湿度的传感器外,还有监测 UV 线的传感器和用来测降雨量的 Pluviograph。木构样板则用来监测随时间变化的温湿度,包括木材表面和木材内部的温湿度,一共有四块木构样板(两块为杉木,两块为松木),都暴露在外朝南 45°。地方上有记录降雨量的测量降雨器,可将暴露在外的 WETCORR 传感器所测的每天木材表面湿度和地方自测量降雨器进行比较分析。表面湿度测量有 20 个探头(17 个在建筑外墙上,3 个在室内),有 20 个深入木质的探头测量湿度(表 4.3)。

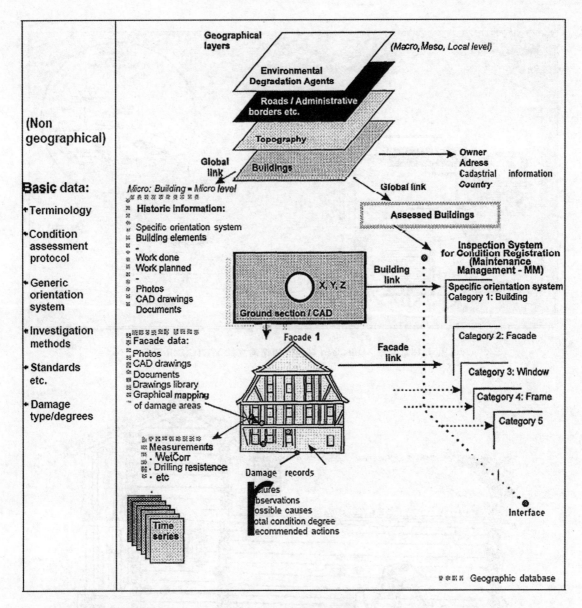

图 4.16　GISWOOD 系统

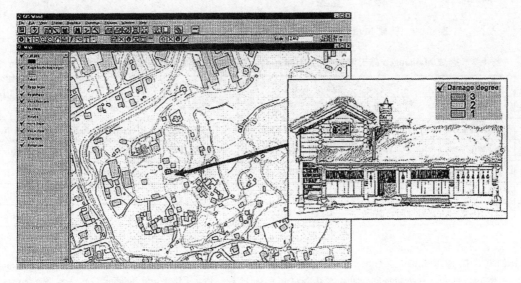

图 4.17　通过 GIS 对 Hjeltarstua 的地理环境进行分析评估

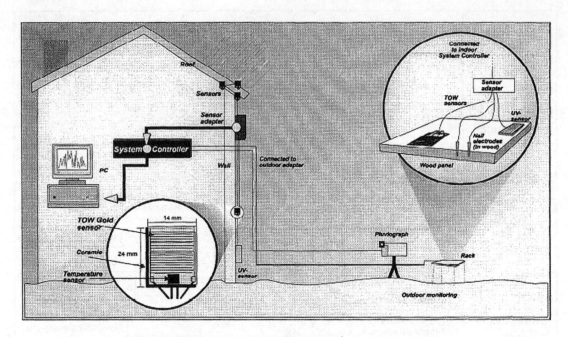

图 4.18　挪威 Maihaugen 露天博物馆建立的 WETCORR 系统

图 4.19　挪威 Maihaugen 露天博物馆的 Hjeltarstua 单个立面的传感器分布

表 4.3　挪威 Maihaugen 露天博物馆的 Hjeltarstua 选择的不同微环境的位置及其对应的感应器[1]

Adapter	Sensor				Comments	Direction
	a	b	c	d		
SA01	IWT, BS	IW, P	IWT, BS in	IW, P	extemal gallery	North, N
SA02	WC, BS	IWT, BS	WC, P	IW, P		North, N
SA03	WC, in	IW, in	WC, out	IWT, out	extemal gallery	East, E
SA04	WC	IW	WC	IWT		South, S
SA05	WC	IW	WC	IWT	c, d: shelter	South, S

　　[1]　ERIKSSON B, NORBERG P, NOREN J, et al. Development and validation of the WETCORR method for continuos monitoring of surface time of wetness and the corresponding moisture content in wood [C]//. Proc. CIB World Building Congress. Sweden: Gavle, 1998 (2): 593-600

续表 6.3

Adapter	Sensor				Comments	Direction
	a	b	c	d		
SA06	WC	IW	WC	IWT	shelter	West, first floor, W
SA07	WC window frame	IWT window frame	WC	IWT	inside	South, S
SA08	WC window frame	WC window frame	WC window frame	IW GEW		South, S
SA09	WC	IWT	WC	IWT		South, S
SA010	WC	IW spruce	IW pine	T	rack	South, S
SA011	WC EGW	IW EGW	WC window frame	WC window frame		West, W

WC=WetCorr 传感器(WC-Sensors),IW=InWood 传感器(IW-Sensors),T=温度(Temperature),IWT=带温度测量的 InWood 传感器(IW-Sensor with Temperature),BS=底层窗台(Bottom Sill),P=支架(Post),EGW=(End-Grained Wood)

根据 Scheffer 的公式计算结果,墙面木构件的腐朽风险要比其他地方高,而持续测量数据显示,除了特殊雨季之外,雨很少打到墙面,墙面湿度往往是高水量尘粒堆积引起的,同时尘粒在传感器上的堆积也导致测量数据的偏高。许多老建筑都是用松木建造,松木吸水率很低,其表面湿度往往只影响表面,在有太阳时很快就干了,因此产生的影响很少。木材腐朽主要与含水率和吸水率相关,长久的潮湿主要与采用的建造工艺相关。

其他几处木构建筑测试也是采用基本相同的方法,如瑞典耶夫勒 Berggrenska Garden(表 4.4、图 4.20、图 4.21)。

表 4.4　Berggrenska Garden 传感器的分布❶

Sensor adapter	Sensors	Elements in the Categories			
		2nd category	3nd category	4th category	5th category
01	WC 1.1*	facade 1.2	field 3	board 12	40 cm right side of window
	IW 1.2	facade 1.2	field 3	board 12	40 cm right side of window
	WC 1.3	facade 1.2	field 3	board 12	10 cm above counter batten
	IW 1.4*	facade 1.2	field 3	board 12	10 cm above counter batten
02	WC 2.1*	facade 1.2	field 9	board 1	a few cm above counter batten
	IW 2.2*	facade 1.2	field 9	board 1	a few cm above counter batten
	WC 2.3	facade 1.2	field 9	board 2	close to window
	IW 2.4	facade 1.2	field 9	board 2	close to window
03	WC 3.1*	facade 2.2	field 1	board 13	20 cm under counter batten
	IW 3.2*	facade 2.2	field 1	board 5	20 cm under counter batten
	WC 3.3	facade 2.2	field 2	board 12	20 cm under counter batten
	IW 3.4	facade 2.2	field 2	board 4	20 cm under counter batten
04	WC 4.1*	facade 3.1	field 2	board 13	3 cm above skirting
	IW 4.2*	facade 3.1	field 2	board 5	3 cm above skirting
	WC 4.3	facade 3.1	window 2	board 12	under window 1-2
	IW 4.4	facade 3.1	window 2	board 4	under window 1-2
05	WC 5.1*	facade 3.1	field 8	board 9	20 cm above the skirting
	IW 5.2	facade 3.1	field 8	board 10	20 cm above the skirting
	WC 5.3	facade 3.1	field 8	board 16	on the skirting
	IW 5.4	facade 3.1	field 8	board 17	on the skirting
06	WC 6.1	facade 3.2	window 9	board	window 4
	IW 6.2	facade 3.2	window 9	board	window 4
	WC 6.3*	facade 3.2	field 9	board 20	40 cm right side of window
	IW 6.4*	facade 3.2	field 9	board 19	40 cm right side of window
07	WC 7.1	facade 4.2	field 3	board 6	on the counter batten
	IW 7.2*	facade 4.2	field 3	board 7	on the counter batten
	WC 7.3*	facade 4.2	field 3	board 7	50 cm under the counter batten
	IW 7.4	facade 4.2	field 3	board 7	50 cm under the counter batten

---

❶ ERIKSSON B, NORBERG P, NOREN J, et al. Development and validation of the WETCORR method for continuos monitoring of surface time of wetness and the corresponding moisture content in wood[C]//. Proc. CIB World Building Congress. Sweden: Gavle, 1998 (2): 593-600

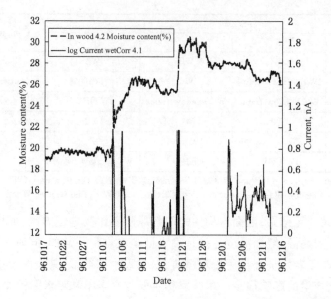

图 4.20　1996 年 10—12 月 Berggrenska Garden 北立面 SA04 所测的湿度含量和潮湿时间

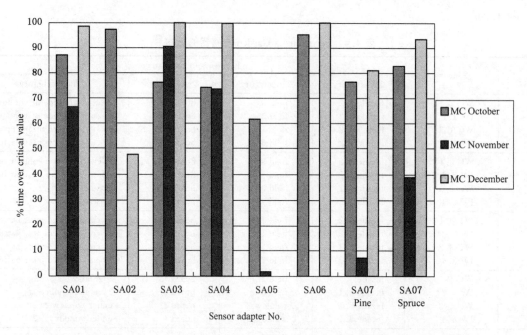

图 4.21　1996 年 10—12 月 Berggrenska Garden 木材所含湿度含量超过 20% 的时间

4.2.3　澳大利亚关于研究木构建筑的工程寿命的项目❶

1）背景

木构建筑的工程寿命研究项目是澳大利亚森林木构研发公司（the Forestry and Wood Products Research and Development Corporation，FWPRDC）领导的一个 7 年项目。通过实验，分析各种病害对木构建筑工程寿命的影响，主要就霉菌、白蚁、海蛀虫三害展开的。项目总的思路如图 4.22 所示：

❶ LEICESTER R H, WANG C H, NGUYEN M, et al. Engineering models for biological attack on timber structures[C]//10DBMC International Conference on Durability of Building Materials and Components. Lyon: [出版者不详]，2005

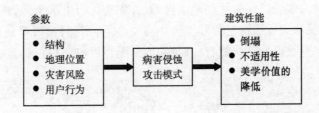

图 4.22 木构建筑的工程寿命研究项目的建筑性能评估程序示意图

2) 分析方法

对澳大利亚 41 处在用木构建筑分别进行试样实验分析,试样主要有地面以下木构件和地面以上木构件两种(图 4.23)。这 41 处木构建筑,各有实验侧重点,每处建筑所选试样数目和测试时间也不一样,如表 3.5 所示:有 5 处建筑主要进行地面以下木构件的采样,每处建筑试样 800 个,测试时间为 31 年;有 33 处建筑主要进行地面以上木构件的试样,每处建筑试样 150 个,测试时间为 11 年;有 3 处建筑主要进行海蛀虫试样分析,每处建筑试样 850 个,测试时间为 5 年。分别对地面以下霉菌,地面以上霉菌、白蚁和海蛀虫的病害侵蚀进行测试和实验分析,每种病害的数据点数都不同,如表 4.6 所示。

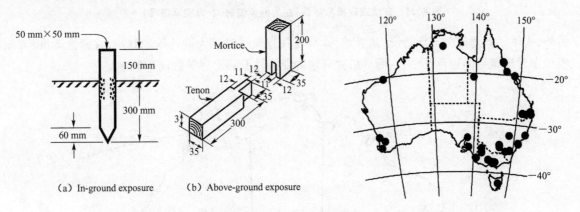

图 4.23 木材耐久性评估的标准试样(左)以及地面以上病害测试采样分布图(右)

表 4.5 木构建筑试样表❶

Specimen type	Test duration(yrs)	No. of sites	No. of specimens per site
In-ground decay	31	5	800
Above-ground decay	11	33	150
marine borer attack	5	3	850

表 4.6 在用建筑的实验测试数据点❷

Attack type	No. of data points
In-ground decay fungi	230
Above-ground decay fungi	2 000
Termites	5 000*
Marine borers	4 500

* 为房间数。

❶❷ LEICESTER R H, WANG C H, NGUYEN M, et al. Engineering models for biological attack on timber structures[C]// 10DBMC International Conference on Durability of Building Materials and Components. Lyon: [出版者不详], 2005

其中对白蚁的病害分析,假设白蚁的活动是这样的:首先在花园里筑个窝,然后找缺口进入房子,最后开始破坏房子。而实际情况和假设情况有所差别。如图 4.24 所示:假设情况是建筑周边 50 米以内无白蚁地带,而实际情况是离房屋很近处就可能有白蚁窝,再外围也可能存在白蚁窝。

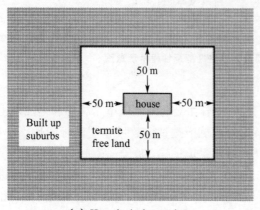

（a）Hypothetical scenario

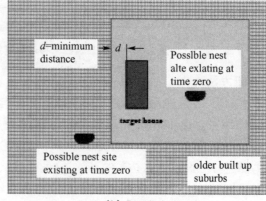

（b）Practical scenario

图 4.24 白蚁进攻模拟场景(左为假设情况,右为实际情况)

另外,为了了解建筑微环境情况,对各地 40 栋在用建筑进行了为期几年的监测,并通过 5 m×5 m 的建筑模型来对建筑性能进行评估,从而分析微环境的复杂性及其对建筑性能的影响。

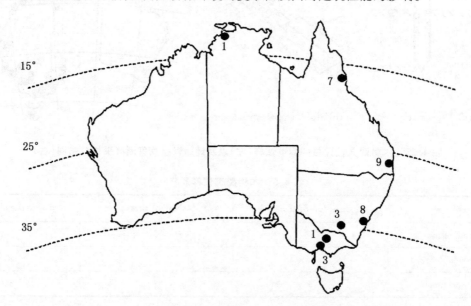

图 4.25 木构建筑的工程寿命研究项目被监测房子的分布图

（数字表示相关位置的被监测的房子数量）

3）项目初步成果

根据试样的实验分析,初步形成了上述病害对木构危害程度的分区图(图 4.26～图 4.29)。

这些分区图是进行生物侵蚀的风险分析的第一步,根据分区图我们可以了解到不同区域的木构建筑面临的主要病害,有助于及时采取对应措施。

该项目实行过程中面临的难点主要有:①项目工作人员生物方面的知识极其有限;②受环境因素影响较大;③为期太短不能获得长期的数据。该项目目的是通过实验分析来预测结构面临风险时的表现,但目前面临的难点则使目标难以实现,然而形成的病害侵蚀危害分布图无疑对木构建筑的保护有很大的帮助。

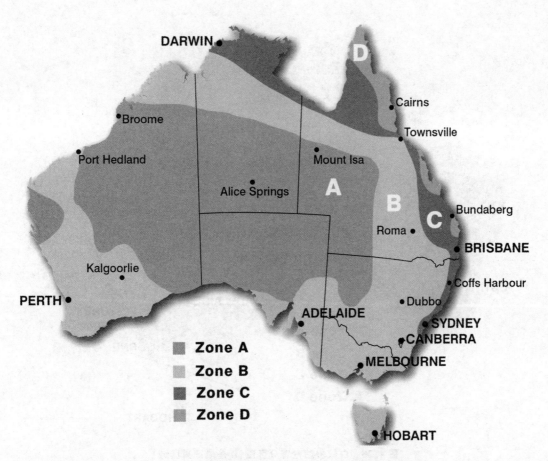

图 4.26　地面以下霉菌侵蚀危害分区图（D 是危害最严重区域）

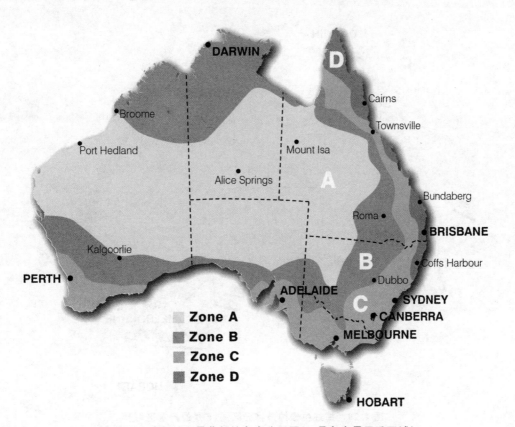

图 4.27　地面以上霉菌侵蚀危害分区图（D 是危害最严重区域）

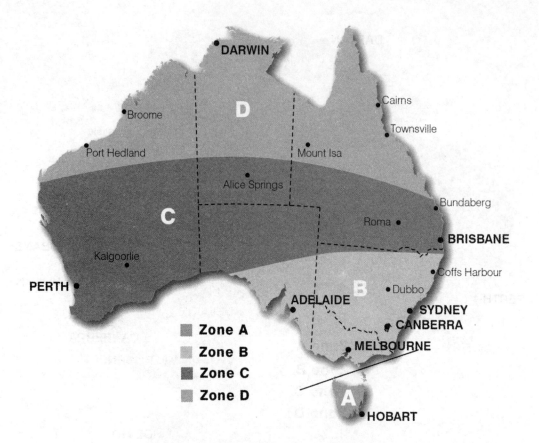

图 4.28　白蚁侵蚀危害分区图(D是最严重区域)

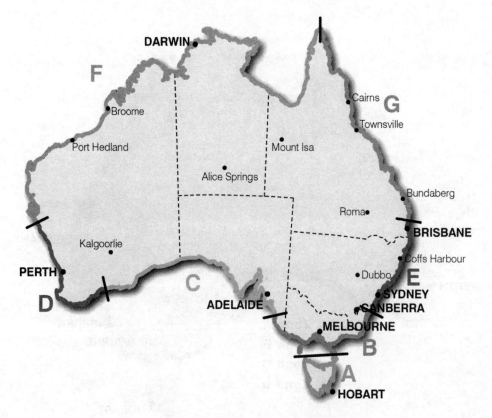

图 4.29　海蛀虫侵蚀危害分区图(F是最严重区域)

4.2.4　文化遗产的风险分布

1）背景

文化遗产的风险分布项目始于 1990 年,是当时意大利最先进的保护研究项目[1],由意大利中央保护研究所(Istituto Central per il Restauro, ICR)[2]发起。项目理念来自于意大利保护专家 Cesare Brandi 的预防性保护概念[3],后来保护专家 Giovanni Urbani 对计划性日常维护方面进行了专门研究,在此基础上该项目逐步发展成形。该项目的核心思想是:基于对文化遗产现状和所处环境灾害的综合分析,建立一套合理而经济适用的日常维护、保护和修复的系统方法,即通过对文化遗产的保护状态及其所在环境危害因素进行控制和监测,获取有用信息,及时决策和开展管理,以便更有效地根据实际情况采取适用性保护措施。该项目旨在提高预防损毁的保护意识及由此消除或降低引发文化遗产损毁的各种因素的意识[4]。随着这个项目的深入开展,一些适用于国家和地方文化遗产保护管理部门的新工具和新分析方法也随之产生。该项目最后形成的风险分布图为环境文化部如何分配财政预算、地方文化遗产管理部门如何控制监测和进行日常维护提供了参考依据。该项目首先在罗马、那不勒斯、拉文纳和都灵四个城市进行,之后推广到全国范围。

意大利中央保护研究所隶属于意大利文化与环境部,是一个集研究、咨询和培训为一体的国际和国内的遗产保护组织。该项目的具体工作由四个不同的联合体开展,意大利中央保护研究所的技术科学管理处负责统筹协调工作,管理处有不同经验的专家负责指导工作。四个联合体具体包括:IBECA 联合体——联合了 Gepin、IBM、Intersiel 和 Italsiel,主要提供相关设备和软件;ARCAD 联合体——联合了 Italcad、Leica、PAT 和 TEC/A,擅长于区域管理、记录和保护技术方面的先进技术;ATI-MARIS 联合体——联合了 BENITALIA、DAM 和 Italeco,负责电脑制图和环境监测;METIS 联合体——联合了 Banco di San Paolo、CLES 和 TAR,对文化遗产进行编目。

2）项目的各个阶段

第一阶段,建立了国家信息技术中心(The Polo Centrale[5]),收集、处理和管理各种图形和编码信息。该中心开发建设了一个数据库用来存储意大利文化遗产及其所在区域的环境物理方面的数据信息。文化遗产方面的信息,主要来自于意大利旅游俱乐部指南、Laterza 考古指南、文化遗产部受保护的私有文化资产等,收集到的文化遗产数据被分为考古遗址、建筑和艺术品 3 类,每一类都有各自的存储标准,每一类都包括功能、类型、地理位置、年代、当前使用功能等方面的信息,最后形成的数据库包括 8 100 个市的 62 526 处文化遗产。文化遗产所处环境的相关信息,主要来自于相关国家机构的已有资料储存系统,如国家地理服务(National Geographic Service)的地质资料、环境部的污染数据、国家统计局(National Institute of Statistics)的管理和人口数据、工业部的工业产品数据等。在数据收集的基础上,量身订制了一套地理信息系统(GIS),并基于 GIS 强大的空间处理能力,形成了文化遗产分布图和针对三类环境危险因素的分布图。文化遗产分布图为每个市的考古遗址和建筑遗产的规模、数量提供了说明(图 4.30 和图 4.31)。针对 3 类环境危险因素的分布图主要包括:自然灾害分布图(如地震、滑坡、洪水、火山喷发等)(图 4.34)、

[1]　ACCARDO G, ALTIERI A, CACACE C, et al. Risk map: a project to aid decision-making in the protection, preservation and conservation of Italian cultural Heritage[C] // TOWNSEND J H, EREMIN K, ADRIAENS A. Conservation Science 2002: Papers from the Conference Held in Edinburgh, Scotland 22-24 May 2002. Los Angeles: Archetype Publications Ltd, 2002: 44-49

[2]　该研究所是意大利环境文化部下面负责科学技术的一个机构。

[3]　关于预防性修复的概念见 2.1 章节相关内容。

[4]　AACCARDO G, GIANI E, GIOVAGNOLI A. The risk map of Italian cultural heritage [J]. Journal of Architectural Conservation, 2003, 9(2): 41-57

[5]　The Polo Centrale 位于罗马的意大利中央保护研究所物理实验室。

人为影响危险分布图(如盗窃数量、旅游客流等)和环境危险分布图(如空气腐蚀、表面发黑、物理应力等)❶。

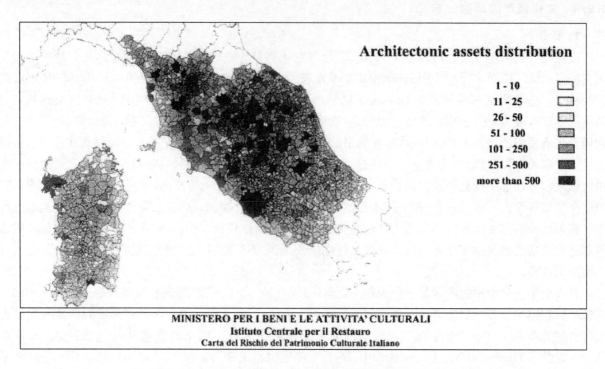

图 4.30　罗马、那布勒斯、拉文纳和都灵四个城市的建筑遗产分布图

图 4.31　罗马、那布勒斯、拉文纳和都灵四个城市的考古遗址分布图

❶　气候因素和空气污染历来是造成文化遗产材料损毁的重要原因,污染物质和气候变化使表面因为某特殊物质的积存及其物理化学作用而变黑,尤其当外部空气湿度和温度发生变化时,材料内部的湿度变化及其引起的物理化学作用而导致开裂等,因此就环境危险因素主要分为腐蚀指数、表面发黑指数和物理应力指数三类,具体的数据信息则分为一般信息(主要就人类活动影响,包括人口密度、室内供热和燃料消耗等)、环境污染信息(如二氧化硫、氮化物、酸雨等)和气候方面的信息。关于腐蚀指数、表面发黑指数和物理应力指数,都有相应的计算公式和方法,如腐蚀指数的计算方法是：$Ierosion = 18.8R + 0.016 * H + * R + 0.18(Vds[SO_2] + Vdn[HNO_3])$,其中 R 表示雨量, $H+$ 表示氢离子, Vds 表示二氧化硫的沉积率, Vdn 表示硝酸的沉积率。

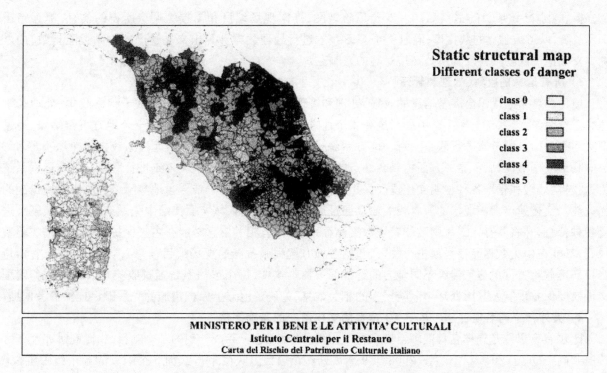

图 4.32 罗马、那布勒斯、拉文纳和都灵四个城市的自然灾害风险区划图

第二阶段,建立地方信息技术中心(Poli Periferici),与地方文化遗产保护部门合作,对文化遗产保护现状和易损性进行调查,具体的调查工作分为文化遗产编目和现场监测两个层面。文化遗产编目,ICR 已经开发了一套用于文化遗产现状评估的档案卡,这些档案卡的标准充分吸收了中央记录研究所已开发的标准,并在此基础上为适应保护问题的性质而做了相应调整,比如,文化遗产保护现状的档案卡应该包括地基、立面结构、平面结构、屋顶结构、纵向连接、室外路面、室内装修、室外装修、室内门窗、室外门窗等方面的信息;在分析保护现状时,应对损毁类型、一般损毁、材料退化、湿度、生物腐蚀、表面退化、破损等 6 种损毁类型的发生程度或烈度进行分析,并对每类损毁的损毁严重程度、范围及其处理的急迫性进行分级❶。文化遗产编目的工作在 4 个城市展开,并与当地文化遗产管理部门进行了深入合作。❷ 现场监测,针对环境影响而进行,主要分为以下几个方面:石材分析研究——将石材样品暴露在空气中,对其灰尘沉淀、化学岩石类进行分析等;环境污染监测——通过可移动性检查站,收集相关数据,如黑烟、二氧化硫、二氧化氮等,为建立环境危险分布图提供数据;气候变化监测——收集气候变化的数据,建立全球范围内气候变化危险分布图。

文化遗产编目和现场监测这两个层面工作的开展,主要是为了研究不同环境条件下文化遗产的材料损毁变化规律,收集的数据以各种形式(数字编码、图表文字、图像)存储在磁盘和光盘上,每一处文化遗产都有对应的易损性指数,通过数值表示其保护状态(这些数据信息也可用于对基于专题风险地图所做的推理数据进行可行性评估)。在对文化遗产保护现状进行调查后,地方信息技术中心将所得的相关数据发给国家信息技术中心,以便于其及时更新文化遗产的风险数据库。这个阶段,对 4 市 800处位于不同环境的不同类型的文化遗产进行了重点取样实验,用以研究能够体现或决定文化遗产保护现状的变量指数。

第三阶段,基于电脑技术对所有与文化遗产的分布、易损性及其环境危险因素相关的定量数据进行综

---

❶ 如损毁严重程度分为 1、2、3 三级,范围分为 20%、40%、60%、80%、100%五级,处理的急迫性分为 1、2、3、4、5 五级。

❷ 信息技术中心建立一套照片处理的新系统,名为量影模式,该系统通过照片对遗产进行快速检查,主要设备有照相机和电子测距仪,照片会自动存到 CD 上,通过特殊软件 REFRAN,照片自动被修整和整改为所需大小(如去除因为透视引起的变形),其他指标说明都可以标在图像上,测量的距离和表面面积还有其他保护情况都可以从中获取。

合分析,这也是该项目的最终目的。专题风险地图,连同现场编目和易损性调查所得的信息,都存储于GIS 系统,以形成独立的数据库;同时基于 GIS 技术进行处理数据计算出文化遗产的不同风险指数,用以说明文化遗产的易损性及其所处环境对其的影响。

3) 所有信息的收集、处理和管理

项目的各个阶段都会涉及信息的收集、处理和管理,由此该项目建立了一套关于信息收集、处理和管理的工作系统,该系统包括 1 个中央系统和 4 个地方系统,每个地方系统都有若干个地方工作站点,通过国家网络与中央服务器进行联系。每个地方系统也都有一个远程系统,每个远程系统由 1 个服务器和 8台电脑形成局域网,服务器一方面控制各站点的数据输入,另一方面与中央系统进行联系。每个远程系统负责收集、处理和管理各种说明文化遗产保护现状的编目信息,以便于结合当地实际情况决定保护措施的优先性。文化遗产保护现状的所有相关信息通过远程服务器获得,核实后传给中央系统,技术人员就会进行各种分析,并将其存入国家财政和管理数据储存系统(所有相关信息都能在中央保护研究所物理实验室找到,都能在中央数据储存系统进行分析,包括各地方远程服务器的现场编目信息),同时,中央服务器也会将环境危险方面的信息传给不同地方的远程服务器。这样,每个远程系统通过收集、分析、传播和管理文化遗产保护现状及其所处环境危险因素的相关信息,为确定地方上保护措施的先后顺序提供参考依据。

4) 另外一个同名项目——基于 3D 技术的文化遗产的风险评估

比较有意思的是同样名称的项目后来再次出现,是欧洲达·芬奇计划的一个项目,由比利时弗兰芒区政府共同资助,于 2006 年 10 月—2008 年 9 月展开。该项目团队由来自欧洲 6 个国家的 8 个组织机构❶的相关专家组成,相关专家都有 3D 技术及培训方面的经验。此次项目的重点是探讨新型 3D 激光扫描仪在测绘记录建筑遗产中的应用,对技术的可能性和局限性进行深入分析,并探讨如何利用该技术对建筑遗产存在的风险进行评估。该项目最后的实现更多的是如何使用 3D 激光扫描技术,如激光扫描导则、错误来源分析等方面,促进了 3D 激光扫描技术在建筑遗产测绘方面的应用,对于利用该技术对建筑遗产的结构安全和存在风险的评估还处于概念性提出的阶段,但该项目利用三维新技术分析建筑遗产结构的安全风险的理念还是值得关注的。

意大利文化遗产的风险评估项目重在分析自然环境给建筑遗产带来的风险,基于 3D 技术的文化遗产的风险评估项目则更关注建筑遗产单体结构自身的风险。就研究主体来说,这两个项目之间没有必然的联系,但笔者认为,后一项目一定程度上可以说是对前一项目某一层面上的深化研究,在技术可行的情况下,将这两者结合是值得期待和肯定的,且定能为建筑遗产的预防性保护研究添砖加瓦。

4.3 两个具体案例

4.3.1 Saint Jacob 教堂的监测工作

1) 基本信息——历史上的主要建造和修缮活动

Saint Jacob 教堂位于比利时鲁汶市中心,始建于 1220 年,最初为罗马风格的建筑,后几经加建和改建,被早期哥特式的建筑代替,如今建筑主体为哥特式风格。历史上进行的主要建造和维修活动如表 4.7和图 4.33 所示。

---

❶ 比利时圣立翁学院大学(University College St Lieven)、比利时 GlobeZenit 公司、比利时 BnS Engineering 公司、西班牙瓦伦西亚理工大学(Universidad Politecnica de Valencia, UPVLC)、荷兰 DelftTech 公司、奥地利自然资源和应用生命科学大学(University of Natural Resources and Applied Life Sciences, Vienna)、罗马尼亚雅西理工大学(Universitatea Tehnica gh. Asachi Iasi)和英国 Plowman Craven 公司。其中四个大学作为学术机构,BnS 和 GlobeZenit 是两家测绘公司,学术机构和 BnS 代表信息使用者团体,Plowman Craven 公司和GlobeZenit 公司提供技术和信息,DelftTech 则对培训结果进行独立的质量控制。

表 4.7　Saint Jacob 教堂历史上的主要建造和维修活动❶

时　间	建造/维修活动内容
1220	建教堂西部塔楼。教堂建于沼泽地,由僧侣自发填土而成
1290—1317	1290—1300 年主体柱子和拱廊的建造,以建设一个平顶的木天花;1305—1317 年时值鲁汶市繁盛之际,于拱廊间建墙,建南北边殿和边殿里的砖拱顶
1465—1535	中殿上木圆柱拱顶的建造。其中,1465—1488 年建耳堂以及中殿和耳房连接处的柱子;1484—1485 年建砖木结构的钟楼;1485 年重建北边殿砖拱顶;1487—1488 年重建南北边殿砖拱顶;1534—1535 增加了 8.4m 的墙体(窗户层),建设飞扶壁支撑和桥台,拆除中殿木天花,建设砖拱顶
1488—1900	加建北边礼拜堂;16 世纪加建南边礼拜堂;1735 年拆除钟楼;1784 年拆除中世纪唱经楼;1785 年建新古典主义风格的唱经楼;1802 年,稳定性检查——两名专家基于竖向裂缝的观察建议加固柱子;1806 年用铁圈加固柱子
1905	基于当地检查发现北耳房西墙裂缝的严重性,建议加固
1929,1938	1929 年飞扶壁状态堪忧的情况被指出;1938 年除了唱经楼之外,教堂被列为文物古迹(1987 年唱经楼也被列入)
1950—1953	战后维修,主要对屋顶、窗户和天花板的维修
1956	中殿和两边殿偏移垂直线 30 cm,两年后发现偏移增加 10 cm,给出关于中殿沉降的警示
1963	教堂关闭
1961—1971	保护工程:结构问题的分析,拆除边殿拱顶,对主要柱子和边殿的支撑。主要分为三个阶段,第一阶段(1965—1971)和第二阶段的部分得到实施,直到现在结构的支撑主要还是通过当时采取的临时性支撑
1983—1984	塔楼边殿一个房间的门和窗用现代砖填实
1994	弗兰芒政府委托鲁汶大学 RLICC 国际保护中心对教堂结构条件的分析
2000	拆除飞扶壁,用拉杆代替
2005	采取加固措施:修屋顶漏雨处,下水道系统的更新

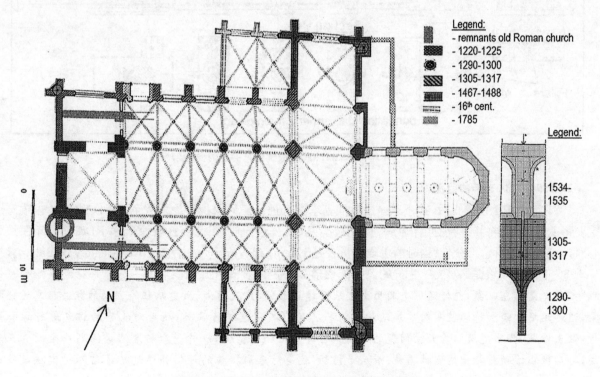

Legend:
- remnants old Roman church
- 1220-1225
- 1290-1300
- 1305-1317
- 1467-1488
- 16th cent.
- 1785

Legend:
1534-1535
1305-1317
1290-1300

图 4.33　Saint Jacob 教堂不同建造时期示意图

❶　SCHUEREMANS L, VAN BALEN K, BROSENS K, et al. Church of Saint-James in Leuven (B)-structural assessment and consolidation measures[C]//LOURENÇO P B, ROCA P, MODENA C, et al. Structural analysis of historical constructions. New Delhi:[出版者不详], 2006

　　其中,1961—1971 年进行的工程主要是为了解决当时建筑结构的相关问题而进行的临时加固。基于对建筑结构的分析,当时认为:"14—15 世纪中殿墙体和砖拱顶的建造增加了纵向荷载,使塔楼向东倾斜,因为塔楼与墙体相连,倾斜的塔楼挤压墙体,而墙体强度非常有限。同时,由于柱子是最初的柱子,其设计是根据最初建设时需要的荷载而定的,后来纵向荷载的增加使其不堪重负"❶。为了解决这些结构问题,将修复工程分为三个阶段:"第一阶段对十字形截面柱进行支撑以解决塔楼后期的荷载,加建两个钢管结构和混凝土柱子。第二阶段将中殿砖柱改为钢筋混凝土柱子,在柱子外侧加一个自然石。为了能够更换原有柱子,需要对中殿进行临时加固,同时拆除已经基本损毁的边殿砖拱顶;第三阶段进行不同部位的修复以解决西部塔楼与中殿分离及其引起的问题"❷。后来,由于经费不足等诸多原因,该保护工程只有第一阶段和第二阶段(部分)得到实施——中殿的临时加固已经完成(图 4.34),但原有砖柱并没有改为钢筋混凝土柱。

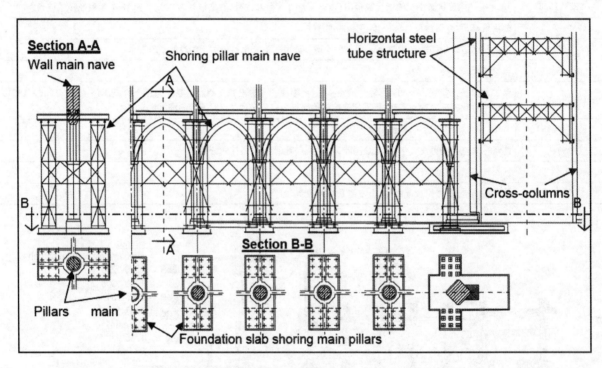

图 4.34　1961 年对 Saint Jacob 教堂进行的临时支撑示意图

2) 1994—2005 年的监测

　　1971 年保护工程停止后,接下来一段时间基本没有进行任何保护行为。直至 1994 年,弗兰芒政府决定要修复该教堂,将其重新使用作为一个多文化空间对公众开放,因此委托鲁汶大学 RLICC 国际保护中心对建筑结构进行全面分析,当时的主要负责人是 Koenraad Van Balen 教授。Koenraad Van Balen 教授从 1980 年代就开始提倡对文物古迹的保护应该遵循一定的步骤,即"信息收集—分析—诊断—治疗—控制":"首先是信息收集,包括通过查阅历史文献对建筑形制、建筑考古、历史病征等方面的相关信息进行收集,通过现场测绘和持续监测对建筑结构目前状况的有关信息进行收集;然后对收集的信息进行综合分析,做出诊断,指出建筑结构产生问题的原因并将其量化和模型化,以进一步确定结构问题产生的真正原因;再后做出诊断并指出适宜性措施;最后是控制,就是对采取措施的评估并通过持续监测对实施效果进

　　❶❷　SCHUEREMANS L, VAN BALEN K, BROSENS K, et al. Church of Saint-James in Leuven (B)- structural assessment and consolidation measures[C]//LOURENÇO P B, ROCA P, MODENA C, et al. Structural analysis of historical constructions. New Delhi: [出版者不详], 2006

行监控,以便以后进一步改进保护措施"❶。基于这个思路而开展的系统监测工作,主要包括主体结构沉降、地基部分和柱子材料性能等方面的监测。

(1)沉降监测及其结果分析

对主体结构沉降的监测主要通过 3 种不同技术实现:地平测量法(Geodetic Leveling)、地形高程测量法(Topographic Leveling)和静液压调平系统法(Hydrostatic Levelling System, HLS)。其中,地平测量法是对主体建筑结构的沉降进行长期监测,主要是为获得关于中殿砖柱稳定性的一些认知;地形高程测量则是对塔楼和柱子的倾斜度进行监测,以进一步对主体结构部分的倾斜度进行分析。具体的监测方法如下:

① 地平测量法:"用一个不锈钢作为参考标志,在教堂内部和周边一共安置 63 个测量点(图4.35),每个放在离地面 50 cm 的地方。以每三个月为周期(1994 年 4 月 8 日到 8 月 3 日,10 月 28 日,1995 年 1 月 13 日和 4 月 20 日)进行监测,在监测过程中,所有标志的高度被重新测量,并和原有数据进行比较和记录。测量使用高精度仪器(Wild/Leica N3 Bubble Level,可精确到 0.01 mm,配有一平行板千分尺和一般钢接口)。测量所得为相对沉降,不是绝对沉降,第 30 点高度被认为是不变的(其高度固定在 10 m)。"❷

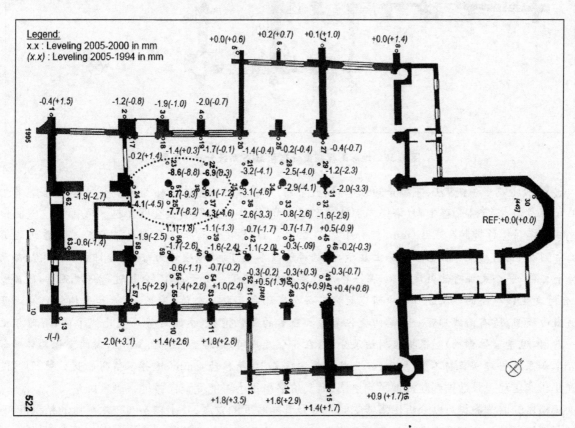

图 4.35　63 个地平测量点分布示意图

其中括号里数字表示 1994—2005 年的数值变化,括号外为 2000—2005 年的数值变化

② 地形高程测量:通过 27 个剖面(图 4.36)对塔楼和柱子的倾斜度进行监测。

❶　LEMAIRE R M, VAN BALEN K. Stable-unstable structural consolidation of ancient buildings. monumenta omnimodis investigata [M]. Leuven(BEL): Leuven University Press, 1988:15

❷　SMARS P, DERWAEL J J, PEETERS V, et al. Displacement monitoring in the church of Sint-Jacob in Leuven. [C]// LOURENÇO P B, ROCA P, MODENA C, et al. Structural analysis of historical constructions. New Delhi: [出版者不详], 2006

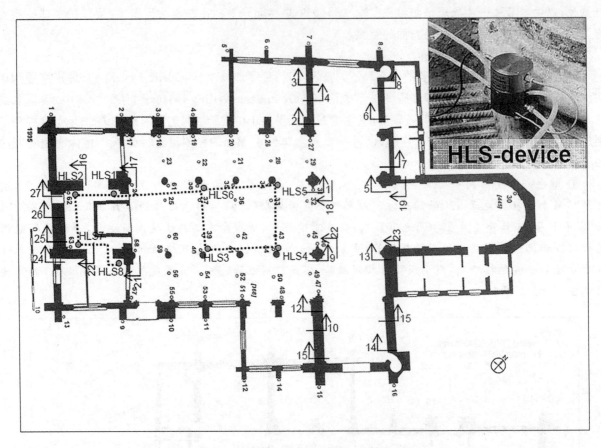

图4.36　地形高程测量分布和HLS系统分布示意图

③ 静液压调平系统❶法：主要是短期(为期五个月)对教堂结构整体位移的高精度测量，共安置8个测量单元，4个在塔楼，4个在中殿(塔楼内部被放在每个角落，中殿内则被放在四个柱子底部)，这些测量单元之间的相对位移控制在0.01 mm，其分布如图4.36。HLS在当时是一个很高端的技术，"系统能够自动记录测量数据，结果可在电脑屏幕上显示，数据存储频率也可调(该项目为每15分钟获取一次)，每天创建两个文件，一个文件存储温度变化，另一个文件存储位移变化。由于每15分钟进行一次测量，数据量很大，会对发生频率高的现象进行集中研究数据。每个容器每天取三个值(最高、最低和平均值)，在此基础上画出曲线图，所有曲线都有一个总的变化趋势和短暂的变化情况(总的趋势一般是线形的，有时稍微弯曲一点，体现季节性影响)。根据监测结果分析，在5个月期间，位移变化为0.1 mm，瞬间变化总体趋势为10 μm，如果这一趋势保持不变(200 μm/5月)，就意味着10年移动4 mm，这并不值得担忧。"❷HLS的高精确性和能自动记录数据都胜过地平测量法，但其价格昂贵不可能完全代替地平测量。

从积累的监测数据可以分析出塔楼的倾斜度及其随时间的发展，并比较不同技术测量的精确度，其结论如下："根据静液压调平系统为期5个月的短期监测，显示塔楼向西倾斜速度为每个世纪3.5 mm/m，这

---

❶ 静液压调平系统是由法国公司Fogale Nanotech和欧洲同步辐射装置((European Synchrotron Radiation Facility)联合研发的。该仪器包括连接到双电路的容器(如图4.38)：一个电路使测量液循环；另一个电路是空气电路，使所有容器的压力都相同。所用液体为水(正常的水，非蒸馏水，以便它能够导电)并有颜色(以便控制泡沫的存在)。在每个容器里，通过电容式传感器测量高度(测量水位和传感器之间的距离)，读数范围为5 000~10 000 μm。为保证系统的准确性，采取了各种预防措施，如水电路管放置在一个水平，以尽可能消除温度梯度的影响；空气电路管向上置以防止空气中冷凝水停留在空气电路上。因为没有一个容器是绝对稳定的，要知道沉降的绝对数值不太可能。实际测量中，位移量是通过容器内水电路的平均水平重新计算的。为研究日变化，选3周作为样品(1994年的第30、第37和第46周)，为了消除长期变化的影响，每周对变化进行重新计算。各容器的温度在同一时刻基本相同，塔楼中最低温度大约是在早上7点，最高温度大概是在下午6点。每日温度最大变化范围为0.5~2.5℃，位移为0~-30 μm。

❷ SMARS P, DERWAEL J J, PEETERS V, et al. Displacement monitoring in the church of Sint-Jacob in Leuven. [C]// LOURENÇO P B, ROCA P, MODENA C, et al. Structural analysis of historical constructions. New Delhi：[出版者不详]，2006

与塔楼很明显地向东倾斜的实际情况矛盾,塔楼向北倾斜速度为每个世纪0.36 mm/m;根据地平测量法为期11年的持续监测,塔楼每年平均向东倾斜1.7 mm/m,塔楼每年平均向北倾斜1.6 mm/m;根据地形高程监测,在过去近8个世纪,塔楼每世纪平均向东倾斜4.9 mm/m,每世纪平均向北倾斜2.7 mm/m。这些数据清晰显示塔楼倾斜仍在继续,实际倾斜速度已经低于以往平均速度,可能因为有临时支撑的缘故,也可能是因为经过8个世纪,原有含黏土的地基已经几乎100%得到加强固定。"❶

（2）地基部分的监测和分析

由于缺乏主体结构部分地基系统的相关信息,在西塔楼西边柱子、中殿柱子、十字柱子、耳房柱子和边殿柱子旁挖了深坑用以勘测(图4.37)。

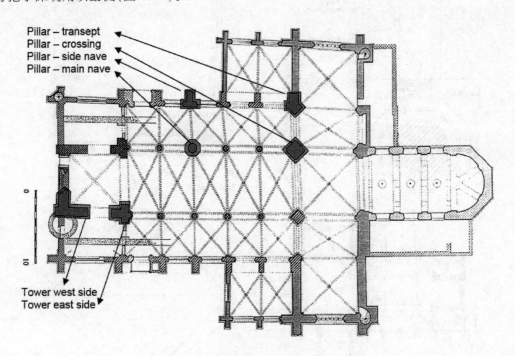

图 4.37　结构荷载能力分析对象示意图

通过现场勘测了解地基构成及其组成材料质量,其中砖材质量和地基底层是通过钻芯检测的,检测结果显示砖质量很好,由规则块状的天然石和石灰抹浆建成,在砖柱的底部发现了木构件,现在还不清楚这些构件的来源,但这些木构件已经腐烂,已经不能承受砖柱荷载,而且发现这些木构件位于地下水层深处(图4.38)。为了更好评估地基的荷载能力和沉降度,通过四个200 kN锥体贯入度试验(cone penetration test)和四个现场的十字板剪切试验(vane shear tests)对底土不同层的不同土质进行分析,其中,十字板剪切试验可用来评估地基含黏土底土的黏合性,因为黏合性是体现荷载能力的关键因素。根据试验发现不同深度的不同土层:0.00~2.00 m处为冲积层,土质为沙质土,可能被干扰;2.20~4.00 m处为冲积层,为高度可压缩的含黏土泥炭;4.20~6.60 m为冲积层,也是沙质土;6.80~12.00 m为第四纪含黏土沙;12.00 m以上为高度整合或中度整合含黏土沙(图4.39)。

另外,通过对柱子材料性能的实验对砖材的综合强度进行分析,"为了以最小损害的方法进行,砖和天然石材的样品是现场收集的,灰浆是取自建于不同时代的10个不同地方。基于灰浆的化学分析和黏结剂的种类数量,并通过砖构成元素的不同强度及其之间的不同数量关系得出砖的综合强度。这样的分析对材料的原真性不会造成影响。"❷

❶❷　SMARS P, DERWAEL J J, PEETERS V, et al. Displacement monitoring in the church of Sint-Jacob in Leuven. ［C］// LOURENÇO P B, ROCA P, MODENA C, et al. Structural analysis of historical constructions. New Delhi:［出版者不详］, 2006

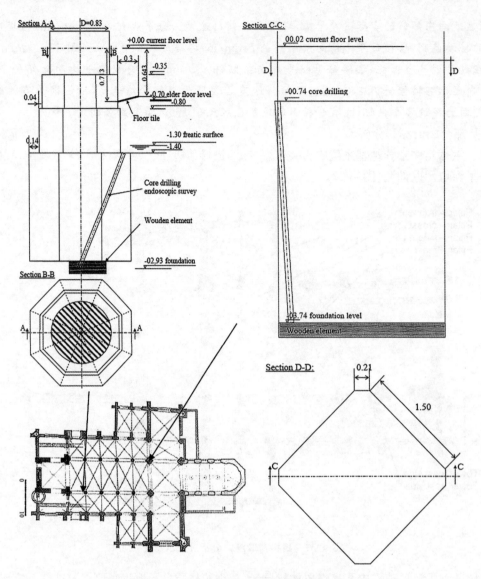

图 4.38　地基的检查孔及地基组成示意图

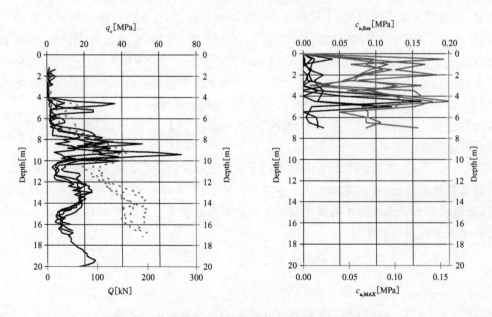

图 4.39　锥体贯入度试验和现场十字板剪切试验示意图

(3) 飞扶壁的监测

1999 年,飞扶壁因为破损严重而被拆除并用拉杆代替(图 4.40 和图 4.41),具体过程是先搭脚手架,后装拉杆,最后是拆除飞扶壁,在拆除过程中对拉杆的受力变化进行跟踪监测。当时对飞扶壁是否应该重建以及是否应该用拉杆永久性代替飞扶壁的问题没法给出科学明确的答案,因此飞扶壁被拆除后继续对拉杆的受力情况进行监测,包括拉杆受力受温度的影响以及日际变化情况,以测试置换拉杆的有效性以及为以后决定是否应该重建飞扶壁提供依据。另外,还通过测量中殿纵向和横向距离来分析拆除飞扶壁是否对教堂主体结构产生影响(图 4.42),所用监测设备为高精度精密仪器。"监测系统由殷钢❶线、测量设备和固定点三个部分组成(图 4.43),测量点是通过参考圆柱气瓶来完成的,气瓶置于固定在结构墙体的 L 形支架上,测量时,将仪器和固定点放置在气瓶上并使中心精确,通过殷钢线连接仪器和固定点。监测数据(气瓶之间的距离加上测量仪器给定的线长的正值或负值,精度为 0.01 mm)由电脑获得,并通过电话定期自动发给工程办公室。"❷

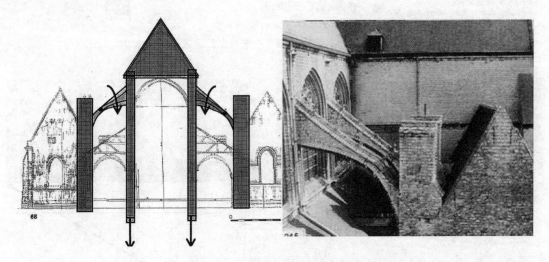

图 4.40 飞扶壁结构示意图和照片

图 4.41 拆除飞扶壁以拉杆代替

---

❶ 也被称为不胀钢的一种材料,它是由不同的金属制成的,膨胀和收缩均很少。

❷ SMARS P, DERWAEL J J, PEETERS V, et al. Displacement monitoring in the church of Sint-Jacob in Leuven. [C]//LOURENÇO P B, ROCA P, MODENA C, et al. Structural analysis of historical constructions. New Delhi:[出版者不详], 2006

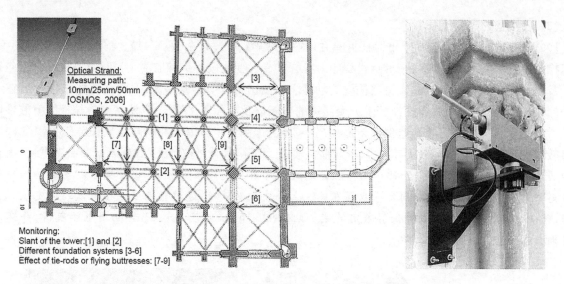

图 4.42　距离变化测量系统和设备示意图

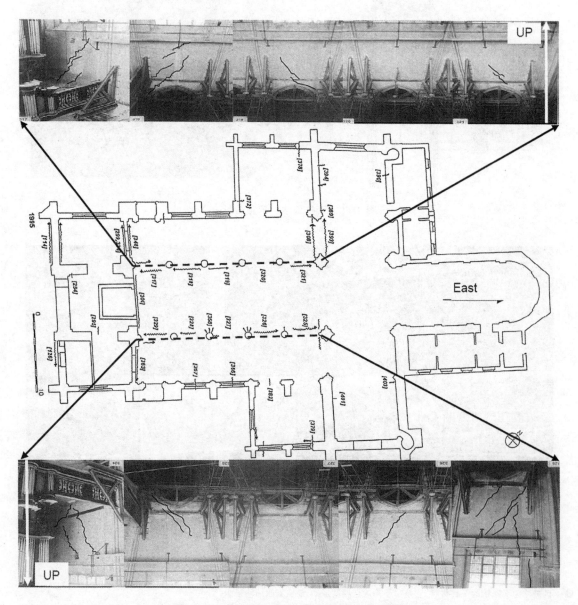

图 4.43　中殿、边殿和耳房的裂缝分析示意图

（4）裂缝等其他方面的监测

除了长期的持续监测，也在各个时期利用不同测量技术对屋面木构质量、裂缝等方面进行了测量（图4.43），如利用树木针测仪对主要木构部分的质量进行量化分析；通过摄影测量法对裂缝进行记录，综合比较不同时期的裂缝分布和大小，分析裂缝的演变规律及其背后的结构原因；最近几年则利用最新的3D激光扫描技术对教堂进行全面细致的测绘。关于裂缝监测，1995年只对拱廊上部的墙体和拱顶的裂缝进行了摄影记录，2008年则对教堂建筑的11个剖面、纵横剖面和两个平面进行了裂缝记录，将其分类并输入了MDDS软件系统，同时利用摄影测量记录了拱廊上部墙体和拱顶的裂缝并将其与1995年的记录进行比较。

另外，对塔楼倾斜的预测比较难，"对塔楼倾斜问题如何处理仍在讨论中，目前有三种建议：一个是对塔楼地基进行加固；第二是对塔楼倾斜长期监测，并分析其演变；第三是类似于1961年的措施，将塔楼与中殿分离，从而防止塔楼压倒中殿的风险。在过去的近800年中，塔楼的地基荷载能力足够，尽管它不一定符合现有的设计标准，基于渐增沉降的计算，未来一世纪塔楼的沉降将在0.3 cm之间。在分离前、中、后，对塔楼倾斜的持续监测可以精确显示需要的加固措施，提供了干涉和必要时采取行动的可能性。"❶

3）监测数据的初步使用

通过历史资料和监测数据对砖柱子荷载的极限值、地基荷载的极限值、渐增沉降、飞扶壁及其拆除的有效性、中殿的裂缝形态等方面进行分析，初步诊断出："主要的结构问题是因为地基荷载能力缺乏引起，原先主要柱子的地基设计并不能承担实有荷载；地基底层木构件的材质损毁，使柱子冲压进地基底土，从而产生不同沉降，这些沉降显然已经超过边殿拱顶、拱廊墙体和飞扶壁的结构延展性；由于南北边殿的沉降量相近，因此对中殿拱顶的损毁很有限；尽管中殿的柱子荷载很大，但其设计强度显示是足够的；塔楼向东倾斜是因为东边荷载大而承重的横截面过小；尽管塔楼分布对称，但它还是向北倾斜，这可能是因为塔楼建造在罗马教堂的上面，原有教堂地基的遗存主要是在南半边，从而使地基不对称"❷。1961—1971年的临时支撑并没有能够有效阻止柱子的沉降，当时认为用桩基加固地基不可行，但如今不同的桩基加固地基技术已经发展成熟且有很多的实践经验。基于这样的诊断，对柱子地基部分进行了加固："对中殿柱子地基的加固采用8根桩子组成的微型桩基，与柱子的八角形断面形成对应；对十字柱子地基的加固则采用12根微型桩子，打桩深度为12 m，以打在高度整合或中度整合含黏土沙以增加阻力"❸（图4.44）。

4）Saint Jacob教堂监测的启发

从上文可以知道，1961—1971年的临时加固工程是在对历史信息、现场测绘以及相关假设对教堂结构问题和塔楼倾斜原因进行分析的基础上做出的决定，后来由于经费不足等诸多原因，保护工程停止，教堂结构的问题并没有彻底解决。到1994年决定要重新开放利用该教堂，首要任务是对结构安全性的分析评估。由于塔楼倾斜问题依旧存在，因此对1961—1971年间的临时加固的有效性产生怀疑，但又不敢轻易拆除，也不敢贸然采取其他的保护措施。为了彻底解决结构存在的安全性问题，需要对结构现状进行全面分析，这就需要对相关信息进行全面收集，由此开始了持续监测，其中沉降监测、裂缝观察从1994年开始，地基部分、材料性能方面的监测分析是从2005年开始的。2000年，飞扶壁由于残损严重被拆除而用拉杆代替，这也是一种应急措施，但专家对该措施的有效性也持有怀疑态度，因此开始对飞扶壁进行专门监测。目前，监测还在持续，但由于经费不到位原因，具体的保护措施一直没有开始。然而，Saint Jacob教堂的监测实践及其开展的相关研究很具有代表意义（MDDS和基于3D技术的文化遗产的风险评估这两个项目都将其作为重要的案例），对建筑遗产保护也具有很大的启发性，主要体现在：

（1）科学的保护态度——在不存在坍塌危险的前提下，不贸然进行干涉性的保护工程，通过长期监测分析真正问题所在，从而对症下药采取保护措施。

（2）对已采取保护措施的评估——过去的加固工程和飞扶壁的拆除并以拉杆置换是当时的一种应急

❶❷❸　SMARS P, DERWAEL J J, PEETERS V, et al. Displacement monitoring in the church of Sint-Jacob in Leuven. [C]// LOURENÇO P B, ROCA P, MODENA C, et al. Structural analysis of historical constructions. New Delhi：[出版者不详]，2006

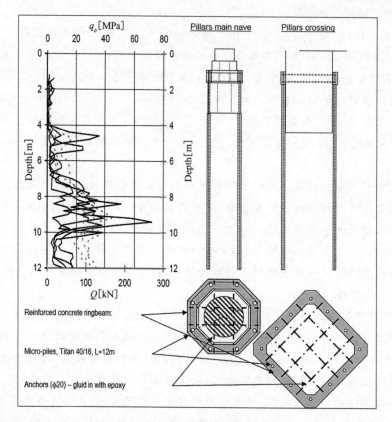

图 4.44　柱子下地基加固示意图

措施,通过监测对这些应急措施的有效性进行评估,无疑是为将来科学的采取合理保护应急措施提供了参考。

(3) 保护程序的科学性——从一定程度上说,1994 年至今的监测工作是基于遵循保护程序"信息收集—分析—诊断—治疗—控制"的思路开展的,这在当时是一种探讨,但如今看来是很科学的,由此可以看出前瞻性保护理念的探讨是必须而有益的,对实际保护工程和将来保护方向的引导也是必然的。

4.3.2　日本法隆寺的防火实践

法隆寺位于日本奈良生驹郡斑鸠町,是日本飞鸟时代建造的佛教木结构寺庙,据传始建于 607 年❶。法隆寺占地面积约 187 000 m²,寺内保存有自飞鸟时代以来的各种建筑及文物珍宝,被指定为日本国宝和重要文化财产的文物约 190 类合计 2 300 余件。法隆寺分为东西两院,西院有金堂、五重塔等世界上最古老的木构建筑,东院建有梦殿等木构建筑。1993 年,法隆寺建筑物群以"法隆寺地区佛教建造物"之名义列为世界文化遗产。法隆寺自建成以来,历经多次保护维修,本节主要介绍的是其预防火灾方面的实践。

1) 早期防火设备的建立

关于法隆寺的防火设备,"最早于明治四十五年(1912)由关野黑板二氏先生撰写了防火设备草案,但后来因为经费缺乏而停止。大正二年(1913)众议院决定要补助关于防火设备的草案,草案先后变动四次,最后还是因为经费问题被搁置。直到大正十一年(1922),文部省古社寺保存会组织特别委员会,委托大井武田二氏重新撰写防火草案,除了西院外,还包括东院中宫寺及南部寺。大正十三年(1924)成立了法隆寺防火设备水道工事事务处,着手测量和调查附近地质雨量相关方面的信息,翌年春天设铁管试验场,11 月

❶　金堂"东间"内安置的铜造药师如来坐像(国宝)的光背铭记有如下的记述:"用明天皇为祈祷自己病愈而起誓建立伽蓝,但是用明天皇不久之后去世,继承其遗志的推古天皇和圣德太子在推古天皇十五年(607 年)完成了佛像和寺院的建立"。但是,正史《日本书纪》上虽然有其后的 670 年火灾的纪录,关于法隆寺创建却没有任何的记述。

正式开始施工,至昭和二年(1927)竣工,历经三年,共费日金二十九万九千余元。"❶由此初步建立了法隆寺的防火系统,在附近山上建一个蓄水池作为水源,用4 400余尺长的铁管把水引下来,布成网状,散布寺内和邻近的中宫寺的空地上。具体的防火设备主要包括水压、防火栓、蓄水池和水管等方面。

水压——防火系统建设之初首先要决定的是水压高低,这与建筑物高度和最大风速有关,也就是说皮带射出之水,即使遇到很大的风也要能达到建筑物的最高部分,这样才能实现防火目的。"法隆寺最高建筑为西院的五层塔,从地面至塔相轮顶点约112尺(37.3米),到相轮下部露盘高79尺(26.3米)。防火目的以射水能达露盘为度,庶防火与经济双方均能兼顾。推皮带遇巨则重笨不便施用,因采用内径二寸半之皮带。其端装内径四分之三寸之射水器,定每平方寸水压为一百磅,每分钟射出水量为164加隆。据实验结果,射水高度,无风时至134尺,遇相当风力可达83尺,俱较露盘与相轮顶点稍高。东院之梦殿舍利殿绘殿传法堂及中宫寺等,建造时代视西院稍后,其高度亦皆在50尺内,故给水顺序,首由水池导至西院各建筑,次由西院水管延至东院。俾水流与铁管摩擦结果,水力自然低微,射水高度恰合需要条件,不致浪耗水压影响预算。"❷

"防火栓即水管与皮带接连之龙头。每栓置皮带一具。其分布状态,视建筑物防火需要而定。大都在重要殿塔周围,最少各有防火栓四具,可资利用。栓之距离,自60尺至120尺不等(图4.45)。惟栓露出地面,有碍观瞻,非万不得已,皆采用地下式。计西院共有水栓60处,露出地上者10处,东院水栓30处,露出者8处,余皆埋于地下。此外于各交通要点,置防火器具存储所6处,存放皮带等物。"❸

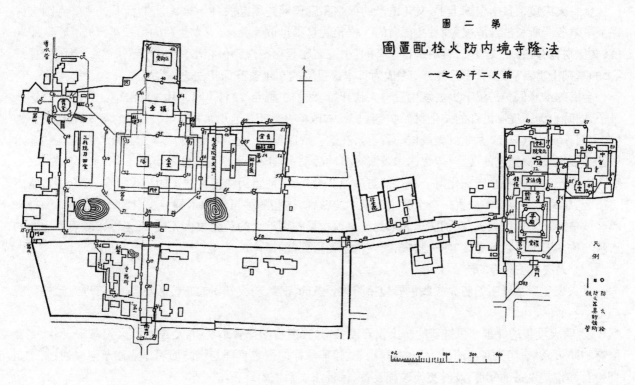

第 二 图

法隆寺境内防火栓配置图

缩尺二千分之一

图4.45 法隆寺防火栓配置图

"蓄水池之容量,以防火栓射出之总水量与射水实践而定。据大井氏计划,假定东西二院通史起火,每院各须开放防火栓十处,其每分钟总射水量为3 280加仑,即每秒钟为七二立方尺。依据此数,择定法隆寺西北山中之镰峠为水源池。其水面最低高度,视法隆寺地面均高240余尺,而流域面积、水量、雨雪量,及流域内每月水量之增加状态,经长时间测验,认为满意。遂利用地形,与峠南侧筑堤蓄水。池狭长略似

❶ 关野贞.日本古代建筑物之保存[J].中国营造学社专刊,1932,3(2):120
❷ 关野贞.日本古代建筑物之保存[J].中国营造学社专刊,1932,3(2):120-121
❸ 关野贞.日本古代建筑物之保存[J].中国营造学社专刊,1932,3(2):121-122

葫芦形,南北长 530 尺,东西最阔处宽 300 尺,蓄水总量为五六十万立方尺。就中有效水量以 40 万立方尺计算,可供前述防火栓 16 小时之用。"❶

关于水管,"蓄水池内建钢筋三合土水塔一座,输水于内径 18 寸之铁管,沿山麓逶迤至法隆寺西院,约长 4 100 尺。自此减为 12 寸、10 寸、8 寸、6 寸、4 寸等管,分布寺内各处,与防火栓衔接。各管总长 11 000 余尺,重 950 余英吨,约占总预算之 1/2。各管敷设之先,皆预施水压试验。其规定系 18 寸管每平方寸所耐压力为 300 磅,12 寸以下者 320 磅,俟试验毫无缺点,始行敷设。管之接口以铅镕接,由事务处选择优良职工,直接监督施工。"❷

除此之外,后来于塔内增设自动防火栓,初步形成了比较完善的防火系统。

2) 1949 年火灾后的防火实践

尽管法隆寺的防火设施系统建设在当时日本是很先进的,但并没有能够完全阻止 1949 年的火灾。1949 年 1 月 26 日早上 7 时 20 分,金堂内起火,消防人员赶到后发现输水的防火门被关闭了,内殿南侧的软管也被堵塞了,最后消防人员只能通过西部墙上的排水孔喷水,火在上午 8 时 30 分被扑灭,但室内壁画基本被烧毁,不幸中的万幸,因扑火及时使金堂上部壁画没完全被烧毁。后来鉴定起火原因主要是电器设备(如开关和暖气片的恒温器等)存在问题没有及时更换,下班后没有及时关闭相关电源造成漏电,从而引起火灾。

(1) 法隆寺火灾对日本文化财保护的促进

金堂火灾震惊日本全国上下,文化遗产的保护和管理问题引起关注。火灾发生后不久法隆寺国宝保存工事事务所所长浅野清被免职,文部省的 3 位相关官员也被处分;火灾发生后的第二年,1950 年 5 月 30 日《文化财保存法》正式颁布,该法是在原有的《史迹名胜天然纪念物保存法》、《古社寺保护法》、《国宝保护法》的基础上重新制定的,后几经修订❸成为日本最重要的文化遗产保护法之一。

金堂的维修保护工程于火灾发生后不久就开始,保护工程至 1954 年 11 月 3 日结束。为了纪念这个日子,同时也为了提高民众的文化财保护意识,日本政府从 1954 年开始将每年 11 月的第一个星期作为"文化财保护周"(以 11 月 3 日为最核心日子),在这一周时间里,全国各地教育局会组织历史建筑和艺术工艺品展览、历史遗迹的展览、传统艺术表演等多种活动;从 1955 年开始,将每年的 1 月 26 日定为"文化财防火日",这一天在全国文化财产举行消防演习。另外,更注重历史街区居民的防火教育,在众多日本历史街区,居民门前侧旁都放置一个至数个装满水的铁桶,这些随手可得的水桶与少量的水源,能够供往来游客或信徒一起协助救火,在消防车尚未到达之前抢得初期灭火的黄金救火先机;在当地市政府所出版的市政刊物中有大量篇幅宣传"防火救灾,人人举手做得到"的概念。

(2) 火灾后法隆寺的防火实践

火灾发生后法隆寺的防火实践主要包括防火设备的完善、防火知识的宣传教育、防火管理对策的研究等方面:

① 防火设备的完善　引进新的防火仪器设备,如火灾自动报警系统、自动喷水灭火设备等,不断完善原有的防火系统;防火系统的设置是依据《消防法》等法律的规定管理与消防演习作业逐渐完成的;制定定期检查和维护设备的制度,及时更换破损设备,保证防火系统始终正常工作。

② 防火知识的宣传教育(图 4.46)　每年"文化财产防火日"举办消防演习,由法隆寺管理处、法隆寺所在社区民众以及辖区消防队共同参与,专业消防队员现场演示并指导管理工作人员以及周边居民使用消防设备,在具体的消防演习中检查所有可能的火灾因子;定期举办针对周边居民防火实践的培训指导;对法隆寺管理人员及相关工作人员定期培训防火方面的知识;在学校、博物馆定期举办相关讲

---

❶　关野贞. 日本古代建筑物之保存[J]. 中国营造学社专刊,1932,3(2): 121—122

❷　关野贞. 日本古代建筑物之保存[J]. 中国营造学社专刊,1932,3(2):122

❸　主要经过四经修订,分别于 1954 年(修订内容主要设立无形文化遗产的指定制度,强调民俗资料的保护等)、1975 年(修订内容主要有地下文化遗产保护制度的修改,设立传统建筑群保护地区制度,民俗文化遗产制度的修改,设立文化遗产保存技术的保护制度,强化地方公共团体的文化遗产保护行政和财政的体制等)、1996 年和 2004 年(进一步完善保护制度,鼓励保护手法的多样化)。

消防车

消防人员

灭火器使用演习

喷火灭火演习

消防演习的宣传

图4.46 法隆寺的消防演习(部分现场照片)

座以及开展防火方面的广告。防火宣传教育活动的具体开展由当地火灾灾害管理部门、当地教育部门、法隆寺所有相关人员和当地居民一合作进行。

③ 防火管理对策 成立专门小组负责防火工作;建立巡视制度,确立通报、警报等联络机制;制定防火条例明确禁止行为;对周边环境的隐患进行分析,制定及时消除隐患的对应措施;管理者、工作人员、社区居民等所有相关者共同讨论法隆寺的防火救灾重点,明确救火程序,制定火灾发生后的应急措施;重视火气和电器使用的安全管理,如香火的安全处理、火气使用后的熄火确认、电器使用后切断电源、老化电器

设备的及时更换、地震时的安全装置、地震时防止灯具等倾倒及用火的可燃物落下等;制定施工中的防火计划,关注施工中所使用的器具、危险物品、电器设备等的防火安全;结合地方防火规划安全法隆寺的防火管理工作,考虑与地方防火的互助互利。

3) 法隆寺防火实践的启发

法隆寺 1949 年金堂火灾的启示是:古建筑的防火,安装防火设备只是一方面,更重要的是要注重日常安全管理工作,培养员工安全防火意识,明确电器、火气设备的安全使用须知以及电器火气设备的定期检查和维护等方面的工作。

法隆寺火灾后的防火实践的启示是:①消防系统设备更新的必要性,尤其是自动报警设备和自动灭火设备的设置更新方面;②在注重技术设备防火的同时,更要注重人防意识,培养建筑遗产所有相关者的防火意识,鼓励人人有责进行防火工作,通过定期的生动消防演习让每个人熟知并牢记防火知识;③日常管理工作在建筑遗产防火中的重要性,尤其是电器、火气的安全使用管理,应制定日常防火计划;④建筑遗产的防火救灾不同于一般建筑,应对其消防重点和救火程序进行专门研究,以保证火灾发生后能够最快地在最佳时机最有效地灭火,从而防止火势蔓延造成进一步的损失。

5 国内相关实践的分析

5.1 中国古代与预防性保护相关的实践活动

中国古代预防文化的精髓是《周易》的居安思危的忧患意识以及《老子》的祸福相因和防患于未然的思想。自古以来,虽然中国历代统治者都认为自然灾害是由于"政失其道",天帝降灾以示惩罚,要免除灾害就要向天帝祈祷以求宽恕,但除了祭祀禳灾之外,统治者也会采取一些积极有用的灾害预防措施,如设定专门的管理机构、制定防灾的法律制度、建造相关的防灾设施等等,这些都是预防文化的一个体现。而具体体现在预防性保护,其相关实践主要有:制定防火制度,建构活动中采取灾害预防措施以及定期维护和修缮既有建筑等几个方面。

5.1.1 古代的防火制度

古代防火由来已久,历经各个朝代的不断完善逐步形成一套很科学的防火制度,其发展由来及具体的相关措施对当今的古建筑防火工作很有借鉴意义。

1）春秋战国—隋唐五代时期

据《史记·五帝本纪》记载,黄帝向本部落所有人员提出"火、木分置"的要求,这是我国历史上有文字记载的最早的防火措施。周朝设有管理用火的官职"火正",一分为三:宫正、司煊、司恒❶,各自分工负责,监督用火情况。其时出现了最早的防火检查,并颁布了"火禁",提出"顺时令行火",为最早以政府名义颁布的防火规定。春秋战国时期,诸侯国宋国在防火和消防工作方面做出了极大贡献,据《左传》记载:"宋灾。乐喜为司城,以为政。使伯氏司里。火所未至,彻小屋;涂大屋;设庋篓;具缒缸;备水器;量轻重;蓄水潦;积土涂;巡丈城;缮守备;表火道……"❷从这段描述可以看出:当时在预防火灾的发生和灭火准备工作方面已积累了不少好的经验。后来,"乐喜通过宋国国君之口,向全国颁布了历史上第一部比较完整的消防法令,法令规定成立'储正徒'(一种类似兵役制的消防队伍),还要准备'郊保之民'(类似义务消防队伍),法令还同时规定要储存天然水源、制造灭火工具等等。"❸《管子》、《荀子》论述治国之道时,都将防止火灾作为保证"国家足用,财物不屈"的重要措施。❹ 魏国李悝撰写的《法经》❺一书的"杂篇"有关于防火、灭火等方面的法律规定。

秦国《秦律》中有关于仓储防火、库府防火的记载,其中规定夜间要巡逻、闲杂人员不准进入仓储区、关门时必须灭掉附近的火种等等。❻ 1975 年,在湖北云梦睡虎地十一号秦墓中发现的用秦隶书写的竹简中记载:"吏已收减(藏),官窖夫及更夜行官,毋火,乃闭门户。"说明每逢秋赋征收完毕时,当地官府的最高领导人——官窖夫要率领吏员在物品贮藏处,夜间值班巡查,经查确定没有火情隐患后,才能关闭门户,这在

---

❶ 宫正是掌管宫廷火禁等事宜;司煊掌行火之政令气;司恒的任务是"仲春,以木铎(即宣布政令的木铃)修火禁于国中"。

❷ 这段记载的意思是:当时乐喜掌管朝政。他派伯氏掌管居民工作。在火没有到达的地方拆除小型房屋;大型建筑不易拆除就涂上泥巴(加强耐火程度);摆好挑土用的簸箕、筐;配备上取水用的绳索和瓦罐一类的容器;预备盛水的器具;估量被疏散物质的轻重;蓄满天然水源;囤积灭火用的沙、土、泥;巡视丈量城防;修缮守备地点;标志出火势可能蔓延的趋道。

❸ 漫谈我国的消防法制史[EB/OL]. [2010-6-28] http://www.fireobserve.com/article/xfsh/2006109151756.htm. 2010-6-28

❹ 聂焱如. 从修火宪到《治浙成规》——中国古代消防系列之二:治火管理[J]. 现代职业安全, 2006(9)

❺ 《法经》是中国历史上第一部完整、系统的封建法律,由战国初期魏国的李悝总结各诸侯国的法律而编著。共有六篇,即《盗》、《贼》、《囚》、《捕》、《杂》、《具》。

❻ 王永宏. 纵观我国古代消防法规[J]. 安徽消防, 1998(3)

历史上首先将防火责任落实到了"第一把手"肩上。《汉书》对防火禁令和火灾事故进行了专目分条,"五行志"篇章比较系统地记载了两汉时期的"消防立法"和"火灾处理"情况。《后汉书·百官》中有"太史令"和"执金吾"官职的记载,其中"太史令"的职责为"修火宪、察火事","执金吾"的职责是"察水火之禁、掌宫外非常水火之事",这说明在两汉时期,消防法制建设已趋于系统,从"立法"到"执法"、都有专职官员负责,且已有了专业救火人员❶。

魏明帝青龙三年(235 年)建崇华殿时,首次采用引谷水入宫殿以解决消防用水问题,其殿前所用的镬(容量≥1 万升,储水量超过 5 吨),开创了我国皇城天然消防用水的先河。❷ "西晋王朝颁布的律令中专门设有'水火律令',而且在律令中处于很靠前的位置。值得一提的是,西晋的第二个皇帝司马衷曾经亲自检查过'水火律令'的落实情况,相当于现在的全国性消防安全大检查。"❸

唐代永徽二年(公元 651 年)颁布的唐律,其中有关火灾方面比较系统的条款,包括了违犯防火与救火法令、失火、放火等各种违法行为的处理规定,在量刑上根据其性质及危害程度而区别对待,对于放火者的刑罚重于失火者,对一般违法以致失火的人予以一定的法律制裁,如"诸见火起,应告不告,应救不救,不救减失火罪二等。其守卫宫殿、仓库及掌囚者皆不得离所守救火,违者杖一百","诸于官府脚院及仓库内失火者徒二年"。❹ 另外,"唐严火禁"❺,并出现了巡更报警制度,在规定的时间内全城熄灭灯火,禁时以后,发现有未熄灯的,就在门上留下标记,次日清晨传唤户主到官府询问,如没有特殊情况,就对他们进行教育、轻罚,如果当天晚上发生火灾,这户人家就是最大嫌疑。唐代使用的"严禁烟火"、"巡警"等词一直沿用至今。

2)宋代时期

宋朝继承了自周朝就开始的"顺时令行火"的传统,把历代有关防火的禁令、灭火的规定都抄录下来,颁布了宋朝的"消防法",即大宋律令。宋律的大部分条文沿袭《唐律》,但在司法实践中,刑罚要比唐朝时更加严厉❻,南宋时对失察罪也予以处分❼。宋代继承了"唐严火禁"的传统,北宋火禁很严,宋真宗颁布了《顺时行火诏》,对防火工作很重视且有明确规定,此诏"遍行天下,府衙、乡绅、民众尽具恪守",有胆敢违反诏书规定的,轻则"棍责",重则以"抗旨"论处,"立斩不赦"。❽南宋时也仍然"修火政以肃宫禁"❾,制定了一套严密的防火规章制度。

宋朝开创了世界城市史上专职消防队伍的先河。❿ 在此之前的各朝各代,灭火的任务都是由"禁军"

---

❶ 辽宁省博物馆珍藏品中,有件东汉时期墓葬品一井栏陶器,刻有形象真切的灭火图:陶器前壁的图案为灭火人物,只见救火者健步疾进,左手执水罐,右手荷旗,旗帜上清楚地标有"东井灭火"字样。见文章:聂焱如. 从储正徒到水会局——中国古代消防系列之一:治火组织[J]. 现代职业安全,2006(8)

❷ 丁显孔. 中国古代消防科学技术概况[J]. 消防技术与产品信息, 2008(10)

❸ 漫谈我国的消防法制史[EB/OL]. [2010-6-28] http://www.fireobserve.com/article/xfsh/2006109151756.htm. 2010-6-28

❹ 王永宏. 纵观我国古代消防法规[J]. 安徽消防, 1998(3)

❺ (宋)费衮. 梁溪漫志:卷 6[M]. 上海:上海古籍出版社,1985:62

❻ (宋)佚名. 道山清话[M].《全宋笔记》本,郑州:大象出版社,2003:91,其中记载:"京城界多火,在法放火者不获,则主吏皆坐罪。民有欲中伤官吏者,至自热其所居,罢免者纷然。时郡安简为提点府界县寨公事,廉得其事,请自今非延及旁家者,虽失捕勿坐。自是绝无遗火者。遂著为令。"

❼ 不论是百姓、军队、役卒放火失火,还是延烧屋舍、粮仓、田野山林、舟船,州县官司及地方公人失觉察的都要处分。一般而言,对军人的处罚比一般士民更为严厉,对于擅离职守者处以极刑。(宋)曾公亮等. 武经总要[M]. 前集卷 14. 上海:上海古籍出版社《四库全书》本,1987:16,其中记载:"军中有火,除救火人外皆严备,若辄离本职掌部队等处者斩","军中有卒警及失火,在军中辄呼叫奔走者,所在官司得斩之。"

❽ 漫谈我国的消防法制史[EB/OL]. [2010-6-28] http://www.fireobserve.com/article/xfsh/2006109151756.htm. 2010-6-28

❾ 佚名. 宋史全文卷 31. [M]. 哈尔滨:黑龙江人民出版社,2003:2167

❿ 白寿彝先生主编的《中国通史》第七卷《五代辽宋夏金时期》(上海人民出版社,1999 年出版)丙编第五章《城市和镇市》有《消防新制度》一节。该卷主编陈振在论述北宋京城汴京(今河南省开封市)的消防组织时指出:"这是世界城市史上最早的专业消防队。"该卷在论述南宋京城临安(今浙江省杭州市)消防组织时指出:"是当时世界上所有城市中最完善的,已与近代城市的消防组织相类似。"这是历史学家第一次对中国古代消防组织作出权威的评价。

或"御军"兼顾，北宋首次出现了专职的防火机构——潜火铺❶，南宋的专职机构为军巡铺、"防火隅"❷和潜火队❸。军巡铺、防火隅、潜火队这些防火救火机构有独立的指挥系统，最高指挥官是兵部会议郎。为完成紧急消防任务，消防队还享受到一些特权，如，门禁为之破例❹，消防官员执行任务时可以不为官员让路❺，参与救火的官员第二天可以不用上早朝❻，等。临安城内各坊巷均设有军巡铺和防隅官屋，主要任务是夜间巡逻、防火防盗和及时发现并扑灭一些小的火灾，分布特点是人少点多，据《淳祐临安志》记载："官府坊巷近二百余步置一军巡铺，以兵卒三五人为一铺，遇夜巡警地方盗贼、烟火……盖官府以潜火为重，于诸坊界置立防隅官屋，屯驻官兵，及于森立望楼，朝夕轮差兵卒卓望"。"防火隅"有详细的报警方式❼，且城内多处建有望火楼❽(临安全城有 23 座望火楼)，用于士兵站在平顶之上瞭望全城的火警。军巡铺、防火隅、潜火队和望火楼共同组成了宋代官方的防火机构组织，大大增强了对火灾的防控力度。孟元老撰写的《东京梦华录》书中对北宋汴京消防队的情况记载较详："又于高处砖砌望火楼，楼上有人卓望，下有官屋数间，屯驻军兵百余人，及有救火家事(工具)，谓如大小桶、洒子、麻搭、斧锯、梯子、火杈、大索、铁猫儿之类。每遇有遗火去处，则有马军奔报军厢主，马步军殿前三衙、开封府各领军级扑灭，不劳百姓。"

除了京都，其他地方城市也有专职防火救火机构(根据当时的地方志记载：会稽府(今绍兴)衙以西设有潜火队❾)，甚至一些贵族官员宅第也设有自己的潜火队❿。另外，从官方军巡铺派生出来了水铺、冷铺和义设等类似民间机构的消防组织。据《八闽通志》记载，高宗绍兴二十八年(1158 年)，福建延平府(今南平市)郡守胡舜举为解决当时"居民楼居，虚凭高甍，瓦连栋接，民或不戒于火，扑灭良艰"的情况，首创水铺和冷铺，"以防虞器种种毕备，月差禁军守轮官兵一人检点修葺之"，"在坊巷每十余家间辄置一所，贮灭火之具，以备缓急"。宁宗嘉定三年(1210 年)十一月十日，温州并海城民居失火，郡官亲自"率官兵并厢界义社前往扑救，是时风急火炽，遂亲督合于救火军民，于火将到处拔屋，断截火路，并力运水救扑，即得熄灭"。这说明水铺或冷铺、义社之类的民间救火组织，在没有救火军队或救火兵力不足的城市，功用十分显著。

---

❶ (宋)洪迈.容斋随笔:三笔卷 5[M].上海:上海古籍出版社,1978:469 中提到:"今人所用潜火字,如潜火军兵、潜火器具,其意为防也",在(清)黄本骥编.历代职官表.上海古籍出版社, 2005 记载:"高宗建炎三年(公元 1129 年),令临安(今浙江省杭州市)城外内,分南北左右厢,各置厢官以听民之讼,分六部监界分差兵一百四十八铺,以巡防烟火。"

❷ 南宋嘉定四年(1211 年)临安设立有东、西、南、北与上、中、下七个防隅,后来又增至十二个防隅,关于十二个防隅,据《淳祐临安志》记载:东隅:在都税院侧;西隅:在临安府铁院侧;南隅:在太岁庙下;北隅:在潘阆巷;上隅:在大瓦子三真君庙侧;中隅:在下中沙巷;下隅:在棚后;新隅:在朝天门里;府隅:在左院墙下;新南隅:在候潮门里;新北隅:在余杭门里;新上隅:在侍郎桥。

❸ 有"潜火"七队,据《淳祐临安志》记载:"潜火"七队,即水军队、搭材队、亲兵队以及帐前一、二、三、四队,由临安府直接掌握,相当于今天的消防总队,负责全城的消防任务,"潜火"七队是:水军队:在临安府教场内,定额二百零六人;搭材队:在临安府教场内,定额一百一十八人;亲兵队:在临安府教场内,定额二百零二人;帐前一、二、三、四队:在临安府衙大门里,元额三百五十人。

❹ (宋)李焘.续资治通鉴长编:卷 333[M].北京:中华书局,2004:8020,其中记载:元丰年(1083)二月,"开封府乞自今本府官吏夜新城里火,如旧门已闭,听关大内钥匙库差东华门外当宿内臣降钥"。

❺ (宋)李焘.续资治通鉴长编:卷 68[M].北京:中华书局,2004:1527,其中记载:真宗大中祥符元年(1008)诏:"自今文百武官,内廷出处,道路相逢,一准仪制,命妇车舆与文武官相遇,亦须回避。"另外,由于救火任务急切,宋律后来附加了一条,(宋)谢深甫.庆元条法事类[M].卷 80.上海:上海古籍出版社《续修四库全书》本,2002:20,其中也记载:"诸应避路者,遇有急切事(谓救火之类,不容久侍者),许横纵驰过。"

❻ (宋)李焘.续资治通鉴长编:卷 407[M].北京:中华书局,2004:9907,其中记载,元祐二年(1087),权知开封府钱勰言:"本府事务繁,有非次急速,不可阙官。左朝会起居轮推,判官在府,并假日轮左右各厅一人,如防河、救火,免次日朝会。"

❼ (宋)吴自牧.梦粱录:卷 10[M].杭州:浙江人民出版社,1980:89,其中记载:"若朝天门内以旗者三,朝天门外以旗者二,城外以旗者一;则夜间以灯,如旗分三等也。"

❽ 望火楼,在东汉已经出现,到宋代已经十分成熟,并已形成规范,《营造法式》有专门要求。1956 年在河南省陕县刘家渠出土的东汉彩釉陶楼,系一座耸立于水塘中的三层楼阁,在第三层有两个人在眺望,楼下有四个骑马人在巡逻守护;1971 年在河北省安平县出土的东汉熹平五年(176 年)墓中壁画,展示了一组规模 宏大的建筑群,其后部亦设有一座安装着大鼓的瞭望楼,楼顶上还飘扬着红色的风信飘带。《营造法式》记载:"望火楼功限:望火楼一座,四柱,各高三十尺(基高十尺),上方五尺,下方一丈一尺。造作功:柱四条共一十六功。晃三十六条共二功八分八厘。梯脚二条共六分功。平伏二条共二功。蜀柱二枚、搏风板二片,右各共六厘功。搏三条共三分功。角柱四条、夏屋版二片,右各共八分功。护缝二十二条共二分二厘功,压脊一条共一分二厘功,座版六片共三分六厘功,右以上穿凿卓共四功四分八厘。"

❾ (宋)施宿.嘉泰会稽志:卷 4[M].《四库全书》本.上海:上海古籍出版社,1987:9

❿ 神宗元丰八年(1085 年),宣仁太后修北宅,其母李氏要求援引仁宗曹后创南宅之例,特置一个潜火铺。

在具体的救火实施中,宋代救火分为京师与地方两套运行机制。①京师救火主要靠军队,由马步军殿前三衙和开封府各自带领军兵救火。一开始救火只靠官府和军队,不许百姓插手,且要求各级长官到场才能救火,后来朝廷认识到弊端,真宗下诏书强调"都巡检未到,本厢巡检先救"❶,仁宗下诏强调城市发生火灾需"听集邻众赴救"❷。宋朝初期采取火发后临时调集部队扑救,至南宋,京城火灾频发,为解决扑救重大火灾或同一时间发生的几起火灾,高宗下诏指出"分定地,分过缓急,火发各认扑救"❸,孝宗先后四次下诏❹,根据就近出动原则,明确划分了各部队及有关衙署的救火地段和相关责任范围,并一再修正和补充有关规定,使救火的组织指挥和分工更加合理科学。②地方救火的情况在《作邑自箴》《庆元条法事类》中都有记载。宋代邻保之间有救火的义务,通常是诸州县镇寨的居民每十家结为一甲,选一家为甲头,将各户的户主名录于一牌,盖章或画押后交由甲头保管。火灾发生时,由甲头召集,每家出一人参与救火,火灭之后,再按牌点名,检查是否有人失职不来,如果该到而不到,当事人及相关负责人都要受到惩罚。

除了以上这些方面,尤其值得注意的是,宋代注重从火源入手加强百姓防火意识,实施防火措施,其具体方法有:①规范日常用火,从火源着手加强预防。宋代各级官府都要求辖区居民经常打扫厨房,除去埃墨,清除灶前剩余的柴火,防止火从厨房起。此外还规定"将夜分,即灭烛",以防夜深人困引起火灾。②提示在火灾易发地要加强预防。"茅屋须常防火,大风须常防火,积油物积石灰须常防火",蚕房因常"烘焙物色,过夜多致遗火"、厕所常倒"死灰于其间"、"余烬未灭,能致火烛"❺。③宋朝廷倡导以砖瓦建房,以增强防火能力。④注重民众防火教育和防火宣传。宋代防火文化的传播,从现有的史料看,并无专门负责的机构、固定的途径,但按其不同的载体和传播途径看,大体可以分为两类,一是皇帝诏书、大臣奏议,这是政策性的;二是诗词、文集、笔记小说、方志、家训、话本等作品,如洪咨夔的《哭都城火》❻一诗,王安石的《外厨遗火二首》❼以

---

❶ 真宗大中祥符二年(1009年)六月,真宗下诏书,诏书全文为:"在京人户遗火,须候都巡检到,方始救泼,致枉烧屋。敕令开封府,今后如有遗火,仰探火军人走报巡检,届时赴救。都巡检未到,即本厢巡检先救,如去巡检地分遥远,左右军巡使或本地分厢界巡员僚指挥使先到,即指挥兵士、水行人等与本主共同救泼,不得枉远火屋舍,旧管仍辖不得接便偷盗财物。其军巡使、厢虞候、员僚指挥使,并勘罪以报。其本犯人,即送军头司引见。访闻近日须候都巡(检)到方始下手,宜令检会分明,榜示举行。违者,许遗火人户侧近公私人等到陈告示,当行重断。"

❷ 天圣九年正月十八日,仁宗下诏:"都城救火,若巡检、军校未前,听集邻众赴救,因缘为盗者,奏裁,当极斩。帝闻都辇闾巷,有延燔者,火始起,虽邻伍不敢救,第俟巡警者至,以故焚燔滋多,因有是命。"

❸ 南宋绍州城划分地段,分轻重缓急,起火后各部队官兵奔赴各自分兴三年,高宗在诏书中批示临安府:"分定地,分过缓急,火发各认扑救",也就是将杭工的地段,施行灭火。

❹ 南宋淳熙四年(1177年)三月七日,孝宗在给临安府的诏书中指出:"居民或遇遗火,差拨马军司潜火官兵缘地段遥远处人力奔赴迟误。自今如安桥以北就例令殿前司策先锋、后军各差二百五十人遂急先次救扑,仍委统制官部押。"淳熙五年(1178年)十一月十四日,孝宗对这一指令作了修正:"自今临安城里居民遗火,令马、步军司各差三百人扑救:殿前司非奉御前指挥不得差人前去。如三衙诸军营寨内遗火,止令本军自行扑救,其马步军司、修内司、临安府所差人不得干预。逐军原认临安府城里、外救人人地分,并差有司等地防火官兵,除三省潜火人、太庙一百一人、玉牒所一百二人、秘书省一百人外,余不得差发前;令三衙主帅取统制领知。"南宋淳熙九年(1182年),孝宗又分别在二月二十三日和九月十日的两道诏令中,对淳熙五年的诏书内容作出补充规定:"步军司今有不测遗漏去处,可斟量火势合用人数,一面追唤续差下救火官兵前去并力救扑","自今遇有城外居民不测遗漏,可就城外近便军奉各认地分差前往救扑,仍先具地分图呈上"。

❺ (宋)袁采.袁氏世范:卷3[M].北京:北京图书馆出版社,2003:2-3;居宅不可无邻家,虑有火烛,无人救应。宅之四围,如无溪流,当为池井,虑有火烛,无水救应。又须平时抚恤邻里有恩义。有士大夫平时多以豪势残虐邻里,一日为仇人刃其家,火其屋宅。邻里更相戒曰:"若救火,火熄之后,非惟无功,彼更讼我,以为盗取他家财物,则狱讼未知了期。若不救火,不过杖一百而已。"邻里甘受杖而坐视其大厦为煨烬,生生之具无遗。此其平时暴虐之效也。火之所起,多从厨灶。盖屋房多时不扫,则埃墨易得引火,或灶中有留火,而灶前有积薪接连,亦引火之端也。夜间最当巡视。烘陪物色过夜,多致遗火。人家房火,多有覆盖宿火而一衣笼罩之上,皆能致火,须常戒约。蚕家屋宇低隘,于炙簇之际,不可不防。农家储积粪壤,多为茅屋,或投死灰于其间,须防内有余烬未灭,能致火烛。茅屋须常防火;大风须常防火;积油物、积石灰须常防火。此类甚多,切须询究。

❻ "九月丙戌夜未中,祝融涨焰通天红。层楼志观舞燧象,倚峰秀陌奔烛龙。始从李博士桥起,三面分风十五里。崩摧汹涌海潮翻,填烟纷纷瓮鱼死。开禧回禄前未闻,今更五分多一分。大涂小撇嘿不讲,拱手坐视连宵禁。殿将将军猛如虎,救得汾阳令公家。祖宗神庙飞上天,痛哉九庙成焦土。"见王荣初.西湖诗词选[M].杭州:浙江人民出版社,1997:107

❼ "灶鬼何为便赫然,似兼刀机若无毡。图书得免同煨尽,却赖厨人清不眠。""青烟散入夜方流,赤焰侵寻上瓦沟。门户便疑能炙手,比邻何苦却焦头。"(宋)王安石.临川先生文集:卷27[M].《四部丛刊初编》本.上海:上海书店,1989:8

及袁采撰写的家训《袁氏世范》❶。此外,南宋时规定在临安府重要建筑物的四周建"瓦巷"或"火巷",不依令开通瓦巷者,会被治罪,"命官降一官,民户徒一年。"❷

3)元明清时期

元代基本上延续了宋朝的消防法令,《元史·刑法志》不仅对防火、灭火都有细致的规定,对火灾肇事者也有详细的处罚标准❸,对百姓的日常防火也有明确规定,如"诸城郭之民,邻甲相保,门置水瓮,积水常盈,家设火具,每物须备"。《大明律》也基本继承了前代的法律,消防条款主要收于《刑律》中,除《刑律》之外,在别的律例中也有关于消防方面的条款❹。《大清律例》中有关消防的条款与《大明律》基本相同,只是对失火、纵火罪的刑罚更加具体明了❺,并且明确了官员的防火责任,倘若在管辖区发生火灾而造成重大损失者,规定了罚俸、降级、调用等行政处罚办法。❻ 另外,清代与前代不同的一点就是:清代不仅中央制定了防火条律,而且一些地方也相继出台了有针对性的地方消防法规,最具代表性的就是乾隆十七年年浙江官府制定的《治浙成规》。《治浙成规》非常注重百姓日常生活中的防火引导,如"杭城点心、水作、熟面、酒坊等店,向烧松柴茅草,火媒最重。应令总保邻佑传谕各铺主务知,自为保守之道,每于三、六、九日,勤加扫除;再木作店内,刨花堆储过多,亦当小心火烛,时行照应,毋得玩忽","岁暮年节之时,杭城风俗,每多施放烟火、花炮、流星、双响、赛月明之类,惧系升高之物,一落披苫茅蓬之上,即易起火。至黑夜,行路点用火把,随意摇用;小户点挂竹灯,捻长不灭;睡觉吃烟,老人熏被之类,均有贻误。并谕令居民,随时稽查,均各慎重,免致后悔"。❼

明清两代皇帝非常重视防火问题,明代一旦发生重大火灾,皇帝下"罪己诏"❽,"省躬思咎",并采取"索服"、"减膳"、"撤乐"、"避殿"、"撤宝座"等措施,明朝17个皇帝中,有13个皇帝共下"罪己诏"20次。❾

---

❶ (宋)袁采.袁氏世范:卷3[M].北京:北京图书馆出版社,2003:2-3:居宅不可无邻家,虑有火烛,无人救应。宅之四围,如无溪流,当为池井,虑有火烛,无水救应。又须平时抚恤邻里有恩义。有士大夫平时多以官势残虐邻里,一日为仇人刃其家,火其屋宅。邻里更相戒曰:"若救火,火熄之后,非惟无功,彼更讼我,以为盗取他家财物,则狱讼未知的期。若不救火,不过杖一百而已。"邻里甘受杖而坐视其大厦为煨烬,生生之具无遗。此其平时暴虐之效也。火之所起,多从厨灶。盖屋房多时不扫,则埃墨易得引火,或灶中有留火,而灶前有积薪接连,亦引火之端也。夜间当当巡视。烘陪物色过夜,多致遗火。人家房火,多有覆盖宿火而一衣笼罩之上,皆能致火,须常戒约。蚕家屋宇低隘,于炙簇之际,不可不防火。农家储积粪壤,多为茅屋,或投死灰于其间,须防内有余烬未灭,能致火烛。茅屋须常防火;大风须常防火;积油物、积石灰须常防火。此类甚多,切须询究。

❷ 马泓波.宋代的消防制度[EB/OL].[2010-7-3] http://cul.shangdu.com/history/20100210-25718/index.shtml.2010-7-3

❸ 对失火者可以处"杖刑"、"棍责"、"笞刑"等,对纵火者最重可以"处斩",对见火不救或贻误战机的,与纵火同罪,严加惩处,"大风时作(有火灾),则传呼以徇(传播号令)于路。凡救火之具不备者,罪上!"见:漫谈我国的消防法制史[EB/OL].[2010-6-28] http://www.fireobserve.com/article/xfsh/2006109151756.htm.2010-6-28

❹ 如《仓库律》中有规定:"失火延烧,事出不测而有损失者,委官保勘彼实,显迹明白,免罪不赔。乘其水火盗贼,以监守自盗论。"还有《放火故烧人房屋条例》规定:"凡放火故烧自己房屋,因而延烧官民房屋及积聚之物,与故烧人空闲房屋及田场积聚之物者,俱发边充军。"

❺ 姚雨芗原纂,胡仰山增辑《大清律例会通新纂》卷三十二《刑律杂犯》,近代中国史料丛刊第9期,文海出版社:"凡放火故烧自己房屋者杖一百,若延烧官民房屋及积聚之物者杖一百、徒三年,因而盗取财物者斩,……若放火故烧官民房屋及公厅仓库系官聚之物者皆斩,监候须于放火处捕获有显迹证验明白者乃坐罪。……其已烧之令犯人家产折为银数,系一主者全偿,众主者计所烧几处坐为几分而赔偿之","凡失火烧自己房屋者挞四十,延烧官民房屋者答五十因而致伤人命者,杖一百,但伤人者不坐或致伤罪罪坐失火之人若延烧庙及宫网者绞监候。若于官府公廊及仓库内失火者亦杖八十徒二年,……若于库藏及仓城内燃火者,杖八十。"

❻ 康熙曾颁布示谕"凡官员该管地方有延烧房屋者罚俸三个月,沿烧文卷仓廒者罚俸一年,如将钱粮文册擅藏家中以致焚烧者降一级调用"。"失火延烧房屋二百间以上者,吏目、守备降一级调用,兵马指挥、参将游击降一级任,巡城御史罚俸一年。延烧房屋四百间以上者,吏目、守备降二级调用,兵马指挥、参将游击降一级调用,巡城御史降一级留任。延烧房屋六百间以上者,吏目、守备降三级调用,兵马指挥、参将游击降二级调用,巡城御史降一级调用。"见《古今图书集成》经济汇编样刑典律令部转引自孟正夫.中国消防简史[M].北京:群众出版社,1984:133

❼ 清丁丙修,王棻纂《杭州府志》卷七三《治浙成规》,光绪二十四年稿本。

❽ "罪己诏"西汉已有,西汉元帝初元三年(公元前46年)夏四月,汉武帝陵园的白鹤馆发生火灾,元帝颁发了中国历史上皇帝就火灾承认责任的第一道"罪己诏"。西汉成帝时,长乐宫临华殿、未央宫司马门等先后发生火灾,成帝也下了"罪己诏"。东汉顺帝在茂陵园寝火灾后,除了"素服",还"避正殿",即不到正殿而去偏殿处理朝政。

❾ 聂焱如.从修火宪到《治浙成规》——中国古代消防系列之二:治火管理[J].现代职业安全,2006(9)

明代宫中基于防火救火有着一套严格的太平缸管理制度❶，清朝水缸管理制度是沿袭明朝旧制❷。另外，清代皇帝则经常直接过问防范火灾事务，以雍正最具代表，他为消除紫禁城火患采取了一系列防范对策：①风火檐的创举，为防做饭火星，于雍正五年（1727年）降旨："*可将围房后檐改为风火檐。即十二宫中大房，有相近做饭小房之处，看其应改风火檐者，亦行更改。*"❸②设立防范火班，将其固定化和制度化，由总管内务府负责。❹据雍正七年统计，"紫禁城内值班官员、侍卫兵丁共一千二百八十八人"，有三十七处侍卫值宿点，三十七处均分配有"应用防火器具"，在紫禁城内组成了一个规模庞大的防火网络。③为完善宫中救火工作，雍正倡谕"合符比验"制度。❺④将内廷太监组织编队，负责内功防火事宜。雍正五年十一月他降旨："*旧年造办虚处太监等抬水救火，虽属齐集，但少统领约束之方。可将宫内太监编集成队，每队派头领一名，每十队立总头领一名，不但救火，即扫雪、搬运什物用人时，只须点某头领，后自齐集所属，同往料理。纵使人多，各有头领点头约束，必不至于紊乱*"❻。这些防范措施沿用整个清朝，清朝后期更是制定了关于防范火班的工作章程，嘉庆十九年，拟定《紫禁城内及圆明园火班章程》；嘉庆二十四年，议准《紫禁城火班章程》；至光绪十五年，再次酌拟《紫禁城火班章程》。

明清两代防火救火的民间组织也大大增加。明代延平城内有沿袭宋代水铺而设立的"潜水义社"，这种"潜水义社"为市民自发组织，之所以冠以"义社"之名，是因为社内的壮丁全听命于社首，一遇火警彼此相应，不用号召就可以集合起来，不一会儿就能到达着火地点，而且不争功、不邀赏。❼清康熙初年（公元1662年），天津（今天津市）创立救火会，光绪二十九（公元1903）创立水会。❽救火会和水会均属民间消防组织，其成员全是体格壮健、热心公益、自愿参加的劳动人民，他们闲时聚集一起，以老带新，说教训练，一闻救火锣声，都迅速放下自身活计，集合待命。成立之初，由本地段家户集资置备水压机、水梢、卿筒等灭火器具。❾清同治五年（公元1866年），上海创立"火政处"，发布火政处章程，在当地防火救火工作中发挥

---

❶　明朝太监刘若愚在其撰写的《酌中志》中记载："凡遇冬寒，宫中各铜缸木桶，该内宫监添水凑，安铁?，其中，每日添炭，以防冰冻，备火灾，候春融则止。"与太平缸配套的是浇水工具，即数十台消防唧筒，分别放置在太平缸附近，并有数十名乃至上百名太监值班，万一失火便可汲水救火。

❷　《大清会典》记载：紫禁城内共有太平缸308口。有一套严格的管理制度。十几名太监专门管水，每天挑水罐满水缸；冬天防冻，每口缸下面设置炭炉，为缸里的水加热。有十几名太监专司熏炉加炭之事。太平缸一般都放置在向阳面，也是防寒。太平缸又都放置在用几块石头组成的圆墩上。石墩的背面有个缺口，中心是空的，这是放炭炉保温的地方。皇宫用炭是按份例定量供应的。每口缸每月供炭标准为30斤（与公主享受同等待遇），如果太监将此炭挪为他用而使太平缸结冰，就犯了欺君之罪，要杀头的。

❸　《国朝宫史》载：雍正五年（1727年）十一月，雍正发现乾清宫两侧的日精门、月华门向南一带围房后面有做饭值房，他告诫值房人员，"虽而等素知小心，凡事不可不为之预防"。嗣后，发现做饭值房时常有火星儿在房檐处乱迸飞闪，危险异常。他又即刻降旨："可将围房后檐改为风火檐。即十二宫中大房，有相近做饭小房之处，看其应改风火檐者，亦行更改。"在雍正皇帝训诫督促下，总管内务府责成造办处将十二宫中的"小房之处"房檐，全部更改焉风火檐试样。"以昭慎重"，防患于未然。

❹　《总管内务府现行则例》载："紫禁城内火班始加确雍正五年。"是年二月，雍正皇帝因看到紫禁城外边各处均有防范火具，发现紫禁城内反而防火空虚，存有漏洞，于是提出"紫禁城内更属紧要，理应特行派人防范火烛"，规定紫禁城内"额设机桶八架"，为使紫禁城内火班建制固定化、制度化，新"添设防范火烛班房人具"。秉承雍正皇帝旨意，内务府防范火烛班房人员进行了具体分派。首先，抽调"步军校两名、步军四十名，内务府所属护军八名、披甲人二十名，苏拉二十名，銮仪卫校尉十名，共一百名合为班"；其次，必须挑选"年力尤为强壮"，并"择其操演技术娴熟"、"妥固整齐者"。然后，由总管内务府负责，将他们周期性地"按期派往该班，令其更换，以备防范火烛"之需要。每日，紫禁城火班由"该班司官内管领等管辖稽查"，同时规定值班"总管内格府大臣、护军统领掌管钥匙"、"护军参领共同稽查"、"专管稽查齐集之处，应令现在慈宁宫正门"。总管内务府在紫禁城内西北部的咸安宫前墙西空地，盖造板房二十五间，以便火班"贮放器具，并防火人等该班之处"。

❺　紫禁城内官兵绝不能随便走动互串。路过一些关防，没有可靠凭据何能放行？为此，雍正皇帝谕以"合符"为凭。雍正四年八月谕旨："夜间遇有开城阴门事件，令尔等传旨者，若无勘验实据，看门人等难以凭信。著造办处制台符四件：一交乾清门该班内大臣，一交左翼，一交右翼，其一尔等收贮。凡夜间开门，将符合对，以为凭据"（《国朝宫史》卷三）。"宫中门禁"中使用的"合符"，《清宫史略》云："涂金镌阳文圣旨字，藏大内与景运、隆宗、东华、神武门，预颁阴文台符"。然俊将手持的"阳文"与"阴文"比验相符台者"立放"；同时"其余各门驰报步军统领比验，启放，均于次日具奏"。

❻　（清）鄂尔泰，张廷玉.国朝宫史：卷3[M].北京：北京古籍出版社，1994

❼　伊永文.宋代城市防火之二[EB/OL].[2010-7-3] http://www.fire.net.cn/news.aspx?id=58247.2010-6-28

❽　据《天津政俗沿革记》载："贡生武廷豫创立同善救火会"，"雍正初（公元1723年）盐政莽鹊立捐置救火器具。时查日乾创立上善救火会，厥后士民续立者凡数十处，详立条约，遇灾即鸣锣疾传，顷刻奔集灾所，与会者，半属负载贸易之人，闻声奋勇往救，火熄，乃缓鸣其锣，按道里远近，分次序而散"，光绪二十九（公元1903）四月二十九日，"会首李珍等请设水会"。

❾　聂焱如.从储正徒到水会局——中国古代消防系列之一：治火组织[J].现代职业安全，2006(8)

着巨大作用,是一个很有社会影响力的民间组织。❶

明清两代,尤其是清后期,政府非常注重对百姓的防火教育,通过颁布示谕、刊印防火章程等方式增强民众的防火意识,如,嘉庆二年五月县令颁布示谕"时届炎天暑热,灯花火烛小心。麻搭火钩备具,水缸积注满盈。二更灯火灭息,家户得保安宁。倘敢故违有犯,实即严拿重惩。"❷再如道光二十年县令示谕"时值天干物燥,渝城人烟稠密,街道窄狭,房屋相连,沿街铺民各用竹席,搭盖凉棚,最易引火,若不思患像防,嗌肺何及,……为此牌仰两党乡约鸣锣挨门传谕,勿论深街僻巷,铺户居民,令其小心火烛,入寝灯光吹灭,睡后蚊网口莫点,至于堆积柴薪之处,尤宜加意小心,所有各处太平池以及各门首安设水缸必须挑水贮满,以备不虞,倘敢故违不遵,一经查出,或至失事,定将该约坊先行责惩,勿违特示。"❸为了加强对防火的宣传,重庆政府还将渝城防火章程刊印成书广泛散发,并四处张示谕,以让尽可能的市民对此有所了解;为了让普通市民特别是下层劳动者也有所了解,不少告示都采用民间广为流传的顺口溜形式。写得通俗易懂,如光绪十五年年三月的防火告示写道"现值炎热,凉棚盛行。篾笆草席,易惹火星,谕仰各街,铺户居民。有即拆毁,勿稍停留。改制布幔,遮蔽街心。朝张夕卷,勿惮劳神。统限十日,一律办成。更有爆竹,谨守章程。不准擅改,免受灾祲。倘敢故违,提案责惩"。❹

除了以上各代防火的不同尝试,还有一些历代沿用的相同方法,如喊火烛,喊火烛形成于先秦并历代沿用,是一种很好的提示民众防火的方法。先秦时期,每到冬天,时近黄昏,更夫就会喊"寒冬腊月,火烛小心,水缸满满,灶仓清清",以警示市民注意防火安全。隋唐时期,喊火烛的习惯得以规范,形成了巡更报警制度。明代对喊火烛制度做了一定调整,在城乡广泛实行火甲制度,为了使小心用火家喻户晓,明代各地火甲人役仍要喊火烛,但一改前朝官方负责喊火烛,而是让街坊百姓轮流值夜,还让许多人把"小心火烛"等字样写在店铺、住房的墙壁或门上,以示苦诫。清代继承了喊火烛惯例,不仅要求兵丁巡夜,还把夜巡差事部分推给了平民百姓,各个城市先立三十家牌,以牌中各户轮流为首,每首值十日,每日早晚则值者至各家呼"清查火",挨次各家清查一遍,传统的巡更制度到了宣统三年仍然存在。❺

综上所述,宋代以前的防火工作不外乎设火官、立火禁、修火宪,明清以前基本以官方防火为主,明清尤其是清后期,民间防火力量大大增加。历代对防火工作的不同尝试有很多对今天的防火工作有很大的借鉴意义,而对预防性保护有参考价值的主要有:宋明清的防火宣传和民众教育方式、明清代的太平缸管理、清代的防范火班制度以及从古至今的喊火烛制度等等。

5.1.2 古代建构活动中的灾害预防措施

古代建构活动,大至都城建设,小至房屋建筑,其建设都不忘防灾,拟防灾于建设之中,使大城市小建筑都成为一个能适应环境、抵御灾害的有机体。

1)城市建设中的防洪措施

城市建设往往注重军事防御与防洪并重,从城市选址、规划布局和城市建筑设计等几个方面着手。首先是选址的慎重,《管子·乘马》云"凡立国都,非于大山之下,必于广川之上,高毋近旱而水用足,下毋近水而沟防省",短短32字就概括了城市选址的四个要点:依山傍水,有交通水运之便,其利于防卫;城址高低适宜,既有用水之便,又利于防洪。中国历代城市的选址基于防洪思想其经验总结有以下几点:①选择地势稍高之处建城;②河床稳定,城址方可临河;③在河流的凸岸建城,城址可以少受洪水冲刷;④以天然岩石作为城址的屏障(如安徽六安古城和四川富顺古城);⑤迁城以避水患。❻ 其次是确定趋利避害的规划布局,尤其注重防洪体系的规划设计。《管子·度地》云:"地高则沟之,下则堤之","内为落渠之写,因大川

❶ 聂焱如. 从储正徒到水会局——中国古代消防系列之一:治火组织[J]. 现代职业安全,2006(8)

❷ 《巴县防止火灾示谕告示》,《巴县档案》嘉庆,缩微号2号,156卷

❸ 《巴县示谕天气炎热小心火烛卷》,《巴县档案》道光,缩微号6号,300卷

❹ 《巴县示谕各街铺户居民禁止搭篾席凉棚、擅放爆竹免受火灾文》,《巴县档案》光绪,缩微号17号,1796卷

❺ 丁小珊. 清代城市消防管理研究[D]. 四川:四川大学,2006:34

❻ 吴庆洲. 中国古城防洪研究[M]. 北京:中国建筑工业出版社,2009:487-494

而注焉",意思是说:城市地势高则修沟渠排水,地势低则筑堤防水;城内必须修筑排水沟渠,排水于大江之中。具体而言,"古代城市防洪体系由障水系统、排水系统、调蓄系统、交通系统四个系统组成。障水系统主要是防御外部洪水侵入城内,由城墙、护城的堤防、海塘、门闸等组成;排水系统是把城内渍水排出城外,由城壕、城内河渠、排水沟管、涵洞等组成;调蓄系统是调蓄城内洪水,以避免雨潦之灾。它由城市水系的河渠湖池组成;交通系统保证汛期交通顺畅,使防洪抢险,人和物迁移顺利进行,由城内外河渠和桥、路组成。"❶其中障水系统,如城墙、城门的建设尤为重要,在"不以规矩何以成方圆"的传统社会,城墙形状可以根据地势和防灾要求因地制宜,城门的设置往往避开洪水冲击强烈之处,城门设闸、城门外加筑瓮城和月城、加筑外城(即罗城、郭等)、在城外又加筑重垣或防洪堤等都是应防灾必须而进行的规划设计。最后是城市建筑的设计。将重要的建筑置于地势较高之处,以利于通风、防潮,并便于防御和防洪;基于防潮、防洪思想设计高台基的建筑和楼阁建筑;注重望火楼、雷神庙、火神庙、土地庙等禳灾祭祀之地的建设;注重城墙的构造和设计,砖石外包砌以防雨水,采用糯米汁石灰浆作为黏合剂防水防渗,城墙上部用桐油和土拌合的砂浆结顶,防雨水渗透;夯土用牛践土筑城防渗,采用良好的灰浆和坚固耐久的材料砌筑城墙,城身夯土选用优质土❷等方面。另外,还注重洪水预报的工作:水位的观测早在原始社会已经萌芽,在战国时期,已创设了对固定的水则进行观测;从北宋开始,观测已向精确化方向发展,对洪水的发生原因和发展过程也有了相当丰富的知识,据《宋史.河渠志》记载:宋大中祥符八年(1105),"六月诏:自今后汴水添涨及七尺五寸,即遣禁兵三千,沿河防护",这里的"涨及七尺五寸",正是宋东京(开封)城市防洪的警戒水位,基于对水位的精确观测和洪水预报,可以及时组织人力物力防洪抢险,防患于未然。

2) 房屋建造中的预防灾害措施

古代社会在具体的建筑营造中主要从结构体系、材料选择、工程技术、营造仪式等几个方面来体现预防灾害的理念。

(1) 基于防震思想的结构体系

中国古代木结构建筑一直占主导地位,有学者提出木构建筑在中国古代作为主导的根本原因之一是基于抗震的考虑。我国古代劳动人民在长期与地震灾害的斗争中,不断总结经验,如在地震灾后区至今流传有抗震口诀"枯加栓,墙筑半"以及"台子要高,架子要低,进探要大开间要窄"等,逐渐形成了一整套独到的防震要领,如刚块叠置、摩擦滑移、侧脚生起等。我们知道,古代木结构建筑一般由台基层、柱网层、铺作层和屋顶梁架层组成。台基层往往高于地面且面积较大,它使主体结构和基础隔开,可以减少地震对上部结构的震荡冲击,也能有效避免建筑在底部出现剪切破坏;柱网层由多根独立柱子组成,柱子采用角柱之生起和侧脚之做法,使周回檐柱均向内倾,柱头部位如阑额等的联系构件自然处于轴压状态,梁柱等处的榫卯节点也自然锁紧;多层结构竖向收进,层间过渡上常常使用叉柱造和缠柱造两种做法,铺作层斗拱通过摩擦力而有水平抗侧移力和很强的弹性变形能力,在地震时具有显著的吸能能力;为了提高整个结构及其构件的抗弯刚度,在梁式构件之间,往往嵌入拱眼壁板、蜀柱、替木等构件将单一的梁式构件转变为桁架来承受荷载,使其受力更合理,在梁柱节点处,施以绰幕枋以提高节点刚度。屋顶梁架部分通过抹角梁、丁栿及叉手构件以增强其稳定性能。❸ 另外,从平面上看,古建筑的结构平面一般为规则对称的几何形状,经常采用正中间明间最大、两侧次间和梢间较小的主次分明的结构布局,"这种布置方式使结构的质量中心与刚度中心重合,可以避免水平荷载作用下产生扭转等不利内力"❹。同样,布置对称的立面也可以避免竖向荷载偏心。

(2) 基于防火、防虫思想的材料选择

木结构的防震抗震性能是其他结构不能比拟的,然而由于木材的可燃性,古人也一直在寻找防火性能优于木材的建筑材料,夯土筑墙是最早采用的形式,继之而起的是砖瓦的出现和春秋时期比较普遍的为了

❶ 吴庆洲. 中国古城防洪研究[M]. 北京:中国建筑工业出版社,2009:494
❷ 吴庆洲. 中国古城防洪研究[M]. 北京:中国建筑工业出版社,2009: 523—527
❸ 张鹏程,赵鸿铁,薛建阳,等. 中国古建筑的防震思想[J]. 世界地震工程, 2001,17(4)
❹ 陈杰.中国古建筑抗震机理研究[J]. 山西建筑,2007,33(6)

防火而专门建筑的石室❶，还有后来明代的无梁殿、清代的石质隔火门❷和玻璃❸等等，期间，从木塔到砖石塔的演变也是选用非燃烧材料以提高建筑耐火性能的认识过程和典型案例。毛奇龄在其书《杭州治火议》中主张："北土南砖，俱作御火"，"凡造屋者以复砖为垣，单砖为壁，厚砖为堅（堂基），薄砖为荐，一室之中唯栋、梁、椽、枋是木耳，他皆砖也。脱合不戒（不慎起火），则栋间于墙，柱间于壁，梁椽各间于瓦荐。凡大火所向，（鹿瓦）灰瓦确皆足以抗火，而火不成势。即任其自焚，亦不过数间止耳"，并建议地方官采取严厉措施，逐步以砖代木，"使满城皆砖而后已。"

另外，为预防白蚁、蝙蝠等动物的侵蚀在重要结构部分选择特别的木材，如樟木、楠木等。为防雷击，木柱和梁选用电阻率相对较小的柏木、楠木、石盐木等，甚至有用铜柱、铁柱的，犹如雷电的引下线❹。为防洪水，大量采用花岗条石铺砌河岸、码头、山门前广场、建筑台基、庭院地面，以护建筑基址，牌坊则全由石砌成，并用石材砌筑高台基等等。

（3）基于防灾思想的工程技术

① 涂泥抹灰提高耐火性能　用涂泥抹灰的方式来提高易燃结构建筑的耐火性能，是历史最久、使用最广的一项技术措施。最早可见《左传》记载的"火所未至，撤小屋，涂大屋"，至后来王祯在其书《农书》中有《法制长生屋》的专门论述："以法制泥土为用，先宜选用壮大木材，缔构既成，椽上铺板，板上傅泥，泥上用法制油灰泥涂饰，待日爆干，坚如瓷石，可以代瓦。凡屋中内外材木露者，与夫门窗壁堵，通用法制灰泥（木亏）墁之。务要匀厚固密，勿有缝隙，可免焚燃之患。"王祯认为这种法制长生屋，不仅适宜于"农家居室、厨屋、蚕屋、牛屋"，也适宜于"高堂大厦，危楼杰阁"，至于"阛（门贵）之市，居民辏集"的地方，部分"依法制造"，也可以"间隔火道，不至延烧"。王祯在《农书》中也提到了法制油泥灰，即一种比较原始的防火涂料。❺

② 筑墙以防火　即修筑防火墙，常见的有山墙、风火檐、室内隔墙和室外隔墙等四种。山墙中的硬山墙和马头墙的防火效果最为显著；风火檐，要把墙上的屋檐，用砖或琉璃等构件封死，不许外露木材，两端的山墙和后墙都要这么做；室内隔墙，保存下来的不多，最完整的为紫禁城建于明朝的銮仪卫仓库❻；室外隔墙以北京故宫的防火分隔墙最为典型。

③ 打井修池和消防水缸防火　打井修池和使用消防水缸也是由来已久使用较为广泛的防火措施。《墨子.备城门》中"用瓦木罂，容十斗以上者，五十步而十，盛水。"到元朝，甚至由政府颁布禁令，规定城市居民必须家家设置水缸。明清两代皇宫中安置几百只太平缸，并有着一套严格的太平缸管理制度，明朝太监刘若愚在其撰写的《酌中志》中记载："凡遇冬寒，宫中各铜缸木桶，该内宫监添水凑，其中，每日添炭，以防冰冻，备火灾，候春融则止。"与太平缸配套的是浇水工具，即数十台消防唧筒，分别放置在太平缸附近，

---

❶　据《春秋左传》庄公十四年（公元前 680 年）记载："先君桓公，命我先人，典司宗祏。"晋朝杜预注解说："宗祏，宗庙中藏主石室"，"宗祏，庙主石函"。唐朝孔颖达认为："每庙木主，皆以石函盛之，当祭则出之，事毕则纳于函，藏之庙之北壁之内，所以避火也。"宋朝程大昌《演繁露》中进一步论证："宗庙神主皆设石函，藏诸庙之西壁，古曰石室，室毕用石者，防火也。"这种石室是用来藏神主牌位的。古代也有建造石室藏典章史籍的。司马迁《史记》自序中说道："（父）卒三岁而迁为太史令，紬史记石室金匮之书。"明末清初的学者毛奇龄对此说得更加明确："太史藏典籍，则并梁、櫺、椽、栋皆去之。"建于嘉靖十三年（1534 年）的皇史宬，又名表章库，全部结构为砖石起拱，石门、石窗、石额枋、石椽。山墙上有对开的窗，以便空气对流，整个设计防火、防潮、防虫鼠的优点，很具有代表意义。用以收藏典籍文书。P74-75 峨眉山万年寺的砖殿建于明朝万历二十八年（公元 1600 年）是当时想造一座不怕火的砖殿。重建于乾隆十年（公元 1745 年）的北京钟楼，乾隆要求把钟楼作为紫禁城的后卫，要求坚固防火。据《大清会典》记载："（钟楼）柱、椽、檩，悉制以石。"

❷　隔火门完全是石制，但其外观却与木构建筑的门完全相同，也就是说，它是仿木构件的石制构件。比起隔火墙来，隔火门不仅可以起到防火的作用，且不阻碍交通。

❸　清人夏仁虎在《旧京琐记》中有这样一句话："昔日玻璃未盛行，宫中用以防火患。"

❹　高庆龙，李嘉华. 对中国传统建筑防火意识的继承与应用. 四川建筑，2003(8)

❺　后来徐光启将"法制长生屋"收进了《农政全书》，关于法制油泥灰的配方和使用方法，作了全文转载："用砖屑为末，白善泥、桐油枯、莩炭、石灰、糯米胶。以前五件等分为末，将糯米胶调和得所。地面为砖，则用砖模脱出，……（木亏）墁屋宇，则加纸筋和匀用之，不致折裂；涂饰材木上，用带筋石灰，如材木光处，则用小竹钉，赞麻须惹泥，不致脱落。"

❻　銮仪卫仓库，每隔 7 间空出一间，并将这间房屋的四壁砌成无门无窗的砖墙，然后在房间内充填三合土，直到顶部用夯压实，最后封砖盖瓦，檐口做瓦当、滴水。外观是无门无窗房，内为厚 5 米的防火墙，共有 6 堵。

并有数十名乃至上百名太监值班，万一失火便可汲水救火。❶

④ 开古沟和创火巷以防火 《新唐书·杜佑传》有载："开大衢，疏析廛（门内一千），以息火灾"，即拓宽街道、疏通居民住宅区的垣墙门巷，以阻止火势蔓延。南宋时在临安府重要建筑物的四周空出一定的距离，以瓦为建筑材料，用来阻止火灾发生时的火势蔓延，当时人称为"瓦巷"或"火巷"。明清两代江南大户人家住宅中的"避弄"既是用于交通的通道，又是用作防火的隔火道。❷

⑤ 特殊的采暖设备以防火 因防火而采取特殊的采暖设备，以故宫为例，据清代宫女回忆说："宫里怕失火，不烧煤更不许烧劈柴，全部烧炭。宫殿建筑都是悬空的，像现在的楼房有地下室一样。冬天用铁制的辘轳车，将烧好了的炭推进地下室取暖，人在屋子里像在暖炕上一样。"❸因而，宫内虽有数千间房子，却没有烟囱。当时，宫中把这种房子称为"暖阁"，由于暖阁的灶口设在殿外的廊下，其上覆以盖子，又有专人管理，故而较为安全。❹

⑥ 出入口使用石材构件以便火灾后疏散 古建筑的主要出入口多用大块石材作为门框，出入口附近常设有石木混合柱，和石门框相配套，又用铁钉包在木门上，以提高出入口附近的耐火能力和疏散通道耐火性能。

⑦ 高柱础和雷公柱 柱础的作用，一般是作为防潮考虑的，实际上它也具有防震的作用以及避免震灾引起的火灾。另外，在洪灾严重的地方，采用高柱础也可用以防洪。❺"明清的建筑中有三种雷公柱：一种是亭阁顶下的雷公柱，一种是牌坊上高架柱处的雷公柱，一种是殿堂等正吻下的雷公柱。从古籍记载和现代的雷电事故来看，那些布置雷公柱的部位是受到雷击机会最多之处，所以认为在这些部位不宜设置通柱，以防使房内的人受到雷击。关于何处减柱、何处设柱、何柱不顶天、何柱不接地以防霹雳起火伤人，有工匠师徒相传的口诀来说明。"❻

（4）基于防灾愿望的装饰物件和营造仪式

除了以上具有实际功能的工程措施外，还有一些并无多大作用的愿望型防灾措施，如基于防火思想，安装鸱吻、屋角脊兽等屋面饰物，设计藻井等室内装饰；基于防灾愿望举行隆重的营造仪式。

① 建造以鸱吻为代表的屋面饰物以防火 唐朝苏鹗在《苏氏演义》中记载："蚩者，海兽也。汉武帝作柏梁殿，有上疏者云：蚩尾，水之精，能辟火灾可置之堂殿，今人多作鸱字。"李诫《营造法式》"鸱尾"条记载："汉记柏梁台灾后，越巫言海中有鱼，虬尾似鸱，激浪即降雨，遂作其象于屋，以厌火样。"唐朝中期以后，鸱尾被称为鸱吻，元朝以后，龙形的吻逐渐增多，到了明清二朝已经很普遍，也就称为龙吻了；地方或民间建筑上的吻饰，因为皇家不许乱用龙形，也有用鳌鱼一类的吻式的。在古建筑屋顶的垂脊或戗脊上，有一个似龙非龙的饰物叫垂兽或戗兽，据说也是龙生九子之一，名为嘲风；在垂兽前方有仙人和走兽，有龙、斗牛、狎鱼、海马等，它们都是能兴云作雨的海中神兽。屋面上这些装饰都表达了一种防火的意识和愿望。关于鸱吻，除了体现防火愿望外，也有人认为其具有防雷功能。❼

② 设计藻井以防火 藻井作为室内装饰出现也是出于防火的愿望。据东汉时应邵撰《风俗通义》记载："今殿作天井。井者，东井之象也。藻，水中之物。皆取以压火灾也"。应邵说的天井就是藻井，东井为

❶ 《大清会典》记载：紫禁城内共有太平缸308口，有一套严格的管理制度。十几名太监专门管水，每天挑水罐满水缸；冬天防冻，每口缸下面设置炭炉，为缸里的水加热。有十几名太监专司熏缸加炭之事。太平缸一般都放置在向阳面，也是防寒。太平缸又都放置在用几块石头组成的圆墩上。石墩的背面有个缺口，中心是空的，这是放炭炉保温的地方。皇宫用炭是按份例定量供应的。每口缸每月供炭标准为30斤（与公主享受同等待遇），如果太监将此炭挪为他用而使太平缸结冰，就犯了欺君之罪，要杀头的。清朝水缸管理制度是沿袭明朝旧制。

❷ 周允基，刘凤云.清代房屋建筑的防火概况及研究[J].河南大学学报(社会科学版)，2000，40(6)：48-51

❸ 金易.宫女谈往录[J].紫禁城，1986(2)

❹ 李采芹，王铭珍.中国古建筑与消防[M].上海：上海科学技术出版社，1989：105

❺ 陆法同，张秉伦.中国古代宫殿、寺庙火灾与消防的初步研究[J].火灾科学，1995，4(1)：57-62

❻ 高庆龙，李嘉华.对中国传统建筑防火意识的继承与应用[J].四川建筑，2003(8)

❼ 法国旅行家卡勃里欧列.戴马甘兰于康熙二十七年(公元1688年)来我国旅游，回国后写了一本介绍中国的书，名叫《中国新事》，其中有一段写道"中国屋脊两头，都有一个仰起的龙头，龙头吐出曲折的金属舌头，伸向天空，舌根连接一根细的铁丝，直通地下。这样奇妙的装置，若遇雷电的电流，就从龙舌头沿线引地底，房屋遭不到破坏。"

二十八宿中一宿,有星八颗,在《史记.天官书》中就注有"东井八星主水衡"的说法。古人就用水井的形象来作为东井八星的象征,再在井中绘上菱、藕等一类的水中生长植物,表示井中确实有水,并非干涸的枯井,而藻字是水草的总称,所以叫做藻井,在房屋顶上设了藻井,就可以压伏火灾了。沈括的《梦溪笔谈》中有"又谓之覆海"的记载,覆海是倾翻过来的大海,在屋顶上置有浩渺的海水,是任何火也挡不住的。故宫太和殿的藻井中间,盘龙口中衔挂避火珠。关于藻井以压火的设想,是从我国古代阴阳五行说中"水克火"的认识衍生出来的。❶

③ 注重营造仪式以防灾　古代营造活动有非常严格的仪式,如,选址占卜仪式、动土仪式、上梁仪式等。选址占卜仪式自商周就有,甲骨文中有不少关于"卜居"或"卜地"的卜辞,经过不断发展逐渐成为了堪舆学或风水学,在中国古代乃至今天都影响很大。动土仪式首先需要选取黄道吉日,而且动土位置需要避开"太岁位"❷,动土前要祭土地神,动土时刻要放鞭炮,开挖第一锹土的人一般为父母双全、家境富裕、五官端正的男孩,之后家人在房基四个角落象征性挖土。上梁仪式也是很讲究,也要选取吉日良辰,有祭神❸、披红❹、照梁❺、敲锣鸣爆仗等程序。这几个仪式流传甚广,至今在很多地方都仍有延续。虽然各地仪式的具体内容和形式不太一样,但都体现了一种禳灾避祸永保房屋稳固的愿望。另外,明清两代皇宫建筑的安装正吻也需要举行隆重的仪式,《工程做法则例》规定"遣官一人,祭吻于琉璃窑;并遣官四人,于正阳门、大清门、午门、太和门祭告;文官四品以上,武官三品以上及科道官排班迎吻;各坛庙等工迎吻"。《大清会典》也有这种迎吻的活动。

关于防灾愿望的表达,除了以上几个方面,古代在取名、门匾书写等方面也特别有意识地体现其防灾愿望,如,清代藏书之处常用阁命名❻,其名字多用带有"水"偏旁的字,如"渊、源、津、溯、澜、汇";有的寺庙因多遭火灾,其名字直接带有水字,如白水寺,这些都是借"以水克火"以实现防火愿望。关于门匾,其"门"字多不带钩,也是出于防火。❼ 另外,中国古代广修雷神庙、火神庙、土地庙,作为城市建筑布局上"保境安民"不可缺少的配套设施,老百姓在这些地方举行各种祭祀活动以禳灾。

对于这些愿望型的防灾措施,往往会有迷信的嫌疑,但从另外一个角度看,这类防灾措施,具有向人们宣传提示的作用,如提示"这里有发生火灾的危险,必须注意防火"等等。

5.1.3　古代建筑遗产保护中的定期检查和维护措施

1) 古代社会对帝王陵墓的保护

我国古代社会的建筑遗产保护源远流长,虽说秦砖汉瓦早已灰飞烟灭,但历史文献的记载帮我们把握点滴而梳理从头:周代《祭法》和《谥法》的颁布为古代社会的名山大川和历史名人保护体系定下了基调;汉高祖刘邦于公元前191年发布《置秦皇楚王陈胜等守冢诏》,列出了古代帝王将相陵墓的保护名单,开保护历史名人陵墓之风;魏明帝景初二年(238)五月下诏:"(在汉高祖、光武两帝陵)四面各百步,不得使民耕牧樵采",为我国最早的保护范围划定;后自隋唐代开始,帝王陵墓的保护形成了一套严格而系统的管理制

---

❶　李采芹,王铭珍. 中国古建筑与消防[M]. 上海:上海科学技术出版社,1989:48-49

❷　因为古人认为绝对不能"在太岁头上动土"。所谓"太岁位",就是农历流年天干地支中地支所在的方位,如子年"太岁"在正北方,午年"太岁"在正南方,酉年"太岁"在正西,卯年"太岁"在正东方等。另外,也不能在"三煞位"和"五煞位"先动土。申子辰年的"三煞位"在南面,亥卯未年的"三煞位"在西面,巳酉丑年的"三煞位"在东面,寅午戌年的"三煞位"在北面。每年的"五黄位"会随着时间的变化而变化,其推算方法也比较简单。

❸　各地仪式不一样,当家人点上三支香忏拜,告诉各路神灵,今天新房上樑,希望保佑一家人平安、健康、财 源滚滚。拜毕香插到香炉上,拜三拜。八仙桌上摆放酒、茶、米、供品、供香、蜡烛等物;同时放上存盒、香烟、红包(准备给上樑的木匠、泥水匠开工用)、木匠用具(如:木斗、角尺、斧头等)、泥水匠用具(如:檑柱、铁锤、泥塔等)、红布、炮仗(鞭炮)、铜钱两枚等物。

❹　披红就是给梁木系红布,裹红绫,或贴红纸。

❺　各地不一样,像古代扬州的照梁仪式是由木匠师傅主持,二位木匠各持一筛,顺时针绕梁跑 一圈,跑到正梁二端,从筛眼里相互对视,再看一看正梁,最后把筛子插到东西二面的山墙顶上。也有地方用火把将所有木料、墙壁等"照"一遍,以驱邪气。

❻　清代藏书之处常用阁命名,乃是源于"天一阁",天一生水。

❼　明朝人马愈在他的《马氏日志》中说:"宋都临安玉牒殿(供奉皇帝祖宗影像的殿堂)灾,延及殿门,宰臣以门字有脚钩,带火笔,故招火灾。遂撤殿投火中乃熄。后书门额者,多不钩脚。"

度,包括划定保护范围、明确禁限行为等。❶ 到了明洪武九年(1376),国子生周渭等二十一人曾接受朝廷派遣到各地分别视察帝王陵寝并规定:帝陵周边"百步内禁人樵牧",同时"设陵户二人守之"。清初朝廷曾下令保护南京明孝陵和北京明十三陵,并对大部分古代桥梁、寺庙进行维修。❷

2）明清时期的定期检查和维护传统

乾隆年间,著名的史学家、文学家、朝廷重臣毕沅(1730—1797)在其任职于陕西之际,采取了许多积极措施保护陕西文物古迹,取得了显著成效,相关措施主要有:定期检查——闲暇之余毕沅常常亲赴帝陵墓园实地察看,一经发现问题,就即刻命令当地官员施行维护;建置标志——毕沅对各个帝陵均予以考证辨识,除了撰文建立"大清防护昭陵之碑"外,还亲自为关中几乎所有的帝王陵寝都树碑撰名、建置标志,昭示保护之意;划定保护范围,设置专人管理——毕沅曾与其幕僚集议决定,凡陕西境内的古陵园和重要古建筑,都要划出保护范围,设置专人管理,"令各守土者,即其丘陇茔兆,料量四至,先定封域,安立界石,并筑垣墙,墙外名拓余地,守陵人照户给单,资其口食,春秋享祀,互相稽核,庶古迹不就湮芜";制定保管制度以预防人为破坏——对于久已荒废的西安碑林,毕沅围以护栏还建立起了相应的管理机构和保管制度,规定:碑林由巡抚衙门直接管理,设置专职保管人员;为防人为损伤,不许在冬季三个月内拓揭;选定五十五种帖为一组,称碑林五十五种,规定了拓印的范围,使残损碑石得以保护;整理编目,著录研究等。此外,毕沅在大量的实地考察后开始编撰文物古迹档案——1776 年,三十卷本的《关中胜迹图志》成书,对当时陕西的文物古迹进行了全面考察、研究和整理,初步完成了对关中地上文物古迹的清查和立档,为后世提供了系统的关中文物保护史料。❸ 毕沅所采取的这些措施今天看来还是很值得称道的,尤其是其定期检查以及制定保护制度以预防人为破坏这些措施都可以看作是一种预防性保护的行为。

另外,历代对孔庙和宗教建筑的保护,以及明清两代对宫殿为代表的官方建筑的保护,都为我们了解古代社会的建筑遗产保护传统和方法提供了参考。在于倬云编著的《紫禁城宫殿》一书中,其转引的"紫禁城宫殿建筑大事年表"向我们展示了故宫建筑大中型修缮的大致周期和主要内容。这些文字记载十分清楚地说明了:对于既有建筑,古代中国有着一套自己的保护方法,即定期检查房屋状况,注重日常维护,经常不断地进行有针对性的不同规模的修缮和重修工作。更远的历史情况有待进一步史料确证,就清朝末叶而言,去今未远,事物犹可追述。如,在《钦定大清会典.内务府》卷91 中记载"宫殿范围春季疏濬溝渠,夏月搭蓋涼棚,秋冬禁城牆垣芟除草棘,冬季掃除積雪,均移咨工部及各該處隨時舉行"。《大清会典.内务府》第94 卷中有这样的规定:"宮殿內歲修工程,均限保固三年。新建工程,並拆修大木重新蓋造者,保固十年。挑換椽望,揭瓦頭停者,保固五年。新築地基,成砌石磚墻垣者,保固十年。不動地基,照依舊式成築者,保固五年。修補拆砌者,保固三年。新築地基,成砌三合土者,保固十年。不動地基,照依舊式成築者,保固五年。新築常例灰土墻,保固三年。夾隴提節並築素土墻者,均不在保固之例。如限內傾圯者,監修官賠修。"从《大清会典》所制订的这些条例来看,工程保固年限是十分清晰的❹:①属于保养性的"岁修工程",几乎每三年左右一次;②挑换椽望,即我们今天所说的揭瓦檐头,更换椽望,保固期低限为五年,五年以上就可能会损坏,就要进行维修。❺ 目前,因尚无实例可据,其具体执行效果如何,还有待查考,但该条例清晰的保固年限体现了中国古代一种基于经验科学的定期维护和修缮的保护方法,这种于建筑破损前进行的经常性保养和修缮工作,避免了破损后的大动干戈,是我国古代建筑遗产保护的一大传统,与古代社会防患于未然的思想是契合的,与今天预防性保护的理念也是契合的。

对于以宫殿建筑为代表的重要公共建筑,一般而言都会有官方条文明确规定其保护方法,并有特定营

---

❶ 喻学才. 中国建筑遗产保护传统的研究[J]. 华中建筑,2008(2)：26-30
❷❸ 王运良. 关于文保单位"四有工作"历史渊源及现状之管见[J]. 中国文物科学研究,2008(3)：13-17
❹ 杜仙洲. 古建工程质量第一[J]. 古建园林技术, 2002(2)：44
❺ 马炳坚. 谈谈文物古建筑的保护修缮[J]. 古建园林技术, 2002(4)：58-64

造场❶进行具体保护工作。而对于其他地方建筑,民间又有一套约定俗成的维护系统。直到解放前,民间一直存在着一套当地工匠自主叫卖修补房屋的服务系统,即于每年梅雨季节前后及冬季来临前后,沿街叫卖"捉漏"❷等等,为居民提供换瓦、换椽等修补性服务。另外,居民多多少少都懂一些房屋维护常识,都能自主进行小型维护工作,如定期清理排水沟等。这样一套由当地工匠和居民共同形成的民间维护系统,对保护古代建筑尤其是乡土建筑起了非常大的作用,但这样的维护系统必须依赖于古代特定的社区组织。解放后,社会结构发生巨大变化,该系统所依赖的传统社区组织也发生了变化,部分传统建筑的所有权也由私人所有变为国家或集体所有,居民丧失了房屋所有权,进行日常维护的积极性也随之骤减。另外,传统工匠及传统工艺也不断消失,这些都导致了古代民间维护系统的最终消失。

5.2　中国现代几个重要建筑遗产的监测

以下介绍的这几个监测案例是解放后不同时期对建筑遗产进行的监测,均代表着各个时期的监测最高水平,每个监测有其不同的目的,取得的成效也各不相同。分析比较这几个监测案例有助于我们认识不同时期的监测方法及其侧重点,分析其中的所得和所失,可以帮助我们思考技术设备的进步是不是一定带来成功的监测结果等一些问题,为将来如何成功有效地进行建筑遗产的监测提供一些参考。

5.2.1　虎丘塔的监测

虎丘塔,又名苏州云岩寺塔,因坐落在苏州市郊的虎丘山上,俗称虎丘塔,是一座高约54 m的七层八面的楼阁式砖塔,约建于唐代后期至北宋初年,至今已有一千多年历史,1961年被列为首批全国重点文物保护单位。因地基原因,虎丘塔从400多年前开始往东北方向倾斜,据测目前塔尖偏离塔身中心线约2.3 m。建国初,虎丘塔残破严重,维修保护工程自1950年代开始,其中比较重要的工程有1957年3月—9月为期半年的抢修工程和1981年12月—1986年8月的维修加固工程。"1970年代塔体险情加剧,但是由于基础资料不全,数据不足,一时难以作出妥善的加固方案。针对这种情况,于1970年代末逐步建立起比较科学的监测系统,对有隐患的部分实行连续观测并记录存档,据此分析塔体变形规律,为进行加固工程收集必要的资料并提供可靠数据。"❸具体的监测可以分为三个阶段:解放后—1979年的开始阶段;1979—1989年的系统阶段;1989年至今的延续阶段。其中,第二阶段最为关键,其协助了修塔工程的成功实施,也奠定了1989年至今虎丘塔监测的基础。

1) 几个监测阶段的情况概述

(1) 解放后—1979年的开始阶段

这一阶段主要是对偏移值及倾斜角的监测,测量次数较多,但由于监测单位和人员变动,测量仪器和方法的不一致,测量基点、观测点推算方法的不同,所得数据出入较大,比较混乱。除了对塔本身相关数据进行监测之外,该阶段还采取了其他一些相关行动,如①1955—1956年,委托华东工业建筑设计院进行虎丘塔工程地质勘察;②1957年,安装避雷设施;③1975年,重装避雷设施;④1976年,举行苏州虎丘云岩寺塔维修座谈会,期间就塔体倾斜观察、塔基勘探、塔身现状测绘等相关监测问题进行了讨论。

(2) 1979—1989年的系统阶段

1979年9月,江苏省建筑设计院勘察队(以下简称省院)为虎丘塔作全面的精密测量,为工程跟踪监测工作之开始,初步建立了变形测量系统,对塔体倾斜、位移、塔基沉降以及塔周围地面沉降和位移等进行

---

❶　清朝,北京地区,私人营造场不下百十户,真正够档次的只有8家,即大成、广丰、兴隆、广茂、天义、天和、天顺和宝恒。他们都是信得过的建筑队伍,凡皇家的大型古建工程,多由这8家承做。例如,清末同治皇帝的惠陵(在遵化东陵)、光绪皇帝的崇陵(在易县西陵),都是由兴隆、广丰两家建造的,全部事迹皆有档案可查。

❷　"捉漏"乃苏州一带俗语,指修补腐椽、更换破损屋瓦等一系列维护屋面以防漏雨的保护方法。

❸　清华城市规划设计研究院文化遗产保护研究所. 中国文物古迹保护准则案例阐释[S]. 北京:国际古迹遗址理事会中国委员会,2005:86

监测,其测量控制网及沉降观测网如图 5.1 和图 5.2(从 1978 年起,苏州水泥制品研究所承担了塔体裂缝的监测,完备了塔体监测系统)。另外,对塔东立面现状进行了测量(包括塔体的几何尺寸,各层的偏心距、高度及层面倾斜),采用了当时先进的地面立体摄影测量,绘制出 1∶50 东立面现状图,这种方法尝试在我国古建领域使用是极早的。此阶段是省院集中一次性的测量❶,为期一个多月,建立了科学的监测系统,使虎丘塔的监测从此走上科学、精密可靠的轨道,为以后的监测工作打下了良好的基础。❷

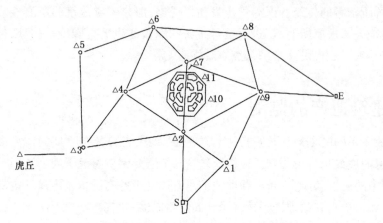

图 5.1　虎丘塔三角锁测量控制网示意图

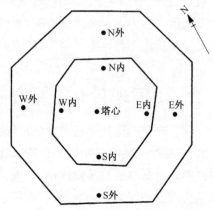

图 5.2　塔基沉降观测点分布示意图

1979 年 9 月—1981 年 1 月,虎丘修塔工程指挥部组织进行了一些监测,但监测次数有限,所用仪器为苏州一光厂出品的 J2 经纬仪❸,精度不高,所测数据经核查大多数不符合规范要求,且出入较大,不能使用。

1981 年 1 月—1984 年 1 月,在原有的监测系统基础上,同济大学测量系❹为虎丘塔修塔工程进行了监测,主要对塔体位移、塔基沉降和层面倾斜 3 个方面进行测量。监测工作每月 1 次,为期 3 年,第一年是在修塔工程开始前,进行了没有施工干扰下的监测,以求得塔体在正常条件下的变形参数;接下来两年是跟踪工程进行的监测工作,配合修塔工程对监测数据及时分析并把塔的变动情况及时报告施工单位,为安全施工提供科学依据。在实际监测中,为提高监测精度,对监测设施,如起始点的微调装置进行了改进;为更准确反映沉降测量数据,在底层塔墩上设置小钢尺作观测目标,使测量数据更接近于塔的实际变动状况,测出的数据更精确。从 1982 年 11 月起,因修塔工程需要,监测密度需要大大增加,苏州市修塔办公室为便于工作逐步建立自己的监测小组❺,开始独立自主地承担以后修塔工程中的所有监测工作(1982 年11 月—1984 年 1 月期间由同济大学和苏州市修塔办公室共同监测)。修塔工程期间,为配合工程增设了大量新的观测点,为保证测量的精确,尽量做到“定人、定时、定仪器、定测站和定观测标志”的“五定”测量准则❻。

同济大学和苏州市修塔办公室监测小组均沿用省院建立的原技术方案,使用 DSI 精密水准仪❼、T3经纬仪❽、手持式应变仪、千分表等仪器,采用多种监测手段进行监测,“共布置沉降观测点 53 个,位移观

---

❶　工作人员 5 名,耗资约人民币 7 000 元。

❷　陈嵘.苏州云岩寺塔维修加固工程报告[M].北京:文物出版社,2008:51

❸　J2 经纬仪是由苏州一光厂出品,精度较后来的 T3 经纬仪要差一些。

❹　承担具体监测任务的是同济大学的教师和同学,平均每个月来虎丘工地 1 次,每次 4~5 人,加路途每次 4~6 天,3 年共付该校9 000 元,连同差旅费约 11 000 元。

❺　1982 年底由中国社会科学院考古研究所调进测量专业技术人员钱玉成,在国家测绘总局的帮助支持下,修塔办公室无偿引进了由瑞士威特(WILD)仪器公司出品的 T3 经纬仪,与原先在同济大学培训过测量技术的夏苏衡一起建立了自己的监测小组。

❻　陈嵘.苏州云岩寺塔维修加固工程报告[M].北京:文物出版社,2008:52

❼　DSI 型精密水准仪是由江苏省靖江测绘仪器厂生产的高级精密仪器,获过奖,在国产仪器中属于佼佼者,它通过读数装置可估读到通过微读数装置可估读到 0.01 mm。

❽　T3 经纬仪是由瑞士威特(WILD)仪器公司出品的精密测量仪器,该仪器金属材料和加工工艺特别优良,光学镜头放大倍率可达 40倍,成像清晰,光学性能特好,加上读书精密(可读到 0.1″),由于以上优点一直用于世界各地的高级控制测量。

察点 15 个,裂缝观察点 22 个"❶,"历时 10 年,获得 60 000 余个监测数据(其中位移数据 25 000 个,沉降数据 25 000 个,层面倾斜数据 3 000 个,裂缝监测数据 7 000 个)"❷,为虎丘塔加固工程的设计、施工以及竣工后工程质量分析提供了可靠的依据。在工程竣工验收后,同等密度和频率的监测工作一直持续了 3 年半多(1986 年 11 月至 1990 年 7 月)。❸

(3) 1990 年至今的延续阶段

苏州市修塔办公室监测小组从 1982 年开始负责虎丘塔的具体监测工作,直至 1995 年,转交苏州市勘察测绘院监测至今。现有监测基本维持 1979 年建立起来的监测系统,监测设备得到更新,监测频率有所降低,基本为"每年 2～3 次(遇特殊天气等原因酌情增加),监测以此塔典型隐患(塔基不均匀沉降、塔体位移等方面)为内容,并对保护工程加固的裂缝处进行定期监测"❹。

2) 维修加固工程期的位移监测和沉降监测

(1) 监测仪器和监测方法(图 5.3)

位移监测:"在塔身东侧面和南侧面每一层壹门上方砌筑位移观测点,它们用黑色大理石做成,中间刻白色十字线以供照准;在塔的东面设置固定测站 E 和后视点 A,在塔的南面设置固定测站 S 和后视点 B,将 T3 经纬仪分别置于测站 E 和 S,分别观测后视点与各层标志之水平角,逐次观测同一层标志的角值变化,取角度平均值后进而算出塔身各层位移值,根据测量规范规定,测回数不得少于 4 个,同一角值的不同测回的校差不能大于 6,否则得返工重测;根据角度观测的方向,东站 E 可监测塔体南北方向位移(向北位移为正角值,向南位移为负角值),同样南站 S 可测东西方向位移(向东位移为正角值,向西位移为负角值);所用仪器为 T3 经纬仪,平均每半月测一次,每次观测在 4～6 测回,一般误差控制在 1 以内(即塔体的位移在 0.3 mm 时即能观测出来)。"❺

图 5.3　监测仪器和方法

左为测量仪器,中为用手提式应变仪测塔身裂缝,右为位移观测

沉降监测:"使用 DSI 型精密水准仪进行;沉降观测标志是在塔墩根部埋设的悬臂式的金属沉降观测点和放置于点上的不锈钢水准标尺,后因塔墩根部的沉降观测点难以反映砖墩体下部的压缩状况而改为在高度塔墩墙上定 300 mm 长的不锈钢,作为沉降观测点,根据施工需要先后在塔墩上布设 22 个小钢尺

❶　陈嵘. 苏州云岩寺塔维修加固工程报告[M]. 北京:文物出版社,2008:107
❷　陈嵘. 苏州云岩寺塔维修加固工程报告[M]. 北京:文物出版社,2008:117
❸　该阶段的监测数据表明塔基的不均匀沉降及塔体倾斜得到了控制,加固工程后,塔基最大沉降差仅为 0.3 mm,第七层观测点水平方向最大位移仅 1.0 mm。
❹　清华城市规划设计研究院文化遗产保护研究所. 中国文物古迹保护准则案例阐释[S]. 北京:国际古迹遗址理事会中国委员会,2005:86
❺　陈嵘. 苏州云岩寺塔维修加固工程报告[M]. 北京:文物出版社,2008:54

作为观测点;在塔基壳体工程结束前,又在塔基上部的东南西北四个壶门及其外面台基上共设8个塔基沉降观测点;沉降测量从塔东北外的水准基点△11(图5.1)为起点;在二至七层层面的东西南北四个外壶门中央分别埋设沉降观测标志,通过水准仪分别观测于沉降观测点上的细刻度钢水准尺,可测出各层层面倾斜发展变化的情况(相对数值)。"❶

(2) 施工前的监测

施工前的监测主要有:1979年9月省院的集中测量,其后由苏州修塔工程指挥部组织的一些间断的零星监测以及1981年同济大学开始的监测。1979年9月省院的集中测量有设计方案、详尽的记录和计算,最后出了一本包括虎丘塔现状成果和监测记录的成果图表集。1979年9月—1981年1月期间的监测不符合规范要求未被使用,1981年1月至12月18日,是同济大学在施工之前施测的,对位移、沉降和层面倾斜进行了测量。❷根据测量数据,"在未施工条件下,塔的沉降和位移值都偏小,沉降观测点1和点4的沉降值最大只达0.5 mm,且最大差值均发生在7～10月,可能与天气温度有关,而并不是完全由塔的本身倾斜沉降引起的。塔有向北倾斜的变化,但极其微小且有上段大于下段变化趋势,东西向变化无明显现象,且有摆动现象。1981年7月20—8月24日上海特种基础研究所在塔内进行试验,但对塔体无显著影响。"❸

(3) 各个施工阶段的监测

排桩工程期的监测(1981年12月18日—1982年8月20日):排桩工程❹历时8个月,其中,1981年12月—1982年3月,"开挖坑位均匀,施工进度慢,质量好,在三个月左右时间里,塔体变形速度没有明显的变化,以后为了加快进度,加快施工速度,在3月10日至4月上旬这段时间里一直同时安排6～7个开挖坑位,明显出现塔体倾斜。同济大学测量人员在塔体倾斜显著变化时(其认为与施工前正常变形相比增加了十倍以上)写出简报并发出了警报,工程随之暂停。5月中旬后,自塔体倾斜速度明显变小后,才继续施工,但对施工进度、施工质量都加以控制。"此阶段中,同济大学的监测报告分析非常及时,对安全施工是非常必要的。❺

钻孔注浆工程期的监测(1982年10月—1983年7月29日):钻孔注浆工程❻"期间监测由同济大学和修塔办公室测量组同时承担,修塔办测量组从1982年11月下旬开始施测,由于工地观测密度大,需要随时根据施工需要增加观测,而同济大学由于不在本地只能平均每月来一次,因此监测工作逐渐由修塔办测量组所取代,但二者同时测量也有好处,可相互印证,以证实测量的可靠性。"从监测数据可以发现,"钻孔注浆工程由于扰动地基影响较小,使塔体主要向北倾斜,但变化增值远较排桩工程的相应增值要小得多,东西变动极小,底层沉降变化呈现绕某一东西方向的轴,作南升北降的变化。"❼

基础工程期的监测(1984年6月23日—1985年5月22日):"基础工程❽在修塔工程中施工难度极

❶　陈嵘.苏州云岩寺塔维修加固工程报告[M].北京:文物出版社,2008:54

❷　"1981年1月25日同济大学测量系开始入地实测,于2月1日由同济大学和省院的负责人陈龙飞和刑华慨发表了一项双方联名的塔体变形观测报告,实际上这是一次双方对虎丘塔测量工作的交接班的声明,也是同济施测后的第一号报告,报告中分析报告了1979年9月至1981年1月间的塔体变形情况。"

❸　陈嵘.苏州云岩寺塔维修加固工程报告[M].北京:文物出版社,2008:54-58

❹　"由苏州市文化局房建站施工,排桩工程在距塔心10.45 m处(距塔外壁3 m左右处)从地表直至基岩开挖1.4 m直径的圆坑,然后于坑内灌注钢筋混凝土,绕塔共筑有44个,密切排列成一圆形地基,其上用环形钢筋砼?连接起来,使之组成一整体。排桩最深者达10.68 m,最浅者3.62 m,平均桩深7.09 m,共计灌注量达392.419 m³。"

❺　陈嵘.苏州云岩寺塔维修加固工程报告[M].北京:文物出版社,2008:58

❻　"由上海特种基础工程研究所承担设计和施工,为期9个多月。在排桩范围内的塔内外地基上钻直径9 cm的小口径孔,直至基岩,在小口径孔内加压注入水泥浆,用以填充砖石间的缝隙,前共钻孔161个,总深度944.65 m,平均孔深5.8 m,总注浆量266.37 m³。"

❼　陈嵘.苏州云岩寺塔维修加固工程报告[M].北京:文物出版社,2008:59-61

❽　"由苏州市修塔领导组设计组设计,修塔办组织施工。基础工程是在塔下做覆盆式钢筋砼?壳体,以此连接地基的排桩和塔的底部,在塔墩底部的钢筋砼?部分都伸进30～50 cm,使壳体的上部形成一个完整的塔的底板,这样就使塔的基础扩大并达到地基部分上去,从而加固和改善了塔的基础,达到将塔基的不均匀沉降控制到最下的限度以内,从而从根本上解决虎丘塔的倾斜问题,另外,由于它是一个完整的钢筋砼?壳体,它必然起着防水作用。"于1984年确定方案,5月完成施工设计,6月23日开始作试点施工,年底完成主体工程,1985年5月竣工。

大、技术要求极高,又在塔体险情仍然存在情况下施工,其对监测的要求极高,要求精确、及时,由于施工是在塔墩的底下和近旁,因而施工影响极大,使监测数据复杂多变。"从监测数据看,在基础工程中每施工一处,都会产生位移、沉降和层面倾斜数值的大幅度变化,这种变化值是以往两次地基工程所不可比拟的。监测数据的急剧变化,显示出塔形体的急剧变化,"其原因在于基础工程施工均在塔墩的近旁或下面,直接扰动塔基和塔体,因而影响直接而能量较大,反应迅速,但由于施工与监测密切配合,由监测来引导和制约施工,使施工控制在一定规模、时间和部位上,因而使塔体形体变动和裂缝变化都控制在最小限度之间"。❶

底层塔墩维修工程期的测量(1985 年 5 月 22 日—1985 年 9 月 30 日):底层塔墩维修工程❷相比之下是较小工程,监测数据表明,各项测量值变化较小。

(4)竣工后的监测

本阶段(1985 年 10 月—1986 年 10 月)为施工的考验期,通过监测验证本次加固维修工程的必要性和成功程度,同时也可以发现温度对塔体的影响。由于地基和基础工程竣工后,施工影响逐渐小时,而原先被掩盖的由温度变化引起的地面抬升和塔体膨胀逐渐显现出来,这在沉降观测值中特别明显。❸

3)维修加固工程期的裂缝监测

裂缝监测由苏州水泥制品研究所承担,是按工程的施工周期统一划分的,施工期间为监测期,施工结束后到下一个工程前夕为观测期。施工期的监测工作分为定期监测和根据施工需要进行的即时监测,其中又以后者为主。由于塔体裂缝数量众多,无法对每条裂缝都进行布点观测,因此根据裂缝的不同类型和出现的部位,选择有代表性的结构裂缝布置一系列测点和观察条。

(1)裂缝类型及分布

总体而言,裂缝主要集中在底层,二层较少,三、四层基本罕见。根据裂缝的形式走向和位置可以划分为以下几类:①竖向裂缝,是虎丘塔的主要裂缝,分布在塔体底层北半部六个内外砖墩上,其中以东北、西北两个塔心墩的水泥喷浆面和东北、北、西北三个外壁墩壸门内两个侧壁上最为显著❹;② 斜向裂缝,分布在塔体的南半部,一、二层回廊内及外墩的内立面上,位置近彩画处❺;③ 水平裂缝,主要分布在底层东西壸门南侧的圆弧部位和每层楼梯井部位❻;④ 地面裂缝,分布很广,主要集中于塔体底层北半部地平面上,塔的东南和南地面上亦有些不规则分布❼。

(2)裂缝监测方法及测点分布

裂缝监测主要是对开裂宽度、深度和长度、方向及开裂时间进行监测。对于宽度监测,采用 YB-25

---

❶　陈嵘.苏州云岩寺塔维修加固工程报告[M].北京:文物出版社,2008:61-62.,"当然即使这样的加以控制,再加上一些人为措施,最后还是产生了一些位移、沉降和层面倾斜值,并且这样大幅度的变化,毫无疑义会对塔体的结构有所损伤的,但有所得必有所失,为了塔的加固和延年益寿,有限度的一些损伤是必要的和合算的。"

❷　该工程设计由修塔办公室技术组承担,施工由修塔办公室技术组组织进行。本次施工是在底层砖墩与底板之间将旧砖换去,将因施工造成的缝隙填实,但由于不明塔墩底部情况只能在施工中逐步摸索,根据具体情况定出施工进度和规模,采取各个歼灭,稳扎稳打的方法,即清除一小块范围的旧砖立即补上钢筋和新砖,以完成达到加固维修塔墩的目的。

❸　"从壳体工程竣工时埋设在塔内部地面上的瓷质沉降点的观察数据的变化以及塔顶高度角的增大和缩小都可证实塔的台基面和塔体均在受到气温的升高和湿度的增大而膨胀抬高,反之会收缩降低,而关于天气温湿度的变化而引起的胀缩升降现象的数量关系,还有待验证。"

❹　东北、西北塔心墩三个砌体面的水泥喷浆大片起壳、凸肚、崩裂、剥落,并将砌体上的砖一起拉断,出现很多竖向裂缝,每个喷浆面有 1～2 条裂缝,宽度在 0.5～1.0 mm,深度一般在 20 cm 左右,长度从 0.5 m 到 1.5 m 不等,有的表面上下贯通,喷浆崩裂处的砖砌体上有开裂现象,亦有单砖断裂现象。外壁部分主要集中在东北壸门、北壸门、西壸门的东西侧壁的水泥喷浆面上,裂缝的宽度在 0.5～1.5 mm 左右,深度约 20 cm,长度 0.5～2.0 m 不等,每个侧壁有 1～2 条,有的表面上下贯通,剥去喷浆面后,裂缝少见而细。

❺　主要是一层回廊东壸门附近的内立面上,二层回廊,东西壸门附近的内立面上,二层楼面扶梯井处的墙面和扶梯井下部的墙面上均有斜向裂缝的分布。斜向裂缝的特点是成 45°左右的方向延伸,宽度一般在 1.0～2.0 mm,最宽达 1 cm,二层上延砖缝开裂延伸,深度较浅,在 5 cm 左右。

❻　水平裂缝呈水平方向开裂延伸,宽度在 0.20～0.40 mm 之间,长度在 20 cm 到 1 m 不等,深度较浅,小于 5 cm,每层楼梯井部位部分是水泥喷浆面上出现细裂,部分是粉刷灰砂,纸筋被拉开,宽度较小,在 0.1～0.5 mm 之间,长度几十厘米到 1 m 不等,深度小于 10 cm。

❼　地面裂缝多而显著,由北向东西两个方向开裂延伸,形成半环状分布,长度几十厘米到 3.0 m 不等,宽度 2.0 mm 以上,在二层北半部地面回廊与北部三壸门的地面交界处,均有开裂现象,长度为壸门的地面宽度,裂缝宽度 1.0 mm 左右。

型手持式应变仪❶和千分尺,深度监测采用凿开裂缝或用竹扑探深方法进行❷,裂缝延伸观察利用跟踪法❸,另外在裂缝上嵌入石膏观察条和环氧水泥粘贴的铅芯条,用肉眼直接检查,观察裂缝是否真正开裂。

　　根据虎丘塔塔体北倾和主要裂缝集中分布在塔身北半部这一受力特点,裂缝的测点主要集中在塔体北半部的内外砖墩砌体上,"其布点原则为:①反映为内力变化的结构裂缝;②受力变化最明显的裂缝,即塔体最薄弱的部位;③测点布置在砌体的实部上(喷浆与砌体不起壳的部位或砖砌体上)。后来裂缝监测底层共设11个测点(图5.4)其余裂缝均用观察条布置。"❹

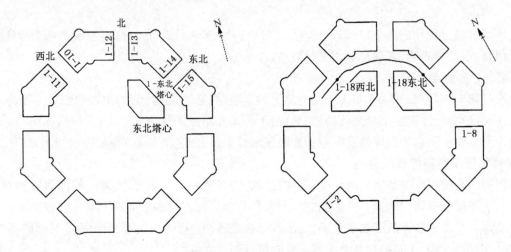

图5.4　裂缝测点布置示意图

左为底层竖向裂缝测点,有7个测点;右为底层水平裂缝、地面裂缝测点,有4个测点

(3) 加固维修工程前的裂缝监测(1979年9月—1981年9月)

　　期间塔基进行了三次小的准备工程,在这三次准备工程前后均进行了裂缝监测:1979年9月—10月20日,开挖3#探井,从施工开始到结束后的二十几天,均进行裂缝监测,主要测点的测值变化如表5.1,"结果表明工程进展和裂缝发展时间并不一致,3#探井开挖至6 m,裂缝还未见变化,在时间上有个滞后现象,这并不表明开挖深6 m的探井不会带来影响,而是影响还未涉及,其因在于探井距塔身4 m远,说明这样的工程规模、距离位置,裂缝要经过两个星期才出现异常,这对塔基加固工程、排桩和钻孔等方案制定都有一定的重要意义。"1979年10月20日—12月18日,人工钻孔期间的裂缝监测,显示裂缝变化无滞后现象,"主要原因是在塔内施工,特别是打击钢钎,裂缝测点就在旁侧,所以尽管孔径在50 mm左右且较小,裂缝还是受到了影响,但这种影响不能涉及全塔范围"。1981年6~9月,小口径钻孔注浆试验工程期间的裂缝监测表明"试钻期间和试钻结束后,裂缝测值无突变现象,可以认为,试钻虽然对地基有一定的搅动,但对塔体裂缝的发展未带来明显影响",从而为地基加固时的钻孔压力注浆方案的制订带来了可行性。

表5.1　开挖3#探井从施工开始到结束后的二十几天的裂缝主要测点增值　　(单位:mm)❺

东部三壶门(竖向裂缝)				地面裂缝		水平裂缝			
东北部	北部			西北部		东北部	西北部	东部	西南部
I—15	I—14	I—13	I—12	I—10	I—11	I—18	I—18	I—8	I—2
0.041	0.084	0.036	0.037	0.040		0.100	0.082	石膏细裂	石膏细裂

❶　测量标距为250 mm,可测变化为千分之一毫米。
❷　由于塔体为黄泥砖砌体结构,超声波探测深度和钻孔取芯法均不可取。
❸　即记录原始裂缝末端位置,相隔一段时间后,观其延伸长度。
❹　陈嵘.苏州云岩寺塔维修加固工程报告[M].北京:文物出版社,2008:72
❺　陈嵘.苏州云岩寺塔维修加固工程报告[M].北京:文物出版社,2008:74

加固维修工程前进行的为期两年的裂缝监测，"为以后制定加固方案提供必要的参考依据，为切实可行的施工方案提供了条件，两年间裂缝的增值见表5.2"❶

表 5.2　1979 年 9 月—1981 年 9 月两年内裂缝的增值表　　　　（单位:mm）❷

北部三壶门竖向裂缝						东北塔心竖向裂缝	东南塔心竖向裂缝	地面裂缝		水平裂缝	
东北部		北部		西北部				东北	西北	东部	西南部
Ⅰ-15	Ⅰ-14	Ⅰ-13	Ⅰ-12	Ⅰ-10	Ⅰ-11	Ⅰ-塔心	Ⅰ-塔心	Ⅰ-18	Ⅰ-18	Ⅰ-8	Ⅰ-2
0.163	0.161	0.109	0.137	0.152		0.024/月		0.148	0.155	0.042	0.041

（4）各个施工阶段的裂缝监测

施工阶段的裂缝监测主要有:排桩工程期(1981 年 12 月 18 日—1982 年 8 月 20 日)对北部三壶门内东西侧壁的竖向裂缝、东北塔心裂缝、地面裂缝和水平裂缝的监测,钻孔压力注浆工程期(1982 年 10 月 17 日—1983 年 10 月 11 日)对北部三壶门的竖向裂缝、东北塔心裂缝的监测,基础工程期(1984 年 6 月 23 日—1985 年 5 月 22 日)对北部三壶门竖向裂缝、东南塔心裂缝和东北塔心裂缝的监测,以及塔墩加固工程期(1986 年 3 月 22 日—1985 年 7 月 4 日)对西北塔心裂缝和东北塔心裂缝的监测。期间裂缝监测工作的展开主要遵循以下几个方面:

① 根据施工现场的具体情况布置测点开展监测。如在钻孔压力注浆工程期间,"由于临时加固设施,塔墩四周的裂缝不能布置很多的测点,而仅在暴露部分布置了一个测点和石膏观察条",对东北塔心裂缝进行跟踪监测。❸

② 根据施工期间监测数据的即时变化,及时决定合适的施工方法和施工策略。如排桩工程期,北部三壶门的竖向裂缝于 1982 年 3 月 9 日—6 月 19 日近三个月期间出现明显变化,分析是在此期间开挖数量过多导致地基不均匀沉降而致裂缝迅速发展,以此分析为依据及时控制开挖数量以及开挖方法使裂缝发展得到控制。再如钻孔压力注浆工程期对东北塔心裂缝变化的监测和分析得出"外力作用下砌体的变形还是较大的,临时加固设施一定程度上阻止和缓慢了裂缝的发展,暂时不能拆除"❹的结论。还有如基础工程期间在浇北部上环梁时,"北部三壶门东西侧壁上的裂缝出现了两侧变化不一的情况,一侧裂缝闭合,呈负增值,一侧开裂呈正增值出现,但正负数值很大,这是一种很不利的情况,表现了两侧砌体受力不均的变化,证明北面位置施工对塔体最为不利"❺。这些监测及其及时分析对安全施工至关重要。

③ 注重施工不同时间裂缝监测数据的变化比较,分析裂缝发展的季节性影响因素。如北部三壶门的竖向裂缝在排桩工程和钻孔压力注浆工程早期增值以负值出现,表明季节性降雨及湿度对裂缝变化的影响,工程"并未影响裂缝的变化,或即使存在影响还不及雨水及湿度的影响而被掩盖"❻。

④ 注重施工前、中、后的监测工作及其监测数据的比较,分析工程带来的影响。如在排桩工程期,水平裂缝的增值都很微小,在深度和长度上的变化均很小,仅看这些数值貌似排桩工程对裂缝影响很小,但如果与加固维修工程前的两年裂缝测量数据比较就会发现:"排桩工程进行了 8 个多月,增值变化的速度却大于两年内平均增值变化速度,表明排桩工程对裂缝的影响是不可低估的。"❼另外,考虑裂缝变化存在滞后现象,工程结束后又进行同等频率和强度的监测,将其数据与施工期间的监测数据进行比较。

⑤ 注重不同工程期间的裂缝发展变化的比较,分析不同工程各自的影响程度。如通过比较同一气温

❶ 陈嵘.苏州云岩寺塔维修加固工程报告[M]. 北京:文物出版社,2008：73-77

❷ 陈嵘.苏州云岩寺塔维修加固工程报告[M]. 北京:文物出版社,2008：77

❸❹ 陈嵘.苏州云岩寺塔维修加固工程报告[M]. 北京:文物出版社,2008：83

❺ 陈嵘.苏州云岩寺塔维修加固工程报告[M]. 北京:文物出版社,2008：89

❻ 陈嵘.苏州云岩寺塔维修加固工程报告[M]. 北京:文物出版社,2008：81

❼ 陈嵘.苏州云岩寺塔维修加固工程报告[M]. 北京:文物出版社,2008：80"地下排桩工程对裂缝的影响大于开挖 3# 探井的影响,小于两年准备工程的影响,但在东壶门、西南壶门的水平和西北地面裂缝增值,则大于和接近两年内的裂缝增值"。

下的监测数据(表 5.3)显示:"影响裂缝大小发展的工程,壳体工程最大,排桩工程其次,注浆最小"❶。

表 5.3　不同工程中的裂缝大小发展　　　　　　　　　　(单位:mm)❷

	Ⅰ-15	Ⅰ-14	Ⅰ-13	Ⅰ-12	Ⅰ-10	Ⅰ-11	Ⅰ-东北塔心	Ⅰ-东南塔心	Ⅰ-8	Ⅰ-2
81.12.16.—82.8.17.排桩工程	0.062	0.033	0.076	0.069	0.092	0.060	0.185	0.051	0.096	0.102
82.10.17.—83.10.11.注浆工程	0.042	0.031	0.043	0.035	0.074	0.030	0.182	0.100	0.035	0.025
84.6.19.—85.5.20.壳体工程	0.055	0.470	0.145	0.745	0.599	0.255	0.897	0.557	0.017	0.141

4) 虎丘塔监测的意义和经验

"对于古塔维修加固,采取精密而系统的施工监测,国内在虎丘塔还是首次运用。实践证明:对了解古塔变化规律和指导安全施工发挥了一定作用。"❸具体体现在以下几个方面:"虎丘塔现状测量的数据,如塔体的形状尺寸、各层高度与倾斜等都是关于塔的最基本资料,由此可推算出关于塔的各种面积和体积、重量及压力等数据,这些都是修塔的基本依据","虎丘塔的监测能较精确地反映出在不同施工条件下的变形及其规律,由系统的观测分析可以找出施工时变形影响的性质和程度,以及其他影响变形的因素等,也就是监测作为侦察手段如同医生手里的听诊器、温度计一样,便于较清楚地摸清塔的'病情'"。通过监测掌握施工对变形影响的规律,运用这些规律指导施工,就能使施工做到心中有数,有的放矢,清醒而不致盲目,安全而不致过分冒险,如在"壳体基础工程施工中,修塔的各方面人员多次开会,总是先分析研究监测的资料,在此基础上找出合适的施工部位、施工面积、施工时间、施工方法、施工材料等,即找出最佳的施工方案,然后付诸实践,这样做必然是利大弊小,事半功倍"❹,可以保证安全施工,万无一失。监测使加固维修工程得以成功完成,同时,科学的监测应用到修塔实践中也开拓了它的应用领域,两者相辅相成,彼此促进。

5.2.2　敦煌莫高窟的监测❺

1) 监测工作概述

20 世纪 60 年代对窟区大环境的监测:60 年代初,在莫高窟窟顶首次建立了气象观测站,对窟区的气温、相对湿度、降雨量、日照、风速、风向和沙尘暴等进行监测。经过监测,对莫高窟地区的气象环境做出了初步的评价,为这一时期的治沙和壁画保护提供了依据。这个时期也曾对壁画和岩体进行过简单的监测,如采用纸条、卡尺等仪器对壁画和岩体裂缝的变化进行观测,监测结果为莫高窟的崖体加固提供了一定的参考依据。

20 世纪 80 年代中期对窟内外小环境的监测:对莫高窟崖面不同层面、窟型大小不同的四个洞窟的窟内外小环境进行监测,初步揭示了莫高窟不同层位和不同大小洞窟内温湿度变化的特点。由于受当时监测设备及其他技术条件限制,监测数据密度很小,带有很大的偶然性,与 60 年代初的监测一样,还不能准确、科学地揭示莫高窟的风沙活动特点及其他环境因素变化的规律。

20 世纪 80 年代末至今重新对莫高窟区域大环境及洞窟小环境进行长期监测:开展了莫高窟窟区环境监测及评价、莫高窟周边风沙运动规律监测及流沙治理研究、洞窟环境监测及其评价、壁画颜料色度监测、岩体裂隙位移监测、洞窟岩体内水汽运移监测、莫高窟区域地质调查等项目。这些监测项目的开展为

❶❷　陈嵘. 苏州云岩寺塔维修加固工程报告[M]. 北京:文物出版社,2008:92

❸　陈嵘. 苏州云岩寺塔维修加固工程报告[M]. 北京:文物出版社,2008:107

❹　陈嵘. 苏州云岩寺塔维修加固工程报告[M]. 北京:文物出版社,2008:68-69

❺　这节内容根据文章敦煌研究院. 世界文化遗产地——敦煌莫高窟的监测[C]//国家文物局. 全国世界文化遗产监测工作会议资料汇编[C]. 敦煌:敦煌研究院,2007:4-54 的相关内容整理而成。

莫高窟大小环境做出了科学的评价,为研究壁画病害及其保护提供了依据,并以气象环境监测为依据建立了莫高窟风沙危害综合防护体系。另外,20世纪80年代末建立了安全防范监测系统。下面主要介绍这个阶段的监测工作。

2)莫高窟大环境监测

(1)气象环境监测

监测目的:对诸多环境因素进行评估,调查总体环境现状及其变化规律;对比洞窟内外、窟顶和库区内的环境差异;积累周边环境数据,为其他研究如洞窟壁画危害产生机理、风沙治理研究、水环境研究提供数据参考。

监测方法:1989年在莫高窟九层楼窟顶安装了第一座全自动气象监测站,对周边区域的气温、相对湿度、降雨量、日照、风速、风向等多项环境参数进行24小时不间断监测和存储,通过无线遥控的方式下载数据;1999年在72窟前设立第二座气象监测站,对崖体下部气象环境展开调查。

结果分析:风场特征——偏南风频率高(47.9%)但风力弱,偏西风较少(28.1%)但风力强是造成洞窟前积沙危害的主要原因,偏东风较小但风力强对洞窟崖面造成强烈的风蚀和侵蚀危害;窟顶和窟内外的温度几乎没有差异,每年3—11月的白天窟区与窟顶比湿差别较大,夜间窟区比湿突然升高天数多,最明显的是7—8月,大多在刚日落后,2~3小时后有回复趋势,窟区前林带的绿洲效应和窟前通风量相对较小造成比湿升高。

(2)洞窟内外空气质量监测

监测目的:了解大气粗颗粒PM10和细粒子PM2.5的浓度及物理化学特征;分析大气颗粒物不同组分的可能来源;深入研究颗粒物的化合物存在形式,特别是大气二次有机气溶胶组分的化学形成机制和反应过程,揭示其对文物的潜在危害;分辨出大气颗粒物中对文物影响较大的组分,为建立适宜的文物保存大气环境提供基础资料和科学依据。

监测方法:在窟外和16窟、320窟设立1个观测站点,采用气溶胶采样仪采集PM2.5和PM10样品,连续监测,正常天气每天采集一套PM2.5/PM10样品;沙尘天气每6小时采样一套样品。之后对样品进行质量分析、元素分析(采用X荧光光谱仪分析大气颗粒物样品中的Na-U等40种原色)、碳分析(采用碳分析仪分析样品中的有机碳、元素碳和碳酸盐及其8个组分)、无机离子分析(采用离子色谱仪)。

结果分析:水溶性无机离子和含碳气溶胶是莫高窟地区大气气溶胶的重要组分,大气气溶胶呈碱性;室内外存在一定浓度的污染性气体NH_3和HNO^3;游客数量对莫高窟室内外空气质量有重要影响。

(3)莫高窟地貌及周边环境监测

监测目的:利用不同年份的卫星影像图了解一定周期内莫高窟保护区内的地貌及周边环境是否发生变化。

监测方法:对不同年份的卫星影像图进行观察,采用的影像图有1997年、1999年、2003年的4份(其中2003年两份)。

结果分析:期间地貌和周边环境没有发生大变化,多了两座单身公寓和一座数字中心办公室,绿化及旅游服务设施没有发生变化,重点保护区内拆迁了一些居住用房,其余保持原来风貌。

(4)风沙监测

监测目的:掌握风速、风向数据以及起沙的条件;窟顶沙丘的移动速度;山顶地表硬度和起沙的关系;防沙体系建立后窟区积沙状况;林带建立后的地温变化;不同试验区风速和输沙量。

监测方法:风速风向监测应用CR10X全自动气象站监测,每15分钟采集一次数据,以文本格式输出储存,当有沙尘暴时,采用便携式多路风速风向自动采集仪对不同层位的风速风向进行监测;输沙量采用全方位自动积沙仪和便携式多层积沙仪,每月测量一次,但每次大风后必有一次测量;窟前积沙的监测,主要用6个20 cm×20 cm木质小盒,分别放置在第180、125、152、454、404和205窟前,每天下午放置,第二天早上称积沙盒里的沙子重量;沙丘移动的监测采用遥感判读、GPS定位监测、典型沙丘位移监测等相结合的方法;山顶地表硬度的监测则在林带中、戈壁及防护体系内选取41个监测点,采用硬度测量仪每月测一次;不同深度地温的监测开始时采用曲管地温表,后来使用 CR10X 系统在 0 cm、5 cm、20 cm、40 cm 深度测量林带建立后地温的变化;不同试验区风速和输沙量的监测主要用便携式多路风速风向自动采集仪和便携多层积沙仪在有沙尘暴时进行监测。

结果分析:与建立风沙防治工程前的 1990 年同期相比,监测期进入窟区南端积沙量平均减少了 80% 以上,说明了莫高窟综合防护体系的效果明显;窟顶沙丘移动方向以 SW→NE 为主,年移动平均速度为 0.34 m,向窟区方向年移动平均速度为 0.26 m;沙丘具有垂直增长特征,其形态变化主要发生在丘体 3/4 高度以上的部位;大气环流对沙丘的横向移动影响较大;窟顶戈壁地区的就地起沙包含沙砾质戈壁地表本身起沙以及来自鸣沙山风沙流堆积的二次起沙,因此,风沙危害综合治理的重点区域应该是鸣沙山前缘的流动沙丘和平坦沙地,同时沙砾质戈壁也不能忽视;通过不同防沙措施及防护效益的分析,发现林带后缘的输沙率可降到林带前缘 1/38,方格沙障可使沙丘表面的粗糙度增加约 300 倍,戈壁区尼龙网栅栏有效阻止了流沙进入窟区及窟顶崖面,以 2003 年与 1990 年同期相比,进入窟区的年积沙量减少了 60%～90%,固沙效果显著;窟顶戈壁砾石覆盖度在 50% 以上时可有效防治风蚀作用,砾石覆盖度随风速的增大呈对数关系增长,其所需时间随风速的增长而呈指数关系递减。现有的治沙措施已经形成了一个比较完整的防护综合体系,但是由于规模较小,在林带北端、草方格和防沙栅栏处积沙比较严重,风沙防止综合体系需要进一步扩大。

(5) 水环境监测

监测目的:水环境监测包括对大泉河流量和水质的监测,窟顶生物固沙林带及窟前林带灌溉水的监测,以及土壤水分的监测。目的是掌握大泉河流量和水质的变化情况,了解窟前林带灌溉水是否向窟区内渗透以及植物固沙林带是否不断向两侧和底部渗透,土壤水分形成机理的探讨。

监测方法:大泉河流量监测采用浮标法(用浮标测量水流速度,并测定该段河流的流水断面来计算流量)和三角堰法(在选定的有一定梯度的断面上安装三角堰,定期定时读取水位高度,利用公式把水位高度换算成河水流量),大泉河水质监测采取在不同时期不同地段采集水样并进行水质分析的方法;窟顶生物固沙林带及窟前林带灌溉水的监测使用高密度电阻率法(集电剖面和电测深为一体,采用高密度布点,进行二维地电断面测量的一种电阻率法勘查技术,以研究地质体的电阻率差异为基础的物探方法);土壤水分的监测则用烘干法和覆膜法对水分形成和时空异质性分布进行监测分析;用植物蒸发仪监测植被水分蒸发量,分析水分蒸散机理和确定蒸散量。

结果分析:得出了大泉河水量的空间变化、日变化和年变化规律,其水质不符合生活饮用水标准,可以作为非饮用生活用水和园林绿化用水;山顶灌溉水渗透的影响范围很小且是局部的,垂直渗透范围就在 5.0 m(±2 m)的范围,水平渗透影响范围仅限于灌溉区外围 2～3 m 范围内;窟前林带灌溉水的影响深度可达地下 20 m,由于莫高窟崖面到窟前林带之间大约 10 m,过剩的灌溉水存在通过地层渗透到崖面会造成洞窟内湿度的升高;窟顶上层土壤不同深度的含水量分布不均衡,在地表以下 30 cm 处含水量较高。根据窟前林带土壤水分的监测,对灌溉方法进行整改,将漫灌改为滴灌以进行水量控制,对不适宜树种进行更换。

3) 洞窟微环境监测

微环境监测主要是为分析壁画病害及其治理提供科学依据,分为常规监测和专项监测两种。

(1) 常规监测

监测目的:调查洞窟微环境的总体现状及其发展变化规律,为分析壁画病害起因、发展及如何进行保护提供基础数据,并为莫高窟洞窟的开放管理提供依据。

监测方法:自 20 世纪 90 年代至今对莫高窟多个洞窟进行常规监测,项目主要包括收集气温、相对湿度、墙表温度、二氧化碳浓度等诸多环境因素的数据资料,一般监测周期相对较长,通常在几年以上。具体方法是在洞窟内不同空间层位布设若干环境气象传感器,收集、处理和分析数据,对微环境现状及其变化规律做出评估;所用监测仪器有美国 CAMPBELL 全自动气象监测系统、美国 ONESET 便携式装置 HOBO 温湿度记录器、日本产的相对湿度的高分子薄膜型湿度计。监测仪器测量监测一般设定为

15 分钟记录一次(可以根据需要另行设定)。2006 年开始使用的新型环境监测系统(敦煌研究院与浙江大学计算机科技学院合作研发)为无线传感环境监测分析系统,实行实时监测,其系统组成如图所示。通过窟内的局域网将数据实时传输至保护所办公 PC 机,操作者可以直接从 PC 机上读取数据并加以记录。

结果分析:常规的监测数据后期处理可分为三个步骤:首先对收集的原始数据进行归类整理,用 Excel 数据处理软件按照不同时间段将数据分割列表;其次做数据统计工作,计算数据序列的最大、最小、平均值等;最后将数据序列按要求制成图表并归档。对温湿度监测数据的分析显示:每年的温湿度变化十分相似,随季节不同而不同;窟门外与门内的相对湿度变化幅度相差约 1/3;不同层位石窟的温湿度不同,上层受外部大环境影响最大,下层次之,中层最小。

(2) 专项监测

监测目的:了解特定条件下洞窟内微环境的变化规律。

监测方法与内容:游客对洞窟温湿度的影响:使一定数量的游客在洞窟内滞留,监测窟内温湿度和二氧化碳等变化;开放与不开放洞窟的监测:选择开放的 26、29 窟和不开放的 25、35、310、423 等 6 个洞窟作为实验窟,测量温湿度和墙温等,开放窟内加装二氧化碳探头和人员计算器;洞窟空气交换率监测:选择不同洞窟,往窟内注入六氟化硫气体,通过测量气体在窟内的衰减速度,计算出洞窟的空气交换率。

结果分析:大量游客会使窟内二氧化碳高居不下;天气晴朗时窟内外空气流通速率为 4 分钟左右,雨天或阴天时,空气交换率为 20 分钟左右。

(3) 洞窟岩体内水汽运移监测

监测目的:研究岩体内部水汽分布和运移状况,为壁画病害产生机理提供依据。

监测方法:用冲击钻钻孔,在 72 窟、98 窟和 108 窟等内,将 TRH-DM3 温湿度监测仪埋入岩体内,监测水平方向和垂直方向不同深度岩体内的温湿度;利用高密度电阻率调查仪测定岩体的电阻率变化了解洞窟内岩体的水汽分布状况。

结果分析:只在距离地面较低处进行了岩体内温湿度和电阻率测定,温湿度探头埋设相对较浅,无法明确判断水分来源。

4) 洞窟壁画监测

壁画监测包括壁画病害监测、壁画颜色监测和壁画盐分监测,了解壁画病害的发展情况、颜色变化,以及对壁画直接相连岩体和壁画地仗中可溶盐进行分析,以科学分析病害,以便及时采取修复和保护措施。其各自的监测方法、存在问题及解决方法如下。

(1) 监测方法

壁画病害监测:分为常规监测和专项监测。常规监测包括摄影监测(2002—2006 年采用定洞窟、定位置、定期摄影的方式,对 43 个洞窟内不同病害类型进行拍摄,并标明病害壁画的坐标位置)、年度检查(每年年末组织专业人员进行全面细致的检查,对比上一年的调查结果,判断壁画/塑像是否发生变化)和气候异常情况下的检查、壁画碎屑掉落监测(在第 25、26、29、35、85、260 等窟沿墙边铺设白纸,观察壁画和壁画地仗掉落情况)。专项监测包括对比摄影专项监测和洞窟修复后监测。

壁画颜色监测:利用色度色差计开展色度和色差的监测,选择有代表性的点做详细的记录和拍照,并进行各类颜料的色度监测;利用反射分光广度计记录壁画的反射光谱图,得出壁画色彩和亮度的数据。

壁画盐分监测:采用半定量方法(半定量的试纸测定法操作简单,方便现场检测和分析,但每种试纸只能用于一种离子的检测,检测精度较粗,对试纸的保存有一定要求)、电化学法—离子选择性电极(此法操作简单,方便用于现场检测,但每种离子选择性电极只能用于一种离子的检测,且对仪器的操作有较高要求)、X 射线衍射法(此方法可测定地仗和岩体中结晶盐的物相成分,但仪器检出限稍高,价格昂贵)、离子色谱法(可以同时测定多种离子,结果准确,但仪器价格较高,需要专门的实验室和高水平的操作人员)。

（2）存在问题及可能解决方法

壁画病害监测存在的问题:后期照片处理和对比工作量过大。壁画病害照片缺少色标指示和尺寸指示,从画面上无法判读病害的范围和严重程度。

洞窟年度检查,一是缺乏检查标准,每个人存在主观判断的差异,所以对壁画病害的严重程度描述尺度不一致,这为洞窟的病害评价带来了迷惑性和难度;二是描述方式需要改进,历年的检查结果都是以文字表格的形式填写,表格中有些内容多余,并且对位置、现状的表达不够清楚,复查洞窟时难以找到正确位置。这些问题的对应改进措施为:对病害类型、表现特征、严重程度的定义进行统一的规定和培训,使病害的文字表述尽可能的一致。改进调查表格,对调查中不需要填写的内容进行省略,以达到言简意赅和结构清晰。计划在将来工作中,将打印出的壁画、彩塑大幅照片作为底图带入现场,结合壁画现状调查取得的经验,在透明薄膜纸上绘制病害位置,图文并茂对病害状况进行描述。

另外壁画颜色监测数据量小,尚未建立完善的颜色监测体系。其对应措施是建立颜色数据库,借助无损的光学分析方法,搭建新的多光谱调查系统。

5）莫高窟监测的意义和经验

莫高窟的监测,无论是在文物环境监测方面(包括大环境和微环境的监测),还是在壁画病害监测方面,在国内都属于最早的尝试,其监测水平属于领先地位。另外,其作为世界文化遗产,可以帮助我们了解中国入世前后遗产保护特别是监测领域的一些发展变化,尤其是其环境监测实践对今日开展世界文化遗产的监测工作有着很好的借鉴作用。但其监测也存在着以下几个方面的问题:①注重监测而不注重监测数据的分析;②在如何应用这些数据做好莫高窟的保护和管理工作方面显得不足;③监测的项目在部门间缺乏协调配合,信息不能得到及时的交流和沟通;④一些专项监测转为常规监测还存在困难,常规监测应该更具针对性,在常规监测中有时会出现监测设备由于技术故障等原因,造成监测中断、数据丢失等事故;⑤部分监测的难度较大,如对莫高窟崖体风化、变形的监测。

5.2.3　保国寺大殿的监测

1）背景——历代维修

保国寺大殿,位于浙江宁波江北区,建成于1013年,是江南现存最早、保存最完好的木构建筑,历经多次维修。古代的几次重要维修包括:①元封七年(1084)对屋面及某些重点构件的维修:这次维修的特点是:保存老构件,重要部位的更换,如个别的昂或跳斡的更换,东侧内柱上柱头辅座栌斗的更换,东侧斗拱里转跳由原来五跳转为四跳并用楔木代替,起到五跳的高度。②崇宁元年(1102)造石质的须弥座,并将后二内柱立于须弥座内。③康熙二十三年(1684)的扩建:增建重檐,成为重檐歇山顶式。④乾隆十五年(1750)的维修:更换柱础,用大鼓形柱础取代宋代覆盆式柱础;外槽柱子采用清代的"包镶作";新增了藻井四周及天花上的彩绘,该次维修前后相继20余年。❶

建国后自1954年被发现其重要性以来,历经不同程度的维修(表5.4)。

表5.4　1956—2007年保国寺大殿的维修情况 ❷

时间	维修内容
1956年	柱子和额枋之间架上木支撑加固
1963年	调换一些斗拱等构件
1966年	后围墙维修加固
1970年	屋面翻修,采用北方做法,但效果不佳

---

❶ 林浩,娄学军. 宁波保国寺大殿的历次维修特点研究[C]// 世界遗产保护论坛:古建筑保护与教育/世界遗产教育论文汇编. 中国. 苏州,2008年12月4—5日. 苏州:[出版者不详],2008-12-4,5
❷ 根据宁波市保国寺古建筑博物馆展示资料整理而成。

时间	维修内容
1973 年	采用南方工艺手法在大殿屋面两侧进行试验,效果好
1975—1977 年	在 1973 年的基础上,屋面翻修,维修更换柱子,去掉 1956 年维修的木支撑,全部校正归位,在西北角补充 1970 年修理时遗缺的一架斗拱和昂,防腐防虫
1988 年	防腐,防潮;青桐油涂刷斗拱,效果不佳
1993 年	修复被雷击毁的大殿西北角垂脊、戗脊、南面上檐西首个别瓦陇
1997 年	更换断裂、霉烂、虫蛀的柱子、桁条等木构件,更换破损瓦件,修复破损屋脊。所有维修部位治蚁、防腐处理
2002 年	以大殿为中心,为整个保国寺古建筑群建立避雷系统
2006 年	建立包括寺内所有古建筑群的消防系统
2007 年	建立文物安防系统,主要包括闭路电视监控系统、防盗报警系统和巡更系统

解放后的历次维修中,最重要的一次维修是 1975 年在国家文物局、浙江省文管会和专业工程技术人员的直接指导下进行的维修:彻底清除了历代所加的"蚂蟥攀""支撑柱"和各种名称的附加附件,对所有的部位构件位置进行校正,对三处转角铺作式样进行复原;糟朽严重构件的更换或局部接新尽量使用原有材料,屋面维修调换老瓦,遵循"修旧如旧"的原则,采用传统做法;更换外檐角柱,其余柱子去除腐朽部分,补上好木头,并用高分子材料补充和玻璃钢包扎加固;对木构件及石佛座等喷洒化学药剂,以达到防虫防腐的目的。❶

2) 保国寺大殿保护监测系统

为了能够更有效地做好大殿保护工作,自 2007 年 4 月,保国寺古建筑群开始构建针对文物建筑的保护监测系统,应用现代的计算机数字化信息技术,逐步对文物材质信息、结构受力状况及一些有可能影响文物建筑的自然环境信息进行监测,采用数字化传感器对保国寺古建筑群及其环境进行全方位的信息采集。该系统由保国寺古建筑博物馆联合同济大学建筑与城市规划学院和河南大学计算机中心,共同研发设计。

(1) 监测系统的组成

该系统主要包括文物建筑信息采集、信息管理系统、数据展示三部分(图 5.5)。

首先,根据相关技术文献并结合过去保护实践经验,确定需要采集的信息主要包括环境信息、材质(木材)相关信息、主要结构和构造相关信息;接着将采集获取的大量信息存储于数据库便于积累数据;然后运用专业知识和专业技术对各个信息进行处理,如数据预处理、数据挖掘(比较、统计和分析)等,同时形成计算机三维模型,并以可视化的方式将相关信息展示给观众,通

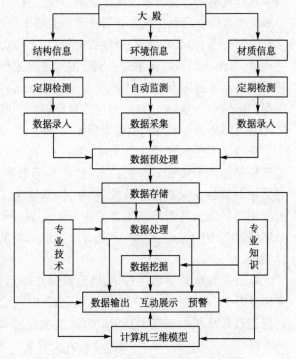

图 5.5 保国寺大殿保护监测系统组成图

过计算机多媒体技术实现互动。最终目的是通过分析积累的监测数据,了解文物建筑变化规律,确定监测值的安全、警戒、行动的临界点,为保护维修提供理论依据和数据支撑,采取适用性对策措施及时消除隐患。

❶ 林浩,娄学军. 宁波保国寺大殿的历次维修特点研究[C] // 世界遗产保护论坛:古建筑保护与教育/世界遗产教育论文汇编. 中国. 苏州,2008 年 12 月 4—5 日. 苏州:[出版者不详],2008-12-4,5

根据各种信息的特点及变化率,将信息采集频率分为一次性测定、周期性检测、持续实时监测三种(表 5.5)

表 5.5　信息采集的分类、方法及其频率❶

环境信息	空气与水	温度、湿度、风向、风速、地表水、地下水	实时监测(室内温湿度多点监测)
	地基与地震	地震、地基沉降与位移、振动	地震数据由地震监测部门获取,地基沉降与位移周期性检测,振动实时监测
材质(木材)信息	木材种类调查	木材种类、纹理方向、强度	木材种类、纹理方向一次性测定并建立数据库模型,木材强度周期性检测
	木材霉变及虫蛀状况监测	霉变、虫蛀、腐烂、糟朽	先期一次性测定检测并输入数据库模型,治理维修以后周期性检测
	木材干缩状况监测	含水率	先期一次性测定并输入数据库模型,以后周期性检测
	木质构件受力破损监测	开裂、折断、坍缩	先期一次性测定并输入数据库模型,以后周期性检测
结构构造信息	木构构件应力与强度	结构静力的采集、建模、计算	先期建结构静力模型、分析计算,实时监测应力变化,修正计算参数
	结构关键点位移与变形	沉降、倾斜	长期周期性观测与实时监测结合(特殊条件时:大风、大雪、振动等)

(2) 监测系统的实施

首先是《宁波市保国寺文物建筑科技保护监测系统与展示设计方案》的编制和评审。2007 年 4 月,保国寺古建筑博物馆委托同济大学建筑与城市规划学院对保国寺大殿的保护监测系统进行研究与设计,经过多次的实地现场调研以及参考查阅相关技术文献后,编制了方案。2007 年 6 月 17 日,组织了中国建筑学会史学分会、国家文物局、浙江省文物局、上海文管会、清华大学、东南大学、天津大学、华南理工大学、同济大学、台湾中国科技大学的专家学者对方案进行讨论和评审,各位专家对方案的总体设计予以肯定并对部分具体问题提出改进意见,如建议对现存问题综合评价后进行隐患监测,整个建筑群和山体环境的动态监测和治防相结合,空气环境对建筑材料影响的监测,采取保护措施后的继续监测等,强调通过监测数据分析得出预警值并及时传输给文保部门。❷

接着是系统的建设。自 2007 年 6 月,保国寺古建筑博物馆开始具体建设,根据设计方案将大殿东侧厢房装修用于安置计算机设备、监控处理数据和展示展厅。委托河南大学计算机中心开发了"保国寺文物建筑科技保护信息系统"软件,购置安装了数据库服务器、数据处理工作站、数据查询工作站、数据查询与展示触摸屏以及配套的不间断电源、照明和视频播放设备等。在信息采集部分,先期建设的是环境信息中的温度、湿度、风速、风向、降水量的实时自动监测,以及对大殿结构关键部位的沉降与位移测量。

最后是具体的监测。其中,温度湿度监测点分布于大殿的 9 处关键部位(图 5.6),安装了 9 个温湿度传感器,同时室外安装 1 个风速风向和 1 个雨量传感器,对温湿度、风速风向和雨量实时监测,监测数据通过计算机系统直接获取。沉降监测包括大殿所有柱子以及外墙,位移监测为大殿的四角与核心共 8 根柱子的顶端与底部(图 5.7),各设置一个观测点,点位采用能满足要求的固定莱卡原装小号反光镜的棱镜座❸。

---

❶ 宁波市保国寺古建筑博物馆. 保国寺大殿科技保护监测系统:建设与初步结果,2008:4
❷ 宁波市保国寺古建筑博物馆. 保国寺大殿科技保护监测系统:建设与初步结果,2008:8—13
❸ 其布设要求是保证在不损坏建筑物的前提下,棱镜座能长期固定保存在所要监测的各个点位处,反光镜直径为 20 mm,中心十字线宽度为 0.2 mm。

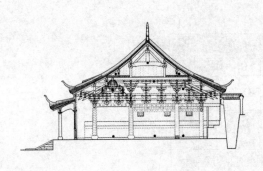
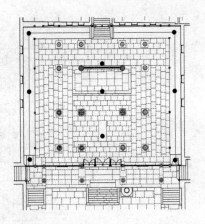

图 5.6 保国寺大殿温湿度监测点分布示意图

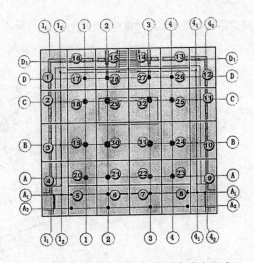

图 5.7 保国寺大殿沉降监测点分布示意

与此同时,2007 年 9 月保国寺古建筑博物馆委托宁波冶金勘查设计研究股份有限公司进行持续沉降与变形监测,沉降测量点位的分布及实地点位如图 5.7。根据大殿的实际情况,共布设沉降观测点 32 个点,其中有 10 个点在墙体上,有 22 个点固定在柱子上。变形监测点的编号分别为 1、2、7、8、11、12、13、14、19、20 左、20 右、21、22 左、22 右、25、26、31 和 32,共计 18 点。柱子下部监测的点为单号点,上部的点为双号点,其中 20♯和 22♯各设有两个点。为提高观测资料的准确性,布设变形观测点时必须保证仪器与反光镜中心的视线尽量垂直,观测夹角必须大于 60°,同时利用莱卡 TCA2003 精密全站仪对所设监测点进行水平角、距离和垂直角观测,并取两次观测平均值作为本次测量的最终成果数据,采用专用程序进行平差计算。

(3) 第一阶段的初步成果

温湿度监测结果:2007 年 9 月至 2008 年 5 月的监测显示,大殿的最高和最低温度皆由 2 号监测点测得(其最高温度达 29.4℃,最低温度为 −2.6℃),大殿的最高湿度可达 100%,经常保持较高的湿度(最低湿度可达 24.1%),监测中发现大殿内部的温湿度分布并不均匀,其中 3 号监测点平均温度最大。❶

沉降与变形监测结果:2008 年 4 月 18 日的沉降观测较之 2007 年 11 月 18 日的沉降观测,其沉降量见图 5.8,从监测结果可以看出,其中 7、8、9、10、11、12 号点沉降量较大,最大的接近 2 mm。位移方向及位移量如图 5.9。

---

❶ 宁波市保国寺古建筑博物馆. 保国寺大殿科技保护监测系统:建设与初步结果,2008 年 6 月 21—22 日[C]. 宁波:保国寺古建筑博物馆,2008:17-21

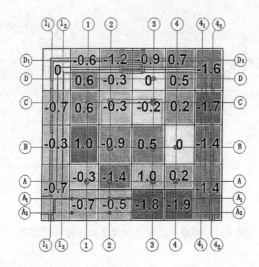

图 5.8　保国寺大殿 32 个沉降观测点的沉降量(2008 年 4 月 18 日较之 2007 年 11 月 18 日)

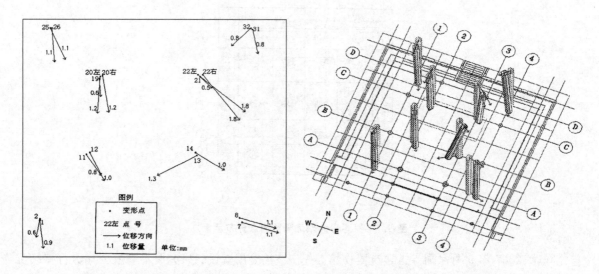

图 5.9　保国寺大殿位移观测点的位移分析及位移量(单号为柱子底部,双号为柱子上部)

(4) 后续工作

后续工作主要在环境监测、建筑材质监测、建筑结构监测三个方面深入:环境监测主要是增加对降水、地表水及地下水、空气污染、生态环境、地震与振动等方面的监测;建筑材质监测主要是对木材含水率的监测;建筑结构监测主要是采集木结构静力学分析需要的信息,如对构件应力与强度、位移与变形的信息采集以及确定监测构件定位图。

3) 保国寺大殿的白蚁治理

保国寺大殿的白蚁治理是委托宁波江东东胜有害生物防治中心进行的。2008 年 3 月 20 日,该中心开始对保国寺现场开展一系列系统的勘查调研工作,勘查结果表明:过去虽然曾多次对白蚁进行过处理,但是由于白蚁在保国寺内部木构以及外部园林小径已经存在相当长的年份,危害仍在继续。治蚁的原始方法是在建筑物及四周的土地放置大量液体杀白蚁化学药水,形成化学品屏障、阻隔带,使得白蚁无法侵入,但对白蚁族群的扩张丝毫没有影响,而且在施工时要钻孔、灌药水,破坏危害周遭的环境。此法只是短时间控制住,治标不治本。

为了长期有效地进行治蚁工作,该公司创新理念,提倡预防为主、治理为辅的原则;创新技能,引进白蚁防治的新技术,如 Termatrac -微波型白蚁探测仪(利用微波原理,准确探测固体介质诸如混凝土、砖材、木材等材料下隐存的白蚁,并且保证不使其受袭击而逃离)和美国的"心居康白蚁族群灭治系统"(目前世界上最有效也是最环保的唯一能消灭白蚁巢的专利品,该系统可以将整个白蚁族群消灭,还可以持续侦测白蚁是否再侵入❶);创新方法,根据地形和木构结构特点采用了地上型饵站(共设 7 个地上型饵站,每隔四个星期检查饵站内饵剂被白蚁取食情形,如果饵剂只剩 50％,则在原来饵站上贴第二层饵站以补充饵剂,不可使饵剂中断,如此持续定期检查并适时补充饵剂,直到没有白蚁取食为止)和地下型饵站(共设 84 个地下型饵站,饵站内有两枝美国进口的侦测木材 MD499 作为白蚁的食物,每隔四个星期定期检查侦测木材,若没有白蚁取食则将其再放入,若发现取食,则将这些白蚁收集后倒入地下型饵剂内,再将饵剂放入饵站内;每隔四个星期检查饵剂被食情况,若剩 1/3 以上则将新饵剂放入继续让白蚁取食,若剩 1/3 以下,则将饵剂内白蚁倒出,将这些白蚁放入新的饵剂,再放入饵站,照此程序持续定期检查饵剂并适时补充饵剂,直到没有白蚁取食饵剂为止)等方法,并鼓励长期监管定期督查的方法。

4)分析评价

2008 年 6 月,保国寺古建筑博物馆组织召开专家会议,专门对保国寺为期一年多的监测工作进行评估。与会专家肯定了利用现代科技于建筑损毁前进行预防性监测的科学理念,但同时也对监测点选择的合理科学性提出了质疑,由此,所得监测数据的可信性和可用度也需要验证。该监测系统的最根本目的是通过监测了解古建筑的损毁变化规律以便及时消除隐患,但由于在监测系统建立之前,信息收集和分析工作没有深入展开,没有弄清建筑遗产存在的主要隐患及其关键影响因素,使监测对象只局限于温湿度、位移变形等表面因素,所得监测数据无法显示损毁变化规律。同样由于监测系统实施前缺乏对大殿现存问题的综合评价,导致无法对所得监测数据进行针对性的分析,也直接导致监测数据不能作为采取有效保护对策或措施的直接依据,使得整个监测系统徒流于科学形式而缺乏科学适用性。加上监测点的设置没有经过严格的科学论证导致部分监测点不具备基准性,使得整个监测系统的科学性遭到质疑。较之于早期的虎丘塔监测和莫高窟监测,保国寺大殿的监测无论是从技术手段还是从提倡理念来说都要先进得多,但其监测结果的科学性和实用性却要低得多,从中可以看出,先进的技术和先进的理念不一定能带来先进的结果,最关键的是要基于充分的基础研究,分析存在的最大问题和隐患,从而有的放矢地进行针对性监测,这样才能使先进技术和先进理念带来科学有效的结果。

5.2.4 苏州园林的监测

苏州园林是指中国苏州城内的园林建筑,起始于春秋时期的吴国建都姑苏时(公元前 514 年),形成于五代,成熟于宋代,兴旺于明代,鼎盛于清代。清末苏州共有各色园林 170 多处,现保存完整的有 60 多处,对外开放的园林有 19 处。1997 年有 9 个园林(沧浪亭、狮子林、拙政园、留园、网师园、环秀山庄、艺圃、耦园、退思园)作为苏州园林的代表一起被列入世界遗产名录。本文要谈的主要是对这 9 处园林的监测。

1)背景——世界遗产监测问题被高度重视

(1)《世界遗产公约操作指南》中对监测的强调

1996 年版的《世界遗产公约操作指南》中第 68~75 条以"世界遗产名录中被登录资产的维护状态监测"为题名,收纳了"系统监测与报告"与"反应式监测"两大监测工作。1999 年则更进一步地将"反应式监测"、"定期报告"以及"定期报告的格式与内容"纳入到"反应式监测与定期报告"的范畴之中。2005 年则明确将监测工作列为最重要的管理项目,在第四章和第五章分别规范了"世界遗产维护状态的监测过程"与"执行世界遗产公约的定期报告",要求世界遗产所在地每五年向世界遗产中心提交一次关于遗产地保护状态系统监测的定期报告。同时也要求申报世界遗产的文本中列出相关监测项目并说明具体的监测情况。

(2)国家文物局对世界遗产监测的重视

2004 年 2 月 17 日,国务院办公厅下发了《国务院办公厅转发文化部、建设部、文物局、发改委等部门关于加强我国世界文化遗产保护管理工作意见的通知》(国办发[2004]18 号),要求尽快建立我国世界文

---

❶ 该系统基于白蚁族群特性的分析。白蚁是社会性昆虫,阶级分蚁王、蚁后、工蚁及兵蚁,蚁王及蚁后负责组群的成长;兵蚁负责抵御侵入的昆虫;而工蚁负责取食、取水、修筑蚁道、清洁蚁巢、照顾蚁卵及喂食幼蚁、兵蚁、蚁王及蚁后。Sentricon 心居康白蚁族群灭治系统供应含氟铃脲的饵剂,由工蚁取食,并带回巢内喂食兵蚁、蚁王、蚁后及幼蚁,饵剂中含的氟铃脲将抑制工蚁新表皮的形成,使工蚁无法完成脱皮过程而死亡,工蚁死亡后,依赖工蚁喂食的兵蚁、蚁王、蚁后及幼蚁会陆续饿死,从而导致整个白蚁族群完全消灭。

化遗产管理动态信息系统和监测预警系统,加强对世界文化遗产保护情况的监测。2006 年 12 月国家文物局出台了《中国世界文化遗产监测巡视管理办法》。2007 年国家文物局委托中国古迹遗址保护协会起草《世界文化遗产监测规程》。2009 年两会上已有代表提交《关于加大世界文化遗产监测体系建设投入力度》的提案。

2)苏州园林监测预警系统

(1)系统的建设过程

2004 年 10 月起,苏州市园林和绿化管理局(以下简称园林局)根据国家文物局《中国世界文化遗产地管理动态信息系统和监测预警系统》的要求,开始着手《世界文化遗产——苏州古典园林管理动态信息和监测预警系统》的建设工作。在没有具体规范和案例可循的情况下,整个系统的建设过程是一个摸索前进的过程,首先通过调研了解各园林现状和获取必要数据,初步确定监测指标体系;然后进行试点监测,对狮子林、留园、拙政园和艺圃四个试点单位进行监测,边监测边修改,逐步明确了 11 类监测对象;最后于2006 年 4 月正式制定了《苏州古典园林监测预警系统建设实施方案》。在整个建设过程中,以下几个方面是值得借鉴的:

① 建立相应组织机构   2004 年末,园林局成立了监测工作领导小组,由局规划、园管、保卫、信息处、遗产保护办等处室共同参与。2005 年 4 月,经苏州市编委批准,成立了"苏州市世界文化遗产古典园林保护监管中心",负责协调、指导和统筹苏州古典园林的监测工作。2006 年 4 月,"向各遗产管理单位印发《关于实施〈苏州古典园林监测预警系统〉的意见》,要求各单位建立监测站点,负责本单位的监测工作。经过筹备,狮子林管理处、留园管理处、拙政园管理处、网师园管理处、东园管理处等 5 个单位先后建立了专门的监测工作小组,由各单位主要领导挂帅,分管领导具体负责,落实专职人员,明确职责分配。其中,同里退思园的监测工作由同里镇政府委派同里文物保护管理所负责。至 2007 年年初,初步建立了局和基层两级监测管理机制。"❶

② 试点先行示范   2005 年 7 月确定了狮子林、留园、拙政园和艺圃四个试点单位,对其进行监测和数据采集,在缺乏经验模式的情况下,这种试点先行的方式很见成效,帮助明晰了具体的监测对象以及整个监测系统的体系内容。此外,这四个试点单位的监测为全面开展监测起到了示范作用,从 2008 年起,其他园林借鉴成功经验并结合自身特点,先后开始筹备并逐渐开展了具体的监测工作。

③ 同步开发相应的软件平台   2006 年 1 月,园林局与南京大学苏福特网络科技有限公司合作,着手开发《苏州古典园林监测预警系统》软件平台。"在局有关处室和试点单位共同参与下,经过数十次反复深入的研究,在实践中摸索,在摸索中实践",如 2007 年上半年狮子林管理处开始使用该软件平台进行实时监测;其后,"边使用边修改,边修改边提高,逐步建立起系统平台的各类模块,逐步完善了系统软件的结构和功能"❷。至 2008 年 2 月监测系统软件工程全面完成,目前已进入最后调试阶段。"系统软件在使用功能上基本具备了办公、判定、预警、电子交互访问、查询、维护等功能,实现了数据的按保密权限可输入、可更改、可显示监测结果的目标。监测系统软件的建立,为实现数据标准加工、数据存储管理、数据共享服务、数据科学分析、预警和应急联动处置,提供了较好的技术支持;为监管的科学有效、数据可靠、信息畅通、反应及时、决策主动提供了技术保障,从而为遗产保护从传统方法走向现代科技打下了扎实的基础。"

(2)系统的内容

① 总体目标   "a 建设苏州古典园林各类基础资料和信息资源,实现遗产信息采集、传输、存储、管理和服务的网络化智能化;b 建立苏州世界遗产古典园林监测中心,开展动态信息管理和监测预警工作相关的标准规范、规章制度建设;c 建立体系完整、指标丰富、内涵科学的世界文化遗产管理监测、预警模型;建立高效的防护应急减灾机制,实现远程统一的协调管理和联合行动;d 促进对世界文化遗产保护管理工作的规律性研究,建立以预防性为主的保护模式。"

❶❷ 苏州市园林和绿化管理局. 世界文化遗产——苏州古典园林管理动态信息和监测预警系统建设工作总结[R]. 苏州:内部资料,2008-11-15

②　基本思路和基本框架　　基本思路："针对苏州园林及其背景环境,加强基础数据库建设,以软件开发为先导,以现代科技为支撑,实现从传统模式向数字化转变;全面采用管理信息系统技术,根据世界遗产条约、文物保护法规的要求,针对可能发生的问题,进行全方位、及时、准确的信息管理和监测,实现'三个全方位',即:全方位信息采集(基础数据库)、全方位管理记录(实时数据库)、全方位监测预警(预警数据库),为科学决策提供依据,既有利于世界遗产保护工作的实施,也有利于园林各方面的健康发展,实现文化遗产可持续发展。"

基本框架:"建立以'一个平台、二级管理、三库支撑、四极链接'为核心的监测系统体系,即'1234 工程'。具体内容为:一个平台:建立'苏州古典园林管理动态信息系统和监测预警系统'平台;二级管理:实现'苏州古典园林保护监管中心与各遗产单位'二级管理机制;三库支撑:以'历史档案库、实时信息库、预警处理库'三库为系统的支撑点,达到全方位采集,全方位记录,全方位监测;四极链接:形成遗产地、省、国家、教科文四极链接,实现遗产管理信息的实时传输。"❶

③　监测内容及其监测周期　　确定了 11 类监测对象及其定期监测的周期:"1.建筑物类,半年一次;2.构筑物类,半年一次;3.陈设类,每季度一次;4.植物类,二个月一次;5.环境类:①大气每季度一次;②气象每天记录;③水质每月一次目测能见度、气味,半年一次生化指标监测;④土壤一年一次;⑤噪音旺季一次,淡季一次;6.控制地带,半年一次;7.客流量,每日累计;8.安全措施,每季一次(重大活动随时监测);9.规章制度,每季一次;10.人员技术能力,每季一次;11.文献资料,半年一次"❷。各类监测对象根据功能需要再设子项目,子项目下又设分支项目,共计 136 个分支,覆盖了园林保护管理的各个方面。试点单位不同监测对象的监测工作分别由不同单位进行,"建筑物、构筑物、陈设类等模块的基础测绘和监测实测主要委托苏州园林发展股份有限公司实施;环境类监测实测委托市环境监测站实施;控制地带和基础设施的基础测绘和监测实测委托华北地质勘查局五一九大队实施。其余的模块基础数据采集,以及各类的目测工作均由各遗产单位自行实施"❸。

关于监测周期,除了定期监测之外还包括不定期的监测,即,遇到特殊情况(如自然灾害、人为因素、生物因素等)时的及时监测和记录。

为有效实施监测,制定了《世界文化遗产——苏州古典园林监测工作规范》,并针对各类监测对象先后制订对应的监测规程,如《苏州古典园林建筑、构筑物监测规程》《苏州古典园林陈设类监测规程》《苏州古典园林植物类监测规程》,其他如环境类、控制地带、基础设施等将按照现有的行业规范进行参照实施。目前,苏州园林的监测工作,比较系统的主要局限于环境类,对建筑、构筑物、陈设和植物类主要还是处于测绘记录的阶段,但相关的监测规程已经制定,进一步的监测工作也在深入。

5.2.5　四个监测案例的分析比较

这四处建筑遗产都是第一批全国重点文物保护单位,莫高窟和苏州园林先后于 1987 年和 1997 年成为世界遗产,它们的监测一定程度上都代表着国内不同时期的最高监测水平。

(1)虎丘塔的监测始于 20 世纪 50 年代,是国内最早对建筑遗产的系统监测进行的自主探讨,其目的主要是为协助塔体修缮工程的安全施工,历经几十年的摸索实践,建立了国内最早的一套关于建筑单体监测的科学系统,并成功协助了塔体的修缮,它在一定程度上代表着 20 世纪 80 年代的国内最高水平。

(2)莫高窟的监测始于 20 世纪 60 年代,主要目的是为协助莫高窟的环境整治工作和壁画保护工作,它最早建立了关于建筑遗产环境监测方面的监测系统,在 1987 年成为世界遗产之后,进一步深化原有的环境监测系统;同时通过和国际遗产保护研究机构(如美国盖蒂研究所)的合作一起开展了关于壁画病害的科学监测工作,并建立了一套先进的壁画病害监测系统。它代表国内在建筑遗产环境监测和壁画监测这两个方面的领先水平,其不同时期的监测工作一定程度上显示了入世(即加入世界遗产)前后国内遗产

---

❶❷❸　苏州市园林和绿化管理局. 世界文化遗产——苏州古典园林管理动态信息和监测预警系统建设工作总结[R]. 苏州:内部资料,2008-11-15

保护的一些变化,向我们展示了从国保单位的自主实践到世界遗产的国际合作这个过程。

(3)保国寺大殿的监测是国内最早利用物联网现代技术进行建筑遗产监测的案例,它的目的是通过监测了解建筑遗产的损毁变化规律以为科学制定保护措施提供理论依据,其提倡的防患于未然的保护理念是很先进的,利用的现代技术也是很先进的,但由于在监测系统建立之前缺乏系统全面的科学分析,使监测重点的把握和监测点的设置都存在一定漏洞,其整个监测系统还需要进一步完善。

(4)苏州园林的监测一定程度上是出于世界遗产委员会和国家文物局对世界遗产进行监测的硬性规定,其主要目的是满足世界遗产监测机制的相关指标和要求。其建立的监测系统是在没有任何监测标准参考情况下进行的自主探讨。在国内没有任何监测标准可参考的情况下,它进行自主探讨并开发了一套监测预警系统,获得认可并成为了世界遗产监测的试点单位❶。

结合预防性保护的相关理念,我们可以看出:保国寺大殿的监测是防患于未然的技术实践,理念上最接近于预防性保护;苏州园林的监测预警机制,其总方向和预防性保护也是一致的;相比之下,虎丘塔和莫高窟的监测似乎与预防性保护基本没有关系,但它们建立起来的监测系统是值得关注的,作为早期成功的监测代表,它们的很多实践是值得借鉴的。综合比较这几个监测案例的具体实践,分析其得失功过,可以帮助我们思考预防性保护理念下建筑遗产的监测工作应该如何成功开展和实施等相关问题。

---

❶ 于2007年11月召开的"全国世界遗产监测工作会议"上,苏州园林的监测工作受到国家部门的充分肯定,并被确定为国家文物局的试点单位。

第三部分

应用探讨篇

6 基于灾害分析的建筑遗产的灾害预防机制
——以江苏省1～6批全国重点文物保护单位为例

6.1 江苏省全国重点文物保护单位概况和自然灾害概况介绍

6.1.1 江苏省全国重点文物保护单位的相关概述

目前,江苏省共有119处全国重点文物保护单位,为第一批至第六批分别颁布(其各批数量构成见图6.1),约占全国重点文物保护单位总量的5%(第1批至第6批全国重点文物保护单位总量有2 351处❶),其中有古建筑55处、古墓葬10处、古遗址16处、近现代重要史迹及代表性建筑28处、石窟寺及石刻10处,其组成比例见图6.1。这些文保单位为各个不同时期所建,其中又以明清两代和民国时期为主,其各个时期的组成如图6.1所示。从空间分布来看,各市境内所有数量不尽相同,以苏州、南京两处最多,无锡、扬州次之,其具体构成见图6-1。如果结合2009年江苏省各市GDP排名,会发现各市GDP排名与各市国保单位数量排名有着近似的趋势,如苏州、无锡、南京三市的GDP排名前三,其拥有的国保单位的数量排名也为前三(两者之间的关系具体见图6.2)。虽然两者排名不是完全对应,如南通和常州两市GDP排名为第四和第五,其拥有的国保单位的数量排名则较后,但却是可以让我们进一步思考文化遗产保护和当地经济发展两者之间的关系。

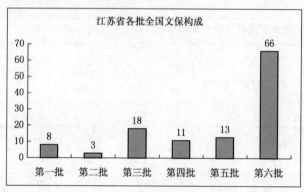

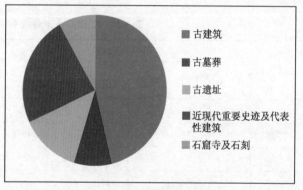

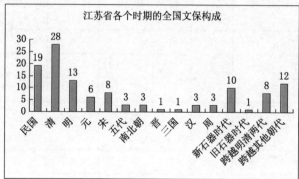

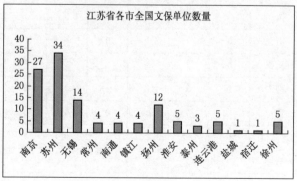

图6.1 江苏省全国重点文物保护单位分批、分类、分时期、分布构成图

❶ 第一批全国重点文物保护单位为180处,第二批为62处,第三批为258处,第四批为250处,第五批为518处,第六批为1 080处,其中第五批后来又增批三处,因此一共是2 351处。

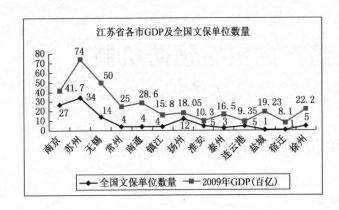

城市	国保单位排名	2009 年 GDP 江苏省排名
南京	2	3
苏州	1	1
无锡	3	2
常州	并列第 10	5
镇江	并列第 8	10
南通	并列第 8	4
扬州	4	8
淮安	并列第 5	11
泰州	并列第 10	9
连云港	并列第 5	12
盐城	并列第 12	7
宿迁	并列第 12	13
徐州	并列第 5	6

图 6.2　江苏省各市 GDP 及其国保单位比较分析图和表

　　根据第一批至第六批各种类别的国保单位数量统计,绘制出"江苏省各市各批各种类的全国重点文物保护单位表"(表 6.1),从表中数据可以看出,各市的国保单位组成不尽相同:南京地区国保单位的种类最全,又以近现代重要史迹及代表性建筑为最多,几乎占整个江苏省同类别的一半;苏州地区的国保单位以古建筑和近现代重要史迹及代表性建筑两类为主,其中古建筑类别的国保单位为全省最多,几乎占整个省的 50%;扬州和无锡两市的国保单位也都以古建筑为主;徐州的国保单位以古墓葬、古遗址为主。此外,古墓葬主要在南京和徐州等地,古遗址主要在南京、无锡、常州、扬州和徐州等地,石窟寺及石刻主要在无锡、连云港、苏州和南京。

表 6.1　江苏省各市各批各种类的全国重点文物保护单位

城市	第 1~6 批						各种类别					总量
	第一批	第二批	第三批	第四批	第五批	第六批	古建筑	古墓葬	古遗址	近现代重要史迹及代表性建筑	石窟寺及石刻	
南京	2	1	6	2	3	13	4	4	4	13	2	27
苏州	6	2	2	2	3	19	27	0	1	4	2	34
无锡	0	0	1	0	3	10	6	1	2	3	2	14
常州	0	0	1	0	1	2	0	0	2	2	0	4
镇江	0	0	0	2	1	1	1	0	0	1	2	4
南通	0	0	1	0	1	2	3	0	1	0	0	4
扬州	0	0	2	2	2	6	8	1	2	1	0	12
淮安	0	0	0	0	1	3	2	1	0	2	0	5
泰州	0	0	0	0	0	3	1	0	1	1	0	3
连云港	0	0	2	1	0	2	1	1	1	0	2	5
盐城	0	0	0	0	0	1	0	0	0	1	0	1
宿迁	0	0	0	0	1	0	0	0	0	1	0	1
徐州	0	0	0	0	1	4	1	2	2	0	0	5
总量	8	3	18	11	13	66	55	10	16	28	10	119

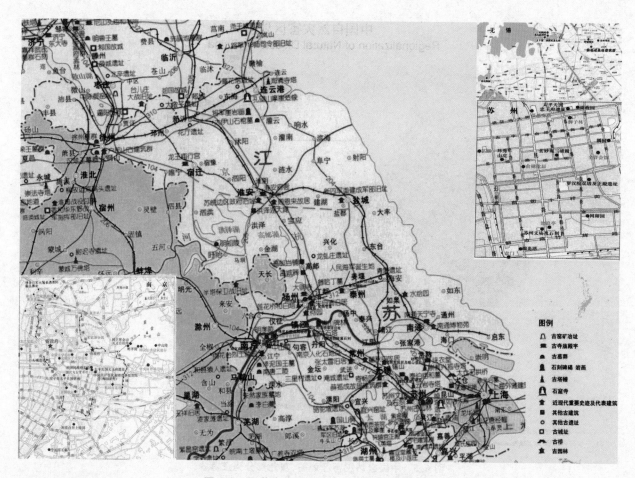

图6.3　江苏省全国重点文物保护单位分布图

6.1.2　江苏省的自然灾害情况概述

　　江苏省是我国自然灾害种类较多、活动较强的地区。根据1900—2000年的重大自然灾害点位图（图6.4）可知，江苏省地区的重大自然灾害主要有：洪涝、旱灾、台风、病虫害几种。根据中国自然灾害区划，中国分为6个灾害带和26个灾害区，江苏省属于东南沿海灾害带的苏沪沿海灾害区和东部灾害带的黄淮海平原灾害区、江淮平原灾害区（图6.5和图6.6）。所面临的主要自然灾害有台风、暴雨、洪涝、干旱、海水入侵、冷冻、盐渍化、地面沉降、病虫害、地震等，主要灾害链为台风灾害链、暴雨灾害链和干旱灾害链。

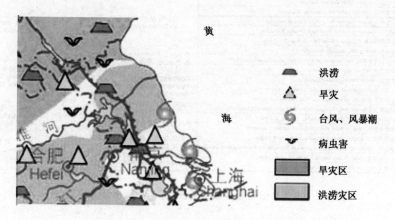

图6.4　江苏省重大自然灾害点位图（1900—2000年）

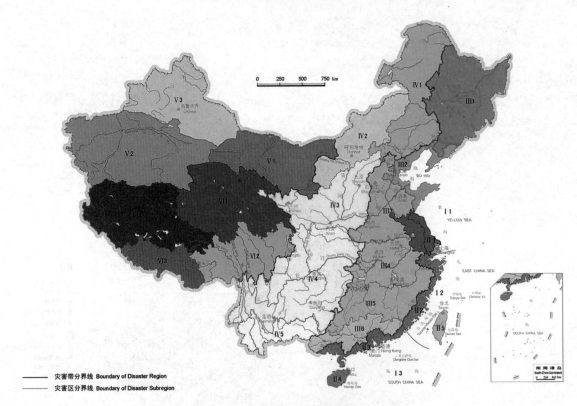

中国自然灾害区划
Regionalization of Natural Disaster in China

图6.5　中国自然灾害区划图,灰色部分为江苏省

中国自然灾害区域特征(一)
Characteristics of Natural Disaster Region and Subregion of China (1)

灾害带 Disaster Regions	灾害区 Disaster Subregions	孕灾环境　Hazard-formative Environments					
		气候系统　Climate System			地貌系统　Topography System		
		环流与洋流 Circulation and Sea Current	T(℃)	P(%)	地貌 Topography	H_1(m)	H_2(m)
I 海洋灾害带 Ocean Disaster Region	I 1 渤黄海灾害区 Bohai-Yellow Sea Disaster Subregion I 2 东海灾害区 East China Sea Disaster Subregion I 3 南海灾害区 South China Sea Disaster Subregion	海洋环流 Ocean Circulation	< 0.2		大陆架，大陆坡， 深海平原 Continental Shelves and Slopes, Deep Sea Plains		
II 东南沿海灾害带 Southeast Coastal Disaster Region	II 1 苏沪沿海灾害区　Jiangsu-shanghai Coastal Disaster Subregion II 2 浙闽沿海灾害区　Zhejiang-Fujian Coastal Disaster Subregion II 3 粤桂沿海灾害区　Guangdong-Guangxi Coastal Disaster Subregion II 4 海南灾害区　Hainan Disaster Subregion II 5 台湾灾害区　Taiwan Disaster Subregion	东南季风，海洋环流 Southeast Monsoon and Ocean Circulation	0.2~0.3	15~20	沿海丘陵，平原 Coastal Hills and Plains	0~200	50~100
III 东部灾害带 Eastern Mainland Disaster Region	III 1 东北平原灾害区　Northeast Plain Disaster Subregion III 2 环渤海平原灾害区　Around Bohai Plain Disaster Subregion III 3 黄淮海平原灾害区　Huang-Huai-Hai River Plain Disaster Subregion III 4 江淮平原灾害区　Changjiang-Huaihe River Plain Disaster Subregion III 5 江南丘陵灾害区　South Changjiang River Hills Disaster Subregion III 6 南岭丘陵灾害区　Nanling Hills Disaster Subregion	东南季风 Southeast Monsoon	0.3~0.4	20~30	平原，丘陵，山地 Plains, Hills and Mountains	200~500	100~200
IV 中部灾害带 Central Mainland Disaster Region	IV 1 大兴安岭燕山山地灾害区　Da Hingganling-Yanshan Mountains Disaster Subregion IV 2 内蒙古高原灾害区　Nei Mongol Plateau Disaster Subregion IV 3 黄土高原灾害区　Loess Plateau Disaster Subregion IV 4 西南山地丘陵灾害区　Southwest Mountain-Hill Disaster Subregion IV 5 滇桂南部丘陵灾害区　South Yunnan-Guangxi Hills Disaster Subregion	东南季风，西南季风， 西风环流 Southeast Monsoon, Southwest Monsoon and Westerlies	0.4~0.5	10~30	高原，盆地，山地，丘陵 Plateaus, Basins, Hills and Mountains	500~2000	200~500
V 西北灾害带 Northwest Mainland Disaster Region	V 1 蒙宁甘高原山地灾害区　Nei Mongol-Ningxia-Gansu Plateau-Mountain Disaster Subregion V 2 南疆戈壁沙漠灾害区　South Xinjiang Gobi-Desert Disaster Subregion V 3 北疆山地沙漠灾害区　North Xinjiang Mountain-Desert Disaster Subregion	西风环流 Westerlies	0.5~0.6	30~50	戈壁，沙漠，盆地，山地 Gobi, Deserts, Basins and Mountains	500~2000	200~1000
VI 青藏高原灾害带 Qinghai-Xizang Plateau Disaster Region	VI 1 青藏高原盆地灾害区　Qinghai-Xizang Plateau-Basin Disaster Subregion VI 2 川西藏东南山地谷地灾害区　West Sichuan & Southeast Xizang Mountain-Valley Disaster Subregion VI 3 藏南山地谷地灾害区　South Xizang Mountain-Valley Disaster Subregion VI 4 藏北高原灾害区　North Xizang Plateau Disaster Subregion	高原季风，西南季风， 西风环流 Plateau Monsoon, Southwest Monsoon and Westerlies	0.3~0.4	15~25	高山，高原，峡谷 Mountains, Plateaus and Gorges	>2 000	> 1000

图6.6　中国自然灾害区域特征图,深色边框为江苏省区域

6.2 江苏省全国重点文物保护单位的灾害区划分析

6.2.1 江苏省全国重点文保单位的地质灾害区划分析

　　江苏省面临的地质灾害主要有滑坡崩塌、地面塌陷、地面沉降及其引发的地裂缝、海水入侵等,其中"地面沉降是江苏省影响面积最大的地质灾害,尤以苏锡常地区及苏北沿海平原区最为严重",地面沉降也直接诱发了地裂缝、海水入侵等地质灾害。另外,矿产资源的开采以及连云港—新沂—徐州—泗洪—盱眙—南京—苏州一带的低山丘陵地形,易发生滑坡、崩塌、地面塌陷等灾害,但其规模一般不大,90%以上的滑坡和崩塌为小型。"从地质灾害波及的面积来看,当前影响最大的地质灾害是地面沉降,而从长远的角度来看,未来影响最大的地质灾害是海水入侵"。❶其他地质灾害,如滑坡和崩塌,主要分布在镇江、南京、连云港和宜兴等丘陵山区,从时间上看,滑坡、崩塌一般发生在主汛期(6～9月),其数量与降雨量和降雨强度有直接关系;地面塌陷分采空区地面塌陷和开采地下水引起的岩溶地面塌陷:采空区地面塌陷主要分布在徐州市的贾汪区、沛县、铜山县等地,南京市的江宁、雨花台区等地,苏州市吴中、高新区等地区;岩溶地面塌陷主要分布在徐州市区、南京市的仙林、吴中区西山镇、宜兴查林村。

　　根据江苏省地质灾害的地理分布和全国文保单位的地理位置对应,可以知道全国文保所面临的可能性地质灾害,具体见表6.2。另外,结合江苏省的地质情况,将江苏省地质图与江苏省全国文保单位分布图进行叠置分析(图6.7),从中可以看出位于低山丘陵斜坡地带的国保约有33处,如连云港的海清寺塔、孔望山摩崖造像、将军崖岩画和大伊山石棺墓,徐州的汉楚王墓群和徐州墓群,淮安盱眙的明祖陵,镇江的焦山碑林、昭关石塔、镇江英国领事馆旧址,无锡宜兴的国山碑、宜兴窑址、骆驼墩遗址,苏州太湖地区的紫金庵罗汉塑像、轩辕宫正殿、东山民居、春在楼、寂鉴寺石殿,南京的明孝陵、中山陵、国立紫金山天文台旧址、钟山建筑遗址、中央体育场旧址、南京城墙、象山王氏家族墓地、千佛崖石窟及明征君碑、雨花台烈士陵园、栖霞寺舍利塔、南京南朝陵墓石刻、浡泥国王墓、南唐二陵和南京人化石地点等。当遇暴雨或地震灾害时,这些位于斜坡地带的全国文保有发生滑坡灾害的可能性。

表 6.2　江苏省全国文保单位面临的地质灾害分析(地震除外)❷

地质灾害类型	地理分布	对建筑遗产的危害性	可能受危害的全国文保
地面沉降	苏锡常和南通、盐城、大丰城区及外围	造成建筑的倾斜、裂缝、移位、砖层错位	苏锡常地区的52处国保,南通天宁寺、南通博物苑、盐城新四军重建军部旧址
地裂缝	常州、无锡、江阴、张家港等地区	造成建筑的裂缝、移位、倒塌	常州的淹城遗址、瞿秋白故居、张太雷故居,无锡市区的阿炳故居等6处全国文保,江阴的徐霞客故居及晴山堂石刻
地面塌陷	岩溶塌陷分布在徐州、南京、无锡;采空塌陷分布在徐州、南京、连云港、镇江	造成建筑的倾斜、裂缝、倒塌	徐州市的汉楚王墓群等3处国保,南京的27处国保,无锡城区的10处国保,连云港的5处国保和镇江城区的三处国保
滑坡崩陷	南京、镇江、连云港、宜兴等地	造成建筑的倒塌	南京的明孝陵等位于低山丘陵的国保,镇江的焦山碑林、昭关石塔、镇江英国领事馆旧址,连云港的海清寺塔、孔望山摩崖造像、将军崖岩画和大伊山石棺墓和宜兴的国山碑、宜兴窑址、骆驼墩遗址等
塌岸	长江两岸	地基被毁,造成建筑倒塌	
海水入侵	沿海地区	地基被腐蚀,从而引起倾斜、裂缝等	连云港的将军崖岩画、大伊山石棺墓,盐城新四军重建军部旧址,南通的水绘园、青墩遗址、南通天宁寺、南通博物苑

❶　谢兴楠.江苏地质灾害特征、成因及防治建议[J].地质学刊,2009,33(2):154-159

❷　参考谢兴楠.江苏地质灾害特征、成因及防治建议[J].地质学刊,2009,33(2):154-159 一文中的相关内容整理而成。

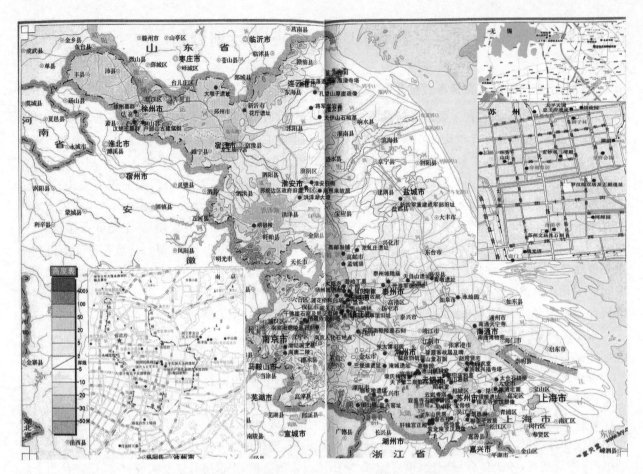

图6.7　江苏省全国文保单位分布和地势情况图

6.2.2　江苏省全国重点文保单位的地震区划分析

1) 江苏省的地震区划

"江苏省是中国东部地区中强地震活动水平较高的省份,著名的郯庐断裂带❶、长江中下游—黄海地震带与华北平原地震带贯穿,小震不断,中强地震时有发生"❷。根据中国地震和火山分布图(图6.8)可知,江苏省的徐州、宿迁、淮安、连云港四市的部分地区位于地震带。根据中国地震烈度区划,江苏宿迁属于9度及9度以上的城市,泗洪为8度城市,7度城市有南京、徐州、连云港、镇江、扬州、淮阴、泰州、盐城,6度城市有苏州、无锡和常州,一般情况下,抗震设防烈度可采用中国地震烈度区划。❸ 另外,地震时地面运动的加速度可作为确定烈度的依据,在以烈度为基础作出抗震设防标准时,往往对相应的烈度给出对应的峰值加速度❹。根据"江苏省地震动峰值加速度区划图"(图6.10)可知,徐州的邳州、新沂、睢宁,宿迁市及其泗洪、泗阳和沭阳县,这些地区的地震动峰值加速度值较大,抗震设防烈度应较高。

---

❶ 据记载,该地震带共发生4.7级以上地震60余次,其中7~7.9级地震6次,8级以上地震1次,1668年郯城8.5级地震、1969年渤海7.4级地震、1974年海城7.4级地震就发生在这个地震带上。

❷ 江苏省地震概况[EB/OL].[2010-11-10] http://www.njseism.gov.cn/pages/InfoShow.aspx? newsid=98&mid=220401.

❸ 周云,李伍平,浣石,等.防灾减灾工程学[M].北京:中国建筑工业出版社,2007:53

❹ 地震动峰值加速度,即与地震动加速度反应谱最大值相应的水平加速度。依据中国的新地震烈度表(1980)规定,烈度Ⅶ、Ⅷ、Ⅸ、Ⅹ相应的峰值加速度平均值分别为0.125 g、0.25 g、0.5 g、1.0 g。

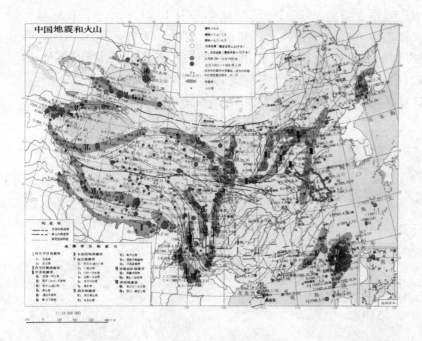

图6.8　中国地震与火山分布图,深色线框部分及右图为江苏省部分

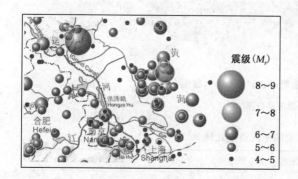

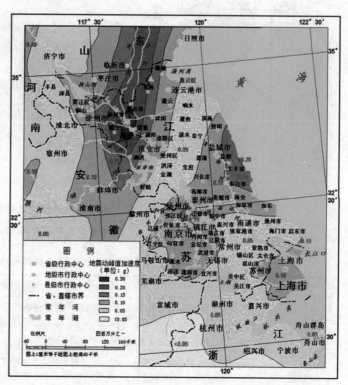

图6.9　江苏省地震震中分布图

(2300 B. C. —2000A. D. ,Ms≥4)

图6.10　江苏省地震动峰值加速度区划图

2) 江苏省的地震区划图与江苏省全国重点文保单位分布图的叠置分析

首先,将江苏省地震震中分布图(2300B. C. —2000A. D. ,Ms≥4)、江苏省地震带分布图和江苏省全国文保单位分布图进行叠置(图6.11),可以看出江苏境内的连云港和徐州部分地区位于8~9震级震中地带(结合图6.8可知,公元1668年7月25日,位于该震中区域的郯城发生8.5级地震),可能波及的全国文保单位有连云港的孔望山摩崖造像、藤花落遗址和徐州新沂的花厅遗址等几处。同样,由该图可以看

出镇江、扬州和丹阳位于6～7级震中地带(结合图6.8可知,公元1624年2月10日,位于该震中区域的扬州发生6级地震),溧阳也位于6～7级震中地带(结合图6.8可知,公元1979年7月9日,该震中区域发生6级地震),这两个区域可能波及的全国文保单位有镇江的焦山碑林、昭关石塔、镇江英国领事馆旧址,丹阳的丹阳南朝陵墓石刻,以及扬州城区的9处国保单位。位于其他震中地带的国保单位见表6.3。不同震级(M)对应着不同震中烈度(I),了解其对应关系(M=0.58I+1.5)有助于确定抗震设防烈度(表6.4)。

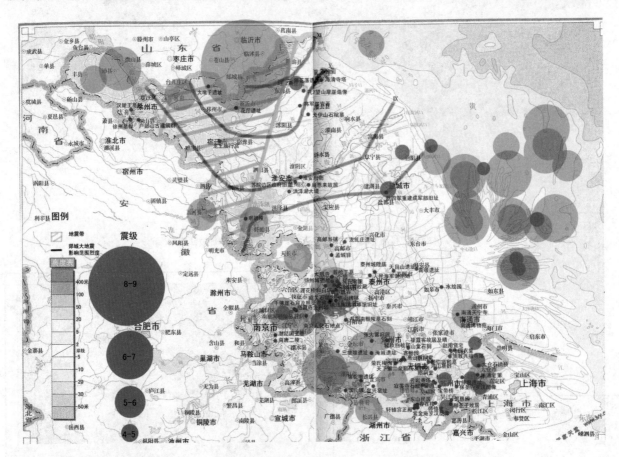

图6.11　江苏省全国文保单位地处地震带、震中区划示意图

(黑线部分为1668年郯城地震波及范围)

表6.3　江苏省位于不同级别震中地带的全国重点文保单位

震中地带	范围内的全国重点文保单位
8～9级震中地带	徐州新沂的花厅遗址和徐州邳州的大墩子遗址(极靠近该震中地带的连云港的藤花落遗址)
6～7级震中地带	镇江的焦山碑林、昭关石塔、镇江英国领事馆旧址,扬州城区的9处国保(何园、个园、吴氏宅第、朱自清旧居、扬州城遗址、扬州大明寺、普哈丁墓、莲华桥和白塔、小盘谷)(极靠近震中地带的金坛的三星村遗址和无锡宜兴的国山碑)
5～6级震中地带	淮安盱眙的明祖陵,南通天宁寺和南通博物苑,南京除了浡泥国王墓和南唐二陵之外的25处国保,常州的张太雷旧居、瞿秋白故居和淹城遗址,无锡宜兴的国山碑和骆驼墩遗址,苏州东山镇的春在楼、东山民居、轩辕宫正殿和紫金庵罗汉塑像,苏州太仓的太仓石拱桥和张溥宅第,苏州寂鉴寺石殿、云岩寺塔等
4～5级震中地带	连云港的藤花落遗址,盐城新四军重建军部旧址,苏州吴江的退思园和柳亚子故居

表6.4　烈度与震级的大致关系❶

震级(M)	2	3	4	5	6	7	8	8以上
震中烈度(I)	1～2	3	4～5	6～7	7～8	9～10	11	12

❶　周云,李伍平,浣石,等.防灾减灾工程学[M].北京:中国建筑工业出版社,2007:27

地震带的分布向来是制定地震重点监测区及抗震设防的依据,由图6.11可知位于郯庐断裂带的江苏境内的全国文保有:徐州邳州的大墩子遗址、徐州新沂的花厅遗址、宿迁龙王庙行宫和淮安盱眙明祖陵,以及极其靠近地震带的连云港的藤花落遗址。此外,地震周期(相关专家认为相等级别的地震再次发生需要积聚400年的能量)也是防震抗震需要关注的——郯城8.5级大地震发生于1668年,扬州6级地震发生于1624年,虽有专家称近期不会发生地震,但地震学上的黑色400年也不容轻易忽视。郯城大地震作为中国历史上破坏力最大的地震之一,其波及范围极广,由图6.11可以看出位于郯城大地震10度区的全国文保有:徐州邳州的大墩子遗址,徐州新沂的花厅遗址,连云港的藤花落遗址、海清寺塔、孔望山摩崖造像、将军崖岩画等,位于9度区的全国文保有:宿迁龙王庙行宫和连云港的大伊山石棺墓,位于8度区的全国文保有:淮安府衙、周恩来故居、苏皖边区政府旧址、洪泽湖大堤、盱眙明祖陵和盐城新四军重建成军部旧址等,在确定这些全国文保单位的抗震设防烈度时,也应适当考虑该因素。

此外,根据地震动峰值加速度与地震烈度的对应关系(表6.5)以及地震动峰值加速度与地震诱发崩滑之间的相关性:地震动峰值加速度越大,其区域的抗震设防烈度应越高。因此,将图6.11与江苏省地震动峰值加速度区划图进行叠置(图6.12),可以看出宿迁的龙王庙行宫位于峰值加速度值最高的区域,其余全国文保单位对应的不同峰值加速度值见表6.6。

表6.5 地震动峰值加速度分区与地震基本烈度对照表❶

地震动峰值加速度分区(g)	<0.05	0.05	0.1	0.15	0.2	0.3	≥0.4
地震基本烈度值	<Ⅵ	Ⅵ	Ⅶ	Ⅶ	Ⅷ	Ⅷ	≥Ⅸ

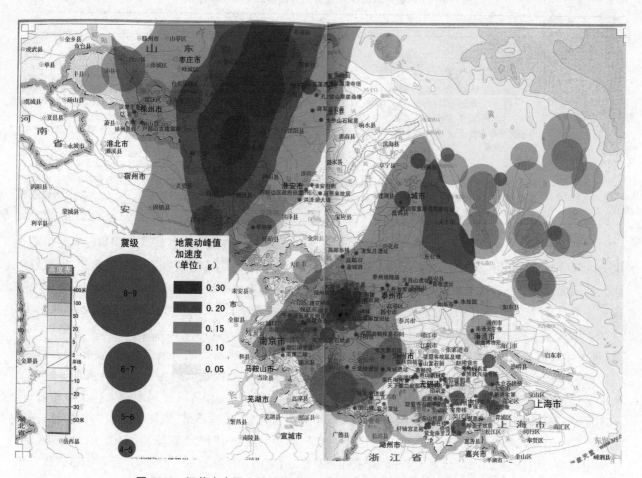

图6.12 江苏省全国文保单位震中区划及地震动峰值加速度区划示意图

❶ 全国地震区划图编制委员会. GB 18306—2001中国地震动参数区划图[S]. 北京:[出版者不详],2001

表 6.6 江苏省位于不同峰值加速度区域的全国重点文保单位

地震动峰值加速度值(g)	全国文保单位
0.30	宿迁的龙王庙行宫
0.20	徐州新沂花厅遗址、徐州邳州大墩子遗址
0.15	连云港的藤花落遗址、镇江的焦山碑林、昭关石塔和镇江英国领事馆旧址,扬州城区的9处国保
0.10	徐州汉楚王墓群、徐州墓群和户部山古建筑群,连云港的海清寺塔、孔望山摩崖造像、将军崖岩画和太伊山石棺墓,淮安的淮安府衙、明祖陵、洪泽湖大堤和苏皖边区政府旧址,盐城的新四军重建成军部旧址,扬州高邮的龙虬庄遗址、高邮当铺和盂城驿,泰州的泰州城隍庙、人民海军诞生地和天目山遗址,南通如皋水绘园、南通海安青墩遗址,常州的张太雷旧居、瞿秋白故居、淹城遗址和常州金坛三星村遗址,镇江丹阳南朝陵墓石刻,南京除南唐二陵之外的26处国保
0.05	淮安周恩来故居,南京南唐二陵,南通天宁寺和南通博物苑,无锡地区的14处国保和苏州地区的34处国保

3)江苏省全国重点文保单位的地震灾害区划分析

结合以上相关分析,可以基于现代抗震设防标准为明确不同区域的全国文保单位的抗震设防烈度提供参考,见表 6.7。其中,将宿迁龙王庙行宫列为 9 度抗震设防烈度,主要是因为宿迁属于我国 9 度抗震烈度城市。由于地震的难预测性以及建筑遗产的复杂性,这些抗震设防烈度仅供参考,在具体的抗震设防工作中,还需要在此基础上结合《古建筑木结构维护与加固技术规范》中关于抗震鉴定的相关要求,以及不同类型的全国文保有针对性地进行相关研究,确定抗震设防烈度和对应措施。

表 6.7 江苏省全国文保单位的抗震设防烈度初步区划参考

抗震设防烈度	全国文保单位数量和名称
9 度	1 处,宿迁的龙王庙行宫
8 度	2 处,徐州邳州大墩子遗址、徐州新沂的花厅遗址
7 度	66 处,徐州 3 处(汉楚王墓群、徐州墓群、户部山古建筑群),连云港 4 处(将军崖岩画、孔望山摩崖造像、海清寺塔、藤花落遗址),连云港灌云县的大伊山石棺墓,淮安 3 处(洪泽湖大堤、淮安府衙、苏皖边区政府旧址),淮安盱眙的明祖陵,盐城的新四军重建军部旧址,泰州 2 处(泰州城隍庙、人民海军诞生地),泰州姜堰的天目山遗址,南通如皋的水绘园,南通海安的青墩遗址,扬州地区的 12 处国保,镇江地区的 4 处国保,常州地区的 4 处国保,南京地区除南唐二陵之外的 26 处国保
6 度	51 处,主要集中在苏州地区(34 处)和无锡地区(12 处),还有南通 2 处(南通天宁寺和南通博物苑)、淮安的周恩来故居和南京的南唐二陵。其中,苏州东山镇的春在楼、东山民居、轩辕宫正殿和紫金庵罗汉塑像,苏州太仓的太仓石拱桥和张溥宅第,苏州寂鉴寺石殿、云岩寺塔,无锡宜兴的骆驼墩遗址,南通天宁寺和南通博物苑等,由于位于 5~6 级震中地带,对其抗震设防烈度可适当提高。

地震会引发一系列次生灾害,在不同区域会形成不同灾害链,如在城市地区或人口密集区容易引发火灾,在山区则会引发不同程度的坍塌、滑坡、泥石流以及水灾,在沿海地区则会引发海啸。此外,根据最新研究,"地震动峰值加速度与地震诱发崩滑之间存在非常明显的正相关性,随峰值加速度增加,地震滑坡灾害也逐渐严重"[1]。以汶川地震为例,"峰值加速度 0.20 g 为分界线,大于此值时地震滑坡灾害比较严重;峰值加速度 0.05~0.07 g 为下限值,小于此值时,诱发滑坡的可能性很小;震区斜坡承受地震的水平较差,诱发滑坡的可能性增加"[2]。基于此,结合江苏省地势情况以及江苏省地质灾害情况(表 6.2),可以进一步分析哪些全国文保可能面临地震滑坡灾害,存在地震滑坡可能性较大的为地震动峰值加速度大于 0.05 g 且位于山地的全国文保,如连云港的海清寺塔、孔望山摩崖造像、将军崖岩画和大伊山石棺墓,徐州的汉楚王墓群和徐州墓群,淮安盱眙的明祖陵,镇江的焦山碑林、昭关石塔、镇江英国领事馆旧址,南京的明孝陵、中山陵、国立紫金天文台旧址、钟山建筑遗址、中央体育场旧址、南京城墙、象山王氏家族墓地、千佛崖石窟及明征君碑、雨花台烈士陵园、栖霞寺舍利塔、南京南朝陵墓石刻、浡泥国王墓和南京人化石地点等。

---

❶❷ 王秀英,聂高众,王登伟. 汶川地震诱发滑坡与地震动峰值加速度对应关系研究[J]. 岩石力学与工程学报,2010,29(1)

6.2.3　江苏省全国重点文保单位的气象灾害区划分析

要进行江苏省全国文保单位的气象灾害区划分析,一方面需要结合历史发生频数了解大致情况,另一方面需要结合实时的气象预报进行分析。这里主要就历史发生频数及其分布规律展开,具体分析风灾害、雷暴灾害、水灾害、冰雹灾害和雪害这几种气象灾害。另外,要进行气象灾害的区划分析,除了了解气象灾害的地理区划之外,还需要了解气象灾害的发生时间规律(即时间区划),这部分内容在第 6.3 节会有所涉及。

1) 江苏省全国重点文保单位的风灾害区划分析

(1) 江苏省的风灾害区划

江苏各地出现大风的最多风向略有不同,根据相关统计,各地最多风向及出现时段如下:江苏沿海地区多为偏北大风,多出现于冬季;连云港、南京、射阳等地区以北偏东大风为主,多数出现在 10—1 月之间,约占总次数的 50%,春季 3—4 月出现大风的频率也较高;苏州地区大多数为北偏西大风,主要出现于冬春两季;徐州、高淳则以偏东大风为主,以 3—4 月和 9—12 月出现最多,占总次数的 74% 左右。❶

江苏省的风灾害可以分为四类:台风、雷暴、飑线大风,龙卷风和寒潮大风。台风多发生在 5—11 月,其中 7—9 月最为集中,影响江苏的台风,先是大风侵袭,其次是暴雨过程。雷暴、飑线大风主要发生在春夏季节,其特点是时间短、范围小,但破坏力大,雷暴大风各地均可发生,而飑线大风主要出现在灌溉总渠以北及东部沿海地区。寒潮大风主要发生在冬季 11—3 月,易发生全省性的偏北大风。❷在这些大风灾害中,相比而言,龙卷风是破坏力最大的风灾害。

根据 1956—2005 年 50 年间江苏省各县市龙卷风发生的总次数统计可知:江苏省龙卷风总体分布是沿海多,内陆少;而沿海分布为南多北少,东南部多,中西部少。在江苏省 13 个地级市中,南通市是江苏省龙卷风发生频数的最高值区(共有 300 次记录),苏州为次高值区,两个城市都位于江苏东南部;发生频数属于中等的有无锡、常州、泰州、淮安、盐城和徐州;发生频率较低的为南京、镇江、扬州、宿迁和连云港,其中宿迁最低(50 年间仅有 29 次记录)。另外,通过比较 20 世纪 90 年代和 2000 年以来江苏龙卷风分布的年际变化发现:2000 年以前,江苏东南部始终是龙卷发生的频繁区,1990 年代淮北西北部地区频次增加;2000 年以后,江淮中部地区龙卷风发生次数明显增加,东南部有所减少,龙卷风多发地带呈明显东南—西北带状分布。

近年来,南京信息工程大学江苏省气象灾害重点实验室开展"江苏省龙卷风灾害风险评价"相关方面的研究,根据风险评价模型的计算分析❸,将江苏省分为低风险区、中度风险区、较高风险区和高风险区四个级别。(图 6.13)

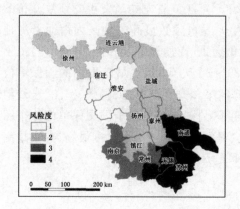

区域	等级	指标	主要地理范围
高风险区	1	＞0.6	苏州、无锡、南通
较高风险区	2	0.6～0.4	常州、南京
中度风险区	3	0.4～0.2	镇江、泰州、徐州、盐城、扬州、连云港
低风险区	4	≤0.2	宿迁、淮安

图 6.13　江苏省龙卷风灾害风险度区划图及风险区等级划分指标

❶❷　吴孝祥.江苏省主要气象灾害概况及其时空分布[J].气象科学,1996,16(3):291-297
❸　许遐祯,潘文卓,缪启龙.江苏省龙卷风灾害风险评价模型研究[J].大气科学学报,2009,32(6):792-797

（2）江苏省全国重点文保单位分布图的风灾害区划分析

首先，将江苏省1974—1993年年平均大风日数图与江苏省全国文保单位分布图进行叠置（图6.14），可以看出1974—1993期间年平均大风较多的地方有宿迁、南京、东部沿海地带（其中尤以盐城射阳一带和南通吕四一带最多）和苏州太湖流域（尤以东山镇最多），面临年平均大风日数超过10日的全国文保单位有：宿迁的龙王庙行宫，苏州太湖地区的紫金庵罗汉塑像、轩辕宫正殿、东山民居、春在楼和师俭堂，南京地区除南唐二陵和南京人化石地点之外的25处国保。

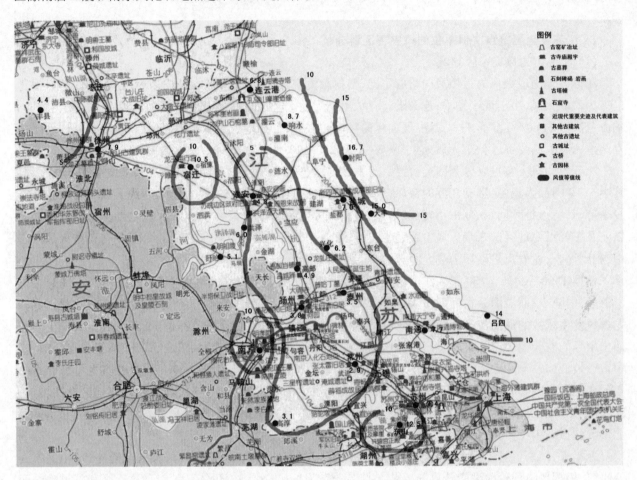

图6.14　江苏省全国文保单位分布图与1974—1993年年平均大风日数图叠置

在风灾中，对建筑遗产造成危害最大的为龙卷风，将1956—2005年江苏省龙卷风发生的频数分布图与江苏省全国文保单位分布图进行叠置（图6.15），可以看出发生龙卷风频数最高的地区为南通沿海地带，其中南通地区的4处国保（南通如皋的水绘园、南通海安的青墩遗址、南通天宁寺和南通博物苑）位于龙卷风发生频数30～40次/50年的区域；位于龙卷风发生频数20～30次/50年区域范围内的国保单位有：泰州姜堰的天目山遗址、苏州昆山的绰墩遗址以及太仓的张溥宅第和太仓石拱桥；扬州、镇江、连云港和南京地区遇龙卷风频数最低。最后，将江苏省龙卷风灾害风险度区划图与江苏省全国文保单位分布图进行叠置（图6.16）可以看出，苏州、无锡和南通三个地区的全国文保面临龙卷风的风险度最高，其次是南京和常州地区的全国文保，淮安和宿迁地区的全国文保面临龙卷风的风险度最低。

2）江苏省全国重点文保单位的雷暴灾害区划

（1）江苏省的雷暴灾害区划

江苏省处于雷暴活动的多发区域，雷暴灾害比较严重❶。雷暴高值区集中在洪泽湖地区以及溧水山

---

❶　根据孙景群的分类，江苏省大部分地区位于雷暴气候的第一区和第二区。

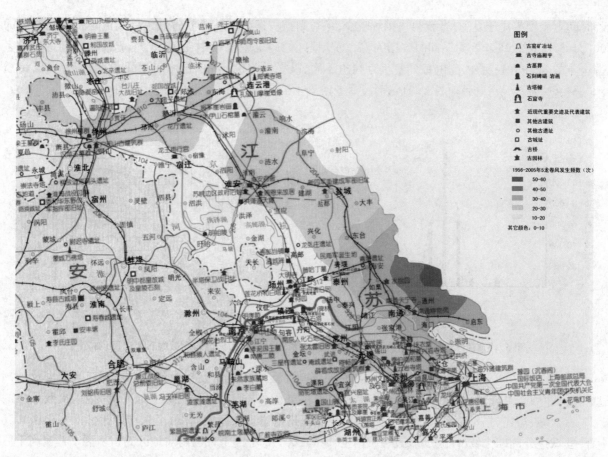

图 6.15　江苏省全国文保单位 1956—2005 龙卷风发生频数区划示意图

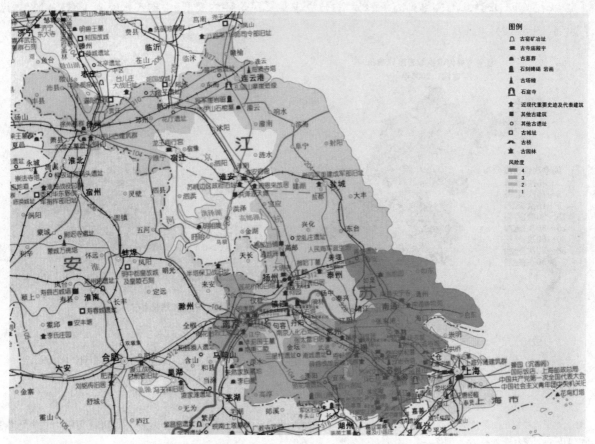

图 6.16　江苏省全国文保单位的龙卷风风险度区划示意图

区,时间上主要集中于夏季,春秋两季相对较少,冬季则很少发生。以江苏省气象局闪电定位系统统计的2005年8月至2006年8月期间的数据为例,江苏地区的闪电主要集中在3—9月,7月的闪电总数最多(占全年的52.9%);另外,闪电每日发生时间也不同,以夏季为例,下午14—16时雷电活动最活跃,凌晨1:00—4:00为全天雷电活动的次峰值,而凌晨6时到上午11时地闪发生相对较少(图6.17)。❶

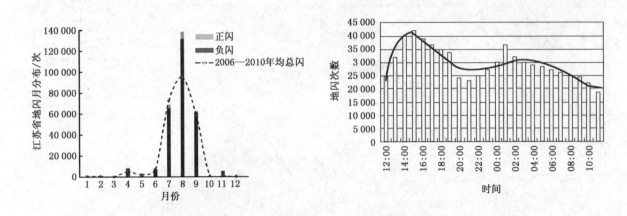

图6.17　江苏地区闪击月次数分布(左,2005.8.—2006.8.)和地闪次数的日变化图(右)

通过计算,2005年8月—2006年8月期间,江苏省地区年闪电密度极大值中心出现在洪泽湖及其周边的泗洪、盱眙、洪泽、吕良地区,次极大值中心出现在溧水山区附近。从行政区域来看,地闪次数最多的是淮安、盐城、宿迁、扬州和南京(淮安、盐城、宿迁和扬州市位于洪泽湖周围,南京市则比邻溧水山区),其中,除盐城之外的四个城市都位于江苏省的内陆地区,从一定程度上说明内陆地区的雷暴活动普遍高于沿海地区。❷　在数据统计的基础上,结合雷电防护的实际需要,采用风险评估理论,通过分析雷暴日数与地理背景、人口密度、经济状况等多种因子的关系,建立了雷暴风险评估模型,根据灾损值大小对雷电灾害进行了区划(图6.18)。

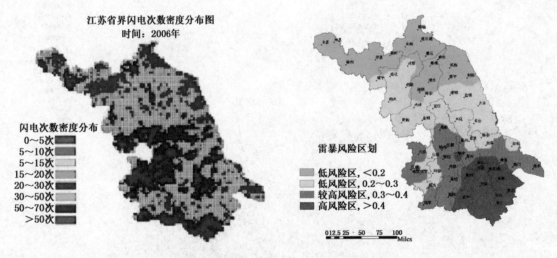

图6.18　江苏省闪电次数密度分布(左)和江苏省雷暴风险区划图(右)

(2)江苏省全国重点文保单位的雷暴灾害区划分析

根据上文雷暴灾害的区划分析可以知道,出现闪电次数最多的地方集中在洪泽湖周围的淮安、盐城、

---

❶　这里需要指出的是,雷电活动在全年分布并不均匀,这样的变化趋势只代表夏季相对少数闪电日的闪电演变情况,并不能代表全年所有的闪电日变化情况。

❷　赵旭寰.江苏省雷电分布规律及预报研究[D].南京:南京信息工程大学,2008:19-24

宿迁、扬州地带以及比邻溧水山区的南京地区,这些地区的全国文保遭遇的闪电要高于其他地区,主要有:淮安的周恩来故居、洪泽湖大堤、淮安府衙、苏皖边区政府旧址,淮安盱眙的明祖陵,盐城的新四军重建军部旧址,宿迁的龙王庙行宫,扬州地区的12处国保和南京地区的27处国保。另外,苏锡常地区虽然闪电次数不是最多,但由于其城区建筑密度大且全国文保单位较为集中,雷暴造成的灾损性往往要高于其他地方。将江苏省雷暴风险区划图与江苏省全国文保单位分布图的叠置(图6.19)可以发现,雷暴造成灾损性最大的区域主要集中在苏州、无锡、常州、南通沿江地区和南京城区,可能受影响的全国文保有:苏州的34处国保,无锡的14处国保,南京城区的16处全国文保以及南通博物苑。其中,南京城区遭遇闪电次数为最多之一,其雷暴风险度也为最高之一,该区的16处全国文保应较江苏省其他地区更加关注雷暴灾害。

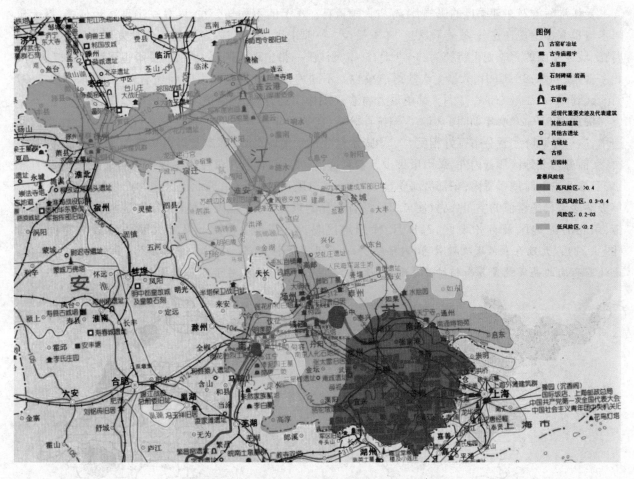

图 6.19   江苏省全国文保单位的雷暴风险区划示意

3) 江苏省全国重点文保单位的水灾害区划分析

(1) 江苏省的洪水灾害和暴雨灾害区划

江苏省的水灾主要为洪水,易发生在沿海、沿湖、沿江、沿河地区以及平原、洼地、水网圩区,如长江、淮河、沂沭泗、太湖、洪泽湖、滁河、青弋水阳江等流域性干河和省际边界河道、湖泊及其周边地区。造成江苏省洪水灾害的主要有两种情况:一是梅汛期降水量异常偏多,二是强台风影响下的特大暴雨。经统计,江苏省洪水发生最多的是5—9月,其中6—7月是洪水频繁发生时期,其洪水次数占全年的78.3%。由1954—1993年期间洪水出现次数统计(表6.8)可知,江苏省江淮地区出现的洪水次数多于淮北和苏南地区。❶

---

❶   吴孝祥.江苏省主要气象灾害概况及其时空分布[J]. 气象科学,1996,16(3):291-297

表 6.8 江苏省 1954—1993 年洪涝年出现概况 ❶

年月	1954.7*	1959.7	1960.6.8	1962.7.9	1964.8	1965.5.7
洪涝地区	江淮 苏南	淮北	江淮	全省	江淮	江淮
年月	1969.7*	1970.7	1972.6.7*	1974.7	1975.6*	1977.5
洪涝地区	江淮 苏南	淮北	江淮 淮北	淮北 苏南	江淮 苏南	苏南
年月	1980.6.7*	1983.7	1987.7.8	1989.6	1991.6.7*	
洪涝地区	江淮 苏南	淮北	江淮 苏南	淮北	全省	

*为大洪大涝年。

受江淮气旋及东亚季风的影响,江苏省大雨量存在季节的不均匀分布,以夏季出现次数最多,最大日降水量也大多出现在这一季,春秋次之,冬季最少。一般来说,江苏省内各类暴雨的频发期为每年的 6～8 月,区域大暴雨的月季变化特征为:3～6 月,江南及江淮一带出现连阴雨天气,大暴雨也逐渐增多;7 月,淮北多暴雨、阴雨;8～10 月,大暴雨次数逐渐减少。不同地域的大暴雨高发时间也有差别,苏南地区 6～7 月间达到峰值;江淮一带在 7 月大暴雨最为频繁;7 月中下旬,淮北较后进入大暴雨高峰期。❷

根据 1961—2000 年期间的相关数据统计分析,江苏累年平均最大日雨量分布(图 6.20)为由南向北递增,这与年均降水量分布正好相反。年均降水量分布受地域影响,苏南及沿海一带雨水充沛,江淮一带次之,而苏西北地区靠近内陆,总雨量最少。春夏过渡之际,江南及江淮一带出现连绵阴雨天气,暴雨几率小,而淮北这一时期多暴雨;东部沿海受台风影响,常出现大暴雨天气;苏北地区也常产生特大降水。❸ 累年极端最大日雨量值的空间分布(图 6.21)没有明显的规律,存在几个高值区,分别是西北沛县、大丰一带,东北沿海地区及苏州地区,7、8 月,徐州地区易产生暴雨。❹关于累年大暴雨日数的空间分布(图 6.22),"大致存在沿海次数较多,内陆较少;南少北多等特点,但也有'少中偏多'、'多中偏少'的情况,地处苏西南的高淳就是苏南相对多暴雨区,徐州、丰县、泗洪等地相对于苏北则暴雨较少"❺。

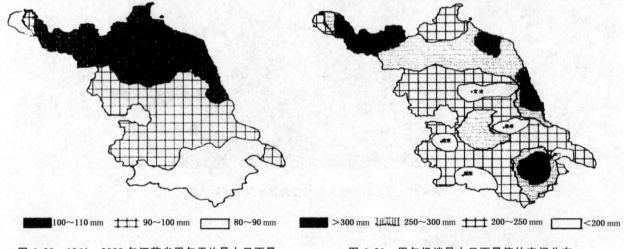

图 6.20 1961—2000 年江苏省累年平均最大日雨量 　　图 6.21 累年极端最大日雨量值的空间分布

（2）江苏省全国重点文保单位的洪水灾害和暴雨灾害区划分析

由图 6.7 可以看出,位于江苏省最低地势的全国文保有:淮安的淮安府衙、周恩来故居、苏皖边区政府旧址和洪泽湖大堤,盐城的新四军重建成军部旧址,扬州地区的 12 处国保,泰州地区的 3 处国保,南通地

❶ 吴孝祥.江苏省主要气象灾害概况及其时空分布[J].气象科学,1996,16(3):291-297

❷ 肖卉,姜爱军,沈琪,等.江苏省最大降水量时空分布特征及其统计拟合[J].气象科学,2006(4):179,182

❸ 肖卉,姜爱军,沈琪,等.江苏省最大降水量时空分布特征及其统计拟合[J].气象科学,2006(4):177

❹ 肖卉,姜爱军,沈琪,等.江苏省最大降水量时空分布特征及其统计拟合[J].气象科学,2006(4):178.响水在 2000 年 8 月 31 日降水量高达 660 mm,西连岛 1985 年 9 月 2 日降水 432 mm,苏州 1962 年 9 月 6 日降水 343 mm。

❺ 肖卉,姜爱军,沈琪,等.江苏省最大降水量时空分布特征及其统计拟合[J].气象科学,2006(4):178

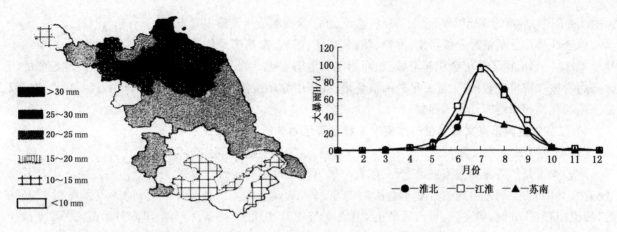

图 6.22 江苏省累年大暴雨日数的空间分布(左)和累年各月大暴雨日的变化(右,1961—2000 年)

区的 4 处国保,常州地区的 4 处国保,无锡地区除宜兴骆驼墩遗址和国山碑之外的 12 处,苏州地区的 34 处国保。要分析全国文保面临的水灾,除了进行江苏省地势情况分析之外,还要结合省内的暴雨情况,地势低处面临暴雨来袭,如果排水系统不畅,往往会引起水灾。

将图 6.7 与江苏省暴雨的相关图进行叠置可以知道,江淮淮北遭遇暴雨几率高于苏南,其中徐州地区的 5 处国保、连云港地区的 5 处国保和淮安城区的 4 处国保遭遇暴雨几率最高;位于极端暴雨最高值区的国保有:徐州的汉楚王墓群、徐州墓群、户部山古建筑群、大墩子遗址,苏州常熟的赵用贤宅、綵衣堂、崇教兴福寺塔,苏州昆山的绰墩遗址,苏州甪直的保圣寺罗汉塑像以及苏州城区的 16 处国保,无锡的泰伯庙和墓、鸿山墓群、昭嗣堂、扬州地区和镇江地区的国保。同样由图 6.23 可以看出,遭遇暴雨最多的国保有:连云港的 5 处国保和宿迁的龙王庙行宫,遭遇暴雨最少的有:扬州城区的 9 处国保,泰州 3 处国保,镇江的 3 处国保,无锡城

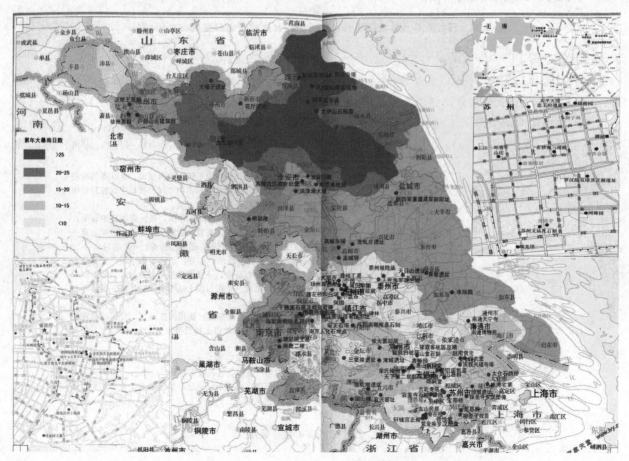

图 6.23 江苏省全国文保单位面临的累年大暴雨日数(1961—2000 年)

区的 7 处国保,常熟的 3 处国保,金坛三星村遗址、江阴徐霞客故居及晴山堂石刻。

综合地势和暴雨情况分析可知,淮安、扬州、高邮、苏州、常熟等地的国保单位面临洪水的几率要高于其他地区。另外,由于暴雨会引起滑坡、地面塌陷等地质灾害,因此遭遇暴雨几率高且位于山地丘陵的国保遭遇滑坡灾害可能较大,如连云港的海清寺塔、孔望山摩崖造像、将军崖岩画和大伊山石棺墓,徐州的汉楚王墓群和徐州墓群等几处国保。

4)江苏省全国重点文保单位的冰雹灾害和雪害区划分析

(1) 江苏省的冰雹灾害区划

冰雹灾害是江苏重要气象灾害之一,冰雹一般出现在每年的 3～10 月,6 月为全年多发期,8 月以后急速减少,其中 6～7 月发生次数占全年总次数的 50%。从众多样本的统计中,81% 的冰雹发生在 12～20 时,峰值出现在 16 时,但在三月份,后半夜到上午的降雹几率几乎与午后相当。江苏省冰雹灾害主要出现在大运河东侧的沿海地区,其中东北部的赣榆、响水、盐城是多发地区,东南部的如皋、南通地区次之,西部的徐州、洪泽以及苏南地区发生较少 (图 6.24)。[❶]

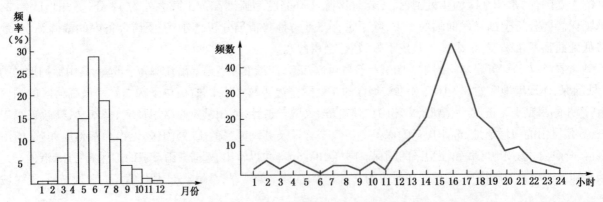

图 6.24 江苏省各月冰雹频率分布(左)和六月冰雹频数日变化曲线图(右)

江苏省冰雹灾害的发生可以大致分为四大区(图 6.25),根据调查,冰雹路径常成带状分布,并有一定的走向,与"雹打一条线"的民间说法一致。从冰雹总次数分布图也可以看出有四条明显的降雹集中地带,第一条:是从山东沂南、营南到江苏省赣榆、连云港、灌云、灌南、响水、滨海、阜宁(或涟水)。第二条:由山东微山湖沿运河南下到江苏省沛县、睢宁、宿迁。第三条:由东台向南至海安、如皋、南通。第四条:由江阴向东至常熟、太仓(图 6.26)。此外,根据冰雹时空分布规律:江苏省不同时期,不同地区具有不同的降

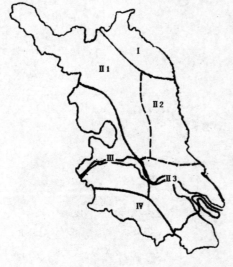

Ⅰ区:徐淮地区东部,该区位于沂蒙山区以南,是江苏省冰雹出现最频繁的地区。据统计,一年中出现一次以上的雹日概率达 80%～90%,最多年份可降雹 6、7 次。

Ⅱ1区:徐淮地区西部,扬州地区北部。该区南部湖泊较多,水体能起到调节温度作用,降雹机会略比北部少,一年出现一个雹日以上的概率为 50%～60%,最多年份有 4～6 个雹日。

Ⅱ2区:盐城地区及南通地区北部,该区多雹原因主要是境内海滩、盐碱地等分布复杂,下垫面性质差异较大,以及海陆风锋面作用。一年出现一个雹日以上概率为 60%～80%,最多年份有 5、6 个雹日。

Ⅱ3区:南通地区大部,苏州、扬州沿江地区。此区冰雹发生在暖区内,一年出现一次以上雹日概率为 30%～50%,7 月份降雹机会最多。

Ⅲ区:洪泽湖周围地区、南京地区以及镇江地区北部。该区冰雹少,一年出现一次以上雹日概率在 40%～50%。

Ⅳ区:该区为江苏省纬度最低地区,降雹机会为全省最少,几乎未出现过严重灾害。

图 6.25 江苏省冰雹分区图

❶ 吴孝祥.江苏省主要气象灾害概况及其时空分布[J]. 气象科学,1996,16(3):291-297

雹特点。4月份在江淮之间,5月份以盐城地区为重点,6月份在徐淮东部和盐城地区;7月、8月份以南通、苏州地区为主。❶

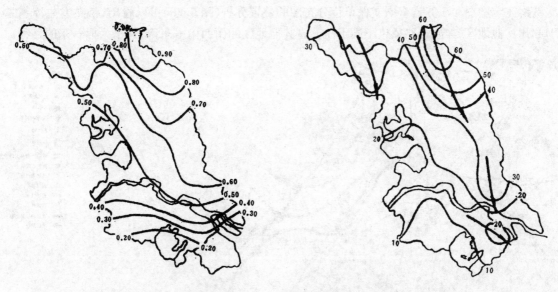

图 6.26 江苏省冰雹概率分布(左)、冰雹总次数分布与冰雹路径示意图(右)

(2)江苏省全国重点文保单位的冰雹灾害区划分析

根据江苏省冰雹分区图、冰雹概率分布图和江苏省全国文保单位分布图的叠置分析(图 6.27)可以看

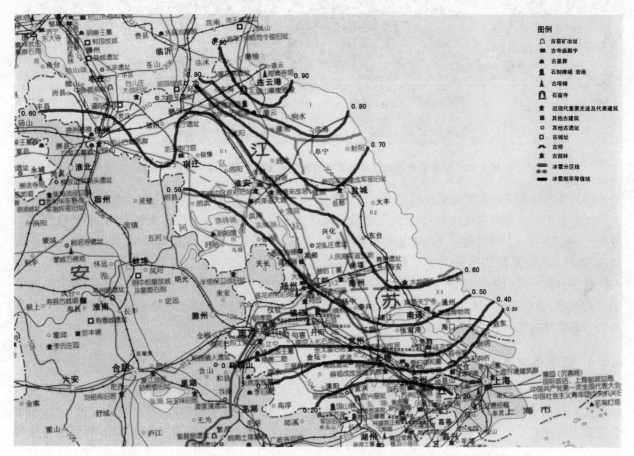

图 6.27 江苏省全国文保单位面临的冰雹发生概率分布和冰雹分区示意图

---

❶ 吴孝祥. 江苏省主要气象灾害概况及其时空分布[J]. 气象科学,1996,16(3):291-297

出,连云港的海清寺塔、藤花落遗址、孔望山摩崖造像、将军崖岩画和大伊山石棺墓,盐城新四军重建军部旧址,南通如皋的水绘园和南通海安的青墩遗址等几处国保位于冰雹高发区。根据江苏省冰雹总次数分布与冰雹路径示意图和江苏省全国文保单位分布图的叠置分析(图6.28)可以看出,常熟发生冰雹总次数要高于苏州其他地区,其冰雹路径也不同于江苏省其他地区的由西南—东南,几乎为西—东的路径。

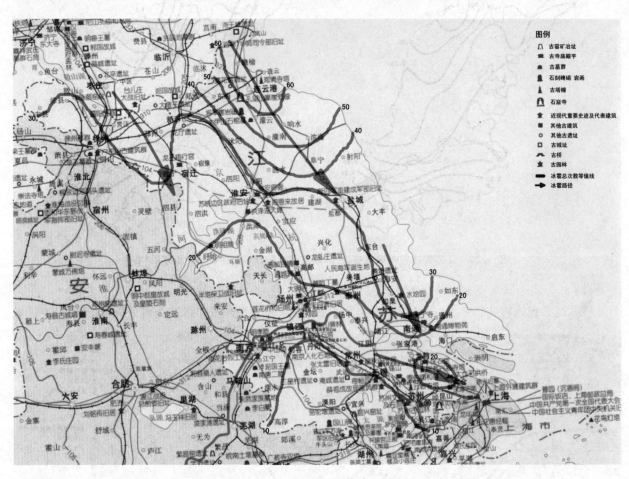

图6.28　江苏省全国文保单位面临的冰雹总次数分布与冰雹路径示意图

(3) 江苏省全国重点文保单位的雪害区划分析

江苏省的雪害总体来说比较轻,大雪日数北部地区多于南部地区,西北多于东部沿海,雪害最严重的是徐州、宿迁一线,东部沿海以及太湖流域雪害较轻。经统计,雪害主要出现在1月份,其出现次数占总次数的56%。以江苏省1974—1993年大雪日数(积雪≥5 cm)为例,将雪害区划与江苏省全国文保单位分布图叠置分析可以看出,徐州和宿迁遭遇雪害几率最大,其区域范围内的徐州汉楚王墓群、徐州墓群、户部山古建筑群,徐州邳州的大墩子遗址,徐州新沂的花厅遗址和宿迁的龙王庙行宫等6处国保遭遇雪害几率要大于其他地区的国保单位。

6.2.4　江苏省全国重点文保单位的生态环境灾害区划分析

对建筑遗产产生影响的生态环境灾害主要有酸雨、废气和污染物排放、沙尘暴、病虫害等几种,江苏省境内虽有几年受西北沙尘暴影响,但其生态环境灾害主要是废气和污染物排放、酸雨和病虫害几种,由于目前病虫害主要是针对植被和农作物的,因此这里主要讨论废气和污染物排放以及酸雨两种生态环境灾害。

1) 江苏省的生态环境灾害区划

(1) 废气和污染物灾害及其区划

废气和污染物排放主要是指二氧化硫、粉尘、烟尘等排放。根据2000—2009年10年的《江苏省环境

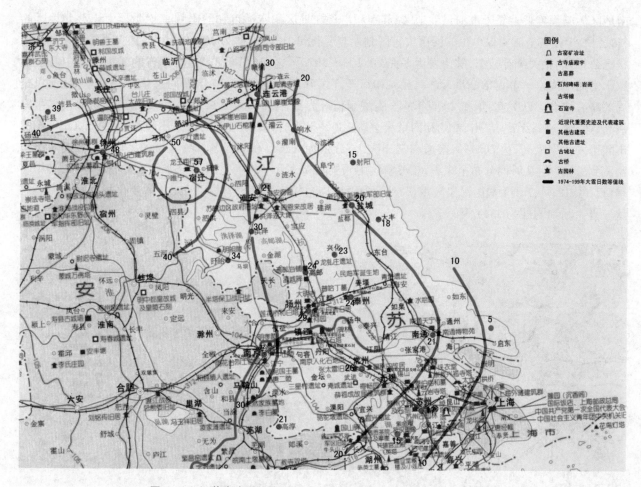

图 6.29　江苏省全国文保单位和 1974—1993 年大雪日数分布示意图

状况公报》的相关统计数据,废气和污染物灾害最严重的地区主要在苏锡常、南京和徐州,扬州和南通地区次之,盐城和宿迁最少,10 年期间总体格局基本稳定,只是局部略有波动。以 2006 年为例(图 6.30),废气和污染物灾害最严重的为苏州、无锡、南京和徐州,常州、扬州、镇江次之,连云港、淮安、盐城、泰州和宿迁等地最轻。从时间来说,冬春两季二氧化硫和污染物浓度要重于夏季(图 6.31)。

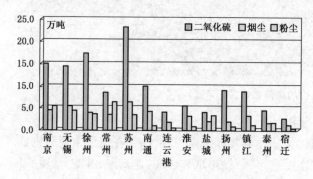

图 6.30　2006 年江苏省 13 个省辖市废气和污染物排放情况

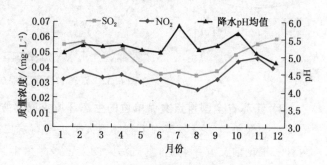

图 6.31　江苏省酸雨污染与空气中主要污染物质量浓度变化

(2) 酸雨灾害及其区划

江苏是我国酸雨污染❶较为严重的地区之一,全省各地酸雨频率表现出一定的区域性,呈现出淮河以

---

❶　根据酸雨危害程度,将大气降水划分三个等级:pH≤4.5 为强酸雨;4.5<pH≤5.6 为弱酸雨,pH>5.6 正常。酸雨对建筑物的影响,主要包括酸雨引起的对金属、矿石、石灰石等的化学腐蚀和电化学腐蚀。

南地区污染程度普遍重于淮河以北地区、苏南和沿长江地区雨水酸度和酸雨频率均明显大于苏北地区的特征。❶ 江苏省全国文保单位的酸雨灾害区划示意见图6.32。根据2000—2009年10年的《江苏省环境状况公报》的相关统计数据,酸雨发生率在20.1%～39.8%之间(图6.33)。江苏省的酸雨污染中心区域位于南通—南京—苏锡常一带,淮安、盐城和宿迁连续几年未有酸雨,10年期间总体格局基本稳定,只是局部略有波动。以2002年和2006年的全省酸雨情况为例(图6.35、图6.36):2002年南通市酸雨发生率最高,达48.1%;无锡、常州、泰州和南京次之,在30%以上;淮安和宿迁两市未出现酸雨。❷ 2006年无锡市酸雨发生率最高,达76.4%;南通和常州次之,分别为66.5%和64.2%;徐州、淮安、盐城和宿迁4市未监测到酸雨。❸ 从时间分布上来看,江苏省酸雨污染除7月和10月外,各月降水酸度均低于5.6,其中冬季(11月、12月、1月)酸雨污染较重,6月份酸雨污染也较突出,全省酸雨污染总体变化规律按冬—春—秋—夏由强到弱(图6.34)。❹

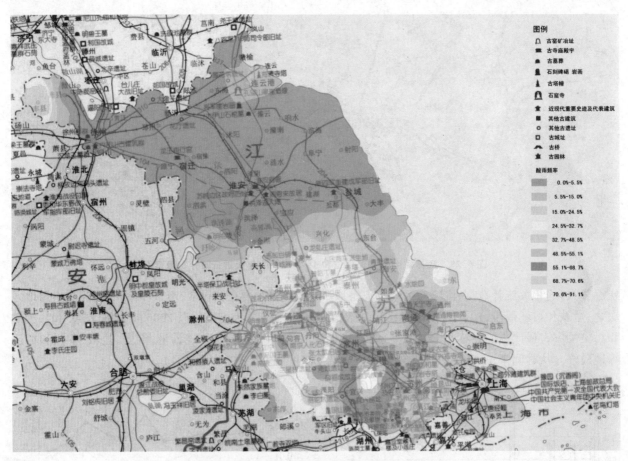

图6.32 江苏省全国文保单位的酸雨灾害区划示意

2) 江苏省全国重点文保单位的生态环境灾害区划分析

对国保单位造成危害的生态环境灾害主要有病虫害、废气污染物和酸雨三种灾害,在这里主要分析后两种。根据前文介绍知道,废气污染物灾害最严重地区主要在苏锡常、南京和徐州,连云港、淮安、盐城、泰州和宿迁等地最轻;酸雨灾害最严重的地区位于南通—南京—苏锡常一带,淮安、盐城和宿迁连续几年未

❶ 金浩波,司蔚.江苏省酸雨污染现状及趋势分析[J].江苏环境科技,2000,13(4):22-23
❷ 江苏省环境状况公报(2002)[R/OL].[2010-11-10]http://www.jshb.gov.cn/jshbw/hbzl/ndhjzkgb/200909/t20090901_91093.html,2010-11-11
❸ 江苏省环境状况公报(2002)[R/OL].[2010-11-10]http://www.jshb.gov.cn/jshbw/hbzl/ndhjzkgb/200909/t20090901_91093.html
❹ 这与江苏省夏季降水较多、冬春季节干燥的气候特征,以及空气中颗粒物含量随气候变化关系较大。

有酸雨。长期以来,废气污染物和酸雨灾害的总体分布格局基本稳定,只是局部略有波动,下面以2006年酸雨灾害为例进行分析,将江苏省酸雨发生率等值线示意图和江苏省全国文保单位分布图进行叠置(图6.32)分析可知,受酸雨灾害影响最大的全国文保有:南通博物苑、南通天宁寺,常州的张太雷故居、瞿秋白故居、淹城遗址和三星村遗址,苏州常熟的赵用贤宅、崇教兴福寺塔和绛衣堂,苏州城区的16处国保和苏州东山镇的4处国保,以及无锡地区的14处国保。南京地区、苏州吴江和苏州太仓等地的国保受酸雨灾害影响略低,镇江地区、连云港地区、徐州地区、淮安地区、宿迁和盐城等地的国保单位受酸雨灾害影响最低,但其中徐州汉楚王墓群、徐州墓群和户部山古建筑群几处国保受废气污染物灾害的影响较其他受酸雨灾害影响最低地区的国保要高得多。

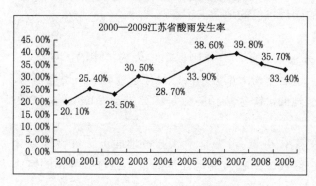

图6.33　2000—2009年江苏省酸雨发生率

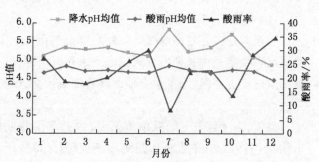

图6.34　江苏省逐月降水pH值与酸雨率

图6.35　2002年江苏省酸雨发生率等值线示意

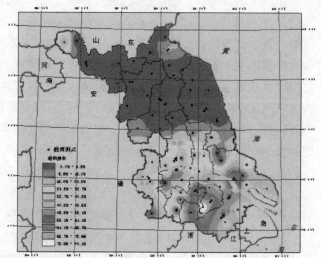

图6.36　2006年江苏省酸雨发生率等值线示意

6.3　基于灾害分析建立江苏省全国重点文物保护单位的灾害预防机制

由第2章的相关内容可以知道,要实现江苏省全国重点文保单位的灾害预防,需要从"全国/全省的国保单位防灾规划—每处国保单位保护规划中的防灾规划专项—制定针对单种灾害的具体防灾措施"这3个层面展开。其中,江苏省国保单位的防灾规划应是江苏省综合性防灾规划的一个专项规划,但目前江苏省尚未制定全省的综合性防灾规划。近几年,全省主要重在抗震防灾规划方面,现已有南通、苏州、徐州、镇江等城市成功编制城市抗震防灾规划,然而,从收集的基础资料涉及的单位来看,并没有涉及省文物局或各省辖市文物局,虽然涉及单位中有"各省辖市建设局",但其收集的相关内容为"城市规划及重要建筑物资料"。❶ 从中可以看出,江苏省各级文保单位的抗震防灾并没有引起足够的关注,从中也可以看出,江

❶　江苏省住房和城乡建设厅.苏建函抗[2010]755号.关于收集江苏省区域抗震防灾规划基础资料的函,2010

苏省各级文保单位的灾害预防也并没有受到足够的重视。在这种情况下,要建立江苏省全国重点文保单位的防灾机制需要从以下几个方面展开:①从整个省域角度分析全省全国文保单位的防灾区划,明确防灾重点;②结合现有实际情况,分析防灾的有效途径和方法;③制定针对单项国保单位的防灾规划专项。

6.3.1 江苏省全国重点文保单位的灾害预防重点

1)江苏省地质灾害易发区国保单位的地质灾害预防

江苏省国保单位面临的地质灾害主要有:地面沉降、滑坡崩塌、地面塌陷、地裂缝等,其中,地面沉降影响面积最大,其他地质灾害虽然规模相对较小但仍不容忽视,应基于江苏省主要地质灾害易发区划❶以及各市的地质灾害区划,重点关注位于地质灾害易发区的国保单位的地质灾害预防。

(1)地面沉降的预防

苏锡常是江苏省内地面沉降最为严重的区域,而苏锡常又是江苏省国保单位最为集中的区域之一。地面沉降主要是由长期超量采用地下水和城市建设造成,近年来大部分地区已经停止或减少采用地下水,但城市建设仍在继续,再加上地面沉降形成已久,因此,地面沉降灾害预防应是江苏省国保单位的一个防灾重点。

目前,对于江苏省国保单位来说,地面沉降预防的工作重点有:①基于江苏省地面沉降灾害区划分布❷展开有针对性的勘查和监测,以确定国保单位所在区域或所在点的地面沉降量。在进行具体的实施过程中,一方面国保单位可自行展开勘查和监测,包括对所在区的水准测量点定期进行测量、对地下水开采量和地下水位进行长期动态监测等,另一方面可充分结合江苏省地面沉降监测网❸展开相关工作,这种情况下,对于如何利用江苏省地面沉降监测网开展针对国保单位的地面沉降监测的相关工作以及如何将其纳入整个省的地面沉降监测网络是需要考虑的主要问题。②地面沉降量可通过人工回灌补给地下水、合理控制地下水开采量、控制城市高层和超高层建筑物、对软弱地基进行工程处理等方法适当降低,其中,对软弱地基进行工程处理的方法,国保单位可以自行进行,而其他方法都必须通过所在城市或区域整体范围内的地面沉降防治规划才能有效进行,因此,国保单位的地质灾害防治需要纳入整个城市或区域的地面沉降防治规划,尤其要保证国保单位的周边无高层建筑建设。③结合目前江苏省地面沉降灾害预防存在的问题(如地面沉降发育程度及其影响范围不明、致灾机理和成因不明、地面沉降灾害评估理论的不完善等),调查和评估地面沉降对全国文保造成的损害程度可作为专项研究,这也应是目前的一个工作重点,从宏观上来说,这方面的工作成果可用以分析城市地面沉降的影响范围并作为城市地面沉降灾害评估的重要案例;从国保单位本身来说,可以作为将来保护修缮工程的重要依据。

另外,国保单位的相对地面沉降问题也不容忽视。如那些地面沉降不严重地区由于频繁修建马路造成国保单位周围地面不断升高,从而造成国保单位的相对地面沉降,尤其那些位于城区的国保单位在高度城市建设的过程经常面临这样的问题,如位于南京老城区的国保单位甘熙故居,其周边马路几经路面修建不断增高,形成对甘熙故居的围合,每逢下雨,路面排水都流往甘熙故居,好在甘熙故居建造当初就建有一套完善的排水系统且至今仍有效工作,才使其免除由于相对地面沉降带来的水涝之灾。但我们知道,很多国保单位原有的排水系统往往比较简陋且历经数年多少已遭到不同程度的破坏,已难以维持大量的排水,这种情况下,相对地面沉降往往会引发水涝及其他因排水不畅引发的一系

---

❶ 江苏省人民政府.省政府办公厅关于转发省国土资源厅江苏省主要地质灾害易发区划分报告的通知[S].南京:苏政办发[2002]63号,2002

❷ 江苏省目前已完成1:50万的地质灾害分布图、地质灾害发育强度分区评价图、地质灾害危害程度分区预测图和环境水文地质评价预测图。

❸ 江苏省地面沉降监测是江苏地理空间信息基础框架一期工程项目的一部分,主要研究目的是研究利用GPS测量方法,通过周期性地高精度GPS测量,分析监测点的大地高变化情况,从而进行江苏省地面沉降范围和总体沉降情况监测的技术方案。江苏省地面沉降网由原有控制网中的部分网点组成,包括江苏省全球导航卫星连续运行参考站综合服务系统(JSCORS)的70个参考站点、华东华中似大地水准面精化项目中联测的2个A级GPS点和29个B级GPS点以及长三角地面沉降监测网中的4个监测点。35个沉降监测点在2008和2009年实施两次观测。该监测网可对江苏省境内长江南北3万km²的区域实施地面沉降监测。

列问题。因此,国保单位的相对地面沉降问题应引起充分重视,可以通过完善排水系统、填土加高国保单位地基等相关措施来解决。

(2) 其他地质灾害的预防

除了地面沉降之外,滑坡崩塌、地面塌陷、地裂缝等也是江苏省国保单位面临的几种主要地质灾害,应基于江苏省主要地质灾害易发区划有针对性地进行预防:

① 关于滑坡崩塌,南京市区、镇江市区、连云港市区、宜兴、句容、盱眙、金坛等低山丘陵、岗地地区为滑坡崩塌灾害重点防治区❶,应对位于这些区域内的国保单位(见第5.2.1节相关内容)所在地的水文地质进行全面勘查,并将这些点纳入所在市的滑坡崩塌监测网,尤其做好汛期前的排查和监测工作。

② 关于地面塌陷,徐州市区为岩溶地面塌陷的重点防治区,徐州市的贾汪区、沛县、铜山县等地和南京江宁区为采空地面塌陷的重点防治区❷,应对位于这些区域范围内的国保单位(如徐州市的汉楚王墓群、徐州墓群、户部山古建筑群,南京江宁的南京人化石地点)所在地进行详细勘查和监测,尤其做好汛期前的勘查和监测。

③ 关于地裂缝,无锡市惠山区、江阴市、常州市武进区和苏州张家港市为地裂缝重点监测防治区,位于这些区域的国保单位有淹城遗址一处,应全面做好淹城遗址所在地及周边区域的地质勘查和地裂缝监测。

此外,应基于《江苏省地质灾害防治规划》(2006—2020年)以及江苏省每年的地质灾害防治方案综合考虑制定江苏省国保单位的地质灾害防治工作,并将其列为江苏省地质灾害防治的工作重点之一。在江苏省国保单位的地质灾害防治工作的具体实施过程中,尽可能做到同时满足文物保护要求以及地质灾害防治的相关法律条文规定(如《地质灾害防治条例》、《地质灾害防治管理办法》等),如防治滑坡崩塌的常见方法有建立抗滑桩、锚拉框架加桩板墙或其他抗滑支挡结构等,而针对国保单位的滑坡防治在建立相关抗滑结构时要尽力做到不破坏建筑遗产本体、不影响周边风貌等;地面塌陷和地裂缝的防治通常是通过充填并加以平整的方式,当遗址类国保单位面临地面塌陷和地裂缝危害时,对其充填平整的过程中要注意不破坏各个遗址土层等。

2) 抗震设防

由上文关于江苏省全国文保单位的地震灾害区划分析可知,江苏省除了宿迁的龙王庙行宫之外,其余全国文保单位均位于6~8度烈度区(其中又以6度、7度为主,见表6.7),即属于中、低烈度区。根据建筑遗产的震害特点分析❸,尽管木结构古建筑具有高烈度下良好的抗倒性,但各类建筑遗产在中、低烈度下却极具易损坏性❹,因此,抗震设防应是江苏省国保单位的一个防灾重点。

由于不同类型的建筑遗产有着不同的抗震设防要求,要明确江苏省国保单位抗震设防的工作重点,则需要根据不同类型有针对性地进行讨论。我们知道,江苏省国保单位中以古建筑最多(55处,占总数的47%),其次为近现代重要史迹及代表性建筑(28处,占总数的24%),再依次为古遗址、古墓葬、石窟寺及石刻等,这里主要讨论古建筑和近现代代表性建筑的抗震设防:

(1) 古建筑抗震设防的工作重点

古建筑的抗震设防,应基于古建筑的结构抗震性能分析,但目前古建筑的结构抗震性能分析还以定性分析为多,还不足以作为抗震设防的科学依据。在这种情况下,地震后古建筑的震害表现形式可用以分析古建筑的薄弱环节,并作为制定抗震设防工作重点的一个依据,江苏省古建筑的震害特点可参考其他地方古建筑的震害特征。

关于宿迁龙王庙行宫的抗震设防,如果根据现有的《建筑抗震设计规范》,位于9度烈度区的龙王庙行

❶ 参考江苏省国土资源厅. 江苏省地质灾害防治规划(2006—2020年)[S]. 南京:[出版者不详],2005的相关内容。
❷ 参考《江苏省地质灾害防治规划》(2006—2020年)以及《江苏省2006年度地质灾害防治方案》的相关内容。
❸ 参考以下两篇文章的相关内容:(1)杨亚弟,杜景林,李桂荣. 古建筑震害特性分析[J]. 世界地震工程.2009(3):12-16;(2)谢启芳,薛建阳,赵鸿铁. 汶川地震中古建筑的震害调查与启示[J]. 建筑结构学报(增刊2):18-23
❹ 杨亚弟,杜景林,李桂荣. 古建筑震害特性分析[J]. 世界地震工程.2009(3):12-16

宫的抗震设防要求很高,但是否有此必要? 龙王庙行宫始建于清顺治年间,1668 年郯城大地震其位于 9 度地震圈内(图 6.11),现已无从查阅其当时遭受震害后的破坏程度,只知后来于康熙二十三年(1684 年)进行改建,又经雍正、乾隆、嘉庆期间的复建和扩建,这之后宿迁地区虽地震频发,但都是低于 3 级的地震❶,震害基本可以忽略。我们可以根据历来高烈度地震后古建筑的震害特点来确定龙王庙行宫的抗震设防重点。经统计分析,木结构古建筑在高烈度区的震害主要表现为围护墙倒塌或严重开裂、柱脚严重移位、梁柱出现裂缝以及屋面系统构件的破坏❷,因此,龙王庙行宫的抗震设防工作主要在于:基于遗产保护要求下的围护墙的抗震加固、屋面系统的可靠性加强以及梁架裂缝的检查分析等方面。当然,条件允许的情况下,需要对其进行综合的抗震鉴定以进一步确定抗震设防的重点。

关于其他位于 6～8 度烈度区古建筑的抗震设防,基于解放后几次大地震(尤其是唐山大地震和汶川大地震)后的统计分析可知:木结构古建筑在中、低烈度区的震害主要表现为屋面系统构件的破坏(如屋顶溜瓦、屋脊受损、饰物掉落、屋架损毁),围护墙、山墙的开裂、倾斜或倒塌,木构架局部出现拔榫、节点松脱,部分柱脚移位(多出现在檐柱)等,震害相对较轻;砖石结构的古建筑在中、低烈度区的震害则严重得多,常常表现为墙体开裂、酥散、倾斜、坍塌,部件掉落(如塔刹、石构件等)、砖层/石料错位,整体倾斜、倒塌等。❸ 基于以上分析,江苏省古建筑类国保单位(除宿迁龙王庙行宫)的抗震设防的工作重点有:

① 进一步加强对古建筑的检查与维护:对木结构梁柱有显著裂缝、柱根部木质腐蚀、柱(尤其是檐柱)与柱础连接固定薄弱等不良情况,应予以重视并及早采取适当措施维护;对砖石结构的古建筑,应注意检查砌体裂缝、砌体及砂浆的腐蚀、风化程度,发现问题及时采取适当措施补强。

② 提高古建筑屋面系统的可靠性和整体性:采取措施加强角梁、由戗及脊瓜柱等部位连接的可靠性,在维护修缮工程中,在满足屋面系统各方面功能要求的前提下尽可能减轻屋面系统的重量。

③ 古建筑地基基础的勘查和性能评估:地基是古建筑建造时的一大薄弱环节,加上近几十年来的城市建设和地下水过度采用等因素对地基的可能影响,应对古建筑(尤其是塔幢等高层古建筑)的地基基础进行全面的勘查和评估,对较薄弱的地基进行及时处理。

④ 加强古建筑结构抗震性能的分析研究,为科学的修缮加固提供依据,避免不科学加固带来的副作用,古建筑结构抗震性能的分析研究要定量、定性分析相结合。

⑤ 墙体的适宜性加固及其技术方法的研究:包括对木结构围护墙以及砖石砌体的承重墙体的适宜性加固及其技术方法的研究。

(2) 近现代代表性建筑抗震设防的工作重点

近现代代表性建筑除了少部分木结构及构筑物外,多为 2～5 层的砌体结构和钢筋混凝土框架结构,这类建筑在设计建造时均未考虑抗震设防❹,缺少抗震构造措施,而且建成后已使用较长时段(超过设计基准期),结构的安全性能降低,加上后期产权所有人和使用单位对结构的恣意改造以及维修不当,结构的抗震性能很差。❺ 目前,这类建筑以南京地区为数量最多且大部分仍在使用,而南京地区属于 7 度抗震设防区,因此,对这部分建筑的抗震设防十分亟须,其工作重点主要有:

① 对建筑现状进行全面检查,包括对场地、地基基础、建筑结构主体三个方面的检查:场地检查包括对场地周围荷载分布和地下水变化等方面的检查;地基基础检查主要包括地基土层分布、地基地震液化评估、沉降变形、基础的形式及其工作状态(包括开裂、腐蚀和其他损坏的检查)等;建筑结构主体检查主要包

---

❶ 根据宿迁地震简史的相关记载。

❷ 杨亚弟,杜景林,李桂荣. 古建筑震害特性分析[J]. 世界地震工程.2009(3):12-16

❸ 参考以下两篇文章的相关内容:(1)杨亚弟,杜景林,李桂荣. 古建筑震害特性分析[J]. 世界地震工程.2009(3):12-16;(2)谢启芳,薛建阳,赵鸿铁. 汶川地震中古建筑的震害调查与启示[J]. 建筑结构学报(增刊2):18-23

❹ 有关资料表明:建筑设计中结合抗震设计的做法,大致在 20 世纪二三十年代首次采用,那时才开始认识到作用在建筑物上的惯性力的重要性。而我国是在解放后才考虑抗震设计,普遍考虑抗震设计的做法则是 80 年代后的事;大部分近现代建筑,是在解放前建造设计的,当时建筑结构均未考虑抗震要求。

❺ 唐山大地震前建造的房屋多为 2～4 层砌体结构,当时的建筑也未考虑抗震设防,结果在地震作用下普遍坍塌。究其原因,主要是由于砖和砌体的抗剪、抗拉强度低,变形能力差,框架墙体之间的拉结作用也较弱,整体性能差,因而抗震能力低。

括结构布置及其形式,结构构件的强度和刚度变化,裂缝及其分布,竖向及侧向变形,抗侧力系统(圈梁)、支承系统布置、工作情况及其他构造措施,结构承受的作用及其使用环境等,必要时应采用仪器测试和试验验证。❶

② 适度参照现行规程进行抗震鉴定,作为国保单位的近现代代表性建筑有着其结构上的特殊性以及国保单位特殊的保护要求,在目前缺乏针对近现代代表性建筑的抗震鉴定标准的情况下,可适度参照现行相关抗震鉴定规范和技术规程对其进行抗震鉴定,如《建筑抗震鉴定标准》、《古建筑木结构维护与加固技术规范》和《民用建筑可靠性鉴定标准》等。

③ 基于现状检查和抗震鉴定进行必要的抗震加固工程,由于目前缺乏完善的专门针对近现代老建筑的抗震加固规范标准,如果纯粹按照《建筑抗震设计规范》进行加固会与国保单位的保护要求相悖,如果纯粹按照国保单位保护的相关要求,可实施的抗震手段又非常有限,而且近现代代表性建筑的无抗震设计以及原有混凝土经过七、八十年已经炭化丧失原有强度,加上大部分这类建筑遗产仍在使用,且多为政府部门使用,因此,本着以人为本的基本前提,应将这些近现代代表性建筑区别于其他国保单位,适当突破现有文物法的相关限制对其进行抗震加固。

④ 适用性抗震加固技术方法的探讨,自1978年颁布《工业与民用建筑抗震设计规范》以来,构造柱与圈梁形成约束砌体结构的这种价格低廉而又行之有效的抗震结构形式一直被广泛使用❷,但显然这种抗震加固形式不符合国保单位的保护要求,因此,应探讨适用于近现代代表性建筑的抗震加固技术方法,选择满足遗产保护要求和政府或业主使用需求的经济可行的抗震加固方法,在此基础上进一步探讨又能满足防火、施工便捷、工期短等要求的适用性技术。

(3) 抗震设防的其他工作重点

对于其他类型的国保单位,其中建筑部分的抗震设防可参考古建筑和近现代建筑,其余部分的抗震设防则应另行研究。

此外,江苏省全国文保单位的抗震设防应结合全省以及各市的抗震防灾规划综合考虑,如在用文保单位的抗震能力检查应纳入全国以及各市在役建筑抗震能力普查系统;国保单位的适用性抗震加固技术的探讨要充分利用全省抗震科研、新技术应用试点和技术培训的成果;而国保单位的抗震设防管理、抗震知识宣传普及、地震次生灾害(如滑坡)的预防以及震后应急措施等等这些方面只有综合整个抗震防灾系统才能有效实施。从这个角度出发,如何将江苏省全国文保单位的抗震设防纳入全省以及各市城市抗震规划和管理系统是需要积极探讨的,如探讨针对国保单位或文物建筑的抗震设防审查技术及如何将其纳入现有的《江苏省建筑工程抗震设防审查管理暂行办法》和《建筑工程抗震设防审查技术要点》,针对国保单位或文物建筑的抗震设防如何实现既符合防震减灾的相关法律条例❸又满足文物保护的相关法律条文,等等。

3) 防雷及其他气象灾害预防

(1) 防雷

江苏省是雷电高发区之一,特别是苏南地区,因此防雷也是一个防灾重点。关于防雷的工作重点主要有安装防雷装置和日常防雷管理两大方面,日常防雷管理会在第6.3.2节"注重日常防灾管理"中进行讨论,这里主要讨论防雷装置的相关问题。

根据国家标准《建筑防雷设计规范》,全国文保单位属于第二类防雷建筑物❹,其防雷装置的选择和构造要求应符合第二类防雷建筑物的相关规定;另根据《古建筑木结构维护与加固技术规范》第5.3.1条,全国文保单位(建筑类)属于一类防雷古建筑,防雷装置的选择和构造要求在符合国家标准《建筑防雷设计规

❶ 朱凯,李爱群,李延和. 南京民国建筑抗震性能鉴定与安全性评价[J]. 常州工学院学报,2005(12):7-12
❷ 王亚勇,戴国莹.《建筑抗震设计规范》的发展研究和最新修订[J]. 建筑结构学报,2010(6):7-16
❸ 如《中华人民共和国防震减灾法》、《江苏省防震减灾条例》、《江苏省建筑工程抗震设防审查管理暂行办法》和《建筑工程抗震设防审查技术要点》等。
❹ 中华人民共和国住房和城乡建设部. GB 50057—2010 建筑物防雷设计规范[S]. 北京:中国建设出版社,2011:第2.0.3条。

范》相关规定的同时,应做专门研究。江苏省全国文保单位中以古建筑和近现代重要史迹及代表性建筑这两类居多,其中,部分古建筑可能解放后就已安装防雷装置,近现代建筑在建造时可能也配有防雷装置,由于安装时间较早,其防雷装置不一定达到现有标准或已经有所损坏。基于这种情况,应对江苏省全国文保单位的防雷装置现状进行调查和评估:①原配有防雷装置但已损坏或不符合现有相关标准的应重新安装防雷装置;②原配有防雷装置且仍继续发挥作用的应予保留,并按照《古建筑木结构维护与加固技术规范》相关规定做好定期检测和维护工作;③原没有防雷装置的应按照相关标准安装防雷装置,由于古建筑与近现代建筑的结构体系存在差异,它们的防雷装置需要分别设计和制定标准;④需要关注全国文保单位(尤其是近现代史迹和建筑)周边树木的防雷,因为历经几十年,原有小树现今已长成大树,这种情况下应按照《古建筑木结构维护与加固技术规范》的相关标准为高大树木设计和安装防雷装置。关于其他类别的全国文保,如古墓葬、石窟寺及石刻、古遗址等,其本体的防雷装置安装应做专门研究和设计,其周边高大树木的防雷装置可按照现有相关标准进行。

(2) 气象灾害高发区国保单位的气象灾害预防

要实现江苏省全国文保单位的气象灾害预防,一方面需要根据气象灾害历史总结出灾害的高发区域和高发时段并基于此制定可行的防灾措施,另一方面需要基于实时的气象预报明确灾害发生的时间以及可能的预防和应急措施。江苏省国保单位面临的气象灾害主要有风灾(龙卷风/台风)、雷电、暴雨、冰雹和雪害等,关于防雷前文已经有所涉及,以下主要就其他几种气象灾害预防展开讨论:

① 关于风灾(龙卷风/台风)。龙卷风的高发区域有:南通沿海地带,高邮和南京江宁、栖霞以及江边一带(参考图 6.16 和图 6.17),发生时间集中在 6～7 月(有时也发生在 8 月上、中旬),由于龙卷风很难预测❶,因此,龙卷风预防的工作重点在于:做好龙卷风高发区域内国保单位(南通地区的 4 处国保、高邮的 3 处国保和南京人化石地点、栖霞寺舍利塔等)的防风措施,尤其是在龙卷风高发期之前加强屋面系统构件的稳定性。台风的高发区域主要为沿海地带的南通和盐城地区,8～9 月为高发期。较之龙卷风,台风具有一定的可预测性,基于此,台风预防的工作重点,一方面是加强高发区域国保单位(南通如皋的水绘园、南通海安的青墩遗址,南通天宁寺和南通博物苑,盐城的新四军重建军部旧址)的防风措施,尤其是在台风高发期之前加强屋面系统构件的稳定性,另一方面是根据实时的气象预防,及时做好将要发生台风区域内国保单位的防风措施,如关闭门窗、绑扶古树等。

② 关于暴雨。主要受台风、江淮梅雨锋及切变线低压的影响,其高发区域一是在台风高发区的沿海地带,二是梅雨时期的苏州、常熟以及梅雨之后的淮北的徐州、连云港等地,高发时段为 6～8 月,可根据气象预报较准确进行预测。基于此,暴雨灾害预防的工作重点有:①在暴雨高发时段之前,及时清理和维护暴雨高发区国保单位的排水系统以保证其正常工作,对于位于低山丘陵地带的国保单位则要进行地质勘查并采取一定措施以防滑坡灾害的发生;②根据实时的气象预报做好暴雨发生的预测,在暴雨来临之前及时清理排水系统,并做好一定的应急措施准备。

③ 关于冰雹和雪害。冰雹高发区域为江苏省东北部的连云港,高发时段为每年的 6～7 月。冰雹对国保单位的危害主要表现为对屋面瓦件的损坏,其预防重点在于冰雹发生前对屋面瓦件(尤其是较贵重的琉璃瓦构件)实行临时防护措施以及规范冰雹高发时段游客及工作人员的安全行为;雪害高发区域为徐州和宿迁一带,高发时段为 1 月份,具有较强的可预测性。其预防重点在于:雪害前对国保单位的屋面系统和裸露电线的检查和维护;防止古树名木被雪压断树枝的临时防护措施和及时打落树木积雪,以及雪害后的及时清理和打扫。

④ 关于其他气象灾害。如冻害等,其预防重点在于根据实时的气象预报明确灾害发生的时间以及可能的预防和应急措施。

---

❶ 在目前的科学技术条件下难以捕捉龙卷风,无法了解它的特性规律,因此更难预报,即使是美国等发达国家,也只能提前几分钟预报龙卷风。

4) 防火

火灾会给国保单位(尤其是木构建筑类国保单位)带来灭顶之灾,江苏省国保单位中占最大比重的就是古建筑,因此做好古建筑及其他木构建筑类国保单位的防火是江苏省国保单位的防灾重点之一。通过对建国以来70余起古建筑火灾案例的分析,发现引起古建筑火灾主要有5种因素:人为因素、电气因素、自然因素、宗教因素和其他因素,人为因素占大部分,其中又以用火不慎最为严重❶(见图6.37)。基于这些火灾因素可以看出,火灾发生的主要原因,一方面是由于防火设备不完善,如无防雷装置以致被雷击而起火,另一方面是由于防火管理不善,如电线线路老化加上用电不慎引起火灾等。

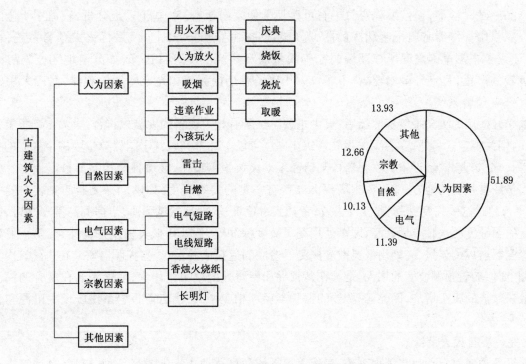

图6.37　古建筑火灾因素构成及其百分比构成图

基于此,防火的工作重点主要有完善防火装置和日常防火管理两大方面,日常防火管理会在第6.3.2节进行相关讨论,这里主要讨论防火装置的相关问题。针对国保单位的防火装置,其选择和安装需要结合不同类别的全国文保单位的不同特点进行考虑,需要遵从有效性和对文物建筑无破坏这两大原则。

全国文保单位防火装置的设计思路应是分层设防:第一道防线是完善防雷系统,这是减少火灾几率的重要一环;第二道防线是安装火灾报警系统,有火情时能早报警,将火灾消灭在初始阶段;第三道防线是配置灭火设备,使具备扑灭初期火灾的能力,如备有自动灭火系统、手提式灭火器、充足的消防供水、攀登工具等。目前,第一道防线和第三道防线在多数江苏省全国文保单位中已经配置,只是有些需要进一步完善,第二道防线则很少有配置,而火灾报警是实现防火的关键之一,因此,关于防火装置方面的工作重点在于:①适用性火灾报警系统的安装;②完善现有防雷装置和灭火设备。其中,关于防雷装置,上文已经有所讨论,这里主要就安装适用性火灾报警系统和完善现有消防设备进行讨论。

(1) 适用性火灾报警系统的安装

根据国家标准《火灾自动报警系统设计规范》,全国文保单位属于一级火灾自动报警系统保护对象❷,"建立一套技术先进、性能可靠、经济耐用的火灾报警、控制、通讯系统"❸对全国文保单位的防火很重要,而选择有效可行的火灾报警探测器是火灾报警系统的成功关键所在。

---

❶　刘希臣. 我国古建筑防火保护策略的研究[D]. 重庆:重庆大学,2008:19
❷　GB 50116—2008 火灾自动报警系统设计规范中的第3.1.1条和表3.1.1 火灾自动报警系统保护对象分级。
❸　2006年6月12日国务院批准《北京故宫消防设施规划》。

常有的火灾报警器有:离子感烟探测器、感温探测器、红外光束线形感烟探测器、光电感烟探测器和极早期空气采样火灾预警系统等。不同的火灾报警器各有其局限性,如离子感烟探测器最忌灰尘,安装后要不断清洗,否则不能正常工作;感温探测器不能在火灾初始阶段报警,它要在起火后达到一定温度才能报警,一般这个时候已形成火势;红外光束线形感烟探测器只有当烟雾非常浓密能遮挡红外光束时才能报警,也不能在火灾初始阶段报警;光电感烟探测器安装有高度限制,且不适宜于有大量水汽滞留、相对湿度经常大于 95%、有腐蚀性气体、气流速度大于 5 m/s 的场所;极早期空气采样火灾预警系统为近年由国外引进,它不怕灰尘,可隐蔽安装,具有高灵敏度,对被保护区域持续不断地主动采集空气样品并随时检测,一旦发现空气中有可疑烟雾便发出报警。❶ 基于以上分析,较适用于全国文保单位的火灾报警探测器有离子感烟探测器、光电感烟探测器和极早期空气采样火灾预警系统,在具体实践中,还需要根据全国文保所在环境的空气质量以及建筑高度进行选择,如苏南地区废气污染物和酸雨灾害较为严重,且空气湿度较高,不建议采用离子感烟探测器和光电感烟探测器,而应采用极早期空气采样火灾预警系统。

在选择好适用的火灾报警探测器后,火灾报警系统所有相关设备的安装应符合《火灾自动报警系统设计规范》的相关规定。另外,安装火灾报警系统还应注意以下几个问题:"①国保单位中每个独立的重要场所,应作为一个防火分区,设置火灾报警探测器和手动火灾报警按钮,区域报警控制器最好设在有人值班或值班人员经常管理的地方;②火灾报警探测器都有一定的安装高度(如感烟探测器的安装高度一般为12 m 以下),超过这一高度,探测器就会失效;考虑到古建筑越高,烟气越稀薄,当房间高度增加时,应将各类探测器的灵敏度档次相应地调高,即高处用高灵敏度探测器,低处用低灵敏度探测器,要防止低处用高灵敏度探测器造成的误报,高处用低灵敏度探测器造成的迟报或漏报;③当探测器安装在古建筑内不同坡度的顶棚上时,随着顶棚坡度的增大,烟雾在斜顶棚和屋脊处的聚集量增大,使得安装在屋脊的探测器进烟或接触热气流的机会增加,因此,探测器的保护半径可相应增大;④自动报警系统应设主电源和直流备用电源。"❷

(2) 完善现有灭火设备

灭火设备通常有自动喷水灭火系统、气体灭火系统和可移动式灭火器等几种,根据《自动喷水灭火系统设计规范》规定,国家级文物保护单位的重点木结构建筑为中危险级建筑物(构筑物),应设置自动喷水灭火系统。❸ 然而,自动喷水灭火系统的装置需要安装管道,这些管道架在木构架上会增加荷载且会影响外观,一般情况下不建议在古建筑中采用,但在近现代建筑中如果条件允许可以建议采用。而气体灭火系统的装置对围护结构要求较高,需要对文物建筑做较大的改动且其一次性投资及运行维护费用较高,不建议全国文保单位采用。相比较而言,可移动式灭火器对古建筑结构荷载和外观影响都要小得多,且灭火器类型功能齐全,较适用于各种类别的全国文保单位采用。

全国文保单位火灾属于 A 类火灾,国保单位本身又是中危险等级建筑,所以要选择级别不低于5A 的灭火器,水型、干粉型、泡沫型、卤代烷等灭火器都适用于全国文保单位火灾,但是要注意,干粉型中只能用磷酸铵盐火火器,不能用碳酸氢钠型灭火器,因为后者对固体可燃物无黏附作用,只能控火不能灭火。此外,二氧化碳灭火器喷出的全是气体,对 A 类火灾基本无效,基本不适用于全国文保单位火灾。❹选择有效的灭火器至关重要,在具体选择过程中应结合国保单位的特点及其所在场所的性质进行具体分析,如有彩绘的文物建筑不适宜用干粉型灭火器,因为其喷出的粉末可能会对彩绘有所影响。所有灭火器的安装应符合《建筑灭火器配置设计规范》的相关规定。

目前,江苏省全国文保单位中较多已经配有灭火设备,现应根据灭火有效性和对文物建筑无破坏两大原则对灭火设备现状进行调查和评估:① 原没有灭火设备的单位应配备灭火设备,灭火设备的选择应根

---

❶　白丽娟. 做故宫消防工程的一点体会[J]. 山西警官高等专科学校学报,2009(1):5-9
❷❹　现代防火技术在文物古建筑中的应用. www. anquan. com. cn/Wencui/Class29/201001/138993. html, 2010-12-4
❸　GB 50084—2001《自动喷水灭火系统设计规范》附录二:建筑物、构筑物危险等级举例

据全国文保单位的保护要求、结构材料特点和场所性质决定,灭火设备的安装应符合相关标准规范的要求;② 原配有灭火设备的单位,应对现有设备是否能够有效灭火、灭火过程中是否对文物建筑造成破坏方面进行评估,不满足要求的重新配置,满足要求的予以保留并做好设备的定期检测和维护工作;③ 原配有灭火设备的单位,应确定有充足的消防用水、必要的辅助工具(如攀登高处的工具)以及会使用灭火设备的员工等。

除了以上这些,废气污染物和酸雨灾害预防以及木结构古建筑的防腐防虫也应是江苏省国保单位的防灾重点:关于废气污染物和酸雨灾害,高发地域为苏锡常—南京—南通一带,对这些区域的国保单位受废气污染物和酸雨灾害影响程度的评估研究应是其中的一个工作重点;关于木结构古建筑的防腐防虫,可参考《古建筑木结构维护与加固技术规范》中第 5 章第 1 节的相关规定。

6.3.2　实现江苏省全国重点文保单位灾害预防的有效途径和方法

1) 在江苏省防灾体系中纳入针对国保单位的防灾

目前,江苏省防灾体系的组成部分主要有:灾害管理和法制建设、防灾规划、灾害监测预警预报体系、减灾工程建设、自然灾害应急处置体系以及防灾减灾科普宣传等。关于灾害管理和体制建设,江苏省于 2005 年设立了江苏省减灾委员会统一协调全省的防灾减灾工作❶,并先后颁布了《江苏省气象灾害防御条例》、《江苏省气象管理办法》、《江苏省气象灾害评估管理办法(征求意见稿)》、《江苏省灾害性天气预警信号发布与传播管理办法》、《江苏省消防条例》等相关法规条例。关于防灾规划,虽然尚未制定全省综合性防灾规划,但已制定了针对专类灾害的防灾规划,如《江苏省地质灾害防治规划》(2006—2020 年),完成了 1∶50 万的地质灾害分布图、地质灾害发育强度分区评价图、地质灾害危害程度分区预测图和环境水文地质评价预测图等,大部分城市已经编制各市抗震防灾规划,并已开始筹划编制江苏省区域抗震防灾规划(目前处于收集基础资料的阶段)。关于灾害监测预警预报体系,已经建立江苏省重大气象灾害监测预警和应急服务体系、江苏省气象灾害预警信号发布平台,已完成汛期暴雨的监测与超短时预报系统的研制、江苏省洪涝灾害(EOS/MODIS)卫星遥感监测技术研究、江苏省气象灾害监测预报预警现代化工程的技术研究等项目。关于减灾工程建设,已制定了一些工程建设审查办法,如《江苏省建筑工程抗震设防审查管理暂行办法》、《建筑工程抗震设防审查技术要点》等。关于自然灾害应急处置体系,已成立江苏省重大气象灾害监测预警和应急服务体系,并制定了江苏省重大气象灾害预警应急预案、江苏省突发地质灾害应急预案等。关于防灾减灾科普宣传,已开展中小学防灾减灾专题活动、防灾减灾教育活动、防灾减灾演练以及防灾减灾日❷的集中宣传等。

总的来说,现有的防灾体系主要关注的是生命线工程(如供电、供水、供气、交通等方面),国保单位的防灾并没有被纳入其中,如江苏省减灾委委员组成中有来自各个部门的副职干部,但并没有文物系统的成员,可见文物系统的防灾是在现有防灾系统之外的。然而,要真正实现国保单位乃至所有建筑遗产的防灾,则必须从整个防灾体系来考虑,因为防灾本身是一个社会性的大系统工程。因此,我们需要积极思考如何在现有的防灾体系中纳入针对国保单位的防灾。

① 关于灾害管理体制,文物系统应积极争取一个减灾委委员的名额,如果这个实施有难度,则应该在本系统内加入灾害管理的相关工作和计划。

② 关于防灾规划,应充分利用现有相关防灾规划的成果(如灾害区划图等),并争取在将要制定的防灾规划中纳入针对国保单位的专项防灾规划,如江苏省住房和城乡建设厅现正计划组织编制江苏省区域抗震防灾规划,文物系统应积极与负责单位联系,从建筑遗产保护的角度争取将国保单位的抗震防灾作为其中的一个专项;另外还应制定针对国保单位的防灾规划。

---

❶　江苏省人民政府.省政府办公厅关于成立江苏省减灾委员会的通知[S].南京:江苏省人民政府办公厅文件苏政办发[2005]78 号,2005

❷　经中华人民共和国国务院批准,自 2009 年起,每年 5 月 12 日为全国"防灾减灾日"。

③ 关于灾害监测预警预报体系,文物系统应充分利用现有的预警预报系统,如江苏省气象灾害预警信号发布平台、各市的消防远程报警监控系统❶,及时向各文物保护单位发布预报、警报信息,可以在现有的气象预报、消防警报中加入文保单位的注意事项,如暴雨红色警报、消防警报中可加入可能受影响的国保单位的名单以及注意事项。

④ 关于减灾工程建设,如滑坡塌陷、地面沉降等地质灾害的防治工程,江苏省每年都会制定年度地质灾害防治方案(它主要关注的是地质灾害易发区的生命线工程减灾建设),文物系统应积极参与相关会议,了解防治方案的重点,并结合其考虑江苏省国保单位的地质灾害防治工作,必要时提醒减灾工程建设不能破坏地质灾害易发区的国保单位及其他建筑遗产。另外,对于减灾工程审查,如《江苏省建筑工程抗震设防审查管理暂行办法》和《建筑工程抗震设防审查技术要点》,文物系统应积极探讨针对国保单位或文物建筑的抗震设防审查技术并将其纳入其中。

⑤ 关于自然灾害应急处置体系,文物系统应从遗产保护的角度探讨针对国保单位的适用性应急处理方法措施。

⑥ 关于防灾减灾科普宣传,文物系统应组织针对国保单位或所有建筑遗产的防灾宣传活动,例如,可以将其作为某一个防灾减灾日的主题。

此外,还需要基于江苏省现有防灾体系的薄弱环节❷综合考虑实现国保单位防灾的可行途经和方法,例如,位于历史街区的国保单位的防灾应鼓励周边居民的积极参与,积极开展国保单位的灾害风险综合调查和评估,提高文保单位管理人员的防灾意识等。

2)制定针对国保单位的防灾规划——防灾专项规划和省域防灾规划

(1)在现有相关规划中纳入防灾专项规划

目前,与国保单位相关的规划有:城市城镇规划、旅游发展规划、历史文化名城名镇名村保护规划、历史街区保护规划、全国重点文保单位保护规划等,其中,只有在城市城镇规划中有防灾规划专项,其他规划中虽有涉及但并不作为专项。要实现江苏省全国重点文保单位的防灾,在这些规划中纳入针对全国文保单位(或各级文保单位)的防灾规划专项是关键的一步:在城市城镇规划的防灾规划中纳入文物系统的防灾,结合整个城市防灾系统考虑全国及各级文保单位防灾的实施;在历史文化名城名镇名村保护规划和历史街区保护规划中,纳入针对全国及各级文保单位的防灾规划专项;在全国重点文物保护单位保护规划中,将防灾规划作为一个专项规划(下面一节会以绦衣堂为例进行专门讨论)。相比较而言,目前形势下,在全国重点文物保护单位保护规划中纳入防灾专项规划可能是最快能够实现的,但对于实现国保防灾并不一定是最有效的,因为灾害影响往往是区域性的,只有区域性的防灾系统才能有效实现防灾,从这个角度出发,在城市城镇规划的防灾规划中结合整个城市防灾系统编制针对全国或各级文保单位的防灾专项规划可能要有效得多,但因为涉及多个不同系统之间的工作协调,实现起来可能也是较难的。在这种情况下,与其被动受约束,不如主动做区域性全国重点文保单位的防灾规划。

(2)基于 GIS 技术编制江苏省全国重点文保单位的防灾规划

编制针对全国文保单位的省域防灾规划,主要是要明确全国文保单位的灾害区划、位于灾害易发区国保单位的防灾措施以及如何实现针对国保单位的灾害预报预警等方面。要实现这些工作,需要综

---

❶ 江苏省各个城市已相继建立了消防远程报警监控系统,如镇江市城市消防远程报警监控系统,淮安市城市消防安全远程监控,常州市消防远程监控及安防视频联动监控系统联网,南通城市消防远程监控系统。

❷ 一是减灾综合协调机制尚不健全,部门间信息共享和协调联动机制、民间组织等社会力量参与减灾的机制还不够完善;二是缺乏减灾综合性法律法规,相关配套政策不够完善,灾害保险的作用未得到充分发挥,灾害救助、恢复重建等方面补助标准偏低;三是灾害监测体系还不够健全,预警信息覆盖面和时效性尚待提高,灾情监测、采集和评估体系建设滞后;四是防灾减灾基础设施建设有待加强,一些灾害多发地区的避灾场所建设滞后,大城市和城市群灾害设防水平有待进一步提高,农村群众住房防灾抗灾标准普遍较低;五是基层灾害应急预案体系尚需进一步健全,抗灾救灾物资储备体系不够完善,应急通信、指挥和交通装备水平落后;六是减灾资源普查、灾害风险综合调查评估等方面工作尚未开展,各类灾害风险分布情况掌握不清,隐患监管工作基础薄弱;七是减灾领域科技支撑,特别是综合减轻灾害风险科技工作还比较薄弱,灾害监测预警、防范处置关键技术和装备的研发应用尚待加强,巨灾发生机理、规律、防范对策等方面的研究还需深入;八是各级灾害管理人员业务素质还需进一步提高,面向基层乡村社区的减灾科普宣传有待进一步深入,社会公众减灾意识仍较薄弱。

合大量的数据信息进行分析,包括:水文地质、环境气候、道路建设等基础信息,地质灾害、地震带和震中分布、气象灾害、生态环境灾害等灾害数据,以及城市管理、文物保护档案等数据,如此大量的数据正适宜用 GIS 技术予以分析和解决。但是基于人力与资料获取极其有限的情况,本文无法使用 GIS 技术(GIS 项目中有 60%～80%的精力和费用用于数据的获取和输入❶),只能借助于传统的图与图叠置的方法进行初步的灾害区划分析。这种分析方法比较容易产生误差且往往会顾此失彼,严格来说不是很科学和全面。

目前,GIS 在我国遗产保护工作中的应用多见于历史街区和古村落的保护❷,最近几年也有在大遗址保护与大运河保护中的探讨应用❸,此外,防灾领域也开始使用 GIS 技术,如气象灾害预报预警地理信息系统❹、TopMap 山洪灾害预警平台❺、GIS 在防震减灾中的应用❻、江河洪水预报系统❼等,这些应用很好地体现了 GIS 很强大的数据处理和空间分析功能,也为 GIS 技术应用于江苏省全国文保单位的防灾规划提供了一定的参考。

GIS 能为多源数据的深入研究分析与图形表达提供强大的技术支撑,如可以综合多源多比例尺地图,可以利用基于 CAD 地形图建立 DEM 模型(Digital Elevation Model,数字高程模型),可以实现 Excel 数据库与矢量地图空间信息的对应链接,可以通过图层叠置生成各种分析图(如将气温、降水量、气压、风速风向等气象要素综合叠置分析可勾绘出暴雨洪水灾害范围分析图),可以通过空间数据与属性数据的链接生成评估图(如历史建筑质量评估图,传统的方法是在 CAD 上填色,通过不同色块表示质量情况;而 GIS 则可以通过 Excel 评估数据与空间图形的链接得以实现)等。这些强大的空间数据分析和专业制图功能对科学编制针对国保单位的防灾规划至关重要,例如,基于 CAD 地形图建立的 DEM 模型不仅能辅助判断国保单位的历史环境格局,还能综合水文地质相关信息判断其地理环境是否存在滑坡崩塌、地面塌陷的可能,并且勾画出灾害范围分析图。

由以上功能介绍可知,GIS 技术绝对适宜于编制针对江苏省国保单位的防灾规划,基于 GIS 技术平台表达出的灾害区划图更具直观性和科学性,所有的相关信息数据可以在 GIS 平台上得到系统整合,方便从整体上寻找规律,更为重要的是,一方面可以从整体系统的角度指导文保单位的防灾工作,另一方面可以更加直观获知城市防灾存在的一些问题以及方便寻找文保单位的防灾与城市防灾之间互相促进的可能途径。在人力财力允许的情况下,基于 GIS 技术编制针对江苏省国保单位(或各级文保单位)的防灾规划是值得探讨和实践的,其具体的工作思路可以参考:收集资料—建立项目数据库—分析数据—输出分析图—(灾害预警发布)的步骤。在具体的实施过程中,工作时间安排上要以数据的收集和转化输入为重,工作重点在于各种数据的综合分析,工作成果主要在于灾害区划总体分析以及单种灾害防灾措施等,后续工作为基于 GIS 技术的灾害预警发布系统的开发。

3)注重日常防灾管理

要实现国保单位的有效防灾,除了注重以上这些方面之外,还需要注重国保单位的日常防灾管理,系

---

❶ 邬伦.地理信息系统原理、方法和应用[M].北京:北京大学出版社,2000.

❷ 参考以下三篇文章:(1)胡明星,董卫.GIS 技术在历史街区保护规划中的应用研究[J].建筑学报,2004(12):63-65;(2)胡明星,董卫.基于 GIS 的镇江西津渡历史街区保护管理信息系统[J].规划师,2002,18(3):71-73;(3)BACHOUR B, DONG W. A new method in urban planning based on GIS technology conservation and rehabilitation analysis of Xijin Ferry District in Zhenjiang[J]. Journal of Southeast University(English Edition), 2003, 18(2): 141-147

❸ 参考:张剑葳,陈薇,胡明星.GIS 技术在大遗址保护规划中的应用探索——以扬州城遗址保护规划为例[J].建筑学报,2010(6):23-27,以及 2006 年 12 月科技部启动的国家科技支撑计划"空间信息技术在大遗址保护中的应用研究(以京杭大运河为例)"资助项目。

❹ 尹振良等.地理数据处理服务在青海省气象灾害预报预警地理信息系统中的应用.[EB/OL].[2010-09-08]http://www.gissky.net/Article/1940.htm.

❺ TopMap 山洪灾害预警平台解决方案.http://www.gissky.net/Article/1939.htm,2010-9-8 最后浏览

❻ GIS 在地震、防震减灾中的应用,http://www.topmap.com.cn/topmap_solution/topmap_geo/2008-11-25/63.html,2010-9-8 最后浏览

❼ 龙江省主要江河洪水预报系统,http://www.topmap.com.cn/topmap_solution/topmap_water/2008-11-10/43.html,2010-9-8 最后浏览

统内的防微杜渐式管理实施起来往往比需要融合系统内外的防灾规划要容易得多,且有时候也有效得多,例如,注重日常安全用电用气用火可以实现防火,这比编制防火规划可能要有效得多。以下主要就安全用电用气用火管理、设备设施的检查和维护、监测预警管理、员工防灾意识提高等几个方面进行讨论:

(1) 安全用电用气用火管理

火灾为国保单位面临的重大灾害之一,相对于其他自然灾害,引发火灾的往往是人为因素,包括:庆典、宗教活动、烧饭、烧炕、取暖时的用火用电用气不慎,修缮维护工程中的违章作业,人为放火,小孩玩火,禁烟处吸烟或吸烟者烟头乱扔等(见图 6.39)。究其原因,皆与日常安全管理的不到位有关,因此,完善日常用电用气用火的安全管理是防止火灾发生的最有效途径之一。

① 制定日常安全用电用气用火制度,明确禁止行为和必作为行为。关于禁止行为,如禁止国保单位保护区内有烧饭、吸烟、玩火、纵火等行为,冬天禁止将易燃品(如毛巾)搭在取暖器上等;关于必作为行为,如监督游客不吸烟、监督保护区内的破坏行为、下班后关闭所有电器设备(尤其是冬天关闭取暖器)等。

② 节日庆典、重大活动、宗教仪式期间及遭遇特殊天气时格外加强安全管理和监督,制定相关注意事项,如放鞭炮烟火的规定、烧香或长明灯行为的规定及烧香处的专人监督、重大活动期间高功率设备的安全使用、特殊天气(如雷电)前后关闭电源电器设备等。

③ 国保单位若进行修缮维护工程,尤其要关注修缮维护中的安全用电问题,应明文禁令施工单位的违章作业,并派专员时常监督和检查,如禁止可燃物堆积、保证所有修缮所用电钻等设备不超荷载使用等。

(2) 设备设施的检查和维护

设备设施的检查和维护主要包括电线电气设备、防灾设施、排水设备等方面,对其检查和维护,一方面需要在职工作人员的日常检查,尤其要强调清洁工打扫卫生时发现问题要及时汇报,另一方面应定期派专业人员对所有设备设施进行检查和维护,如每季度、每半年或每年进行一次。

① 关于电线电气设备,国保单位的电线线路很多为早期安装,往往延用数年不更换,且往往直接搭设在木构件上,电路一旦老化很容易形成短路引发火灾,应定期对电路设备进行检查并及时更换老化的电线、坏灯泡、坏开关等;常用的电线电气设备应保证每天上、下班开关之际检查一下,在节日庆典、重大活动来临之前专门进行检查和维护,特殊天气(如暴风雨、雷电等)前后应进行及时检查;对于电线电路直接裸露敷设在木构件上的国保单位,应考虑对电气电线的重新设计和敷设。

② 关于防灾设施,包括火警系统、消防设备、防雷装置等。工作人员应每天检查火警系统确保其正常工作;消防设备和防雷装置应定期派专业人员进行检查和维护,尤其要在雷电高发季节来临之前要对防雷装置和消防设备进行检查和维护,以保持避雷网、避雷针以及消防设施的完好状况;秋冬干燥季节,适当提高对消防设备的检查频率,始终保证消防设施的有效性。

③ 关于排水系统,包括排水管、下水道、污物处理设备等,应定期清理和维护,秋天关注落叶的清理,春天关注冬天残留物的清理,尤其是在暴雨季节来临之前要清理所有的排水沟、下水道、排雨管,保证其排水畅通;关注排水管、下水道、污物处理设备等的寿命极限,及时更换问题设备以保证排水系统的有效工作。

(3) 监测预警管理

监测预警管理作为日常防灾管理的重要组成部分,其作用在于通过监测及时预报灾害并制定对应的应急措施,以实现灾害破坏的最小化,它主要包括系统外与当地监测预警系统的紧密合作以及系统内应急措施的制定。其中,系统外与当地监测预警系统的紧密合作主要是充分利用省域或各市的各种灾害监测网,如地质灾害监测网(如滑坡崩塌监测网)、气象灾害预报预警系统、城市消防远程监控系统等,及时掌握灾害可能发生的时间、规模、影响范围等相关信息,从而确定受到影响的国保单位及其可能的灾害影响程度。系统内应急措施的制定,主要包括建立及时获取灾害信息的有效途径、建立系统内外报警系统的合作以及制定对应的应急措施等。系统内外报警系统的合作,如国保单位的火警预报与当地 119 的合作;制定对应的应急措施,如针对国保单位布局及建筑结构特点制定适用性的灭火方案等。

除了以上这几个方面,提高员工的防灾意识也是日常防灾管理的一个重要组成部分,可通过防灾宣传教育、防灾演习、规章制度制定等方面实现员工防灾意识的提高。另外,节假日和周末期间的日常防灾管理尤其不能大意,因为节假日和周末的外来游客比平常要多,若遇灾害事故,不可控因素会更多,目前,节假日一般都会有人值班且会有指定负责人,但周末的值班问题还没有引起足够重视,很多时候周末期间负责人电话打不通,一旦遇有灾害后果不堪设想,因此,应保证节假日和周末都有人值班且能保证若有灾害发生能随时与负责人取得联系以便及时采取应急措施。

6.3.3 单项全国重点文保单位的防灾规划专项——以绥衣堂为例

在编制全国重点文保单位的保护规划时,防灾规划应该作为一个专项规划。在现有的保护规划编制要求中已有防灾方面的相关内容❶,但总的来说,编制要求重在灾后应急措施和防灾工程实施技术方面,尚缺乏灾害分析和灾前预防措施制定等方面的内容。近几年,也有较多的全国重点文保单位在编制保护规划时设有防灾规划专项,但往往局限于消防、防雷方面,并没有基于国保单位所在地的灾害区划分析展开深入讨论。本书第2章中提到了关于制定防灾专项规划的相关步骤,下面以苏州常熟市全国重点文保单位绥衣堂为例对防灾专项规划进行讨论。

1) 绥衣堂的灾害风险评估

灾害风险评估是进行防灾规划专项的基本前提,它包括对灾害的发生频率及高发期、可预测的难易度、次生灾害种类及引发率、可能带来的损害程度等几个方面进行评估,通过灾害风险评估可以明确绥衣堂面临的主要灾害种类及其风险度。下面根据前文的灾害区划分析,并结合绥衣堂的地理位置、建筑结构材料以及保护管理现状等方面的实际情况进行分析。

(1) 确定绥衣堂面临的灾害种类

首先,根据灾害区划分析绥衣堂可能面临的灾害种类:

① 结合表6.2的相关内容可以知道,绥衣堂所在区属于江苏省地面沉降最为严重的区域;

② 根据图6.11和表6.6的相关内容可以知道,绥衣堂不位于震中地带,其所在区域的地震动峰值加速度为0.05 g,属于6度抗震设防区;

③ 根据图6.15和图6.16可以看出,绥衣堂处于1956—2005年期间龙卷风发生频率10~20次/50年的区域,且是江苏省龙卷风风险度最高的区域之一;

④ 根据图6.19可以知道,绥衣堂处于江苏省雷暴风险度最高的区域之一;

⑤ 根据图6.20~图6.23可知,绥衣堂处于江苏省1961—2000年期间累年平均最大日雨量和累年大暴雨日数最低的区域,但却是累年极端最大日雨量值的区域;

⑥ 根据图6.27和图6.28可知,绥衣堂位于江苏省冰雹灾害低发区,但其位于江苏省四条冰雹集中地带之一(由江阴向东至常熟、太仓的冰雹集中地带),当地发生冰雹总次数高于苏州其他地区;

⑦ 根据图6.29可知,绥衣堂处于遭遇雪害几率较小的区域,1974—1993年大雪(积雪≥5 cm)日数少于20天;

⑧ 根据6.2.4章节相关分析,绥衣堂处于江苏省废气污染物灾害和酸雨灾害最严重的区域之一。

在此基础上,结合绥衣堂的地理位置、建筑结构材料以及保护管理现状等方面的实际情况进一步分析绥衣堂面临的灾害:

① 绥衣堂所在地地势低平,水网密布,地下水(以第四系孔隙水为主)分布广、水质好,曾被广泛采用,近年为防止地面沉降才逐渐停用。基于此,可知绥衣堂曾经面临地面沉降的灾害,停止使用地下水后地面沉降是否还继续存在,需要进一步勘查确认。

② 当地属亚热带季风气候,冬季少雨盛行偏北风,夏季多雨盛行东南风,春秋两季冬夏季风交替,干

---

❶ 见《全国重点文物保护单位保护规划编制要求》第九条和第十条相关内容。如保护措施编制内容中提到:"涉及防火、防洪、防震等急性灾变的保护措施应制定应急措施预案","涉及古建筑修缮、岩(土)体加固、防灾工程等专项保护工程时,应提出具体规划要求、技术路线、实施方案计划等,注明其对文物保护单位本体的干扰程度……";另外在环境规划编制内容中提到:"生态保护内容包括维护地形地貌、防止水土流失、策划水系疏浚、防治风蚀沙化、农业综合治理等"。

湿多变,气候温和,雨量充沛,年平均气温15.4℃,年均降水量1054mm。基于如此气候,可以基本确定绥衣堂遭遇冰雹灾害和雪害几率小,虽难免特殊天气下的冰雹灾害和雪害。

③ 绥衣堂及其他翁同龢故居建筑群的文物建筑均为木构建筑,所在历史街区周边建筑也多为木构建筑,加上湿度大,可能会有蚁虫危害;另外,根据灾害区划可知绥衣堂处于雷暴高风险区,且目前并无防雷设置,因此绥衣堂存在雷击风险。

④ 绥衣堂自1991年5月起对外开放,为常熟地区的重要旅游景点之一,内增设空调等电器设备;另外在翁氏故居内设有厨房,且其周边木构建筑多为居民用房,用火用电稍有不慎便有火灾危险,加上所在历史街区消防车无法进入,一旦发生火灾可能无法及时灭火。

⑤ 绥衣堂所在城市常熟虽无污染性工业,但根据图6.36还是可以看出2006年常熟发生酸雨频率为48.5%～55.1%,属于江苏省酸雨频率较高的区域;另外,在1997年南京博物院编制的《常熟绥衣堂彩画保护方案》中提到:彩绘表面污染物较多,积层较厚,其中含有氧化物、酸性物等。基于这些,废气污染物和酸雨灾害不容忽视,它所带来的空气尘粒及酸性物等污染物对彩绘的破坏影响也不容忽视。

综上所述,绥衣堂面临的灾害种类主要有地面沉降、雷暴、暴雨、废气污染物和酸雨、火灾等几种,风灾、冰雹灾、雪害等灾害发生几率较低,虽不属于地震地带但属于6度抗震设防区。

(2) 灾害风险评估

以下从灾害发生频率、高发期、可预测性、引发次生灾害的可能性、可能带来的损害程度对绥衣堂面临的灾害种类进行风险评估:

① 地面沉降形成已久,近年因停止采用地下水而有所缓解,其可预测性不强。长期地面沉降势必会给绥衣堂和翁氏故居建筑群带来一定程度的损害。

② 雷暴灾害主要集中在夏季,春秋两季相对较少,冬季则很少发生,每年6—7月闪电次数最多;夏季每日闪电高峰在下午14:00—16:00,凌晨1:00—4:00为次峰,6:00—11:00地闪发生相对较少。雷暴极易引发火灾,其灾害风险较高。

③ 火灾可能主要集中在干燥的秋冬季节和雷暴灾害较多的夏季,具有一定的可预测性,其对木构建筑的损害往往是致命的。

④ 暴雨灾害高发期在6—7月,由于常熟暴雨主要受江淮梅雨锋线和台风影响,具有较强的可预测性;若当地排水系统不畅,暴雨极易引发水灾。

⑤ 废气污染物和酸雨灾害冬春两季要重于夏季,总体变化规律是按冬—春—秋—夏由强到弱,可预测性不强,对绥衣堂彩画的损害可能较大。

⑥ 风灾发生频率不高,通常情况下为北偏西大风,主要出现于冬春两季;龙卷风发生几率较低,1956—2005年龙卷风发生频率为10—20次/50年,但其危害大,灾害风险较高。

⑦ 冰雹灾害主要发生在7—8月,其位于江苏省四条冰雹集中地带之一,但总的来说发生几率不高,具有一定的可预测性,其灾害风险较低。

⑧ 雪害较轻,主要发生在1月,具有一定的可预测性,其灾害风险较低(表6.9)。

表6.9 绥衣堂的灾害风险评估

灾害种类	发生频率及高发期	可预测性	引发次生灾害种类及可能性	可能带来的损害程度	总体风险度
地面沉降	形成已久	低		较大	较高
雷暴灾害	集中在夏季,夏季每日闪电高峰在下午14—16时	高	火灾,可能性较大	大	高
火灾	集中在干燥气候的秋冬季节和雷暴灾害较多的夏季	较低		大	高
暴雨灾害	6—7月	高	水灾,可能性较大	一般	较高

续表 6.9

灾害种类	发生频率及高发期	可预测性	引发次生灾害种类及可能性	可能带来的损害程度	总体风险度
废气污染物和酸雨灾害	冬春两季	低		较大	较高
蚁虫灾害		较高		较大	一般
风灾	北偏西大风集中于冬春两季,龙卷风发生频率为10—20 次/50 年	较高		北偏西大风带来的损害较小,龙卷风带来的损害大	一般
冰雹灾害	7—8 月	较高		较小	低
雪害	1 月	高		较小	低
地震		低	火灾、地裂缝等,可能性较大	大	较高

2）防灾工作计划——明确防灾重点＋制定具体的措施

根据綵衣堂的灾害风险评估,可以确定不同季节不同的防灾重点,在此基础上制定防灾工作计划以明确可行的预防措施以及有效的实施方法。由上可知,綵衣堂的防灾重点有:防雷、防火、防暴风雨、防废气污染和酸雨灾害、防虫蚁、抗震设防等几个方面,其中,雷电、暴雨、风灾等均属于气象灾害,对于此类灾害,除了基于历史灾害区划做好相关预防工作之外,更重要的是要充分利用实时的气象预报及时做好预防应急措施。

（1）防雷

① 安装防雷装置　綵衣堂防雷装置的选择和构造要求应符合国家标准《建筑防雷设计规范》中关于第二类防雷建筑物以及《古建筑木结构维护与加固技术规范》中关于一类防雷古建筑的相关规定,并应根据綵衣堂实际情况进行专门的防雷装置设计,使防雷装置既能有效实施防雷又不对建筑本体和周边环境景观造成损害和影响;其中,建筑物的防雷装置以避雷接闪器为主,不易做避雷接闪器的建筑物应采用独立避雷针形式。避雷接闪器的接地装置应按国家及地方相关规范实施;独立避雷针下部应予以绝缘处理（如用建筑小品式构筑物遮盖）。另外,綵衣堂内现有古树名木 3 株❶,应做好古树的防雷,其防雷装置比较适宜采用独立避雷针形式,独立避雷针下部同样应予以绝缘处理。

② 日常防雷管理　防雷装置只是从技术设备上预防雷电,要真正实现防雷,还需要在日常管理工作中例行相关防雷管理措施,明确日常预防措施以及雷电高发季节前后的防雷工作重点:

· 防雷装置安装好以后,应按照《古建筑木结构维护与加固技术规范》的相关要求（第 5.3.6 条）❷,定期做好防雷装置的检查和维护工作。

· 根据实时的气象预报做好雷电预测,在雷电到来之前及时做好相关预防工作,如清除室内及周边可能引起雷击的物品（金属物）,关闭电器设备等;期间若有游客参观应及时提醒游客注意相关事项,如不要使用手机、避免接触金属制品、不要靠近金属管道、不要站在树底下等易被雷击的地方。

· 在建筑或树木遭遇雷击后及时切断电源、关闭煤气/天然气等,以防雷击引发火灾。

· 在雷电高发季节——夏季之前,检查维护防雷装置,确保其正常工作;检查周边树木,封堵枯朽树木的洞穴,防止积水导致树木接闪。

· 由雷暴灾害区划可知,常熟地区夏季雷电高峰发生在下午 14—16 时和凌晨 1—4 时,由于下午

---

❶　为金弹子和瓜子黄杨,树龄分别有 155 年和 305 年。

❷　第 5.3.6 条 对古建筑的防雷装置,应按下列要求做好日常的检查和维护工作:一、建立检查制度。宜每隔半年或一年定期检查一次;也可安排在台风或其他自然灾害发生后,以及其他修缮工程完工后进行。二、检查项目应包括防雷装置中的引线、连接和固定装置的联结有无断开、脱落或变形,金属导体有无腐蚀;接地电阻工作是否正常等。三、在防雷装置安装后应防止各种新设的架空线路,在不符合安全距离要求时,与防雷装置系统相交叉或平行。

14—16 时是一天中游客参观较多的时段,期间若有雷电预报或雷电发生,应及时提醒游客注意相关事项;关于凌晨 1—4 时的防雷管理,重在确保提前清除所有可能引起雷击的物品以及下班后关闭所有的电源和电器设备。

(2) 防火

① 防火装置上分层设防　防火装置上分层设防,第一道防线是完善绥衣堂的防雷系统,这是减少火灾几率的重要一环;第二道防线是安装火灾报警系统,有火情时能早报警,将火消灭在初始阶段;第三道防线是配置灭火设备,使之具备扑灭初期火灾的能力。关于防雷系统,上文已经有所说明,这里主要对火灾报警系统和消防设备方面进行讨论。

关于火灾报警系统,关键在于选择适用于绥衣堂的火灾报警探测器。基于上文关于各种火灾报警探测器的介绍,由于绥衣堂属于废气污染物和酸雨灾害严重的苏南区域,且常年空气湿度高,因此不适宜采用离子感烟探测器和光电感烟探测器,应采用极早期空气采样火灾预警系统。火灾报警系统所有相关设备的安装应符合《火灾自动报警系统设计规范》的相关规定。

关于灭火设备,现在馆内有 MFZL2 型干粉灭火器 14 只,MFZL3 型干粉灭火器 11 只,MY2 型 1211 灭火器 12 只,MY3 型 1211 灭火器 6 只,MT2 型灭火器 2 只,另有室外消火栓设在纪念馆东北处围墙外。其中,MFZL2 型干粉灭火器和 MFZL3 干粉灭火器属于干粉灭火器,由于干粉灭火器灭火过程中会产生微细固体粉末,该粉末对彩绘的影响有待进一步研究,因此绥衣堂不建议使用干粉灭火器,但可用于馆内其他建筑灭火;MY2 型 1211 灭火器和 MY3 型 1211 灭火器属于卤代烷灭火器,其灭火效率高且不产生粉末,适用于绥衣堂及馆内其他建筑灭火,但 1211 灭火剂对人体有一定毒性;MT2 型灭火器属于二氧化碳灭火器,根据相关标准,二氧化碳灭火器对 A 类火灾(国保单位火灾属于 A 类火灾)基本无效,应予以重置。基于这些分析,可以看出这几类灭火器对绥衣堂来说都不是很理想。目前,针对灭火设备方面的工作重点有:对现有灭火器重新分配,至少保证绥衣堂建筑内的灭火器不是干粉类灭火器,在条件允许的情况下应配置适用于绥衣堂尤其是彩绘的灭火器;保证充足的消防用水,现馆内只有一根市政给水管,应结合所在历史街区消防用水需要,选择合适地点建立消防水池,消防水池应设供消防车取水用的消防取水口;结合常熟城市消防管网铺设,馆内埋设消防管网并增设消防栓,消防管网应与所在历史街区消防管网融为一体并与消火栓连通。

② 注重日常防火管理　绥衣堂现设有义务消防队(队长周立人,副队长陈丽峰,队员 14 人),制定有一系列消防安全制度("消防安全制度"、"消防安全检查制度"、"员工消防安全教育培训制度"、"消防器材维护保养制度"、"用火用电管理制度"、"消防安全工作年度考核制度"),注重消防档案相关记录("防火巡查记录"、"防火检查记录"、"消防安全活动记录"等),另外还与常熟市公安消防部门合作制定了《灭火和应急疏散预案》。这些制度主要还是重在灭火环节,要做好日常防火管理工作,还应注重以下几个方面:

- 对易燃构件进行防火处理,如对木板墙等喷洒防火涂料。
- 定期检测和维护防雷装置、防火设备、电线电路和电器设备等,尤其要在雷电高发季节夏季来临之前进行维护,确保相关设备正常工作。
- 规范人的活动,预防不安全行为引起火灾,如严格控制室内可燃物质的大量长期堆放,下班后切断所有电源,暴风雨、雷电后及时切断电源,严禁吸烟和明火并悬挂相关警告牌等。
- 注重对周边居民进行防火知识宣传,尤其强调秋冬干燥季节期间的用火用电安全等。

(3) 其他防灾重点及其具体措施

① 绥衣堂所在城市常熟,地面沉降较为严重,近年虽然已停用地下水,但地面沉降形成由来已久,其影响不可能立刻消失殆尽,仍需勘查核实沉降是否继续并确定其影响,因此,目前针对地面沉降的工作重点在于勘查和监测以及评估其对绥衣堂的影响。

- 绥衣堂所在城市常熟不属于地震区域,但属于 6 度抗震设防区,在地震预报和地震区划的科学水平较低的现阶段,对绥衣堂进行适当设防十分必要,因此,应按照《古建筑木结构维护与加固技术规范》第

4.2.2 条及第 4 章第 1 节的相关标准❶做好馆内建筑的抗震鉴定工作,并基于抗震鉴定结果进行必要的抗震加固措施。

* 绥衣堂 6—7 月期间会面临较多的暴雨天气,应在暴雨季节来临之前集中清理和维护馆内所有的排水管道,以保证暴雨降临时的排水顺畅。

* 绥衣堂位于废气污染物和酸雨灾害最严重的苏南区域,应对空气中尘粒和酸性物进行专门监测并评估其对彩绘的危害影响。

* 绥衣堂馆内部分建筑物多处构件有白蚁危害,虽已进行过相关防治,但仍未根除,应按照《古建筑木结构维护与加固技术规范》的相关要求(见第 5 章第 1 节木材的防腐和防虫)进行白蚁防治工作。

* 绥衣堂所在城市常熟风灾、冰雹灾害和雪害发生几率很小,但仍不容忽视,日常管理中应关注气象预报,根据相关的气象灾害预测,提前做好相关预防措施。

---

❶　《古建筑木结构维护与加固技术规范》第 4.2.2 条:"古建筑木结构及其相关工程的抗震构造鉴定,应遵守下列规定:一、对抗震设防烈度为 6 度和 7 度的建筑,应按本章第一节进行鉴定。"其中的本章第一节是指第 4 章第 1 节"结构可靠性鉴定"部分。

7 基于建筑遗产病害分析的系统监测和日常维护

7.1 建筑遗产的病害分析

7.1.1 建筑遗产常见的病害介绍

1）建筑遗产面临的主要病害类型

表 7.1 建筑遗产的常见病害类型

建筑遗产的病害类型 Different Damage Types of Architectural Heritage		
1. 表面变化 Surface change	**2. 解体/解整合 Disintegration**	**3. 开裂 Cracking**
1.1 变色 Chromatic alteration	2.1 分层 Layering	3.1 裂缝 Cracks
1.1.1 褪色 Fading	2.1.1 脱落 Delamination / Exfoliation	3.2 细裂缝 Hair crack
1.1.2 湿块/湿点 Moist spots	2.1.2 剥落 Spalling	3.3 网状裂缝 Craquele
1.1.3 锈斑/锈黄 Staining	2.1.3 鳞屑状剥落 Scaling	3.4 星状裂缝 Star cracks
1.1.4 真菌变色 Fungal discoloration	2.1.4 圆角起壳 Rounded edges	3.5 正方断裂线(石材)Diaclase(stone)
		3.6 环裂 Ring crack
1.2 沉淀 Deposit	2.2 分离(不同材料间解整合)Detachment	3.7 贯通裂 Through cracks
1.2.1 污垢 Soiling	2.2.1 黏附力丧失 Loss of adhesion	3.8 扭转纹 Twisted crack
1.2.2 涂鸦 Graffiti	2.2.2 推出 Push out	**4. 变形 Deformation**
1.2.3 结壳 Encrustation	2.2.3 表面起泡 Blistering	4.1 弯曲 Bending
1.2.4 泛白 Efflorescence /Crypto-florescence	2.2.4 表面起皮 Peeling	4.2 鼓起 Bulging
1.2.5 生物粪便 Animal Wastes	2.2.5 灰浆表面起皮 Peeling hide	4.3 倾斜 Leaning
		4.4 移位 Displacement
1.3 化学变质 Transformation	2.3 黏聚力丧失(针对单种材料)Loss of cohesion	4.5 坍塌 Collapse
1.3.1 铜绿 Patina	2.3.1 灰化/粉化(针对石灰质材料)Chalking	4.6 沉降/沉陷 Settlement
1.3.2 结壳(砖,砂浆)Crust (brick, mortar)	2.3.2 粉化 Powdering	4.7 扭转 Torsioning
6. 腐朽 Rotting	2.3.3 粉碎 Crumbling	**5. 机械损伤 Mechanical damage**
6.1 木质菌腐(白腐/褐腐/软腐)Wood rotting fungi	2.3.4 沙化 Sanding	5.1 划痕 Scratch
6.2 虫腐 Pests rotting	2.3.5 砖起泡 Brick blistering	5.2 切口 Cut /Incision
6.3 糟朽 Decaying	2.3.6 腐蚀 Erosion	5.3 穿孔 Perforation
7. 蛀孔 Insect-eaten	2.3.7 爆裂 Bursting	5.4 裂口 Splitting
7.1 虫眼 Insect holes	2.3.8 空隙 Voids	5.5 破片 Chipping
7.1.1 表面虫眼、沟 Surface insect holes and galleries	2.3.9 表面凹窝 Alveolization	5.6 残损 Fragment
7.1.2 深虫眼 Deep insect holes	2.3.10 缝合线 Stylolites (stone)	**8. 植被生长 Biological growth**
7.1.3 针孔虫眼 Pin holes		8.1 高植物(树、草等)Higher plants
7.1.4 小虫眼 Small insect holes		8.2 地衣 Lichens
7.1.5 大虫眼 Large insect holes		8.3 苔类 Liverworts
		8.4 藻类植物 Algae
7.2 蜂窝状空洞 Cellular holes		8.5 苔藓植物 Mosses
		8.6 霉菌 Moulds

关于建筑遗产面临的病害类型,目前国内行业内并没有专业分类,本书参考欧洲文物古迹损毁系统 MDDS 软件中的损毁类型分类(针对砖石构建筑遗产)和国家标准《木材缺陷图谱》(GB/T 18000—1999)的相关内容,将建筑遗产的病害类型主要分为表面变化、解体/解整合、开裂、变形、机械损伤、腐朽、蛀孔和植被生长等 8 种类型,并根据不同类型病害的不同表现形式进一步细分(表 7.1)。其中,解体/解整合病害主要是针对砖石构,腐朽和蛀孔病害主要针对木构,其余几种病害是所有建筑遗产都面临的。这些病害中大多数病害属于发展型病害,只有极少数为稳定型病害(如虫眼和外力损伤)。

2）造成建筑遗产病害的原因介绍

（1）一般病害原因及其体现形式

造成建筑遗产各种病害的原因有多种,不同原因之间往往互相影响、共同作用,从而引起病害发生。一般来说,造成建筑遗产病害的原因可以分为机械外力、物理效应、化学作用、生物效应等四大类,各大类又分为若干细类因素,并有着各自对应的病害类型(见表 7.2)。此种方法主要是按照病害形成过程的不同而进行分类的,如果按照形成引发病害的主体不同进行分类,可以将病害原因简单地分为:建筑结构缺陷、人为破坏、自然环境影响 3 个大类。其中,建筑结构缺陷包括:原结构设计和材料构造的缺陷、结构材料老化以及后人修缮不当所致的结构缺陷等方面。表 7.2 分类中的物理效应、化学作用和生物效应这 3 大类原因可以归入自然环境影响,其他这一类可归入人为破坏,机械外力部分的 M1、M9 和 M12 可归入自然环境影响,M2—M6、M8 和 M15 可归入人为破坏,M7、M10、M11、M13、M16—M18 可归入建筑结构缺陷,M14 和 M19 则要根据实际情况分析确定。

表 7.2　造成建筑遗产病害的原因分析❶

原因	编号	因素	病害类型
机械外力 Mechanical	M1	风	腐蚀,穿孔,倾斜
	M2	清洁方法	锈斑/锈黄,腐蚀
	M3	振动	分离
	M4	锐器的机械作用	划痕
	M5	锐器影响	切口
	M6	锐器穿透	穿孔,网状裂纹,星状裂纹
	M7	超荷载	裂口,裂缝,弯曲
	M8	碰撞	破片,分离
	M9	温度湿度变化引起的尺度变化(收缩或膨胀)	表面起泡,细裂缝,裂缝,网状裂纹,星状裂纹
	M10	材料缺陷	分离,细裂缝,裂缝,网状裂纹,裂口
	M11	地基沉降	裂缝,弯曲,倾斜,移位
	M12	地震	裂缝
	M13	原有连接处构造缺陷	裂缝,细裂缝
	M14	表面肿胀	弯曲
	M15	交通繁忙	裂缝
	M16	尺寸不足	裂缝
	M17	固定作用丧失	分离
	M18	材料互斥不相容	裂缝
	M19	机械作用	分离,脱落,移位,穿孔
	M20	荷载分布不均	移位,沉降,膨胀,细裂缝

❶　根据 ACHIG M C. Methodology for analysis, diagnosis and monitoring of damage in heritage architecture(earth and timber)in cuenca-Ecuador — case study "Casa Pena" in the barranco of the city [D]. Belgium: RLICC, K. U. LEUVEN, 2010:114"Categories of Causes and Their Relation with Damages"的内容翻译整理而成。

续表 7.2

原因	编号	因素	病害类型
物理效应 Physical	P1	相对湿度的增加	褪色,锈斑,残损,腐蚀,表面起泡,腐朽,分离,网状裂缝,裂缝,弯曲,膨胀
	P2	存在水分	锈斑,残损,泛白,植被生长,表面起泡,脱落,分离,网状裂缝,腐蚀,腐朽,裂缝,弯曲,膨胀
	P3	盐分(方解石和硅酸盐)	结壳,残损,表面起泡,脱落
	P4	可融盐	泛白
	P5	灰尘	污垢,铜绿
	P6	霜冻	弯曲,移位,脱落
化学作用 Chemical	C1	紫外线	褪色
	C2	受污染的水(沉淀物)	锈斑,污垢,铜绿
	C3	车辆排放物	污垢,铜绿,结壳
	C4	煤烟	污垢,铜绿
	C5	侵蚀	锈斑,裂缝
	C6	空气污染	结壳
	C7	火灾	裂缝,锈斑,分离,残损,裂缝
	C8	氧化作用	铜绿,结壳
	C9	油漆颜料	锈斑
	C10	油饰	锈斑
生物效应 Biological	B1	有机物质	锈斑
	B2	植物(树等)	植被生长,分离,裂口,裂缝,沉降
	B3	生物有机体(地衣,藻类)	植被生长,分离,裂口,裂缝,膨胀
	B4	苔藓	残损
	B5	虫蚁	蛀孔,腐朽
其他 Others	O1	破坏	污垢,沉淀
	O2	工程的错误实施	裂口,褪色,植被生长,弯曲,沉降,裂缝
	O3	不当使用	残损

(2) 结构性病害原因及其体现形式

在建筑遗产面临的众多病害中,由建筑结构问题引起的主要有开裂和变形这两大类。一般而言,引起结构问题的主要原因有地基沉降及不均匀沉降、超荷载、热应力、地震、虫蚁侵蚀等。在这里主要讨论地基沉降及不均匀沉降、超荷载、热应力这三个方面,它们各自对建筑遗产造成的损害有着不同的病害体现形式(表 7.3)。

表 7.3　建筑遗产的结构性病害形式❶

地基沉降及不均匀沉降	超荷载	热应力
过程:地基发生变化引起建筑物的垂直位移	过程:由于其自身重量或外部荷载造成结构承受超过其所能承受的荷载	过程:建筑内温度差异和建筑材料性能差异导致温度变化,引起热量扩散和胀缩幅度的差异,从而产生热应力

❶ 根据 2007 年版 MDDS 软件中 STRUCTURAL DAMAGE PATTERNS 一表翻译而成。

（续　表）

地基沉降/不均匀沉降	超荷载	热应力
体现形式： ◇拱状裂缝 ◇砖层错位 ◇沿着同一方向的斜裂缝 ◇墙底部平行的垂直裂缝 ◇垂直裂缝(贯穿整个墙面) ◇倾斜	体现形式： ◇集中荷载作用下的裂缝 ◇墙开口处的拱状裂缝 ◇角部裂缝和脱离(从底部开始) ◇墙面布满裂缝 ◇墙上部角落裂缝、分离或变形 ◇墙面凸起 ◇建筑结构一定范围内密布平行的垂直裂缝[主要针对高层结构,如塔、高柱。这些裂缝常常发展缓慢(几十年或几百年),如果不及时制止这些裂缝发展可能会导致结构的突然倒塌]	体现形式： ◇垂直裂缝(由于部分受到太阳辐射) ◇互相黏合的两种材料之间脱离 ◇垂直裂缝(贯穿整个墙面并且没有伸缩缝)

（3）建筑遗产承重构件的常见病害及其病害源分析

要发现病害源,需要综合所有相关信息进行,包括地理环境、传统建筑结构和管理使用等方面(可参考第3.2节)。通常,建筑遗产的病害源主要有:地质地形以及水文地质的影响、自然气候环境的影响、室内微环境的影响、地震、虫蚁等自然灾害、原设计的缺陷以及材料天然缺陷、历代不当维修加固、当代管理使用不当、周边施工的不利影响等。以下介绍建筑遗产承重构件的病害种类及其病害源,主要就地基基础、墙体、柱、梁枋、斗拱、屋盖、楼盖等几个方面展开。

表 7.4　建筑遗产承重构件的常见病害及其病害源

承重构件部位	常见病害	病害源
地基基础	◇沉降 ◇移位	◇局部软弱土、土层中含流沙层 ◇地下水的不利影响 ◇原桩基残损 ◇超荷载受力　◇周边施工
墙体	◇倾斜　　◇裂缝 ◇局部下沉　◇风化/酥碱 ◇鼓起变形　◇受潮湿斑	◇地基沉降　◇超荷载受力 ◇历代不当维修加固 ◇自然环境气候因素
柱	◇柱身弯曲、断裂、裂缝 ◇柱头移位　◇柱脚沉陷 ◇柱脚与柱础错位 ◇柱身腐朽、蛀孔 ◇风化(石柱)	◇木材天然缺陷　◇虫蚁 ◇风、雨等自然环境气候因素 ◇地震等自然灾害 ◇地基沉降　◇超荷载受力 ◇历代不当维修加固
梁枋	◇弯曲变形　　◇腐朽、蛀孔 ◇梁端劈裂,跨中开裂 ◇榫头折断、卯口断裂、榫卯处收缩变形 ◇连接铁件锈蚀或破损 ◇风化(石梁枋)	◇木材天然缺陷 ◇风、雨等自然环境气候因素 ◇虫蚁 ◇地震等自然灾害 ◇室内环境封闭不通风、湿度大 ◇历代不当维修加固
斗拱	◇整攒斗拱变形移位 ◇栌斗沉陷、移位、开裂 ◇拱翘折断、小斗脱落 ◇腐朽、蛀孔	◇超荷载受力 ◇木材天然缺陷 ◇风、雨等自然环境气候因素 ◇室内环境封闭不通风、湿度大
屋盖	◇腐朽、蛀孔 ◇檩条脱榫、外滚 ◇倾斜、弯曲变形 ◇折断、裂缝	◇漏雨 ◇椽檩钉子未钉或锈蚀 ◇室内环境封闭不通风、湿度大 ◇屋面排水系统差
楼盖	◇楼盖梁弯曲变形 ◇断裂、裂缝 ◇腐朽、蛀孔、残损	◇超荷载受力 ◇虫蚁 ◇室内环境封闭不通风、湿度大

7.1.2　建筑遗产的病害现状记录

建筑遗产的病害现状记录是指对建筑遗产现有的损毁情况进行全面记录,主要包括对建筑遗产的整体变位、承重构件及连接部位的损毁情况以及屋面损毁情况等方面的记录,其具体工作的开展包括前期准备工作、现场记录和后期处理等方面。

1) 前期准备工作

(1) 测绘图纸的准备和补充

建筑遗产的病害现状记录是建筑遗产测绘工作完成后开展的工作,因此在进行病害现场记录之前需要准备所有的测绘图纸,如果没有测绘图纸则应该补充测绘。通常,测绘图纸包括平面、立面、剖面和大样图纸:平面一般包括底层平面(各层平面)、屋顶平面和屋架仰视平面,立面主要包括四个外立面,剖面通常包括 2~3 个横剖和 1~2 个纵剖,大样图主要包括斗拱、角部构造、柱础、门窗、楼梯、楼盖、台阶、栏杆、天花、瓦件、屋顶饰件及其他饰件等方面的大样图。扫描和打印这些图纸,作为病害现状记录的底图,如果缺失某一方面的图纸,应在现场记录时作适当补充。

(2) 确定现状记录的对象和具体内容

建筑遗产的病害现状记录对象包括:建筑的整体变位情况,梁架各个构件及其连接部位的损毁情况,屋面的损毁情况,墙体的整体变位和损毁情况,门窗、天花、楼盖和楼梯的损毁情况,以及其他构件的损毁情况等。记录的具体内容包括:各个构件的病害类型、病害范围、病害程度、病害原因(现场的初步判断)。

(3) 准备必要的检测工具

因为现场需要确定病害范围和病害程度,之前必须准备相应的检查勘测工具,以方便现场进行检测。由于有些病害存在于构件内部(如腐朽病害),需要借助于某些特殊的检测技术才能对损毁情况进行勘测和确定,因此,除了准备常规的测绘工具之外,还需要准备一些特殊的仪器,第 3.3.2 节介绍了一些适用于建筑遗产的材料残损情况勘查的检测技术(表 3.3),其中比较可行的有超声波检测法和阻力检测仪两种,其便携且适用于中国本土的建筑遗产。

2) 现场记录

关于病害现状的现场记录,具体可以分以下几个步骤进行:

(1) 编号

这部分工作主要包括建筑编号,单栋建筑的楼层编号、房间编号和建筑构件编号。建筑编号主要是针对建筑群的;对于单栋建筑,其楼层编号和房间编号较为简单,在建筑为高层、多房间时才用,而建筑构件编号较为复杂。编号工作可以在现有的测绘图纸上进行。在编号过程中,应注意所有编号都应沿同一方向(从左到右或从右到左)进行,以方便记录和后期分析。

① 楼层和房间编号

• 楼层编号可用英文单词的第一个字母:B(Basement)代表地下室,1F(First Floor)代表一层,2F(Second Floor)代表二层,依次类推。

• 房间编号用楼层编号加房间号(01、02、03……)进行,如 1F-01 代表一层 01 号房间,在对房间编号时应注意每层都沿同一方向进行。

② 建筑构件编号　建筑构件的编号比较复杂,梁架部分的构件编号尤其复杂,本书对梁架部分构件的编号采取两种方法:

• 一种是采用"轴网定位＋梁架构件名称":所谓轴网定位,即先用横向轴和纵向轴划分平面,再利用横向轴和纵向轴相交来定位,可用数字、字母对横向轴和纵向轴进行编号,然后用横向轴编号＋纵向轴编号来表示在轴网中的定位,最后加上构件名称就可以实现建筑构件的编号,如用①A 柱表示①A 轴点上的柱子。

• 另外一种方法是采用"构件代码(构件名拼音头字母)＋(方位代表字母)＋数字":其中方位字母主要有:S 代表南,N 代表北,E 代表东,W 代表西,SW 代表西南,SE 代表东南,NW 代表西北,NE 代表东北。在木构建筑遗产的众多构件中,斗拱的编号更为复杂,可用"斗拱代码+(方位代表字母)+数字+构件代码+数字"表示,如位于西北角的角科的昂可用 JD-SW01 – A01 表示。其他建筑构件的编号方法与梁架编号类似。由于有些构件名的拼音首字母相同,如梁和檩、椽和窗、脊枋和金枋等,应选用不同字母表达以避免重复。关于彩画部分,其编号应另行研究,在这里暂不作讨论。

相比较而言,第一种方法"轴网定位+梁架构件名称"比较简单,且比较实用;第二种方法虽然比较复杂,但可以对各个构件进行分类,并方便建立数据库进行对应分析,当建筑结构复杂且时间经济条件允许的情况下可以考虑使用。有时候也可两者同时使用,如柱子用轴网定位法,梁架用代码编号法。

(2) 现场检测和记录

现场检测主要包括:确定病害类型,勘测损毁情况以及初步分析损毁原因等方面。

① 确定病害类型——现场观察,并参考建筑遗产的病害类型表和 MDDS 中建筑遗产的病害类型与图示,确定建筑遗产每一构件的病害类型。

② 损毁情况的勘测和记录——借助于测绘工具和特殊的检测技术,确定每一病害的范围(包括长度、深度、角度、面积、体量等方面),初步判断病害程度。

③ 初步分析病害原因——对导致各种病害的原因,现场进行初步分析。

常见的记录方法有:文字、照片、简易图示、表格以及在测绘图纸上直接描绘等。由于现场工作时间有限,现场记录重在简单明了地说明病害问题。文字描述和照片拍摄的同时使用最为常见,基本适用于所有记录对象;简易图示的方法也很实用,尤其适用于记录整体结构性问题,如建筑的整体变位情况、墙体的整体变位情况等;表格记录的方法比较繁复,一般不鼓励现场使用,但是当构件杂多时,如果仅仅利用文字、照片、简单图示的记录方法,可能会显得很乱,不利于进行后期处理,因此可以采用简易表格进行分类记录,如梁架各个构件损毁情况的记录;在测绘图纸上直接描绘的方法则可以非常明了地描出病害的方位(表 7.5)。

表 7.5　建筑遗产的病害现状记录对象及其记录方法

记录对象	记录方法
建筑的整体变位情况	文字、照片、简易图示
梁架各个构件及其连接部位的损毁情况	文字、照片、表格、在测绘图纸上直接描绘
屋面的损毁情况	文字、照片、在测绘图纸上直接描绘
墙体的整体变位和损毁情况	文字、照片、简易图示、在测绘图纸上直接描绘
门窗、天花、楼盖和楼梯的损毁情况	文字、照片、在测绘图纸上直接描绘
其他构件的损毁情况	文字、照片、在测绘图纸上直接描绘

3) 后期处理

这部分工作主要是对现场记录的所有数据信息进行整理,如文字梳理、照片分类、表格和图纸整合等,将所有的数据输入电脑,绘制出现状病害表和病害分布图,必要时建立病害现状数据库。

7.1.3　建筑遗产的病害风险评估

建筑遗产的病害风险评估是指在病害现状记录的基础上,综合所有相关信息对现有病害的严重程度、可能性后果及其影响程度进行分析。风险评估的方法有多种(如第 3.4.2 节所介绍),比较适用于建筑遗产病害风险评估的有风险度分析法、优良中劣分析法和矩阵图分析法。其中风险度分析法可以就病害发生的频率及损害程度进行分析,但其风险度有 1～10 级,评估结果过于繁琐,不利于实际操作;优良中劣分析法比较直观且实用性很强,但难以避免主观性影响;矩阵图分析法分析过程比较复杂,但其可以分析不同病害源之间的相互影响关系。本书则将这三种评估方法综合使用,评估过程中关注病害发生频率、不同病害因素之间的相互影响关系等,评估结果则采取较为直观的"很严重、严重、一般、轻微、无影响"来表示病害对结构和材料的损害程度。其中,"很严重"即承重结构的局部或整体已处于危险状态,随时可能发生意外；"严重"即承重结构中关键部位的病害已影响结构安全和正常使用，但不致立即发生危险；"一般"即病害对建筑结构和材料造成一定的损害，虽然可能不影响建筑结构安全和正常使用，但需要对其进一步观察，以确定其对承重结构是否存在不利影响，此种情况下病害往往是发展型病害；"轻微"即病害对建筑结构和材料的损害很小，如果病害为发展型病害则需要对其进行观察，如果病害为稳定型病害则基本可以忽略；"无影响"即病害为稳定型病害，且其对建筑结构和材料的损害几乎可以忽略。

　　一般情况下，"很严重"的情况如：①多榀木构架出现严重残损，其组合可能导致建筑或其中某区段的坍塌；②建筑物已朝某一方向倾斜，且其发展速度加快；③大梁与承重柱的连接处于危险状态或其他重要承重部位发现严重残损或异常征兆；④建筑物受到滑坡、泥石流、洪水或其他环境因素的影响而濒临破坏。"严重"的情况往往是存在结构性病害（表7.3），或者承重结构中关键部位的病害已达到残损点——"某一构件、节点或部位已处于不能正常受力、不能正常使用或濒临破坏的状态"[●]，或者如：①主要承重构件（大梁、檐柱、金柱等）有破损并可能引起其他构件的连锁破坏；②在虫害严重地区，发现木构架多处有新蛀孔，或未见蛀孔但发现有蛀虫成群活动；③多处出现残损点，且分布有规律或集中出现。"一般"的情况是病害未达到残损点，但不加控制的话往往容易发展为"严重"，轻微性的发展型病害也是如此，因此需要对这些病害的发展情况进行监测以便在其达到残损点之前及时加以控制。表7.6主要对木构建筑遗产的一些重要构件的残损点进行介绍。

表 7.6　木构建筑遗产重要构件的残损点评定[❷]

构件	检查内容	残损点评定界限
柱	腐朽和老化变质：在任一截面上，腐朽和老化变质（两者合计）所占面积与整截面面积之比 ρ	◇当仅有表层腐朽和老化变质时：$\rho > 1/5$ 或按剩余截面验算不合格； ◇当仅有心腐时：$\rho > 1/7$ 或按剩余截面验算不合格； ◇当同时存在以上两种情况时：不论 ρ 大小均视为残损点
	虫蛀	有虫蛀孔洞，或未见孔洞但敲击有空鼓音
	木材的天然缺陷	木节、扭（斜）纹或干缩裂缝大小不能超出"承重木材材质标准"
	柱的弯曲：弯曲矢高 δ	$\delta > L_0/250$
	柱脚与柱础错位	◇柱脚底面与柱础间实际抵承面积与柱脚处柱的原截面面积之比 ρ_c：$\rho_c < 3/5$； ◇柱与柱础之间错位量与柱径（或柱截面）沿错位方向的尺寸之比 ρ_d：$\rho_d > 1/6$
	柱身损伤	沿柱长一部位有断裂、劈裂或压皱迹象出现
	历代加固现状	◇原墩接的完好程度：柱身有新的变形或变位，或榫卯已脱胶、开裂，或铁箍已松脱； ◇原灌浆效果：浆体干缩，敲击有空鼓音；有明显的压皱或变形现象； ◇原挖补部位的完好程度：已松动、脱胶，或又发生新的腐朽
梁枋	腐朽和老化变质：在任一截面上，腐朽和老化变质（两者合计）所占面积与整截面面积之比 ρ	◇当仅有表层腐朽和老化变质时：对梁身 $\rho > 1/8$ 或按剩余截面验算不合格，对梁端不论 ρ 大小均视为残损点； ◇当仅有心腐时：不论 ρ 大小均视为残损点
	虫蛀	有虫蛀孔洞，或未见孔洞但敲击有空鼓音
	木材的天然缺陷	木节、扭（斜）纹或干缩裂缝的大小不能超出"承重木材材质标准"
	弯曲变形	◇竖向挠度最大值 ω_1 或 ω_1'：当 $H/L > 1/14$ 时 $\omega_1 > L_2/2100H$，当 $H/L < 1/14$ 时 $\omega_1 > L/150$，对 300 年以上梁枋，若无其他残损，可按 $\omega_1' > \omega_1 + H/50$ 评定； ◇侧向弯曲矢高 ω_2：$\omega_2 > L/200$
	梁身损伤	◇跨中断纹开裂：有裂纹，或未见裂纹但梁的上表面有压皱痕迹； ◇梁端劈裂（不包括干缩裂缝）：有受力或过度挠曲引起的端裂或斜裂； ◇非原有的锯口、开槽或钻孔：按剩余截面验算不合格
	历代加固现状	◇梁端原拼接加固已变形，或已脱胶，或螺栓已松脱； ◇原灌浆浆体干缩，敲击有空鼓音，或梁身挠度增大

---

❶　中华人民共和国国家标准 GB 50165—92《古建筑木结构维护与加固技术规范》第 4.1.3 条。

❷　中华人民共和国国家标准 GB 50165—92《古建筑木结构维护与加固技术规范》第四、六、七章相关内容。

构件	检查内容	残损点评定界限
斗拱		◇整攒斗拱明显变形或错位; ◇大斗明显压陷、劈裂、偏斜或移位; ◇拱翘折断,小斗脱落,且每一枋下连续两处发生; ◇整攒斗拱发生腐朽、虫蛀或老化变质,并已影响斗拱受力; ◇柱头或转角处的斗拱有明显破坏迹象
屋盖	椽条系统	◇椽子已成片腐朽或虫蛀;　◇椽、檩间未钉钉或钉子已锈蚀; ◇椽子挠度大于椽跨的 1/100,并已引起屋面明显变形; ◇承椽枋有明显变形
	檩条系统	◇腐朽和老化变质、虫蛀的残损点按梁枋评定; ◇跨中最大挠度 ω_1:当 $L<3\,m$ 时,$\omega_1>L/100$;当 $L>3\,m$ 时,$\omega_1>L/120$;若因多数檩条挠度较大而导致漏雨,则 ω_1 不论大小,均视为残损点; ◇檩条支承长度 a:支承在木构件上 $a<60\,mm$;支承在砌体上 $a<120\,mm$; ◇檩端脱榫或檩条外滚
	瓜柱、角背、驼峰等	◇有腐朽或虫蛀;　◇有倾斜、脱榫或劈裂
	翼角、檐角、由戗	◇有腐朽或虫蛀;　◇角梁后尾的固定部位无可靠拉结; ◇角梁后尾、由戗端头已劈裂或折断;◇翼角、檐头已明显下垂
楼盖	楼盖梁	腐朽和老化变质、虫蛀的残损点按梁枋评定
	楞木	◇腐朽和老化变质、虫蛀的残损点按梁枋评定; ◇竖向挠度最大值 ω_1,$\omega_1>L/180$,或体感颤动严重; ◇侧向弯曲矢高 ω_2:$\omega_2>L/200$; ◇端部无可靠锚固,且支承长度小于 60 mm
	楼板	木材腐朽破损,已不能起加强楼盖水平刚度作用
墙	砖墙	◇砖的风化,在风化长大 1 m 以上的区段,确定其平均风化深度与墙厚之比 ρ:当 $H<10\,m$ 时,$\rho>1/5$ 或按剩余截面验算不合格;当 $H>10\,m$ 时,$\rho>1/6$ 或按剩余截面验算不合格; ◇倾斜:单层房屋倾斜量:当 $H<10\,m$ 时,$\Delta>H/150$ 或 $\Delta>B/6$,当 $H>10\,m$ 时,$\Delta>H/150$ 或 $\Delta>B/7$;多层房屋的总倾斜量 Δ,当 $H<10\,m$ 时,$\Delta>H/120$ 或 $\Delta>B/6$,当 $H>10\,m$ 时,$\Delta>H/120$ 或 $\Delta>B/7$;多层房屋的层间倾斜量 Δ_1,$\Delta_1>H1/90$ 或 $\Delta 1>40\,mm$; ◇裂缝:地基沉陷引起的裂缝;有通常的水平裂缝,或有贯通的竖向裂缝或斜向裂缝(H 为墙的总高,H_1 为层间墙高,B 为墙厚,若墙厚上下不等,按平均值采用)
	非承重的土墙	◇墙身倾斜超过墙高的 1/70;　◇墙体风化,硝化深度超过墙厚的 1/4;◇墙身有明显的局部下沉或鼓起变形;　◇墙体受潮,有大块湿斑
	非承重的毛石墙	◇墙身倾斜超过墙高的 1/85; ◇墙面有较大破损,已严重影响其使用功能
石柱	风化:在任一截面上,风化层所占面积与全截面面积之比 ρ	$\rho>1/6$ 或按剩余截面验算不合格
	裂缝	◇有肉眼可见的水平或斜向细裂缝; ◇出现不止一条纵向裂缝,其缝宽大于 0.1 mm
	倾斜	◇单层柱倾斜量 Δ,$\Delta>H/250$ 或 $\Delta>50\,mm$ ◇多层柱总倾斜量 Δ,$\Delta>H/170$ 或 $\Delta>80\,mm$ ◇多层柱层间倾斜量 Δ_1,$\Delta_1>H_1/125$ 或 $\Delta_1>40\,mm$
	柱头与上部木构架的连接	无可靠连接,或连接已松脱、损坏
	柱脚与柱础错位	◇柱脚底面与柱础间实际承压面积与柱脚底面积之比 ρ_c:$\rho_c<2/3$; ◇柱与柱础之间错位量与柱径(或柱截面)沿错位方向的尺寸之比 ρ_d:$\rho_d>1/6$
石梁枋		◇表层风化,在构件截面上所占的面积超过全截面面积的 1/8,或按剩余截面验算不满足使用要求; ◇有横断裂缝或斜裂缝出现; ◇在构件端部,有深度超过截面宽度 1/4 的水平裂缝; ◇梁身有残缺损伤,经验算其承载能力不能满足使用要求

构件	检查内容	残损点评定界限
连接及构架整体性	整体倾斜	◇沿构架平面的倾斜量 Δ_1:抬梁式,$\Delta_1 > H_0/120$ 或 $\Delta_1 > 120$ mm,穿斗式,$\Delta_1 > H_0/100$ 或 $\Delta_1 > 150$ mm; ◇垂直构架平面的倾斜量 Δ_2:抬梁式,$\Delta_2 > H_0/240$ 或 $\Delta_2 > 60$ mm,穿斗式,$\Delta_2 > H_0/200$ 或 $\Delta_2 > 75$ mm
	局部倾斜	柱头与柱脚的相对位移 Δ:抬梁式,$\Delta > H/90$;穿斗式,$\Delta > H/75$
	构架间的连系	纵向连枋及其连系构件已残缺或连接已松动
	梁、柱间的连系(包括柱、枋间,柱、檩间的连系)	无拉结,抬梁式榫头拔出卯口的长度超过榫头长度的 2/5,穿斗式榫头拔出卯口的长度超过榫头长度的 1/2
	榫卯	◇腐朽、虫蛀; ◇劈裂或断裂; ◇横纹压缩变形超过 4 mm
其他	砖、石砌筑的拱券裂缝/变形	◇拱券中部有肉眼可见的竖向裂缝,或拱端有斜向裂缝,或支承的墙体有水平裂缝; ◇拱身下沉变形
	含水率	原木或方木构件,包括梁枋、柱、檩、椽等,含水率大于 20%,其表层 20 mm 深处的含水率大于 16%

7.2   基于病害分析的系统监测和日常维护——以苏州留园曲溪楼为例

7.2.1   留园曲溪楼概述及选择此案例的缘由

1) 留园曲溪楼概述

留园是苏州古典园林的重要代表之一,始建于明万历二十一年(1593 年),后几经废弃重修❶,逐渐形成了一座集住宅、祠堂、家庵、庭院于一体的大型私家园林,现占有面积约 2.3 hm²,分中、东、西、北四个区,园内建筑为明清风格,其中又以清代风格为主。曲溪楼始建于嘉庆初年(当时名为"寻真阁",光绪初年因其前临曲水改名为"曲溪楼"),为园中重要建筑,位于园中部水池东岸,在空间上划分留园中、东区,是留园入口前导序列的最后一个环节。

图 7.1   留园和曲溪楼概况图[左为留园平面图,右为曲溪楼外观]

---

❶   明万历年间,太仆寺少卿徐泰时于苏州阊门外下塘花步里一处住宅旁营造了东、西二园,徐氏之子舍西园为寺,东园即留园。明清易代后,东园渐荒芜。嘉庆初年,苏州东山人刘恕于旧基改建成园,名其"寒碧山庄",园置今日留园中部,其山池构架基本存留至今。光绪初年盛康重建该园,更名为"留园",增广屋宇,扩建东部冠云峰庭院,达到目前所见规模。抗日和解放战争时期,留园备受蹂躏,几成砾土,1953 年全面整修后重新开放。1961 年,留园被列为第一批全国文物保护单位,1997 年,留园和其他几座苏州园林一同被列入世界文化遗产名录。

曲溪楼是一座苏南地区传统样式风格的歇山顶楼式建筑,结合所在的狭长地形,楼呈南北走向,平面为长方形,开间方向总长 13 m,进深 3.3 m。楼高二层,正脊距水池东侧室外地坪高约 8.4 m,一层净高约 3.2 m,占地面积约 60 m²,建筑总面积约 113 m²。一层地面铺方砖,二层楼面铺设 4 cm 厚木板。由于平面狭长,其临水立面一层墙壁上广开空窗,取窗外景物于楼中以减弱过道的感觉;二层临水立面则围以连续葵式短窗,窗下设栏杆,两尽间墙面镶冰裂纹明瓦花窗。曲溪楼结构构架为苏南地区厅堂升楼做法,二层梁架为圆作抬梁结构,屋面使用草架,室内形成两坡顶。墙体为单丁空斗砌法,屋面为小青瓦屋面,檐口有飞椽,屋檐翼角为水戗发戗做法。

2)选择曲溪楼作为案例的缘由

曲溪楼于 1953 年进行过落架大修,后一直维持使用未作更改,时过几十年,楼构架保存还很完整,但出现了诸多问题,如地基不均匀沉降,墙体倾斜,柱、梁、枋等诸多构件腐朽,油漆和粉刷剥落等。鉴于曲溪楼地处开放游览区域,急需改善这些问题以杜绝后患,留园管理处于 2006 年年底委托东南大学制定曲溪楼修缮工程方案设计❶,在方案编制过程中进行了残损现状勘查、地基岩土工程勘查、建筑木材检测以及结构性病害监测等工作。具体的修缮工程于 2010 年 3 月动工,4 月底结束,对修缮的全过程进行了跟踪记录。此外,由第 5.2.4 节"苏州园林的监测"的相关内容可知,苏州园林作为国家文物局指定的几家世界遗产监测试点单位之一,自 2004 年开始建设苏州园林监测预警系统,留园作为其监测试点已进行了一些监测工作。

可以说,曲溪楼已有的监测工作主要是基于世界遗产监测试点要求以及修缮工程所需而开展的。这些已经开展的工作,对探讨如何基于病害分析进行建筑遗产的系统监测(包括修缮前、中、后监测工作的具体展开)和日常维护(尤其是修缮工程完成后的维护工作)等相关问题会更有针对性,加上曲溪楼作为留园的重要建筑物,对其进行探讨也具有一定的代表意义和推广可能性。

7.2.2 曲溪楼的病害分析

基于曲溪楼修缮工程方案设计编制过程中已进行的残损现状勘查等相关工作,结合前面介绍的建筑遗产病害分析的相关方法,对曲溪楼的病害进行分析,主要包括病害现状记录和病害风险评估两个部分。

1)曲溪楼的病害现状记录

(1)建筑构件编号

现有曲溪楼的测绘图包括:底层、二层平面图,东、西立面图,两个剖面图,门窗大样图。测绘图已有门、窗、砖细门洞和花窗的编号,也有一些病害的简单文字描述。

如前文所述,建筑构件编号有两种方法,考虑到"构件代码+数字"的编号方法比较复杂且曲溪楼建筑结构不是很复杂,对曲溪楼的梁架构件采用"轴网定位+梁架构件名称"的编号方法。由于曲溪楼二层平面比一层平面多一排柱子,因此需要多一纵轴,在编号过程中为与一层平面对应统一,二层其他纵轴号不变,只加上编号 G。其他如房间等则用代码编号法,如 1F-R1、2F-R1 分别表示一层 1 号房间和二层 2 号房间;门窗编号则按照原来测绘图的编号,其中,M-1、C-1 分别表示门、窗,Z-1 表示砖砌窗洞,H-1 和 H-2 表示花窗,具体如图 7.2 所示。

(2)病害记录

对曲溪楼病害进行现场勘测的方法主要有:目测、木槌敲打、尖针刺探、小锤轻击、轻推、铅锤和三角尺估测等,这些勘测方法较为传统且比较有效。现场的病害记录方式通常是文字记录、表格记录和照片拍

---

❶ 2006 年年底,受留园管理处委托,东南大学建筑设计研究院制定出《世界文化遗产——苏州留园曲溪楼修缮工程方案设计》,并于 2007 年 4 月由苏州市园林和绿化管理局与苏州市文物局将该方案联合上报至国家文物局。同年国家文物局批复要求修改该方案,东南大学建筑设计研究院根据国家文物局的批复要求对方案进行了修改,并于 2007 年 12 月将《世界文化遗产——苏州留园曲溪楼修缮工程方案设计(修改稿)》再次上报国家文物局。2008 年 1 月国家文物局批复原则上同意该修改方案,并下拨维修专款用于留园曲溪楼修缮项目。

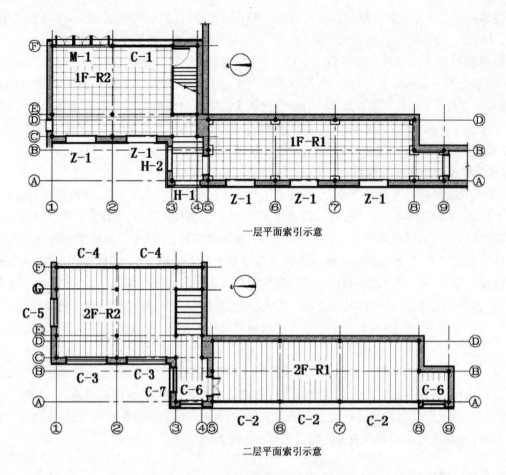

一层平面索引示意

二层平面索引示意

图 7.2　曲溪楼轴网定位示意及编号

摄,必要时利用简易图示进行说明;当拍摄照片很多时,现场将照片编号和病害文字记录一同记下,使后期处理便于对应。现场记录完成后,后期加以整理,绘制成表格和病害现状说明图:表格用以说明每个构件的病害情况,每个构件都配以相应的照片;病害现状说明可以在测绘图纸上直接加文字说明,也可以在测绘图上附以照片说明,对于外立面病害现状说明则可以直接在立面的正投影照片上加文字说明,其中第一种方法比较简单,后两种方法比较直观,可以同时采用后两者方法进行说明。本书对曲溪楼病害的现状记录采取表格和说明示意图,其中表格部分省略照片,说明示意图则采取以下两种方法:屋面和外立面的病害说明直接用照片+文字,内部及其他部位的病害说明利用平面测绘图+照片+文字(表 7.7 和图 7.3)。

表 7.7　曲溪楼病害现状说明 ❶

构件名称	具体位置	病害现状
柱	5A、6A、7A 轴点	一层柱上部明显向东向侧倾
	8A 轴点	一层柱上部明显向东向侧倾;二层该柱有宽度约 3 mm 的通长裂缝
	5D、8D、8B、9B、9A 轴点	该五柱完全包入墙中,无法观测,根据检测局部墙体拉脱处木柱的情况,发现该柱已完全腐烂,由此推测该五根埋墙柱腐烂程度严重,至少有 80% 已腐烂
	3C 轴点	柱一半以上柱径包入墙中,柱上部与檩条交接处完全腐烂
	4C 轴点	柱表面油漆有数条垂直裂缝,柱上部与梁檩条交接处结壳泛白,且有部分铜绿色沉淀
	3A、5B、6D、7D 轴点	柱一半以上柱径包入墙中,由于地下水位较高,墙体潮湿,包入墙中部分估计已腐烂

❶　参考 2007 年东南大学建筑设计研究院编制的《苏州留园曲溪楼修缮工程方案设计》相关内容整合而成。

构件名称	具体位置	病害现状
梁、童柱	1 轴童柱	有宽约 1 cm 的垂直裂缝
	7 轴大梁	梁底有宽度约 8 mm 的通长干缩裂缝
	7 轴山界梁	梁底西端有宽度约 6 mm 的干缩裂缝
	9 轴大梁、山界梁	油漆剥落,泛白,由于接触山墙,墙体长期淋雨,该二梁内部可能已经腐烂
	其他轴	未发现明显问题
檩	D 轴草架脊檩	由于搁置于东侧外墙,该檩已有腐烂
	D 轴檐檩	该檩条南端头曾替换,由于搁置于东侧外墙,墙体长期淋雨,该檩已有腐烂
	A 轴檐檩	表面油漆部分脱落,表面部分有白色条纹
梁架整体及部分节点	77 轴屋架	屋架西端出现较为严重的沉降,估测沉降值为 7 cm,现用一简单剪力撑支撑
	6 轴屋架	屋架西端出现沉降,估测沉降值为 4 cm
	3C 轴点二层柱、檩交节点	该处节点榫卯损坏严重,柱檩交接部分完全腐烂
	9B 轴点柱、檩交节点	该处节点由于长期淋雨,柱檩交接部分腐烂
墙	33 轴	表面泛白、锈斑、湿斑;二层墙体向东侧倾倒,与 3C 轴点柱拉开,形成较大裂缝
	CC 轴	檐口、窗户下有大片湿斑;二层墙体南部下端向外撇出,上端向内倾斜,呈扭曲状态
	B 轴、9 轴二层墙体	墙体由于常年淋雨,粉刷层大面积剥落,表面泛白、锈斑,墙体酥碱
	8 轴墙体	一层墙体有湿斑,粉刷出现空鼓;二层墙体上部有大片湿斑
	A 轴墙体	墙面有大片湿斑,粉刷层发黑,墙下部部分泛白,墙底部布有青苔
	D 轴墙体	湿斑,粉刷层泛黄,墙体酥碱
地面	一层 1 号房间地面	地面方砖保存完整,破碎较少;地坪向西侧略有倾斜,倾斜度约为 0.2%
	二层 1 号房间地板	木楼板表面油漆磨损全无,局部木料腐烂,二层 5 轴与 6 轴之间地板腐烂以至该部位出现空洞
门窗、楼梯	Z-1、H-1、H-2	一层空窗窗套和门套局部碎裂或缺角
	二层 5 轴门扇	门板木料表面不平整,出现大小不等的凹洞和裂缝,局部油漆剥落
	其他木门窗	保存尚好,窗樘局部有磨损
	楼梯	木楼梯构件齐整,楼梯地板磨损严重
屋面	椽	有不同程度糟朽,草架椽腐烂,戗角摔网椽、戗尾和檐口搁支部分完全腐烂
	望砖	泛白,酥碱
	望板	有不同程度糟朽
	檐口	5 轴与 6 轴之间、8 轴与 9 轴之间的檐口有变形,可能是因为飞椽使用板椽,高度偏小
	瓦件、屋顶饰件	7 轴与 9 轴之间部分瓦件破碎,有漏雨痕迹;戗脊和脊饰粉刷有裂缝且布局脱落;屋面中间靠脊处有泛白

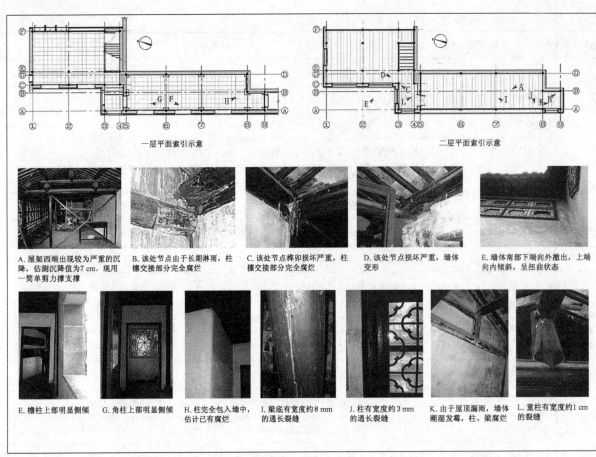

一层平面索引示意　　　　　　　　　　　二层平面索引示意

A.屋架西端出现较为严重的沉降,估测沉降值为7 cm,现用一简单剪力撑支撑

B.该处节点由于长期淋雨,柱檩交接部分完全腐烂

C.该处节点榫卯损坏严重,柱檩交接部分完全腐烂

D.该处节点损坏严重,墙体变形

E.墙体南部下端向外撤出,上端向内倾斜,呈扭曲状态

E.檐柱上部明显侧倾

G.角柱上部明显侧倾

H.柱完全包入墙中,估计已有腐烂

I.梁底有宽度约8 mm的通长裂缝

J.柱有宽度约3 mm的通长裂缝

K.由于屋顶漏雨,墙体潮湿发霉,柱、梁腐烂

L.童柱有宽度约1 cm的裂缝

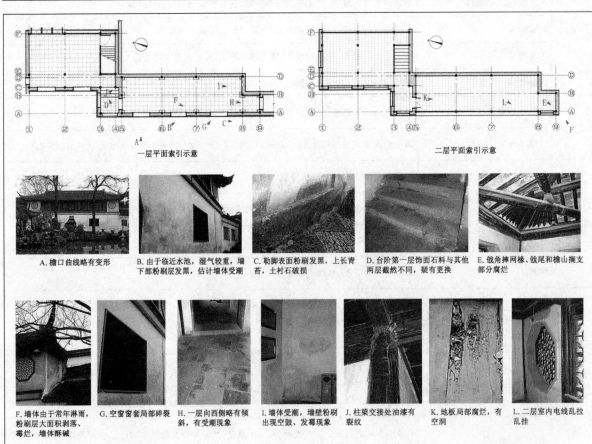

一层平面索引示意　　　　　　　　　　　二层平面索引示意

A.檐口曲线略有变形

B.由于临近水池,湿气较重,墙下部粉刷层发黑,估计墙体受潮

C.勒脚表面粉刷发黑,上长青苔,土衬石破损

D.台阶第一层饰面石料与其他两层截然不同,疑有更换

E.戗角捧网椽、戗尾和檐山搁支部分腐烂

F.墙体由于常年淋雨,粉刷层大面积剥落、霉烂,墙体酥碱

G.空窗窗套局部碎裂

H.一层向西侧略有倾斜,有受潮现象

I.墙体受潮,墙壁粉刷出现空鼓、发霉现象

J.柱梁交接处油漆有裂纹

K.地板局部腐烂,有空洞

L.二层室内电线乱拉乱挂

图 7.3　曲溪楼病害现状说明示意图

2）曲溪楼的病害风险评估

进行曲溪楼的病害风险评估,首先需要确定哪些病害是结构性病害,哪些病害是一般病害;接着需要分析造成病害的病害源及各因素;最后是对病害的风险性进行评估。

(1) 病害源分析

由现场勘测得知,曲溪楼的病害主要有:柱、梁、檩、椽及其交接处不同程度腐朽,部分柱子、梁和墙出现裂缝,部分柱子、一层地面和梁架整体发生倾斜,墙体酥碱及其表面泛白、锈斑、湿斑、发黑和长青苔,木地板表面磨损、局部腐烂,油漆开裂、脱落,望砖泛白、望板糟朽、瓦件部分破损等。根据第7.1节的相关内容介绍,对造成这些病害的病害源及因素进行以下分析:

① 参照表7.3内容可知:柱子、地面和梁架发生倾斜属于结构性病害,柱、梁出现裂缝以及3C轴点墙体角部裂缝也属于结构性病害,这些病害出现主要是因为曲溪楼建筑结构存在问题;再参考表7.4相关内容可知,存在的结构问题主要是地基问题,其病害源及因素可能有:a 局部软弱土、土层中含流沙层;b 地下水的不利影响;c 原桩基残损;d 木材天然缺陷;e 超荷载受力;f 周边施工。由于留园位于苏州古城,近几年周边并没有发生大型施工,因此"周边施工"这个因素基本可以排除,其他几个因素有待进一步勘测分析。

② 梁架腐朽虽不为结构性病害,但由于腐朽属于发展型病害且易影响梁架受力,从而引发其他如裂缝等结构性病害。根据表7.2和表7.4的相关介绍可知,腐朽的病害源有:a 木材天然缺陷;b 风、雨等自然环境气候因素;c 存在水分,湿度大;d 虫蚁;e 植被生长。

③ 墙体酥减及其表面泛白、锈斑、湿斑、发黑和长青苔,主要是墙体组成材料发生病害,根据表7.2相关介绍可知,其病害源有:a 存在水分,湿度大;b 风、雨、霜冻等自然环境气候因素;c 温度湿度变化引起的尺度变化;d 灰尘;e 盐分;f 酸雨;g 植被及生物有机体。

④ 望砖泛白、望板糟朽、瓦件破损,为屋面组成材料发生病害,其可能的病害源有:a 漏雨;b 湿度的增加;c 风、霜冻等自然环境气候因素;d 动物;e 屋面排水系统差。

⑤ 木地板表面磨损、局部腐烂,其可能的病害源及因素有:a 漏雨;b 湿度的增加;c 木材天然缺陷;d 虫蚁;e 使用过度或人为破坏;f 清洁方法不当。

⑥ 油漆开裂、脱落主要是由于木构件收缩膨胀或开裂变形引起,其可能的病害源及因素有:a 湿度的增加;b 材料天然缺陷;c 风、雨、霜冻等自然环境气候因素。

为进一步确定各种病害源,尤其是结构性病害的病害源和因素,需要对曲溪楼的地基岩土工程、建筑木材和结构性能进行勘查检测。综合各项勘查并结合所在地的地理环境及气象资料分析可知:曲溪楼所在城市苏州面临严重的地面沉降问题(见表6.2),加上曲溪楼西侧的池塘水位随着季节不同发生变化,从而造成曲溪楼基础下部土层水土流失。由于土层厚薄不均,西侧基础持力较东侧差,造成地坪向西侧沉降,从而致使承重木结构发生倾斜,致使柱子、上部梁架向西侧倾斜且部分出现裂缝;由于水池周围地下水位较高,加之传统砌造方法中墙体未做防水处理,造成墙壁湿度增加,致使与墙体接触的木柱腐朽及墙体表面粉刷受潮出现湿斑、青苔等;屋面排水系统老化,局部雨水渗漏,引起墙体受潮酥碱,与屋面接触的檩条、椽子、望板、角梁等构件有不同程度腐朽;木柱、梁架开裂变形造成表面油漆开裂、脱落。

(2) 病害风险评估

根据第7.1.3节中的"评估病害风险性"相关内容介绍可知,曲溪楼现有各种病害都会对曲溪楼造成大小不同的损坏,但损害程度没有达到"很严重",因此其病害风险性主要有"严重"、"一般"和"轻微"三种。表7.8为曲溪楼病害的风险评估。

表 7.8　曲溪楼的病害风险评估

构件名称	具体位置	病害现状	主要原因	风险性
柱	5A、6A、7A 轴点	一层柱东向侧倾	地基沉降	严重
	8A 轴点	一层柱东向侧倾;二层柱有宽度约 3 mm 通长裂缝	地基沉降	严重
	5D、8D、8B、9B、9A 轴点	该五柱完全包入墙中,估计至少有 80% 已腐烂	墙体湿度大	严重
	3C 轴点	柱上部与檩条交接处完全腐烂	墙体湿度大	严重
	4C 轴点	油漆有数条垂直裂缝,上部与梁檩交接处结壳泛白	湿度变化	一般
	3A、5B、6D、7D 轴点	一半以上柱径包入墙中,包入墙中部分估计已腐烂	墙体湿度大	一般
梁、童柱	4 轴童柱	有宽约 1 cm 的垂直裂缝	超荷载受力	严重
	7 轴大梁	梁底有宽度约 8 mm 的通长裂缝	超荷载受力	严重
	7 轴山界梁	梁底西端有宽度约 6 mm 的裂缝	超荷载受力	严重
	9 轴大梁、山界梁	油漆剥落,泛白,该二梁内部可能已经腐烂	山墙长期淋雨	严重
檩	D 轴草架脊檩	已有腐烂	外墙长期淋雨	严重
	D 轴檐檩	该檩条南端头曾替换,已有腐烂	外墙长期淋雨	严重
	A 轴檐檩	表面油漆部分脱落,表面部分有白色条纹	湿度变化	一般
梁架整体及部分节点	7 轴屋架	屋架西端出现沉降,估测沉降值为 7 cm	地基沉降	严重
	6 轴屋架	屋架西端出现沉降,估测沉降值为 4 cm	地基沉降	严重
	3C 轴点二层柱檩交接	该处节点榫卯损坏,柱檩交接部分完全腐烂	湿度大	严重
	9B 轴点柱檩交接	柱檩交接部分腐烂	长期淋雨	严重
墙	33 轴	表面泛白、锈斑、湿斑;二层墙体向东侧倾倒,与 3C 轴点柱拉开,形成较大裂缝	长期淋雨,地下水影响,地基沉降	严重 严重
	CC 轴	檐口、窗户下有大片湿斑;二层墙体南部下端向外撇出,上端向内倾斜,呈扭曲状态		一般 一般
	B 轴、9 轴二层墙体	粉刷层大面积剥落,表面泛白、锈斑,墙体酥碱	长期淋雨,地下水影响,湿度大	一般 一般
	8 轴墙体	一层墙体有湿斑,粉刷出现空鼓;二层墙体上部有大片湿斑		一般
	A 轴墙体	墙面有大片湿斑,粉刷层发黑,墙下部部分泛白,墙底部布有青苔		
	D 轴墙体	湿斑,粉刷层泛黄,墙体酥碱		
地面	一层 1 号房间地面	地面方砖保存完整,破碎较少;地坪向西侧略有倾斜,倾斜度约为 0.2%	地基沉降	严重
	二层 1 号房间地板	木楼板表面油漆磨损全无,局部木料腐烂,二层 5 轴与 6 轴之间地板腐烂以至该部位出现空洞	使用过度,湿度大	一般
门窗、楼梯	Z-1、H-1、H-2	局部碎裂或缺角	材料老化	轻微
	二层 5 轴门扇	门板木料表面不平整,出现大小不等的凹洞和裂缝,局部油漆剥落	湿度变化	一般
	其他木门窗	保存尚好,窗榅局部有磨损	材料老化	轻微
	楼梯	木楼梯构件齐整,楼梯地板磨损	使用过度	一般
屋面	椽	有不同程度糟朽,草架椽腐烂,戗角网椽戗尾和檐口搁支部分完全腐烂	漏雨	严重
	望砖	泛白,酥碱	漏雨	一般
	望板	有不同程度糟朽	漏雨	一般
	檐口	5 轴与 6 轴之间、8 轴与 9 轴之间的檐口有变形	飞椽使用板椽,高度偏小	轻微
	瓦件	7 轴与 9 轴之间部分瓦件破碎	外力影响	一般
	屋顶饰件	戗脊和脊饰粉刷有裂缝且部分脱落;屋面中间靠脊处有泛白	淋雨,湿度增加	轻微

3）曲溪楼的病害分析图

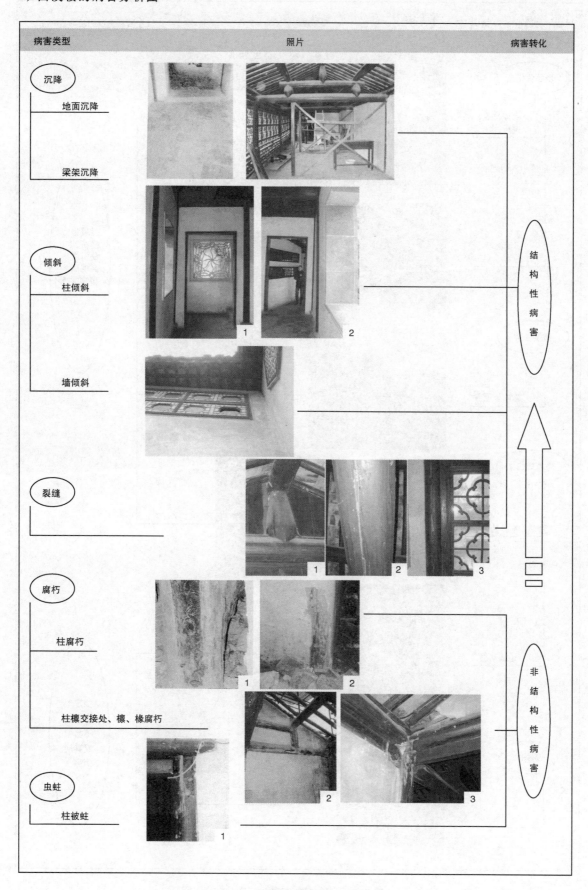

图 7.4 曲溪楼的病害分析图（一）

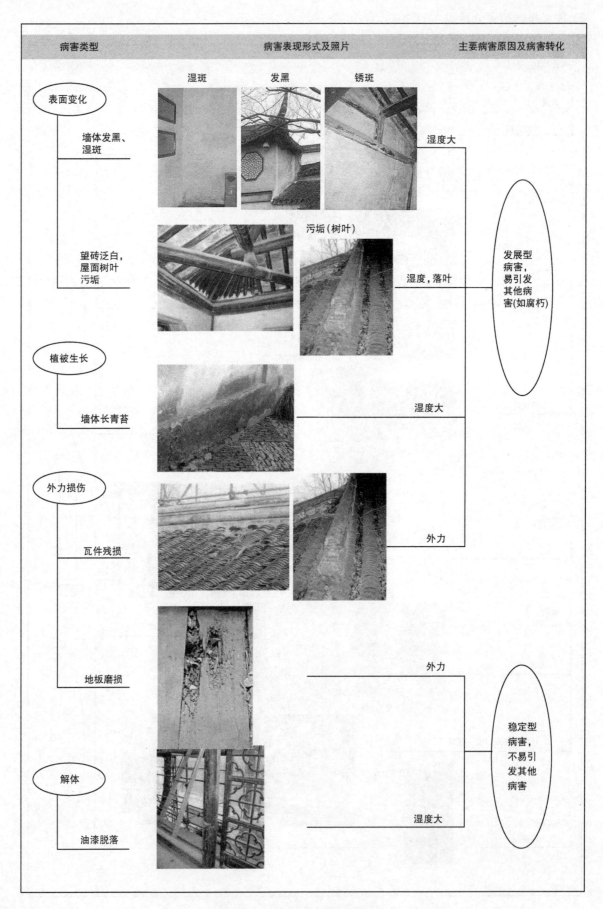

图 7.5　曲溪楼的病害分析图(二)

（1）监测对象

通常情况下，结构性病害（如沉降、倾斜、裂缝等）及那些易转化为结构性病害的非结构性病害（如虫蛀、腐朽等）应作为重点监测对象，导致这些病害的相关地理环境因素也应作为重点监测对象；其他病害，若其为发展型病害且易引发其他病害的（如墙体湿斑、望砖泛白等）应作为一般监测对象。基于以上曲溪楼的病害分析，结合曲溪楼的建筑结构特点以及所在地理环境，曲溪楼系统监测的对象应该包括：

① 重点监测对象——地面沉降，柱子倾斜，建筑整体位移，梁挠度，梁柱裂缝发展变化，梁柱腐朽、虫蛀；

② 一般监测对象——屋架腐朽、虫蛀，梁架含水率，墙体表面变化（发黑、湿斑等），望砖表面变化（泛白、湿斑等），木地板腐朽、虫蛀，墙体含水率，微环境湿度等；

③ 其他监测对象——修缮过程中的修缮方法、工艺、新技术等方面的监测记录。

（2）监测方法

分修缮前、中、后三个阶段进行：①修缮前对地面沉降、柱子倾斜、建筑整体位移、梁挠度、梁柱裂缝、梁柱腐朽和虫蛀、屋架腐朽和虫蛀、墙体表面变化、梁架和墙体含水率、室内湿度等方面进行监测，其中地面沉降、柱子倾斜、建筑整体位移和梁挠度这几个方面为监测重点，应利用专门工具定期进行；②修缮中对修缮工程所用方法、工艺、工序、技术等方面进行全程监测记录；③修缮后应着重对地面沉降、墙体表面变化、梁架和墙体含水率、室内湿度等导致病害发生或能体现病害存在的相关方面进行监测。

不同监测对象采用不用的监测工具和监测频率：①地面沉降、柱子倾斜、建筑整体位移和梁挠度这4个方面的监测工具见下文，其监测频率应为每月一次，至少每季度一次；②梁柱和屋架腐朽的监测工具可用传统的尖针刺探，条件允许的情况下可用应力波检测仪等新仪器，其监测频率建议每季度一次，春夏两季因雨水多可增加至每月一次；③梁架含水率可用感应式木材含水率测定仪❶，其监测频率建议每季度一次，春夏两季因雨水多可增加至每月一次；④墙体表面变化可用正投影照相以及在测绘图纸上勾画的方法，其监测频率建议每季度一次，春夏两季因雨水多可增加至每月一次；⑤虫蛀监测可用专业白蚁探测仪器（如微波型白蚁探测仪）❷，其监测频率建议每季度一次。

监测工具选择的原则：要满足监测有效性、对遗产结构本体不造成破坏或扰动极小、不影响遗产建筑美观、耐久性和抗干扰性强（能在恶劣环境条件下正常工作）、方便拆卸和更换等要求。

监测工作由专门机构执行：如由苏州市世界文化遗产古典园林监管中心负责。

监测的实施要尽量遵循"定人、定时、定仪器、定监测站和定监测点"五定准则。

（3）监测数据的收集和分析

监测数据记录的格式化和规范化：明确现场监测数据记录的统一要求，现场监测数据的及时电子化以及监测数据的分类存档等方面。

监测数据的分析：定期（如每年或每两年）邀请专家对监测数据进行专项分析，以确定数字背后所体现的建筑遗产损毁规律等。

4）监测工作的实施

曲溪楼已经实施的监测工作主要包括：修缮前对建筑整体位移、水平沉降、梁挠度和柱倾斜等四个方面的监测，以及修缮过程中对修缮工程的全程监测记录。以下主要介绍对曲溪楼的柱倾斜、建筑整体位移、梁挠度和水平沉降这4个方面的监测方法，见表7.9～表7.12❸，其监测点分布见图7.6～图7.9。

---

❶ 测定原理为利用电磁波测出被测木构件约50 mm深度的诱电率，并在瞬时内计算出其测定的中间值。其特点主要是可适用于生材到干燥材及各种木材制品，测定的范围为0～100%；重量约200 g，长约160 mm，适于现场使用，携带方便；只需探头轻轻接触被测物体表面，不破坏物体表面，电磁波即可到达木材中部进行水分测定。现在该仪器已用于保国寺大殿木构件含水率的测定。

❷ 如微波型白蚁探测仪，利用微波原理，准确探测固体介质诸如混凝土、砖材、木材等材料下隐存的白蚁，并且保证不使其受袭击而逃离。

❸ 东南大学建筑设计研究院. 苏州留园曲溪楼修缮工程方案设计[M]. 南京：内部资料，2007

表 7.9　曲溪楼建筑整体位移监测方法

待测点	参照原点	参照基准点	参照线段水平距离	与参照原点 01-1 的水平距离	待测点与参照线段 OM 的夹角	使用工具
A 点	O 点	M 点 N 点	OM＝6 139 ON＝4 945	LOA＝8 971	α1＝6°35′39″	全站仪、棱镜
B 点				LOB＝7 158	α2＝26°20′06″	全站仪、棱镜
C 点				LOC＝12 006	α3＝18°03′00″	全站仪、棱镜

方法:用不锈钢钉 Φ12 mm×500 mm 在待测建筑物旁设置参照原点 O 点和参照基准点 M 点、N 点;采用建筑轴测网方位控制法,确定线段 OM、ON;在建筑三个柱脚中心线距离鼓磴上方 40 mm 处设置三个铜钉作为标志点,分别记作 A 点、B 点、C 点;通过全站仪测量,分别确定线段 OA、OB、OC 与参照线段 OM 之间的夹角 α1、α2、α3;同时测量出 A 点、B 点、C 点与参照原点 O 点之间的水平长度 L_{OA}、L_{OB}、L_{OC}。通过掌握夹角 α1、α2、α3 的角度和线段 L_{OA}、L_{OB}、L_{OC} 的长度来控制建筑整体的位移情况。
注:待测点 A 点、B 点、C 点在柱脚中心线距离鼓磴上方 40 mm 处用一寸铜钉设置,以钉帽为准。

表 7.10　曲溪楼梁挠度监测方法

承重梁名称	标志点测量值	使用工具
5～6 号梁	145	铅垂线、角尺、细棉线
15～23 号梁	95	铅垂线、角尺、细棉线
16～24 号梁	110	铅垂线、角尺、细棉线

方法:承重梁挠度测量为在承重梁下方、梁垫一侧设置标志点,用细棉线连接两个标志点,在待测梁跨中底部设置一个中点,中点到细棉线的垂直距离就是梁的挠度。
注:①承重梁的编号以梁下所对应的柱脚编号为准;如 5～6 号梁指 5 号柱脚和 6 号柱脚上方的承重梁;②梁端支撑处标志点设置:在承重梁下方梁垫一侧设置一寸铜钉;③梁跨中(两支撑柱净跨距离中心线)设置标志点:在承重梁跨中底面钉一寸铜钉。

表 7.11　曲溪楼柱倾斜监测方法

柱脚名称	柱倾斜尺寸				铅垂线到柱脚面距离	取点方向(柱面方向)				标志点到上柱面距离	使用工具
	东	南	西	北		东	南	西	北		
1 号柱脚			31		53	✓				100	铅垂、角尺
2 号柱脚			17		76				✓	100	铅垂、角尺
3 号柱脚			47		78	✓				100	铅垂、角尺
4 号柱脚			12		110				✓	100	铅垂、角尺
5 号柱脚	24				63			✓		100	铅垂、角尺
6 号柱脚		6			76	✓				100	铅垂、角尺
7 号柱脚		37			94				✓	100	铅垂、角尺
9 号柱脚			97		57	✓				160	铅垂、角尺
10 号柱脚		12			122			✓		100	铅垂、角尺
15 号柱脚		10			121	✓				100	铅垂、角尺
16 号柱脚			5		120	✓				100	铅垂、角尺
17 号柱脚		10			135	✓				100	铅垂、角尺
19 号柱脚		25			80	✓				100	铅垂、角尺
23 号柱脚		20			138				✓	100	铅垂、角尺
24 号柱脚		35			160			✓		100	铅垂、角尺

方法:在柱面中心线上设两个标志点,下标志点距离鼓磴上方 40 mm,上标志点挑出柱面 100 mm(现场无法挑出 100 mm 的,以表中标志点到上柱面距离为准),通过上标志点引铅垂线,确定柱脚倾斜尺寸以及铅垂线到柱脚面的距离。

表 7.12　曲溪楼水平沉降监测方法

磉石名称	参照原点 O 点高程	待测点高程	相对高程	使用工具
1 号磉石	1680	1442	238	自动安平水准仪、塔尺
2 号磉石	1680	1439	241	自动安平水准仪、塔尺
3 号磉石	1680	1410	270	自动安平水准仪、塔尺
4 号磉石	1680	1403	277	自动安平水准仪、塔尺
5 号磉石	1680	1436	244	自动安平水准仪、塔尺
6 号磉石	1680	1431	249	自动安平水准仪、塔尺
7 号磉石	1680	1398	282	自动安平水准仪、塔尺
9 号磉石	1680	1426	254	自动安平水准仪、塔尺
10 号磉石	1680	1403	277	自动安平水准仪、塔尺
11 号磉石	1680	1415	265	自动安平水准仪、塔尺
磉石名称	参照原点 X 点高程	待测点高程	相对高程	使用工具
13 号磉石	1952	1442	0.510	自动安平水准仪、塔尺
14 号磉石	1952	1461	0.491	自动安平水准仪、塔尺
15 号磉石	1952	1473	0.479	自动安平水准仪、塔尺
16 号磉石	1952	1477	0.475	自动安平水准仪、塔尺
17 号磉石	1952	1486	0.466	自动安平水准仪、塔尺
18 号磉石	1952	1487	0.465	自动安平水准仪、塔尺
19 号磉石	1952	1430	0.522	自动安平水准仪、塔尺
22 号磉石	1952	1413	0.539	自动安平水准仪、塔尺
23 号磉石	1952	1426	0.526	自动安平水准仪、塔尺
24 号磉石	1952	1441	0.511	自动安平水准仪、塔尺
25 号磉石	1957	1480	0.477	自动安平水准仪、塔尺

方法:设置参照原点 O 点和参照基准点 M 点,使用自动安平水准仪、塔尺测量出 O 点和 M 点的高程;在每一块磉石上做好标记点;测出每一块磉石的高程,参照原点 O 的高程,计算出磉石的相对高程,从而控制整个建筑的沉降情况。

注:O 点、X 点为参照原点,设定为±0.00;M 点为参照基准点。

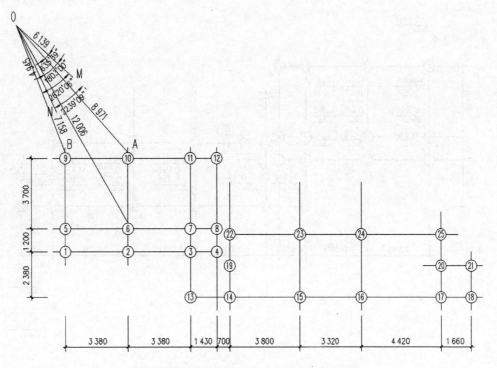

图 7.6　曲溪楼建筑整体位移监测点分布示意

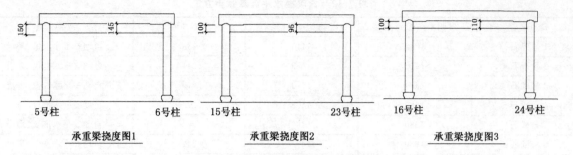

图 7.7 曲溪楼梁挠度监测点示意

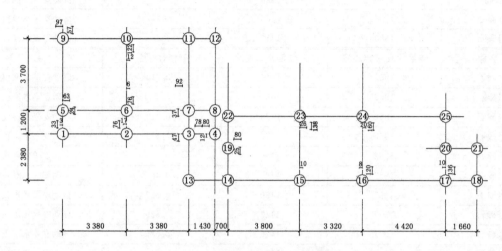

图 7.8 曲溪楼柱倾斜监测点示意

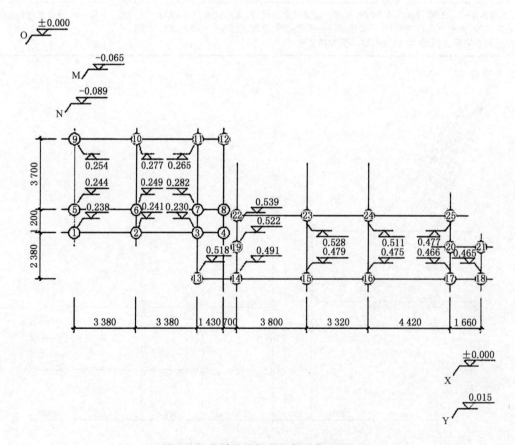

图 7.9 曲溪楼水平沉降监测点示意

关于修缮工程中的监测工作,主要围绕维修过程中使用的工具、工序、工艺、材料等方面进行监测记录,涉及的内容主要包括基础加固、木构件修缮、屋顶修缮、木构件油漆、墙体修缮与恢复、地面及砖檐恢复、漏窗修缮等方面,所涉及的工艺包括木作、瓦作、油漆、砌筑、墁地等。具体的工作主要分为现场记录、后期资料整理与日志撰写、会议记录整理、监测记录报告等几个环节:①现场记录以照片、摄像为主,文字记录为辅;②后期资料整理主要依据当天所收集的照片、影像等资料按日期、工种进行归档整理,然后撰写日志,包括当天施工内容简介、监测对象存在的问题、具体修缮过程以及修缮过程中所用工艺材料等方面的内容;③对每次专家论证会议均进行记录整理;④最后通过收集整理建设方、设计方、施工方、监理方等各方资料,结合现场监测记录及后期日志,撰写监测记录报告。

5) 将来需要进一步实施的监测工作

曲溪楼的修缮工程于 2010 年 3 月动工 4 月底结束,大部分建筑病害已基本得到治理,或被根除,或防治继续发展,如采取埋设石桩防治地基继续发生不均匀沉降,柱子倾斜已通过打牮拨正予以矫正,木构件腐朽、虫蛀和裂缝病害均已通过木料镶补、墩接得以治理等。从长远保护的角度来看,修缮完工后,监测工作还得继续,应基于曲溪楼的病害分析和已经完工的修缮内容综合考虑将来需要进一步实施的监测工作。

目前曲溪楼经过修缮,地面沉降、柱倾斜、裂缝这三种结构性病害已基本得到治理,但基于第 6.2.2 节江苏省全国重点文保单位的灾害区划分析可知,曲溪楼所在地属于江苏省乃至全国地面沉降灾害最严重的地区之一,埋设石桩一定程度上能够防止曲溪楼小范围内的地基继续沉降,但大范围内地面沉降灾害仍不容忽视,因此,地面沉降以及由地面沉降引起的柱子和墙体倾斜还应该是这个阶段的一个监测重点。

另外,虽然梁柱和屋架的腐朽病害也基本得到治理,但基于前文病害分析,造成腐朽的主要原因有:①曲溪楼周围地下水位较高,加之原有墙体未做防水处理,造成墙壁湿度增加,致使与墙体接触的木柱腐朽;②屋面排水系统老化,局部雨水渗漏,致使与屋面接触的檩条、椽子、望板、角梁等构件有不同程度腐朽。现今屋面排水系统已经优化且加设了防水卷材,但由于曲溪楼周围地下水位仍然较高,且修缮中仍未对地坪和墙体做防水处理(虽然对所有的柱子都涂了防水的水柏油),加上苏州属于江苏省雨量多且暴雨灾害、废气污染物和酸雨灾害较为严重的地区之一(见第 6.2 节江苏省全国重点文保单位的灾害区划分析),这些因素会导致墙体湿度增加,致使与墙体接触的木柱腐朽及墙体表面粉刷受潮出现湿斑、青苔等,因此,柱腐朽、梁柱檩交接处的腐朽、屋架腐朽、墙体表面变化、梁架和墙体含水率、柱虫蛀、空气湿度以及空气酸性物也应为这个阶段的监测重点。

基于这些分析,这个阶段的监测对象应该主要包括:地面沉降、柱倾斜、墙体倾斜、柱腐朽、梁柱檩交接处的腐朽、屋架腐朽、墙体表面变化、梁架和墙体含水率、柱虫蛀、空气湿度以及空气酸性物等。其中,柱倾斜和墙体倾斜的监测方法可以继续采用原来用于柱倾斜的监测方法(表 7.10 和图 7.7);地面沉降的监测除了继续原有的监测方法(表 7.12 和图 7.9)外,还应充分利用整个苏州市地面沉降监测网的监测系统,结合苏州园林监测预警系统,考虑如何基于新型地基沉降监测仪建立苏州园林的地面沉降自动监测系统;梁柱、屋架腐朽除了采用传统的尖针刺探法,条件允许的情况下适当采用应力波检测仪等新仪器;梁架和墙体含水率、墙体表面变以及虫蛀等方面的监测方法均可参考原有监测方案。关于不同监测对象的监测频率,考虑到修缮后曲溪楼整体性能的提高,可基于原有监测方案适当降低,具体见表 7.13。另外,这个阶段长期的监测数据收集可与修缮前的监测数据进行比较分析,作为评估修缮工程科学有效性以及将来探讨更适宜性修缮技术的参考依据,也可用于分析修缮后的病害发展情况,以此确定日常维护的工作重点。

表 7.13   曲溪楼修缮后的监测工作

监测对象	监测工具和方法	监测频率	监测原则
地面沉降	采用原有工具：自动安平水准仪、塔尺，以及考虑采用新型地基沉降自动监测仪	半年一次	监测工具的选择要满足监测有效性、对遗产结构本体不造成破坏或扰动极小、耐久性和抗干扰性强（能在恶劣环境条件下正常工作）等要求；监测的实施要尽量遵循"定人、定时、定仪器、定监测站和定监测点"五定准则；整个监测工作纳入苏州园林的整个监测系统
柱和墙体倾斜	铅垂线、角尺	半年一次	
梁柱和屋架腐朽	传统的尖针刺探法，新型应力波检测仪	半年一次	
梁架含水率	感应式木材含水率测定仪	半年一次，春夏两季每季度一次以及梅雨季节和暴雨天气的加测	
墙体含水率	红外线检测法	半年一次，春夏两季每季度一次以及梅雨季节和暴雨天气的加测	
墙体表面变化	正投影照相以及在测绘图纸上勾画	半年一次，春夏两季每季度一次以及梅雨季节和暴雨天气的加测	
柱虫蛀	专业白蚁探测仪器（如微波型白蚁探测仪）	每年一次	
空气湿度、酸性物	便携式湿度和酸性物探测仪	每季度一次	

7.2.3   基于病害分析的曲溪楼的日常维护

1）确定日常维护的内容

基于以上曲溪楼的病害分析可知，除了地面沉降、柱墙倾斜和梁柱裂缝这几类结构性病害外，其余病害（如梁柱屋架腐朽、墙体表面发黑、望砖泛白、望板糟朽等）都不同程度上与屋面排水差、部分存在漏雨相关，而这些都与日常维护工作不到位相关。在现状勘查中发现，曲溪楼屋顶瓦垄间满是落叶，而在落叶没有及时清理的情况下，雨水、鸟粪等因素极易造成落叶腐烂堆积致使屋面渗水和排水不畅，从而导致屋架腐朽等病害的发生。因此，清洁卫生（尤其是清扫屋顶）和防渗防潮是曲溪楼日常维护的工作重点。另外，在现状勘查中发现，电线为露明敷设，经过修缮改为暗线穿铜管贴墙角与梁下走线的方式，但由于曲溪楼为公共游览区，平常往来游客较多，因此维护电路系统安全和注重游客安全管理（如禁止吸烟等）还是日常维护的工作重点之一。还有，基于第 6.2 章节江苏省全国重点文保单位的灾害区划分析可知，曲溪楼所在地面临的主要灾害有地面沉降、雷暴、暴雨、火灾、废气污染物和酸雨等几种，风灾、冰雹灾、雪害等灾害发生几率很低，虽不属于地震地带但属于 6 度抗震设防区，因此，防灾设施维护以及特殊情况下临时支撑修补也应纳入曲溪楼日常维护的工作范围。

综合以上分析，曲溪楼的日常维护工作应该包括清洁卫生、防渗防潮工程、维护用电系统和防灾设施、游客安全管理以及特殊情况下的维护工作等几个方面。其具体的工作内容为：

（1）清洁卫生包括：每天清洁一层地面和二层木地板，每天清洁窗台、门窗，每天清除墙边污物，每周清洁梁架构件，每月清洁排水沟，每季度清除墙面和屋顶植被，秋天落叶季节每天清扫屋顶落叶和排水沟，冬天下雪季节及时清除屋顶积雪；另外，每季度对电器设备和监测设备进行清洁工作。

（2）防渗防潮工程包括：针对屋顶的捉节挟垄、补漏、除草，以及检补散水、排水沟和下水道等，其频率为每季度进行一次，其中春夏两季每月一次，另外特殊天气（如梅雨季节、暴风雨天气等）前后各做一次。

（3）维护用电系统安全包括：每天检查电路开关、照明设备、空调等的安全工作状态，定期（比如每半年）安排电工对用电系统进行专业检查，及时修理和更换老化或破损的电器设备，遇地震、雷电、暴风雨等灾害时及时关闭电闸，秋冬干燥季节强调日常安全用电、上下班之际检查用电系统设备。

（4）维护防灾设施安全包括：每周检查消防设施，尤其要在秋冬干燥季节之前检查和维护消防设施以保证其工作的有效性；曲溪楼及其周边大树安装防雷设备，在雷电频发季节前后检查和维护防雷设备。

（5）游客安全管理包括：禁止游客吸烟、乱涂乱画等破坏行为，可使用禁令标示牌提醒；特殊天气情况下提醒游客相关注意事项，如遇雷电天气时不要使用手机、避免接触金属制品、不要靠近金属管道及门窗等易被雷击的地方等，可通过园内广播通讯系统告知或管理人员现场告知提醒；游客多的季度，园内应统一协调安排人流,在曲溪楼处安排工作人员维持次序。

（6）特殊情况下的安全维护工作主要包括:特殊天气情况下的检查维护工作以及灾害发生后的临时修补工作。其中,特殊天气情况下的检查维护工作主要包括:梅雨季节和暴风雨天气来临之前,统一清理和检补下水道、排水沟等排水系统,清洁瓦垄树叶污物堆积,清除屋顶植被,修补屋顶漏雨部分等;雷电频发季节前后检查和维护用电系统、防雷设备和消防设施;暴风雨天气情况下,做好曲溪楼周边树木的临时支撑工作,防止树木倒塌对建筑的破坏。

2）日常维护的实施

要保证日常维护的有效实施,明确责任制和制定工作日程安排是最主要的。通常而言,清洁卫生工作由清洁工承担,防渗防潮工程和临时修补工作主要由工匠实施,定期检查维护用电系统和防灾设施主要由专业电工等技术人员实施,游客安全管理则主要由管理工作人员实施,所有的日常维护工作由管理人员统一分配完成。目前,苏州园林并没有成立专门的日常维护部门,也没有专门负责日常维护的管理人员,在单位编制极其有限的情况下,成立专门的日常维护部门有点困难,这种情况下可以依托苏州园林的监管中心,指定专门负责日常维护的管理人员,统一分配和安排日常维护工作,其他日常维护人员（如清洁工、工匠、电工技术人员等）可外聘或临时调配,可采取类似合同的聘用制,所外聘或调配的专家应尽量固定不变。由于外聘或临时调配的维护人员往往缺乏系统的建筑遗产保护方面的常识,因此需要对他们进行必要的培训,以方便他们能够很好地理解其各自工作的性质和注意事项。例如,实施清洁卫生工作的清洁工往往以临时工为主,而清洁卫生工作实施频率最高且为曲溪楼日常维护的最重要部分之一,因此应通过展开对清洁工的统一培训,帮助他们从曲溪楼建筑遗产保护的角度理解清洁卫生的工作性质、注意方面和实施方法等。

在所有日常维护的内容中,清洁卫生的实施频率最高,其余工作（除了特殊天气情况下的安全维护）均需定期实施。基于曲溪楼日常维护的工作内容,结合留园的管理制度,制定曲溪楼日常维护工作的日程安排,明确每天、每周、每月、每季度、每半年、每年、每几年的具体工作以及特殊情况下的工作安排（表7.14）。

表 7.14　曲溪楼日常维护工作的日程安排

日程	工作内容
每天的工作	清洁工做好一层地面、二层木地板、门窗、墙面的清洁卫生,落叶季节每天清理屋顶落叶,汇报他们所看到的损害;工作人员每天检查电路开关、照明设备、空调等的工作状态,更换坏的灯泡,及时处理电器设备的存在问题,下班时检查安防设施,关闭门窗和用电设备
每周的工作	清洁工做好梁架构件的清洁卫生工作;监测技术人员检查温度计、湿度计和其他测量设备,更新数据和报告,及时纠正设备问题;工作人员检查扩音器等广播音响设备以及安防监控设备
每月的工作	清理屋顶落叶或污物;聘请工匠清理下水道、排水沟等;春夏两季每月一次聘请工匠实施针对屋顶的捉节拣垄、补漏、除草;检查日常维护日志,向留园管理负责人进行汇报
每季度的工作	清洁电器设备和监测设备、清除墙面和屋顶植被;聘请工匠实施针对屋顶的捉节拣垄、补漏、除草,以及检补排水沟、下水道等;聘请电工技术人员仔细检查电路开关、照明设备、空调、扩音系统等设备
每半年的工作	清理屋顶及所有的排水沟、下水道、排雨管;安排电工对用电系统进行专业检查,及时修理和更换老化、破损的电器设备;聘请消防技术人员检查消防设施,对员工进行火警演练
每年的工作	清洁屋顶构件等平常不容易达到的地方;清理和修补所有排水系统、污物处理设备;仔细检查照明设备、空调,更换灯泡、灯管,尤其是检查电闸阀门;仔细检查所有灭火设备、避雷设备和安防监控设备;检查各类管道、楼梯,尤其是安全通道问题;为门窗的锁、转轴加油润滑;油漆柱子、门、窗油漆脱落部分,秋天补粉外部装饰缺损的地方
每五年的工作	做一个完整的报告,指出期间发现的损害,特别指出哪些结构部分是需要检查的;不断修正和更新长期的日常维护计划,注意那些应该检查的地方以及下一个报告应该研究的地方。必要时把工作分为:马上就需要做的、紧急的、必须的和合适的。每五年应该做的还有:检查维护所有电器设备、灭火设备、避雷设备和安防监控设备;检查和修补机械磨损
高频率工作	清洁卫生,尤其是在大量人群使用之后的清理工作
非定期性工作	制作禁止游客吸烟、乱涂乱画或破坏行为的标示牌,游客多时安排专员负责维持次序;特殊天气情况下的安全维护工作,如冬天下雪季节及时清除屋顶积雪,梅雨季节和暴风雨天气来临之前清理所有排水系统、清洁屋顶落叶植被和修补屋顶漏雨部分,雷电频发季节前后检查和维护用电系统、防雷设备和消防设施,暴风雨天气情况下做好曲溪楼周边树木的临时支撑工作,雷电天气提醒游客相关注意事项等;灾害发生后的临时支撑和修补工作

3）撰写日常维护日志

通过撰写日常维护日志记录每天日常维护的工作内容。日志应着重记录清洁工发现的病害、检查设备时发现的存在问题、所做的更换和修补工作等方面,可通过照片和文字记录指出问题的发生位置以及采取的相应措施。每月对日志进行整理,撰写日常维护月报告,指出该月的日常维护重点所在,同样,每季度、每年也分别进行整理和撰写季度、年报告。基于这些定期的阶段性报告,可以确定曲溪楼的哪些部位需要检查以及不同品牌设备的使用寿命等方面,以此不断修正和更新来年或未来几年的长期的日常维护计划。基于长期的日常维护日志记录,可以与曲溪楼原有的病害记录进行比较,用以分析修缮后的病害发展情况,以此作为评估修缮工程的科学有效性、探讨将来更适宜性修缮技术以及确定将来日常维护重点的参考依据。

日常维护日志的撰写应交由留园某一固定的工作人员负责,清洁工、设备检查人员、外聘工匠、外聘电工等负责日常维护的相关人员应向该工作人员汇报各自工作中发现的问题和采取的措施,记录人员应针对汇报进行现场核实并拍照记录。月末、季度末、年终撰写总结报告,上交管理人员以方便其撰关于保护管理方面的年度总结和制定来年相关方面的工作计划。所有的日志和报告应进行存档,包括纸质存档和电子存档。所有的电子存档,可一起纳入苏州古典园林监测预警系统软件❶的基础数据库,作为探讨建筑类遗产系统监测和日常维护工作的参考依据之一。在这种前提下,曲溪楼日常维护日志的撰写,其格式和标准应依据苏州古典园林监测预警系统软件平台的相关要求统一制定,如表格形式、照片尺寸等方面。

7.2.4　曲溪楼案例小结

由上可知,曲溪楼已经实施的监测多采用的还是较为传统的方法,却很有效地协助了曲溪楼修缮的完工,关于应该进一步展开的监测可适当加入新型监测工具,关于日常维护重在日常管理。由此可见,要实现这个层面的建筑遗产的预防性保护,新技术的应用并不是最关键的方面,而新保护理念引导下的保护态度的改变、传统保护方法的有效应用以及日常管理的加强等方面可能反而是最关键的。

---

❶　见前文第 5.2.4 章节中苏州园林监测预警系统的相关内容。

8 现有保护体制下实现预防性保护的管理工作重点

第 5 章和第 6 章主要讨论的是针对自然环境灾害和建筑遗产自身老化的预防性保护措施,本章则主要从管理的角度来谈。管理的问题很大,非一章内容可以阐明,本章主要结合预防性保护能够成功实施的两个基础来谈。如第 2.2.2 节所述,预防性保护的成功实施需要基于深入的基础性工作和广泛的民众参与基础,而这两个"基础"正是目前中国建筑遗产保护管理体制中最为欠缺的。对这两个基础的管理工作的加强,既是更好进行建筑遗产保护工作的必须作为,也是实现建筑遗产的预防性保护的基本前提。基于此,以下主要从完善基础性管理工作和加强公众参与基础这两个方面进行相关讨论。其他管理问题在这里不再讨论或只是简单涉及。

8.1 完善建筑遗产保护的基础性管理工作

8.1.1 "四有工作"的完善和拓展

我国自实施"文物保护单位"式的管理制度❶起就强调"四有工作"的重要性,但至今大量文保单位的"四有工作"仍未完成。作为遗产保护的一项基础性工作,"四有"工作不仅适用于文保单位,也适用于非文保单位的不可移动文物、历史建筑及其他建筑遗产(只是相关要求会有所不同,如历史建筑和其他建筑遗产的保护组织有所不同)。因此,在完善各级文保单位"四有工作"的同时,也应将其拓展使用于其他非文保单位的建筑遗产。"四有工作"中记录档案的完善优化对实现预防性保护尤为关键,其他"四有工作"的完善也有助于人为破坏风险的预防。

1)记录档案优化基础上建立建筑遗产信息管理系统

记录档案作为建筑遗产保护必要的原始依据和基础材料,其重要性历来就被强调,1963 年颁行的《文物保护单位保护管理暂行办法》中就有明确的相关规定❷,2003 年还专门颁布了《全国重点文物保护单位记录档案工作规范(试行)》。然而,记录档案的实际执行情况并不乐观,目前第 1～6 批国保单位的记录档案工作已基本完成,但省级、市县级文保单位的记录档案却非常不规范化,尤其是市县级文保单位的记录档案往往只有一份名单(等到申报升级时再建立记录档案的想法十分盛行,也许正是因为没有及时建立记录档案,才导致曾经普查获知的 40 余万处不可移动文物中已有 1/3 无处可寻❸),而缺乏完整记录档案的省级文保、市县级文保往往会失去等待晋级过程中的维护机会,甚至会导致文保单位实体的完全消失。相对于文保单位,未定级类不可移动文物、历史建筑及其他无行政保护级别的建筑遗产的记录档案更是缺

---

❶ 中国公布文物保护单位肇始于 1956 年。当年,国务院在《关于在农业生产建设中保护文物的通知》中指出:"各省、自治区、直辖市文化局应该首先就已知的重要古文化遗址、古墓葬地区和重要革命遗迹、纪念建筑物、古建筑、碑碣等,在本通知到达后两个月内提出保护单位名单,报省(市)人民委员会批准先行公布,并且通知县、乡,做出标志,加以保护。"在此后的几年内,各省、自治区、直辖市人民政府先后公布了一批省级文物保护单位,从此开了公布文物保护单位、重点保护、分级管理的先河。1961 年,国务院颁布《文物保护管理暂行条例》,规定由各级人民政府公布文物保护单位。同时,国务院公布了第一批全国重点文物保护单位 180 处。这是公布文物保护单位法制化的开端。1982 年《中华人民共和国文物保护法》公布实施,对公布文物保护单位作出进一步规定,实现了公布文物保护单位及其保护管理的法制化和制度化。

❷ 其中指出:对文物保护单位"四有档案",要经常进行收集和整理,应注意经常补充新资料,使它不断丰富和完善;同时规定:"补充新资料的单位应将新资料抄送保存记录档案的各单位,并采取定期核对的办法,使各份之间保持一致和准确"。

❸ 王运良. 关于文保单位"四有工作"历史渊源及现状之管见. 中国文物科学研究,2008(3):13-17

乏,更使这些建筑遗产缺乏应有的关注和维护,从而致使其完全消失。在这种情况下,可对各级别文保单位的记录档案进行统一规范化,在参照《全国重点文物保护单位记录档案工作规范(试行)》的基础上制定《建筑遗产记录档案规范》并依此实行。关于记录档案的数字化,目前"只体现在国保单位的申报资料中,目的是为了方便专家的审核,便于申报材料的管理,而非国保类建筑遗产的记录档案的数字化基本是寥若晨星,大多数还是以传统方式进行,这非常不利于记录档案的保管、使用、传播、更新和完善"❶,不适应高度信息化的当代社会要求,因此,应加速各级文保单位及其他各类建筑遗产的数字化进程,并及时跟踪各建筑遗产的最新变化,持续更新数字化的记录档案。

在记录档案规范化和数字化的基础上,可基于相关技术软件建立科学全面的建筑遗产信息管理系统❷,实行对建筑遗产所有信息的动态管理。另外,对不涉及国家机密的建筑遗产信息,应站在长远保护的高度,逐步利用各种渠道、路径向全社会公开,一方面以实现建筑遗产信息资源的全民共享,利于全民快速全面地了解建筑遗产的管理历史与保护现状等各个方面;另一方面也会使各方面的信息沟通更加畅通,能有效促进全社会监督,及时制止那些不利于建筑遗产保护的相关举动,从而实现对建筑遗产保护的有害企图的预防。

2) 保护范围的尽快划定和公布

保护范围的划定一直是"四有工作"中难度最大的一项,1961年国务院颁行的《文物保护管理暂行条例》虽然做出了"划出必要的保护范围"的规定,但此后因种种原因在很长时间内并未全面落到实处,即使有所划定也基本是形同虚设。从20世纪八十年代后半期开始,各地按照国家文物局的有关指示纷纷开始了文物保护范围的划定或重新划定工作,但文保单位即使是国保单位的保护范围划定还是严重滞后,即便是最新的《中华人民共和国文物保护法实施条例》(2003年7月1日起施行)也规定了一年的划定期限❸。一年时间看似不长,但在城市化和城市改造的高速进程中却使文保单位面临太多的变数和无数的风险——在尚未正式公布前的一年之内,原有保护范围内外都容易成为保护的真空地带,可能导致遗产本体及周边环境风貌遭到严重破坏。随着2004年《全国重点文物保护单位保护规划编制审批办法》和《全国重点文物保护单位保护规划编制要求》的出台,保护规划成为了"各级人民政府指导、管理文物保护单位保护工作的基本手段"❹,国保单位的保护范围划定是保护规划的一个关键且具强制性的内容❺,一般有3种情况:未定的划定、已划但不合理的调整、已划且合理的不做调整。除了第3种情况,其他两种情况下的保护范围划定和公布仿佛理所当然地要在保护规划编制完成并获得审批后才能够得以公布。这样问题就产生了,保护规划的编制完成至少需要一年,之后保护规划的审批更需要更长时间,且国家文物局审批后还要修改,经过"审批—修改—再审批—再修改"的循环折腾,国家文物局审批通过,保护规划才算编制完成。再者根据《全国重点文物保护单位保护规划编制审批办法》的相关规定,保护规划编制完成后由省级人民政府批准公布,而通常情况下,省政府认为规划是规划局的责任并不属于省政府管,省文物局也认为保护规划不该省政府批准公布(根据不完全统计,在2004年保护规划编制要求颁布以来的6年时间内,省政府批准公布的保护规划很少)。这就意味着保护范围要在疏通保护规划编制、审批和批准公布的各个环节之后才能够得以公布示众,而这往往需要几年的时间,原本已经滞后的保护范围划定工作在行政程序的规制下势必更加滞后,从而使国保单位在城市改造高速进程中面临更多的不确定风险因素。国保单位已经如

---

❶ 王运良.关于文保单位"四有工作"历史渊源及现状之管见.中国文物科学研究,2008(3):13-17

❷ 国内已有相关工作的开展,如2001年,由财政部、国家文物局联合开展了"文物调查及数据库管理系统建设"项目,目前已经在山西、辽宁、河南、甘肃4个试点省建立了文物的数字化档案。

❸ 《中华人民共和国文物保护法实施条例》第八条:全国重点文物保护单位和省级文物保护单位自核定公布之日起1年内,由省、自治区、直辖市人民政府划定必要的保护范围,作出标志说明,建立记录档案,设置专门机构或者指定专人负责管理。设区的市、自治州级和县级文物保护单位自核定公布之日起1年内,由核定公布该文物保护单位的人民政府划定必要的保护范围,作出标志说明,建立记录档案,设置专门机构或者指定专人负责管理。

❹ 《全国重点文物保护单位保护规划编制审批办法》第三条:文物保护单位保护规划是实施文物保护单位保护工作的法律依据,是各级人民政府指导、管理文物保护单位保护工作的基本手段。

❺ 《全国重点文物保护单位保护规划编制审批办法》第十三条:文物保护单位保护规划中保护目标、保护范围及建设控制地带的划分与管理规定、文物本体的主要保护措施、利用功能限定和游客容量控制指标等内容,应当作为保护规划的强制性内容。

此,可想而知,省级和市县级文保单位的情况更是令人担忧。

因此,为预防城镇新建设或改造以及新农村建设等给建筑遗产带来的致命破坏,应尽快推动作为行政许可和行政执法依据的保护范围和建设控制地带的划定和公布工作:①要理清国保的保护范围划定和保护规划之间的关系,严格按照文物法及其实施条例实行其保护范围的划定工作,且"现行规制必须作进一步的调整,十分有必要将文物保护单位保护范围的划定与升级申报同步进行,甚至走在申报材料编制之前,各级政府在公布正式的文物保护单位名单时,应将各处文物保护单位的保护范围作为其附件同时予以公布"❶;②对于未公布为文保单位的不可移动文物以及历史建筑的保护范围划定也应与文保单位一致对待,即在公布名单之时将其各自的保护范围一并公布;③对于其他建筑遗产,如历史文化名城、名镇、名村中非文物类和非历史建筑类的优秀建筑遗产的保护范围划定应在申报历史文化名城、名镇、名村时一起申报并同时公布。

3) 保护标志的规范设立和市县级保护机构人员专业能力的提高

目前,国内往往仅限于注重国保单位的保护标志,对其制作也有着严格的限制❷,而对于其他级别的文保单位(尤其市县级文保单位)和非文保单位建筑遗产的保护标志却缺乏法规的限制,使得这些建筑遗产缺乏或仅有极其劣质的保护标志,致使这些建筑遗产不为公众所知,无形中促进了城市化进程中对它们的无视性破坏。为预防这种破坏行为和促进民众监督,应做好各类建筑遗产的保护标志的规范设立:①对各类文保单位保护标志的制作与安装进行统一的规定,而不能仅限于国保单位;②对非文保类的不可移动文物、历史建筑及其他建筑遗产的保护标志制作,可分别制定统一的标准,也可参考文保单位的保护标志制作而仅以颜色区别(如红色代表文保单位,黄色代表历史建筑,蓝色代表其他建筑遗产等),不同类型建筑遗产的不同保护标志可以帮助标示其行政级别上的差异,并协助公众理解其不同的保护要求;③保护标志牌示的内容应包括保护范围的图示说明,保护范围的边界上也应设立一定的分界标志,如界石、界牌、界墙等,这样可以帮助公众了解保护范围及其相应的保护要求。

"设置专门机构或者指定专人负责管理"为"四有工作"中最早全面完成的一项,但也面临着很大的困境。基于我国建筑遗产保护实行从上而下的分级管理保护,以文物类建筑遗产为例,文物层级属地化管理最终落实在地方政府,具体是由市县文物主管部门负责区域内各级文保单位及未定级不可移动文物的监督管理;历史建筑类建筑遗产的保护则由文物主管部门和住建部门共同承担,根据职责设定市县文物主管部门还要就名城、名镇、名村和历史街区及历史建筑与规划建设部门协作。因此,市县文物主管部门责任很大,事情很多。但是从三级文物管理层级来看,这级文物部门往往机构最小、人员最少、技术力量最为薄弱,与地方同级其他部门相比,力量很是悬殊,往往是一人身兼多职且在处理部门问题时处于弱势。加上文物执法力量也很薄弱,很难保证区内文物类建筑遗产的有效保护和健康安全,更别说是历史建筑和其他建筑遗产的有效保护了。当涉及市县级文物保护审批时,由于此级部门从业人员审核的专业技术水平和审批质量很难得到保证,导致一些市县级文保单位及其他未定级的不可移动文物和文化遗产资源受到不同程度的损毁、破坏乃至消失。因此,为了预防弱势建筑遗产(包括市县级文保单位、历史建筑及其非法定保护的建筑遗产)遭受人为破坏,关键工作之一是要重点完善市县级文物保护管理机构、文物执法部门建设,加强在职人员的专业技术和业务技能,尤其是文物保护工程审批等方面的教育培训和知识更新,并适当调整现在的用人机制,引进更多高素质的遗产保护专业人才到目前以考古、历史专业背景为主的专业队伍中去。❸

8.1.2 科学程序下的灵活实施

自2002年《中国文物古迹保护准则》颁布以来,基本确定了国内建筑遗产保护的工作程序(即调

---

❶ 王运良.关于文保单位"四有工作"历史渊源及现状之管见[J].中国文物科学研究,2008(3):13-17

❷ 如《中华人民共和国全国重点文物保护单位保护范围、标志说明、记录档案和保管机构工作规范(试行)》中相应的规定有"标志形式采用横匾式,自左至右书写"、"除文物保护单位的名称可用仿宋字体或楷书、隶书等外,其余一律用仿宋字体"、"颜色要庄重朴素、显明协调"等。

❸ 参考"关于十二五江苏省文化遗产保护工作若干建议"草拟文件中杨丽霞博士撰写的部分内容。

查——研究评估——确定保护级别、实现"四有"——确定目标制定规划——实施保护规划——总结、调整规划和项目实施计划——再评估……），也基本确定了保护规划在建筑遗产(尤其是国保、省保单位)保护过程中的重要作用。2003年文化部颁布《文物保护工程管理办法》，规定了保护工程开展的工作程序(除了保养维护工程之外，其他保护工程均需要立项，立项后才能进行勘察和方案设计以及施工技术设计，然后才是施工、监理与验收)，也规定了："**文物保护单位应当制定专项的总体保护规划，文物保护工程应当依据批准的规划进行**"，这就进一步确定了保护规划的重要性。2004年国家文物局颁布《全国重点文物保护单位保护规划编制要求》和《全国重点文物保护单位保护规划编制审批办法》，对保护规划的编制内容、审批程序做了严格规定。自此，保护规划成为众多保护行为中最为重要的一项，保护规划也成了自"四有工作"后被重点强调的部分。

保护准则中的保护工作程序、《文物保护工程管理办法》中的保护工程实施程序以及后来的保护规划的审批程序的规定都促使人们思考通过科学的工作程序来保证保护决策的正确。然而，科学程序的严格执行往往需要多方行政行为的介入，由此往往需要耗费很长的时间，这给高度城市化进程中的建筑遗产保护工作带来太多不确定的风险因素，因此，基于现实需求进行科学程序下的灵活实施才能及时预防人为破坏行为的发生。以下主要就保护规划的编制、审批和执行监督以及欠发达地区保护工作的灵活实施这两个方面展开相关讨论。

1）保护规划的编制、审批和执行监督

与建筑遗产直接相关的保护规划有文物保护单位的保护规划❶和《历史文化名城名镇名村保护条例》，前者主要针对现有国保单位以及有可能晋升为国保单位的建筑遗产，后者则涉及历史文化名城名镇名村中的各类建筑遗产。无论是文保单位的保护规划，还是历史文化名城名镇名村的保护规划，都是作为指导保护行为的纲领性文件，是对所有矛盾的总览和未来保护工作的谋划。由于在建筑遗产保护过程中涉及多方利益的博弈，如保护利益和发展经济利益、长远利益和近期利益、国家利益和地方利益之间，"在不危及保护的根本目标方面，保护规划应该正视这些博弈，在听取各方的意见和建议并在可能的条件下考虑发展问题，尤其应该考虑处理好因发展引发的与保护的矛盾"❷。如果在危及保护的基本要求时，可先只考虑保护区划的划定并予以及时公布使之具备法律效应，这就需要遗产所在地管理机构与保护规划编制单位以及保护规划审批部门协调沟通(就保护区划划定的紧迫性和必要性做出说明，并指出保护规划其他方面内容的编制可在保护区划划定后再细作研究)，尤其需要现有编制和审批程序规定下的灵活操作和实施。以下就针对国保单位的保护规划的编制、审批和执行监督等方面的问题进行讨论。

关于保护规划的编制，已有《全国重点文物保护单位保护规划编制审批办法》和《全国重点文物保护单位保护规划编制要求》对保护规划的编制办法和编制内容做了严格界定。但相对而言，对规划执行方面规定较少，而保护规划关键在于执行，考虑到保护规划都由管理部门执行，因此，在具体的编制过程中，应从管理部门执行保护规划层面出发，统筹考虑规划实施步骤和难易程度，对其中涉及的管理内容及其实施规划层面的管理工作做有针对性的规定，使规划执行更具有可行性。另外，基于预防性保护的要求，编制内容中可适当加入自然环境灾害评估、结构材料病害风险评估、灾害预防措施、日常维护和系统监测等方面的相关内容。

关于保护规划的审批，已有《全国重点文物保护单位保护规划编制审批办法》对审批程序做了严格规定❸。由于目前国家文物局专家评审委员会的有限人力与国保单位的庞大数量之间的悬殊不对称，造成很多保护规划被积压滞后审批，加上保护规划一般情况下很难一次性通过，都要经过几轮修改和反复审批，且评审专家往往远离现场，无法深入了解具体的保护问题而多局限于行政程序的考虑，都造成审批的

---

❶　目前此类保护规划以国保单位为主，但亦有部分省保甚至是市/县保也做保护规划。

❷　朱光亚.关于中国建筑遗产保护实践中若干问题的思考[J].文物保护工程,2009(2)：12-17

❸　《全国重点文物保护单位保护规划编制审批办法》第十七条指出：全国重点文物保护单位保护规划编制完成后，应当由规划编制组织单位报省级文物行政部门会同建设规划等部门组织评审，并由省级人民政府批准公布。省级人民政府在批准公布全国重点文物保护单位保护规划前，应征得国家文物局同意。

漫长过程。本来审批具有把关作用,现在却由于审批时间的过于拖延而使保护规划失去及时指导的作用,因此,应尽快改进审批办法和提高审批效率以适应保护的现实需求。另外,随着国保单位数量的急剧增加,国家文物局专家评审委员会已经不堪重负,近年来开始尝试将国保单位保护工程方案审批权下放到省级文物行政主管部门的试点工作❶,保护规划审批权的下放也成必然趋势。审批权的下放有助于当地专家近距离地面对保护中存在的问题,有助于节约审批时间,能促进保护规划前瞻指导的实效性。然而,审批权的下放也必然要求省级审批水准的提高,这就需要通过完善法规政策、加强专业技术培训和引进专业人员等途径进一步提高省级部门的总体专业技术水平和业务能力,优化和规范省级保护规划审批机制。

关于保护规划的执行监督。目前保护规划相应的管理规定主要集中在规划编制与审批阶段,对规划执行、监督和评估涉及较少。一般而言,规划执行可以落实到遗产地保护管理机构,监督和评估则需要文物行政管理部门、社会公众舆论监督和第三方中立性专家评估机构等多方力量的介入。根据保护规划监督试点实行❷发现,遗产地保护管理机构的规划执行和文物行政管理部门巡视性监督已具备较好基础,而社会公众舆论监督渠道尚未得到有效组织,第三方中立性专家评估机构也尚未发挥作用。❸ 为更好执行保护规划并对规划实施进行有效监督,管理部门可进一步深化保护规划分期实施内容,对近、中、远期的目标应有明确完成期限和可量化指标,如近期目标应对每年度规划执行进度有明确的计划与要求,近期实施目标可确定若干个具体目标,这样既有利于保护规划的有效执行,也有利于对保护规划进行有针对性的监督评估。当然,理想的情况是保护规划编制文本中已经包括规划分期实施的深度内容,管理部门照着实行就行,但实际的情况是,《全国重点文物保护单位保护规划编制要求》对分期规划编制内容要求简单❹,致使规划分期目标过于笼统和不够具体,可操作性不强。这种情况下,只有管理部门根据现实需要对保护规划分期实施内容进行深化,并以此为依据进一步完善保护规划后续的管理工作。

2)欠发达地区保护工作的灵活实施

欠发达地区因其现有经济条件的制约,当地的建筑遗产保护面临着经济建设与遗产保护、旅游开发与遗产保护之间的尖锐矛盾,也面临着保护经费不足及其影响下的保护人员缺乏、保护规划无法编制和保护工程无法实施等诸多问题。上面所提到的一系列保护程序,因其高经济成本和高时间成本,很难在欠发达地区得到根本的实施,当地建筑遗产保护因保护程序的高不可攀而被阻隔。因此,对于欠发达地区的建筑遗产保护,应根据当地现有经济条件进行变通,探讨较低运营成本条件下的保护模式。以下就欠发达地区的保护规划编制、保护工程实施和保护管理工作开展这几个方面展开讨论。

欠发达地区的保护规划编制。应允许在经济建设、旅游开发和遗产保护的矛盾十分尖锐时,"即使不具备相应的地形图等基础资料时也可通过规划大纲或保护空间区划划定等规划措施先行解决急迫的问题"❺,其他方面内容的编制可在急迫问题解决后再从长远角度深入细化。这种情况下,保护规划的审批也应灵活实施,先就解决急迫问题阶段的保护规划给予批复以便其及时指导相关保护工作,以预防建设活动可能带来的破坏,同时也应对将来需要深入细化的部分做出指导说明。

欠发达地区的保护工程实施。应重点强调保养维护工程的实施,因其花费极小且极其有效,可将保养维护工作作为建筑遗产使用者或所有者的义务,并制定相关标准、规范予以指导。当必须进行修缮等其他保护工程时,应本着有限经费下最有效实现保护的目的,对勘察、修缮方案和施工技术设计一切从简,只就

---

❶ 2008 年 3 月,国家文物局公布《文物保护工程审批管理暂行规定》,自 2008 年 5 月 1 日起在北京、河北、山西、浙江、四川 5 省市试行,将国保单位的古建筑、石窟寺和石刻、近现代重要史迹及代表性建筑的保护工程方案审批权下放到省级文物行政主管部门,2009 年 10 月又追加陕西、河南、云南、上海 4 省市作为试点单位。

❷ 2005 年 12 月,国务院印发《关于加强文化遗产保护的通知》,明确要求"国务院文物行政部门要统筹安排世界文化遗产、全国重点文物保护单位保护规划的编制工作",并对"规划实施情况进行跟踪监测,检查落实"。根据上述要求,在国家文物文物保护司支持下,中国文物信息咨询中心启动了"文化遗产地保护规划实施情况监测"项目,搭建了"文化遗产保护规划监测网",力图通过试点开展保护规划实施情况监测,积累经验研讨模式。

❸ 《周口店遗址保护规划》实施情况 2006 年度监测报告[J]. 文物保护工程,2007(2):10-16

❹ 《全国重点文物保护单位保护规划编制要求》第十三条:分期规划编制内容:提出分期依据,列出各期规划实施重点和措施。

❺ 朱光亚.关于中国建筑遗产保护实践中若干问题的思考[J]. 文物保护工程,2009(2):12-17

建筑遗产的重要结构部位和破坏严重部分进行勘查和方案设计。具体的施工过程中充分基于当地工匠的传统经验,强调地方材料和传统工艺的使用,推进地方建筑遗产保护的自力更生,以降低外请专家的高费用,也能够预防外来不当保护材料或保护方法措施带来的保护性破坏。

欠发达地区的保护管理工作实施。由于地方财政的紧张,基层保护机构的编制长期得不到解决,许多市县(区)文物机构与广电、体育或旅游部门整合在一起,遗产保护人力单薄,工作任务重。同样由于地方财政的拮据,基层保护机构的办公条件极其恶劣,许多市县(区)文物机构"既无交通工作,又无通讯设备,更无办公经费"。加上基层工作人员"由于自身不具备行政职能,遇到许多应急处理问题在现场无法解决,等到向有关部门汇报之后往往会贻误时机"❶。这些因素都造成基层保护机构因受经费、人员等因素的制约使保护管理工作裹足不前无法顺利开展的局面。因此,欠发达地区的保护管理工作的有效实施,最为关键的一点是要增强基层保护机构的保护管理能力。要做到这点,一者非常有必要适当增加地方基层保护单位的保护经费;二者应适当赋予位于保护工作最前线的基层工作人员行政职能,使其能现场及时解决一些应急问题;三者需要融合当地民众的参与,尤其是那些位于传统乡约族规尚存的边远地区的民间建筑遗产的保护工作。当然,赋予基层人员行政职能的一个基本前提是能够保证这些人员在遗产保护方面的业务能力,因此,应尽快建立起针对从事基层保护管理工作人员的培训与选择制度,以提升他们的专业水平、业务能力和理论观念(促进公众参与见后文相关论述)。

欠发达地区较低运营成本的保护模式的有效实施,是目前欠发达地区实现预防建筑遗产因建设而导致破坏的必经途经,它需要对现有经济条件和管理条件的变通,更需要保护工作程序、保护规划编制审批程序以及保护工程实施程序等在现有科学程序规定下的灵活操作和实施。

8.2　加强建筑遗产保护的公众参与基础

8.2.1　一个案例的介绍和分析

关于公众参与建筑遗产保护的案例很多,这里主要介绍国保单位张谷英村村民张再发参与保护的案例,就其事发经过、背景原因及其衍射出来的有关公众参与问题进行分析,旨在为下文进一步探讨实现公众参与的社会基础和有效途径做铺垫。

1) 案例介绍

2003年4月中旬,湖南省张谷英村的张再发村民,因自己动手拆除修建自家快要倒的一堵山墙而构成犯罪被公安部门拘捕。事情经过具体如下:

张再发家的一堵山墙由于年久失修已经严重破损,张再发担心墙塌砸到人,决定修建这堵山墙。因张谷英村古建筑群为国保单位(2001年6月,张谷英村古建筑群作为典型的古民居建筑以其严格按照封建伦理观念修建的整体建筑风格,被列为全国重点文物保护文物),文物部门规定:张谷英村的民居建筑在修建时必须在文物部门的指导下,依照维持原貌的原则,保持整体的建筑风格。鉴于此,张再发修墙之前便和村里打过招呼,可是村委会告诉张再发:因为整个村子是文物,修建山墙必须先写书面报告,经文物保护部门批准后才能动工,而村委会并没有批准修建的权利,就叫他去找设在村里的张谷英村民俗文化建设指挥部。张谷英村民俗文化建设指挥部是当地政府为开发保护张谷英村设立的综合办事机构,其主要职能中就包括了管理张谷英村的修建工作,村民有什么事情与文物有关的话,通过指挥部实质上就是跟指挥部的文物管理机构的常驻工作人员联系。指挥部指出,张再发必须先写书面报告,经湖南省人民政府和国家文化行政管理部门批准后才能动工,且必须要修建成原样,即修建后的墙壁外观、形制、材料、工艺等均要如初。张再发想,既然房子是文物,修墙如果修成原样肯定会多花钱,于是就请求指挥部能给自己一些修建补贴。指挥部拒绝了张再发的请求,指出文物处管辖的国家经费没有对个人房屋维修的计划,这笔经费

❶　杨万荣.欠发达地区文物保护现状及其对策[J].中国文物科学研究,2006(3):31-36

主要是用于环境整治和大面积公益设施的维修。面对指挥部不负责承担个人维修费用的答复,张再发当然不满意,考虑到房子虽然是国保,但毕竟还是自己的财产,且对万一墙倒塌砸到人的担忧,他就开始自己修墙。指挥部认为张再发没有经过文物部门许可,擅自修墙的行为已经破坏了文物,马上将这个情况反映给公安机关。公安机关认为张再发的行为置张谷英古建筑群保护于不顾,私自进行拆建,违反了《中华人民共和国文物保护法》,侵犯了国家文物保护的正常管理活动,已经构成犯罪,对其进行了刑事拘留。❶

2)案例分析

首先来看张再发的修墙行为违反了哪些规定:①《文物保护法》第二十一条中的规定:"对文物保护单位进行修缮,应当根据文物保护单位的级别报相应的文物行政部门批准","文物保护单位的修缮、迁移、重建,由取得文物保护工程资质证书的单位承担","对不可移动文物进行修缮、保养、迁移,必须遵守不改变文物原状的原则";②《文物保护法》第二十六条中的规定:"使用不可移动文物,必须遵守不改变文物原状的原则,负责保护建筑物及其附属文物的安全,不得损毁、改建、添建或者拆除不可移动文物";③《文物保护法细则》第十五条规定:"全国重点文物保护单位和国家文物局认为有必要由其审查批准的省、自治区、直辖市级文物保护单位的修缮计划和设计施工方案,由国家文物局审查批准。"

接着来分析张再发为何会违反这些规定。是其不知道这些规定?不尽然。在修墙之前,张再发咨询过村里和当地文物管理机构(即张谷英村民俗文化建设指挥部),这说明他知道自家房子作为国保单位不能随便修建(虽然他不一定知道《文物法》的具体规定)。基于"修墙如果修成原样肯定会多花钱",他请求指挥部能给一些修建补贴(这也是维护自身权益的一个要求),遭到拒绝。张再发考虑到房子毕竟是自家财产,而且墙倒不等人,写报告、等批准又不知道要到猴年马月,为正当避险和节约成本就开始自己修墙(这也是情理之中的事情)。根据文物保护法第二十一条中的规定:"非国有不可移动文物有损毁危险,所有人不具备修缮能力的,当地人民政府应当给予帮助",本案例中张再发家房子山墙具有损毁危险,张再发也不完全具备修缮能力,这种情况下,指挥部没有及时给予能够解决墙塌问题的帮助(指挥部确实也无能为力,一没有批复修建的行政权力,二没有足够的人员和力量,而法定保护程序又必须遵守),仅仅告诉张再发修墙的法定程序,这解决不了根本问题,从而促使了张再发自力更生的修建而导致其违法被拘捕。据有关报导,张谷英村的很多村民对张再发被刑事拘留的这种处理方式从心底里不能接受,更多人认为张再发修墙是一种正当避险行为。但张再发事件确实起到了以案说法的良好教育效果,"文物法"、"先打报告再修理"成为了当地村民的口头禅,村民认识到他们的房子因为是文物不能说动就动,如果要动就必须先提出书面报告,得到湖南省人民政府和国家文化行政管理部门的批准后才能进行。此外,村民也开始维护自己的合法利益,他们提出:"村里作为文物的直接受益者,应该承担房屋维修的一部分费用"。对此村支书做出回答:"村里资金有限,而要修理的房屋太多,对于个别村民的申请他们都拒绝了,理由是不能随便开这个口子",目前虽然国家财政部和国家文物局已拨出专项保护资金,但只用在张谷英村的基础建设和公共设施方面,类似张再发修建旧墙这样的日常保养维修,还主要依靠村民自行解决。❷

从这些方面可以看出,张谷英村村民作为文物建筑的所有者,有着参与保护的积极性,这种积极性对保护张谷英村建筑遗产非常重要,本来应该被推崇和加以正确引导,却因为行政管理上法定保护程序的制约和实际情况下维修费保障的缺失而一定程度上被抑制。这种过分强调法定保护程序而忽略引导民众参与的情况不只是张谷英村个别面对的,而是国内建筑遗产保护界目前的通有弊病。目前国内遗产保护只有自上而下的推动和控制监督,而缺乏自下而上的理解、支持与灵活执行,致使基层保护工作人员行政职能的缺乏和对民众积极参与的无形抑制,导致实际的保护工作中产生很多难以解决的问题和矛盾。因此,实现建筑遗产全面保护的一个重要途径是促进公众参与,以下就实现公众参与的社会基础和途径进行讨论。

---

❶ 此段内容参考以下文章的相关整理而成:住在文物里的烦恼的法律问题——被确定为全国重点文物保护单位的建筑能否擅自维修?[J].文物保护工程,2005(1):25-30

❷ 此段内容根据以下文章的相关内容整理而成:家住国宝古建筑 维修生尴尬,张再发父子拆墙行违反文物保护法[EB/OL].[2011-02-19] http://bbs6.zhulong.com/forum/detail43122_1.html.

8.2.2　实现公众参与的社会基础

张再发修墙无疑是一种公众参与,但最终以失败告终,究其原因,仿佛维修资金缺乏保障首当其冲,但试想如果资金有保障,张再发就会成功修墙吗?不尽然。一者张再发本人不具备遗产保护方面的相关专业知识,二者当地没有任何保护标准或施工指南可以参照,再者当地文物主管部门只注重于法定保护程序的刚性控制而并没有做出任何可操作性的指导或引导……这些方面都会造成张再发作为一个普通公众参与遗产保护的失败结局。张再发事件从一个侧面反映了目前建筑遗产保护中公众参与的严峻形势,也促使我们思考建筑遗产保护中公众参与的成功实现需要基于哪些基础条件。以下主要从全社会保护意识的提高、建筑遗产权属关系的清晰、法规政策的制约和引导、保护资金保障制度等几个方面展开讨论。

1) 全社会保护意识的提高

建筑遗产保护要实现公众参与,首先是要培养和提高全社会的保护意识,只有当全民的保护意识达到一定水准,建筑遗产保护才能在各个层面和各个环节得到民众的理解和配合,也才能真正实现公众参与。2002年《文物保护法》第一章第十一条中提到:"*文物是不可再生的文化资源。国家加强文物保护的宣传教育,增强全民文物保护的意识,鼓励文物保护的科学研究,提高文物保护的科学技术水平。*"这一条具有很典型的宣言化倾向,并没有说明国家如何加强关于文物保护的宣传教育❶,这样笼统不具体的规定不具有可操作性,但说明了一点,即宣传教育是增强全民保护意识的重要途径。

所谓宣传教育,具体而言就是指舆论媒体宣传和遗产教育。关于舆论媒体宣传,可利用各种媒介,将遗产保护作为一种重要的、能产生良好社会影响和社会效益的公益活动大力宣传,对为遗产保护做出贡献的企业、社会团体及个人给予褒扬、激励和宣传报道,让企业、社会团体及个人觉得:"*为遗产保护做贡献同其他赞助活动(如赞助商业演出活动、体育比赛等)一样可以起到宣传和广告作用,而且比较起来参与遗产保护会获得更好的口碑,产生更好的社会效益*"。这样就可以逐渐地在人们的头脑中培养起遗产保护的参与意识,在社会上树立起参与遗产保护的风尚。除了正面宣传,也要关注反面宣传,即利用传播媒介将不利于保护、有损于保护的行为活动及其惩罚结果公之于众,从反面提高公众的保护意识,上述张再发事件即是一例。关于遗产教育,政府应将遗产教育确立为一项基本的文化政策,将遗产教育与传统文化教育结合,作为公民基本素质教育纳入到我国的公共教育体系中,并"从娃娃抓起",通过教育立法将遗产教育纳入到常规的学校教育中,使每一个中国公民从小接受系统的遗产教育,培养保护遗产的意识。具体的遗产教育方式可以有课堂教育、实地考察、专项展示、文化遗产保护日❷专题活动等。除了对普通公众进行遗产教育外,针对非文物部门的其他政府部门机构的各级工作人员(尤其是各部门负责人)以及各级地方政府的最高行政长官的遗产教育,也尤为重要,因为只有政府的各个部门及其工作人员都了解遗产保护的相关知识、理解遗产保护的意义和重要性,才能真正实现与文物部门的通力合作、共同努力,保障遗产事业的顺利发展。总而言之,舆论宣传可以树立正确的舆论导向,遗产教育可以增强公众的遗产保护知识,从而能全面提高公众的遗产保护意识,使全社会形成合力,将遗产保护引向自觉。

2) 建筑遗产权属关系的清晰

建筑遗产的权属关系主要指所有权、使用权和管理权。关于所有权,由于解放后频繁的房屋产权变更,大部分建筑遗产为国家或集体所有。其中一部分建筑遗产被划分得很小,分给不同居民居住或出租,造成这部分建筑遗产所有权的纷繁复杂,有时候单处建筑遗产就有多种产权。所有权的多重性一定程度上也导致了使用权的多重性,加上我国目前的行政管理体系是把建筑遗产作为"资产"进行管理的,建筑遗产的使用权和管理权分属于多个行政部门(如古代宗教建筑归宗教局、宗教协会等宗教部门使用和管理,

---

❶　这一条也没有说明由政府的什么部门来承担这一宣传教育的责任,国家在资金、人力的投入上提供什么样的保障、有什么具体的政策和举措,由什么部门来领导和推进。见林源. 中国建筑遗产保护基础理论研究. 西安建筑科技大学博士论文,2007:119

❷　2005年12月,国务院决定从2006年起,每年6月的第二个星期六为中国的"文化遗产日"。

古代园林归园林局或林业局使用和管理,被命名为风景名胜区的建筑遗产划归建设部管理,利用建筑遗产搞旅游开发时又要接受旅游部门的管理、评定和分级)。所有权的模糊往往使建筑遗产的真正使用者缺乏保护和维修的权利和动力,也经常会诱发使用者的各种机会主义行为和短期行为。管理权的混乱也很难使所有管理工作本着有利于建筑遗产保护这一根本性原则进行。由于不同部门各有各的部门管理规则、章程及标准,这些规则、章程和标准是各部门从自身管理工作内容出发制定的,往往存在着与文物部门法规标准不一致的内容,当部门之间发生行政权力和利益冲突时,结果往往是被行政级别高、实力强的部门所左右。❶

结合上述案例,张再发虽然违法,但其积极性是值得肯定的,其之所以拥有积极性,是因为他是该建筑遗产的所有者和使用者。因此,建筑遗产权属关系的清晰,尤其是所有权的清晰,是实行民众参与的一个基础前提。然而,建筑遗产所有权的清晰并非易事,需要政府的统筹安排,但在实际情况中,政府往往由于协调成本和谈判成本的高昂而不愿碰这块"烫手山芋",即使是2008年颁布实施的《历史文化名城名镇名村保护条例》也没有就文物建筑产权提出具体政策。但工作再难也得做,尤其是建筑遗产产权和使用权的摸清。这方面的工作可考虑在文物普查中纳入,普查中弄清每处建筑遗产的所有者、使用者和管理者及其现有的保护能力,也可考虑由政府统筹开展建筑遗产产权的专项清查工作。在摸清权属关系的基础上,对现有权属关系下的保护对策及将来如何明晰权属关系做进一步的深入专项研究。

3)法规政策的制约和引导

上述案例,建筑遗产的权属关系很清晰,但最后张再发并没有申请到任何维修经费,这里面有着经费不足的原因,但从中也可看出目前建筑遗产保护领域没有明确的权利观念存在,公民个人不享有任何权利,只有维护和保护的义务。《文物保护法》第二十一条规定"国有不可移动文物由使用人负责修缮、保养;非国有不可移动文物由所有人负责修缮、保养。非国有不可移动文物有损毁危险,所有人不具备修缮能力的,当地人民政府应当给予帮助;所有人具备修缮能力而拒不依法履行修缮义务的,县级以上人民政府可以给予抢救修缮,所需费用由所有人负担。"该规定对所有者和使用者的责任和义务进行了规定,但并没有涉及其应享受的权利,即使提到"当地人民政府应当给予帮助",也并没有对怎么帮助、帮助哪些方面做细节上的规定。这样的法律规定往往会导致上述案例中同样情况的发生,即当地政府除了对居民重申法定保护程序外不给予任何实质性的帮助。在这种情况下,建筑遗产往往就会面临两种命运:一种是政府没有保护资金投入,居住其中的居民也无力(无财力、无动力)维护,只能任其破坏;一种是居民视房子为私有财产,在没有任何帮助的情况下进行自行维护,从而对建筑遗产造成破坏(张再发案例即是如此)。

由此可见,实现有效公众参与的一个基础前提是法规政策的明确制约和正确引导。关于法规制约方面,应克服现有保护法规体系重法律、轻规章标准的弱点,注重制定"区分不同遗产类型、针对具体保护工作内容、解决实际问题的详细的、可操作的、又具有理论指导意义的规章和标准"❷,告诉公众不同建筑遗产的不同保护原则并让公众知道怎么样进行正确的保护,指出必须要做的、严格控制的、明令禁止的、违法行为及其处罚等内容;另外也可制定地方性保护指南,对地方建筑遗产保护的施工方法、日常维护方法、保护工程不需要申请和必须申请的方面等做出详细具体的规定。关于政策引导,主要包括制定鼓励公众参与遗产保护的各项优惠政策,如减免税费,低息贷款,政府给予的各种形式的补贴、基金及奖励,可转移的开发权,某些优先权等,相对于法规制约的刚性控制,政策引导的柔性鼓励重在提高公众参与遗产保护的积极性。

4)保护资金保障制度

由上面案例可知,维修费保障的缺失是造成张再发私自修墙的主要原因之一,可见充分的保护资金保

---

❶　林源.中国建筑遗产保护基础理论研究[D].西安:西安建筑科技大学,2007:111-112
❷　林源.中国建筑遗产保护基础理论研究[D].西安:西安建筑科技大学,2007:112

障也是有效实现公众参与的一个重要前提。目前,建筑遗产保护资金的主要来源有政府拨款❶、经营收入❷、自筹资金❸等几个部分,但基本还是以政府财政投入为主。近年来,政府逐年在增加对建筑遗产保护的财政投入,但相对于建筑遗产保护的总体实际需要,政府财政投入还是非常有限的,且政府资金审批程序繁复❹,资金下拨速度极慢。因此,要真正给建筑遗产保护工作提供充分的资金保障,还需要在政府投入方式之外积极探索、寻找利用社会各方面资源与力量的多元化方式,建立起一套集资金筹措、使用与管理为一体的、完善的保护资金保障制度。2002年《文物保护法》第一章第十条中提到:"国家鼓励通过捐赠等方式设立文物保护社会基金,专门用于文物保护",这只是一个大概念,落实到资金如何筹措、怎么使用、由谁来管理以及相应的监督审查办法等都需要具体细节上的规定。关于资金筹措,可以考虑通过银行贷款、个人和企事业单位或社会团体捐赠(社会融资)、私人投资、发行文化遗产保护公益彩票、世界遗产基金会及其他国际资源等多种途径❺。关于资金使用,可以用于某一项具体保护工程(尤其是用于那些急需保护的国保省保之外的建筑遗产的保护工程),也可以用于资助保护专业技术人员培训、保护类书籍出版、遗产保护宣传活动和针对公众的教育活动等需定期进行的多种保护活动。值得注意的是,"保护资金的使用不应该只局限在保护好保护对象本体的层次上,而应该关注整体的社会效应,因为保护文化遗产的最终目的是要促进社会的发展、促进文化与传统的继承与发扬、提高文化遗产所在地居民的生活品质、保持文化遗产所在地的地区活力,保护资金的投入要为这个目标服务;如果保护资金的使用能够产生这样的效益,才会吸引更多的社会投资,也才会激励政府进行更多的财政投入,这样才能使保护资金的使用进入到良性循环的运作状态中"❻。关于资金管理,可以成立专门的遗产保护基金会负责保护资金的管理工作,保证保护资金能真正用于遗产保护,而不是被挪为他用或者用于以保护为名义的建设开发活动,在对保护基金进行分配时,可基于经费预算并根据建筑遗产的保护价值和危急程度来统筹安排。另外,可以考虑在条件允许的情况下,专门制定遗产保护资金筹措、使用和管理的法规或法规性文件,以促进保护资金保障制度的正规化。❼

除了以上这几个方面,遗产保护信息的公开化也是实现公众参与的基础前提。目前,遗产保护的知识和信息多数只在专业领域、学术圈子内流通,比如,各项研究成果(如传统工艺、材料损毁等方面),各项保护工程实施方案(如保护规划的编制和实施等),保护管理工作的阶段性成果(如文物普查结果等)等。对于那些不涉及国家机密的知识信息应该面向公众公开,可以通过媒体报告、书籍出版、网络共享等多种途径实行,只有公众能够随时充分了解遗产保护相关的信息,才能有效参与遗产保护相关的工作。

---

❶　中华人民共和国文物保护法(2002)第一章第十条规定了"县级以上人民政府应当将文物保护事业纳入本级国民经济和社会发展规划,所需经费列入本级财政预算。国家用于文物保护的财政拨款随着财政收入增长而增加。"

❷　指文物保护单位因旅游、参观而产生的门票收入及其他相关的经营性收入。现在一些公众知名度高、社会影响力大的文物保护单位,每年因旅游带来的门票收入及相关的服务、工艺品制作出售等经营性收入都相当可观。对于很多文物保护单位来说,这已经成为获取保护资金、提高工作人员待遇、改善管理办公条件的重要途径。

❸　有一些文物保护单位是由自己来负担日常保护与管理费用的,以宗教性质的文物保护单位为多,还有为企事业单位所有的文物保护单位。

❹　国家财政对历史文化遗产保护专项资金每年审批一次,省级财政部门和文物管理部门是国家专项补助经费的申请部门,具体项目的申请单位申请国家专项补助经费时,均须逐级上报申请部门,申请部门审核后,联合向财政部和国家文物局提出申请。申请部门须于每年10月31日前,将申请下一年度国家专项补助经费项目的《国家专项补助经费申报书》、《国家专项补助经费申报汇总表》和申请报告同时报送财政部和国家文物局。所有申请项目的总体方案、内容及预算应事先由省文物管理部门报经国家文物局批复同意,财政部和国家文物局共同对申请国家专项补助经费的项目进行排查、审核后,确定补助数额并予以批复。历史文化名城保护专项资金的申报项目由省(自治区)计委、财政厅(局)、建委(建设厅)、文物局联合上报国家发展计划委员会、财政部、建设部、国家文物局。其中属于基本建设项目的资金,由国家发展计划委员会负责审批;属于维修项目的资金,由财政部负责审批。各级计委、财政部门负责对专项资金的使用进行监督检查。各级建设部门和文物部门负责监督工程的实施和验收。县博物馆由于没有行政权不能直接向县政府申请文物保护单位专项保护资金,必须由县文化广电新闻出版局向县政府提出申请,需要县长、县政府主管领导以及主管财政副县长签字,由县政府批复,行政关卡多,效率很低。

❺　罗瑜斌.珠三角历史文化村镇保护的现实困境与对策[D].广州:华南理工大学,2010:238-242

❻　林源.中国建筑遗产保护基础理论研究[D].西安:西安建筑科技大学,2007:126

❼　林源.中国建筑遗产保护基础理论研究[D].西安:西安建筑科技大学,2007:123-126

8.2.3 公众参与的途径

张再发事件反映了现有行政管理体系下公众参与遗产保护的机会是极其有限的,案件中张再发有着很大的参与积极性,却因为没有合适完善的可行途径而只能自己修墙,从而导致违法,这就让我们思考:自己修墙这种途径行不通的话,又有哪些可行的公众参与途径? 以下从民间保护组织和个人直接参与这两个方面展开相关讨论。

1) 民间保护组织

非政府性质的民间保护组织是公众参与遗产保护的重要途径。关于民间保护组织,2002 年《文物保护法》中并未提及,这从一个侧面说明了在很多其他国家的文化遗产保护中起着不可替代的重要作用的民间保护组织在我国还没有受到足够的重视。即使是国际遗产保护界很有影响力的非政府组织 ICOMOS,到了中国也变成了政府附属的一个机构,从一个侧面也反映了现有行政管理体制下民间保护组织的施展空间极其有限或几乎为零。然而,从遗产保护运动自身的发展趋势来看,最终的理想状态应该是广大公众成为保护工作的真正主体,政府转而充当组织者、协调者。而且随着建筑遗产数量的积聚增长,官方保护组织早已不堪重负,民间保护组织已经箭在弦上。

就目前我国遗产保护事业发展的状况来看,民间保护组织能够发挥的主要作用和能够承担的具体工作可以包括以下几个方面:(1)遗产保护工作的监督——对政府的遗产保护工作进行舆论监督,减少或避免政府有关部门因工作失误、或是因协调各方利益关系而妥协、折中时对文化遗产造成的损害及不利影响,同时,对可能涉及文化遗产保护的各类规划、设计、工程项目进行监督。(2)遗产保护的专业咨询和指导——为民间及政府在遗产保护工作中遇到的各种问题给以解答,为具体的保护操作提供专业技术方面的指导与协助。(3)建筑遗产的调查和研究——保护组织可以利用自己的群众基础优势,进行地区性建筑遗产的调查工作与相关文献资料的收集、整理工作,并组织有专业知识的会员开展一些研究工作,比如地方工艺技术研究、传统建筑材料及施工方法研究、地方遗产保护的公众参与研究(包括对公众参与保护的意义、途径和形式,如何与政府相关部门共同协作,如何对政府决策实施监督等方面的研究)等。(4)遗产保护的宣传教育——协助政府完成基层的遗产保护的宣传教育工作,面向公众进行科普性质的遗产保护的知识教育与宣传,鼓励社会各界对保护事业进行捐赠,吸引广大公众加入保护组织。(5)建筑遗产保护专业知识和技能培训——主要针对本组织的会员、民间从事古建筑施工与维修的工匠以及建筑遗产的产权人或所有人等进行培训:会员培训定期举行,旨在使之具备遗产保护的专业知识,熟悉国家有关遗产保护的政策、法规,了解国内外遗产保护的发展状况。针对民间从事保护行业的工匠的培训工作,一方面是针对从业的工程技术人员的,目的是为了提高他们的专业理论水平,帮助他们熟悉了解新的保护工程技术,并借助培训使他们能够相互交流、切磋技艺,将他们丰富的实践经验加以总结、整理,系统化地保留传统工艺和做法,充实到保护技术中去;另一方面是培养新的使用传统工艺和传统材料、专门从事古建筑维修的工匠及制造、生产保护工程所需的传统材料的工匠。针对建筑遗产产权人的培训是为了使那些建筑遗产的所有者,包括使用者具备遗产保护的知识,了解相关法规政策,能够对所拥有的或使用的建筑遗产进行日常的维护与管理。(6)非文物类建筑遗产的保护管理——对于那些尚未列入指定或登录文物的、没有条件成立专门的保护机构的建筑遗产可以由保护组织承担起日常的保护管理工作❶。(7)奖励突出保护贡献人士,资助保护人才培养和保护工程——设立专项的奖励基金用于奖励对文物保护事业做出贡献的各界人士,资助保护人才的培养以及资助保护工程和各种保护活动等。

结合我国的地域特色、文化传统及行政管理体制现状等多方面因素进行分析,适用于我国遗产保护的民间保护组织的形式可以有以下几种:(1)专类性建筑遗产的专业保护组织,即"致力于某一种类型的建筑遗产,或者某一个历史时期的建筑遗产,或者某一个地区的建筑遗产,或者某一个历史时期的某一种类型的建筑遗产的保护,从而区别出不同类型的保护组织,比如民居保护协会、宋代建筑遗产保护协会、乡土建

---

❶ 林源.中国建筑遗产保护基础理论研究[D]. 西安:西安建筑科技大学,2007:184-186

筑保护研究组织、唐塔保护研究小组等"❶,这样的保护组织便于突出工作重点,也便于达到较高的专业水准,其组成会员一般以相关领域的专家、爱好者为主。(2)由传统宗族组织发展而成的民间保护组织。传统宗族组织往往由同一宗族中各地的德高望重的人组成,主要负责修订族谱、联络分散在各地的族众、安排祭祖活动等。现今也有些宗族组织开始关注宗族墓群、祭祀建筑等与宗族相关的建筑遗产的保护工作,如重庆的蹇氏宗亲会和蹇氏研究会积极参与了重庆天官坟的保护工作❷。通过参与文化遗产的保护,家族问题变成了更具有普遍意义的公共问题,家族文化的维护转变成对公共价值的维护,宗族组织由此转化为现代化和公开化的民间组织,这值得建筑遗产保护界关注和进一步提倡,因为这些宗族组织有着共同的文化价值认识和比较稳定的资金来源(族众捐资),这些对建筑遗产保护很重要的基础条件不是其他普通民间组织所能有的。(3)村委会、居委会和街道办事处这些最基层组织可作为遗产保护最重要的监督员。这些组织能够深入了解所在地建筑遗产及其居民的具体情况,如建筑质量、居住条件、居民家庭构成、生活需要、改造意愿等。这些组织负责遗产保护的日常宣传、检查和监督工作,更易得到居民的支持和理解,也会有效地提高保护项目实施的效率。(4)遗产所在地保护意识较强的部分居民成立的类似居民合作社的组织。这类组织可成为社区与政府部门沟通的渠道(如产生社区的共同意见和社区代表,后者可以作为长期固定的"公众监督评议员"向规划部门反映群众意见,直接为决策过程提供咨询意见,协助制定和修改保护规划等),也可承担部分宣传和监督工作。对当地居民来说,身边的邻居和朋友更有说服力,从而更利于相关保护工作的开展。❸ (5)由热爱历史文化和致力于遗产保护的知名人士成立的民间团体、慈善机构、基金会等,如阮仪三城市遗产保护基金会、冯骥才民间文化基金会等,这些组织多半由一些保护专家或知名文化人士组成,他们通过个人的社会影响和活动能力来筹措保护资金和进行社会宣传,以扩大遗产保护在社会各阶层的影响,这些组织由于具备更强的专业性和保护意识,可以更多地参与制定法律和社会管理。(6)网络虚拟民间组织。是以网络为交流平台形成的纯民间遗产保护群体,他们为保护特定的文化遗产而组成,虽然形式松散、规模小,但是在传统传媒"失灵"的时候,民间文化遗产保护者在网络空间所做的努力,成为更为强大的、利益群体无法封锁的保护力量,如"重庆老罗"的网络自组织在促进保护重庆刘湘公馆中起到了重要作用❹。(7)其他草根组织。这类组织多由民间微不足道的小人物依靠家庭、亲人、朋友及乡邻的支持形成,它们对保护那些尚未被重视的文化遗产的作用很大,如草根组织"王草药"在保护我

❶ 林源.中国建筑遗产保护基础理论研究[D]. 西安:西安建筑科技大学,2007:185

❷ 见蹇彪. 快速城市化时期的文化遗产保护管理研究——以重庆市为例[D]. 重庆:重庆大学,2009: 35-36:蹇氏宗亲会是一个传统的宗族组织。在天官坟的保护中,它起到了重要的不容否认的推动和促进作用。蹇氏宗亲会成立于1984年,全名"蹇氏同宗共治委员会",委员会成员为分散在各地的德高望重的族人,其主要职能仅限于修订族谱、联络蹇氏分散在各地的族众。2008年,蹇氏同宗会进行了"改组",改组的重要目的之一就是为了更好地保护天官坟。同年6月和2009年清明节举行的有数百人参与的祭祖活动中举行的捐资活动,族众捐出的资金成为同宗会运行的经济基础,并成立了互助基金。在天官坟的保护中,蹇氏宗亲会努力地和政府、媒体、研究机构进行协调、沟通,成为这一明代文化遗存保护的中坚力量。在蹇氏宗亲会的努力下,又成立了蹇氏研究会,它是在保护天官坟的过程中诞生的另一个重要的组织,它旨在动员国内国际相关力量,通过研究蹇义、蹇氏墓群以及相关历史文化遗产,以填补明史研究的一些空白,以此来推动相关历史文化遗产,尤其是天官坟和天官府的保护。蹇氏研究会广泛地吸纳了社会人士参与,研究会成员包括政府机构官员、文物考古专家、国内和国外大学教授、其他研究机构工作人员以及部分蹇氏族人。通过一年的努力,研究会初步对天官坟的价值进行了评估,并在2009年2月向重庆市委、市政府等相关部门提交了《重庆市北部新区御赐蹇义天官坟蹇氏坟山被埋、被毁、被盗事件紧急报告》(以下简称"紧急报告"),紧急报告中,陈述了蹇义天官坟的历史文化价值,也指出"在短视的经济利益和重商主义大潮的冲击下,某些基层部门不重视历史文化的遗存,对文物保护漠然不力,造成文物屡遭捣毁和盗窃的厄运","重庆有些管理部门、相关人士、利益关系者和施工单位依然置若罔闻,对以前做出'冻结保护'的承诺,言而无信","强烈呼吁有关领导和部门、文物考古所和专家学者、公众媒体共同关注和干预,保护好北部新区的珍贵历史文化遗存"。研究会的报告引起了重庆市政府的重视,在2009年4月做出的回复中,重庆市政府指出,蹇义天官坟是"重庆具有重大价值的历史文化遗产",将本着"既要有利于经济建设,也要有利于文物保护"的原则,坚持在有效保护重点文物的前提下,进行经济建设,使经济建设、社会发展与文物保护和谐互动……将按照市委、市政府的统一要求,会同市规划局正在编制《两江四岸滨江地带北部新区段城市设计》方案,在规划中将充分考虑文物的保护和开发。

❸ 陈蔚.我国建筑遗产保护理论和方法研究[D]. 重庆:重庆大学,2006: 227-228

❹ "重庆老罗"是"重庆生活网"网站的经营者罗渝的网名,它在刘湘公馆的保护过程中出现,并迅速发展成为重庆民间保护文化遗产的一个群体。他们是一群文史爱好者,他们以网络为交流平台,形成了一个松散的纯民间文物古迹保护群体,最终成为一批坚定的文物古迹保护者,在媒体的报道中,"重庆老罗"成为这一群体的代称。在刘湘公馆的保护过程中,它以网络作为主要阵地,为保护刘湘公馆而呼吁,并发起了网上征集签名活动,在保护失败后,又强烈地谴责开发商,发起了抵制开发商的活动,对政府的作为提出了质疑。随后,又建起了"记忆之城"论坛,开始了对重庆文化遗产保护的普遍关注。

国现存保存最完整、最大的汉阙中起到了非常重要的作用❶。

　　民间保护组织工作能够顺利而有效地开展,离不开保护组织自身的科学管理制度、充足的资金支持以及政府的支持和肯定。(1)关于自身的科学管理制度。民间保护组织需要少量的专职工作人员和大量的会员及志愿者:专职工作人员处理组织的日常事务以保证正常运转,大部分的工作和组织活动由会员及志愿者承担,这样可以降低工作成本。"为了既体现保护组织的民间性质,也满足了保护组织开展专业性活动的要求,民间组织的会员组成应该包括专业性会员、基本会员(一般会员)、特别会员三个基本部分:基本会员是保护组织构成的基础和核心,在组织中占大多数,不限年龄、职业,只要是热心于文化遗产保护事业并且愿意付出实际行动的人都可以成为保护组织的基本会员,这是保护组织群众性、广泛性、开放性的体现;专业性会员是指从事文物保护工作以及文物保护相关领域工作的专业技术人员,作为具备一定理论水平、达到相当知识层次的专业性组织,所承担的宣传、教育、培训、监督与促进立法、咨询指导、调查研究等工作均需要有文物保护的专业理论知识与实践经验作为基础和依托,所以文物保护专业以及相关专业的专家、学者及工程技术人员是保护组织不可缺少的组成部分,是保护组织专业性的体现;特别会员主要是指仍在居住着、使用着建筑遗产的产权人或使用者等与建筑遗产有直接利益关系的,以及不便归入前两种情况的会员。""这样区分会员类型是为了更广泛、更灵活地吸纳广大公众加入保护组织,同时也便于管理与开展会员活动。"(2)保护组织要开展工作必须要有资金支持。保护组织的经费来源主要有政府补贴、社会捐赠和会员会费:政府可以根据财政状况及保护组织的工作内容给予一定的经费(比如可以为保护组织主办的培训、宣传、教育等活动项目提供经费),但是主要的经费来源应是社会的志愿捐赠(这是由保护组织的民间性、非政府性所决定的,这使保护组织能够作为一种独立的社会力量介入文物保护事业),"保护组织应设立专门的部门负责接受和管理、使用来自社会各界包括组织自己的成员的各种捐赠(包括捐款、房屋等不动产、书籍资料、仪器设备及专利发明等),社会捐赠的大部分用于建立社会保护基金,保护组织可根据使用目的的不同、使用方式的不同建立规模不等、形式多样的保护基金,以便灵活地、及时地为各种保护活动提供资助";会员根据自身的不同类型交纳数额不同的会费,会员会费主要是用作保护组织正常运作的基础经费,多余的部分加入到保护基金中。(3)"保护组织虽然是属于非政府性质,但是要顺利地发展壮大还是需要有政府的支持与肯定。政府对保护组织的经费支持只是一个方面,重要的是使保护组织能够真正参与到保护工作当中,使保护组织在一定程度上介入文化遗产保护的法定工作程序,使征询保护组织意见成为实际的保护操作中一个必经步骤,并参与某些保护工作的决策。比如可以规定:文保单位的申请、审批及获准后的保护管理等环节都需要有保护组织的参与,对建筑遗产的维修、重修、改建、拆除等工程都需有保护组织的意见作为依据之一,所有涉及建筑遗产的新建工程项目还必须征得保护组织的同意方可实施等。保护组织只有成为保护工作的法定程序中的一环,才能发挥其应有的作用。"❷前文介绍的欧洲Monumentenwacht组织能够成功实施,很大一部分原因就是它所给的维护意见报告书能够直接帮助建筑遗产所有者或使用者在进行建筑遗产维护时获得政府补贴。

2) 个人直接参与

　　除了民间保护组织,公众参与的另一个主要途径就是个人直接参与,虽然个人力量相对薄弱,但有时候能更灵活、更及时地进行参与。上述案例中的张再发修墙即是个人直接参与,但其因参与不当构成违法被拘捕,从中可以看出,并不是所有的保护工作都能由个人直接参与的。就目前的遗产保护现状来看,个人能够直接参与的遗产保护工作主要包括:建筑遗产的调查,建筑遗产的专项研究(如历史文化价值研究等方面),保护规划的部分参与(包括编制前的民意调查、编制完成后的意见反馈和保护规划的实施监督等),建筑遗产的日常维护管理(主要针对建筑遗产的使用者和所有者),建筑遗产破坏行为的监督和举报,

---

❶　2009年2月10日,中央电视台《人与社会》栏目播出了节目《乌杨镇的意外发现》,讲述了重庆忠县一个农民保护我国现存保存最完整、最大的汉阙的故事,真名王洪祥的"王草药"走进了人们的视野。事实上,"王草药"不是文化遗产保护的一个个体,因为家庭和亲人以及乡邻的支持,它成为以"王草药"为核心的一个民间组织,他们在1997年就开始了对汉阙的保护行动,在付出了多年的艰辛努力之后,最终完成了对珍贵文化遗产保护的有效保护。现在,乌杨阙被保存在重庆三峡博物馆中,成为镇馆之宝。

❷　林源. 中国建筑遗产保护基础理论研究[D]. 西安:西安建筑科技大学,2007:187-188

筹集保护资金等。个人直接参与的方式可以有:实地调查,文献收集,专项研究,就保护规划等保护工作发表意见、自己对房子的日常维护或邀请当地工匠进行日常维护,给政府保护机构或民间保护组织或新闻媒体写信、打电话举报遗产破坏活动,通过微博、论坛等网络工具及时跟踪报道保护工程实施及遗产破坏活动,在政府的诸多部门、相关开发商或企业及保护专家之间奔走、请求和协商(或通过新闻媒体、网络平台进行呼吁或请求帮助)以挽救某些濒危或正遭破坏的建筑遗产,个人捐款,投资遗产保护,购买遗产保护公益彩票等。

无论是民间保护组织还是个人直接参与,要成功参与遗产保护工作都需要有完备的制度和畅通透明的渠道,使公众有机会向保护决策者表达自己的意见、看法和要求。

9 结　语

　　写作之初,曾经自问:本书需要解决哪些问题? 在有限的时间、精力以及能力范围内又能解决哪些问题? 很明显,"建筑遗产的预防性保护是什么?"以及"建筑遗产的预防性保护作为一个外来概念如何在中国现有保护体制下实现可行性应用?"这两个问题最为关键,也是本书要尽力解决的问题所在。

　　关于前一个问题,国外已有不少学者从不同的角度对建筑遗产的预防性保护进行了界定,但大多数都是从应用实践角度出发的。然而,要真正理解建筑遗产的预防性保护,则需要了解其最初出现的社会历史背景以及后期的发展脉络,而这些方面的研究却几乎无人涉及。因此,本书首先从预防性保护的出现谈起,分析了预防性保护的发展脉络,并结合西方建筑遗产保护史谈了预防性保护得以出现及其后期发展的历史缘由,可以说,这些方面的探讨是对当今国际预防性保护研究的一个贡献。

　　关于后一个问题,虽然目前国内还处于建筑遗产保护的初始阶段,还缺乏预防性保护能够成功实施的两大基础——详尽深入的基础性工作和广泛的公众参与基础,但是面对自然灾害破坏、建筑遗产自身损毁等问题日益严重的情况,现有的以抢救性保护为主的保护模式已经无力应对,而预防性保护提供了一种新的解决途径,因此,需要结合现有国情对预防性保护的可行性应用进行探讨。本书首先探讨了建筑遗产的灾害预防的有效途径和方法,分析了如何基于病害分析开展建筑遗产的监测和日常维护工作,并结合现有保护体制对实现预防性保护的一些基础性管理工作重点进行了相关说明,可以说,这些方面的探讨为当前建筑遗产保护提供了一种新思路,也是对国内预防性保护应用性研究的一个贡献。

　　除了以上这两个方面,本书还尝试构建了建筑遗产的预防性保护的框架并对其组成内容进行了说明,这部分内容可作为对"建筑遗产的预防性保护是什么?"这个问题的进一步阐释;本书也尝试对古今中外与预防性保护相关的实践进行了梳理,这部分内容可算是对预防性保护研究的现有基础资料的一个补充。

　　由于时间和能力有限,本书还存在有很多不足,主要体现在以下几个方面:(1)本书指出建筑遗产的预防性保护强调价值评估与风险评估并重的评估模式,但书中只对建筑遗产的风险评估进行了说明,并没有就价值评估与风险评估之间如何互动和制约进行分析说明,即没有就"如何基于价值认识进行风险评估?"以及"如何基于风险认识进行价值评估?"进行对应说明,这方面内容的缺失也导致了对建筑遗产存在风险的认识还仅限于结构和材料方面,而缺乏对遗产价值方面(尤其是无形的精神遗产)存在的风险因素的认识及其相应的风险预防措施的讨论,这本来可作为中国之预防性保护的一大特色之处,却没有深度挖掘,这是本书的遗憾之一。(2)本书在探讨建筑遗产的灾害预防时,本是想基于 GIS 技术进行讨论,无奈手头资料有限且无法满足 GIS 对基础资料的要求,只能舍弃 GIS,而只采用传统的图片叠置方法进行分析,导致叠置后的灾害区划图存在一定误差,也导致对灾害预防对策之防灾规划的探讨只限于战略层面而无深入内容,这是本书的遗憾之二。(3)由于国内的建筑遗产的病害分类工作还处于起步阶段,本书在探讨如何基于建筑遗产的病害分析开展监测和日常维护时,所基于的关于建筑遗产的病害类型、病害原因及其表现形式等基础资料大多数都是国外砖构建筑遗产的现有研究成果,而没有对国内(以木材和砖砌体为主要材料的)建筑遗产的病害进行专门分析,这是本书的遗憾之三。(4)本书缺乏对现今国内保护性破坏的预防措施的探讨,缺乏对现今保护体制下如何构建预防文化的探讨,文章最后虽有公众参与方面的相关探讨,但所作探讨并没有专门针对预防性保护,这是本书的遗憾之四。这些不足之处,期待能在将来的研究工作中能够弥补。

　　建筑遗产的预防性保护作为一个新课题,路漫漫其修远兮,吾将上下而求索,本文愿做引玉之粗砖,以浅陋之篇引来金玉之言。

参考文献

期刊中析出文献

[1] AACCARDO G, GIANI E, GIOVAGNOLI A. The risk map of Italian cultural heritage [J]. Journal of Architectural Conservation, 2003,9(2): 41-57

[2] CASSAR M. Preventive conservation and building maintenance [J]. Museum Management and Curatorship, 1994(1): 39-47

[3] MAGDALENA K. A strategy for preventive conservation training [J]. Museum International, 1999(1): 7-10

[4] ELÉNORE K. The restorer: key player in preventive conservation [J]. Museum International, 1999(1): 33-39

[5] STEFAN M. Looking ahead to future challenge [J]. CCI Newsletter, 2002(30)

[6] CARMONA N, VILLEGAS M A, NAVARRO J M F. Optical sensors for evaluating environmental acidity in the preventive conservation of historical objects [J]. Sensors and Actuators A-Physical, 2004, 116(3): 398-404

[7] CARMONA N, GARCIA-HERAS M, HERRERO E. Improvement of glassy sol-gel sensors for preventive conservation of historical materials against acidity [J]. Boletín de la Sociedad Española de Cerámica y Vidrio, 2007, 46 (4): 213-217

[8] SCHEFFER T C. A climate index for estimating potential for decay in wood structures above ground [J]. Forest Products Journal, 1970,2(1): 10-25

[9] CHEN K S, CRAWFORD M M, GAMBA P, et al. Introduction for thespecial issue on remote sensing for major disaster prevention, monitoring, and assessment [J]. Geoscience and Remote Sensing, 2007, 45(6): 1515-1518

[10] ARIAS P, HERRAEZ J, LORENZO H. Control of structural problems in cultural heritage monuments using close-range photogrammetry and computer methods [J]. Computers & Structures, 2005, 83(21-22): 1754-1766

[11] LEVIN J. Preventive conservation[J]. GCI Newsletter, 1992, 7(1) :

[12] DARDES K, DRUZIK J. Managing theenvironment: an update on preventive conservation [J]. GCI Newsletter, 2000,15(2): 4-9

[13] DARDES K. Preventive conservation courses[J]. GCI Newsletter, 1995,10(3): 4-5

[14] DARDES K. Preventive conservation: a discussion [J]. GCI Newsletter, 2000,15(2): 5-6

[15] DE GUICHEN G. Preventive conservation: a mere fad or far-reaching change? [J]. Museum International, 1999,51(1): 25-30

[16] KISSEL E. The restorer: key player in preventive conservation [J]. Museum International, 1999, 51(1): 33-39

[17] Bonnette M. Monitoring: some ideas about the concept [J]. ICOMOS Canada Bulletins, 1995,

4(3)：15-17

[18] NORBERG P. Monitoring wood moisture content using the WETCORR method part 1 [J]. European Journal of Wood and Wood Products, 1999, 57(6)：448-453

[19] NORBERG P. Monitoring wood moisture content using the WETCORR method part 2 [J]. European Journal of Wood and Wood Products, 2000, 58(3)：129-134

[20] BACHOUR B, DONG W. A new method in urban planning based on GIS technology conservation and rehabilitation analysis of Xijin Ferry District in Zhenjiang [J]. Journal of Southeast University(English Edition), 2003, 18(2)：141-147

[21] 荣芳杰,傅朝卿.世界文化遗产的监测机制对文化遗产经营管理的影响与启示[J].台湾建筑学报,2009,67(3)：57-80

[22] 吴美萍,朱光亚.建筑遗产的预防性保护研究初探[J].建筑学报,2010(6)：37-39

[23] 萨尔瓦托莱·罗鲁索,罗艺蓉,编译.书籍遗产领域的预防性保护措施[J].中国文物科学研究,2006(2)：83-89

[24] 蔡雪玲.试谈古籍保护中预防性保护工作的重要性[J].古籍研究与古籍工作,2008,29(1)：53-55

[25] READ F,罗晓东.光照对文物的影响以及预防性保护[J].艺术市场,2009(6)：56-59

[26] 詹长法.预防性保护问题面面观[J].国际博物馆(中文版),2009(3)：96-99

[27] 吴美萍.文物古迹损毁诊断系统——欧洲建筑遗产保护技术软件 MDDS 的介绍[J].文物保护工程,2010(02)：31-36

[28] 吴庆洲.两广建筑避水灾之调查研究[J].华南理工大学学报(自然科学学报),1983(2)：127-141

[29] 肖大威.中国古代建筑发展动力新说(一)——论防水与古代建筑形式的关系[J].新建筑,1987(4)：67-69

[30] 肖大威.中国古代建筑发展动力新说(二)——论防火与古代建筑形式的关系[J].新建筑,1988(1)：61-64

[31] 肖大威.中国古代建筑发展动力新说(三)——论防震与古代建筑形式的关系[J].新建筑,1988(2)：72-76

[32] 肖大威.中国古代建筑发展动力新说(四)——论防风与古代建筑形式的关系[J].新建筑,1988(3)：68-71

[33] 王文焰,张建丰.窑洞民居减渗防塌对策的研究(提要)[J].灾害学,1992(2)：94-96

[34] 王继唐.窑洞民居防灾[J].灾害学,1993(1)：86-90

[35] 石玉成.石窟防震减灾与文物保护[J].灾害学,1998(4)：90-94

[36] 常祖峰.爆破对潞简王陵古建筑群的震害影响[J].灾害学,2001(2)：49-52

[37] 罗茂兴.古文物建筑的雷电灾害防护[J].广西气象,2003(2)：33-35

[38] 金磊.古建筑保护中的防灾减灾问题综论[J].灾害学,1997(4)：59-64

[39] 金磊.城市建筑文化遗产保护与防灾减灾[J].中国文物科学研究,2007(2)：44-48

[40] 金磊.古建筑文化遗产保护呼唤防灾减灾[J].规划师,2007(5)：86-87

[41] 路杨,吕冰,等.木构文物建筑保护监测系统的设计与实施[J].河南大学学报.2009,39(3)：327-330

[42] 金磊.古建筑文化遗产保护呼唤防灾减灾[J].规划师,2007(5)：86-87

[43] 李宁,苏经宇,郭小东,等.文化遗产防灾减灾对策研究[J].中国文物科学研究,2009(4),47-49

[44] 陈蔚,胡斌.建筑遗产保护中的前期调查与评估策略[J].新建筑,2009(2)

[45] 王娟,杨娜,杨庆山.适用于遗产建筑的结构健康监测系统[J].北京交通大学学报,2010,34(1)

[46] 马炳坚.中国古建筑的构造特点、损毁规律及保护修缮方法(上)[J].古建园林技术,2006(3)：57-62

[47] 马炳坚. 中国古建筑的构造特点、损毁规律及保护修缮方法（下）[J]. 古建园林技术, 2006（4）：52-55

[48] 张金凤. 石质文物病害机理研究[J]. 文物保护与考古科学, 2008, 20（2）

[49] 臧春雨. 三维激光扫描技术在文保研究中的应用[J]. 建筑学报, 2006（12）

[50] 倪尔华. 古代砖塔勘察测绘技术[J]. 古建园林技术, 2000（1）：22-24

[51] 吴葱, 梁哲. 建筑遗产测绘记录中的信息管理问题[J]. 建筑学报, 2007（5）

[52] 马涛, 和玲, SIMON S. 超声波技术在大佛寺石窟石质保护中的应用[J]. 文物保护与考古科学, 1997, 9（2）

[53] 孙红梅. 文物建筑勘察工作中遇到的问题与思考[J]. 古建园林技术, 2005（2）：37-40

[54] 关野贞. 日本古代建筑物之保存[J]. 中国营造学社专刊, 1932, 3（2）：101-123

[55] 聂焱如. 从修火宪到《治浙成规》——中国古代消防系列之二：治火管理[J]. 现代职业安全, 2006（9）

[56] 王永宏. 纵观我国古代消防法规[J]. 安徽消防, 1998（3）

[57] 聂焱如. 从储正徒到水会局——中国古代消防系列之一：治火组织[J]. 现代职业安全, 2006（8）

[58] 丁显孔. 中国古代消防科学技术概况[J]. 消防技术与产品信息, 2008（10）

[59] 张鹏程, 赵鸿铁, 薛建阳, 等. 中国古建筑的防震思想[J]. 世界地震工程, 2001, 17（4）

[60] 陈杰. 中国古建筑抗震机理研究[J]. 山西建筑, 2007, 33（6）

[61] 高庆龙, 李嘉华. 对中国传统建筑防火意识的继承与应用[J]. 四川建筑, 2003（8）

[62] 周允基, 刘凤云. 清代房屋建筑的防火概况及研究[J]. 河南大学学报（社会科学版）, 2000, 40（6）：48-51

[63] 吴庆洲. 中国古城防洪的历史经验与借鉴[J]. 城市规划, 2002（5）：76-84

[64] 金易. 宫女谈往录[J]. 紫禁城, 1986（2）

[65] 陆法同, 张秉伦. 中国古代宫殿、寺庙火灾与消防的初步研究[J]. 火灾科学, 1995, 4（1）：57-62

[66] 喻学才. 中国建筑遗产保护传统的研究[J]. 华中建筑, 2008（2）：26-30

[67] 王运良. 关于文保单位"四有工作"历史渊源及现状之管见[J]. 中国文物科学研究, 2008（3）：13-17

[68] 杜仙洲. 古建工程质量第一[J]. 古建园林技术, 2002（2）：44

[69] 马炳坚. 谈谈文物古建筑的保护修缮[J]. 古建园林技术, 2002（4）：58-64

[70] 刘大可. 古建筑屋面施工漏雨原因分析与对策[J]. 古建园林技术, 1998（1）：3-6

[71] 刘大可. 古建挖石工程常见质量通病及其防治[J]. 古建园林技术, 2002（2）：16-22

[72] 付清远. 文物保护中一项应该引起重视的工作——文物建筑遗存价值的界定和传统建筑材料再生产的规范[J]. 古建园林技术, 2000（1）：59-60

[73] 陶孝铃. 从北京鼓楼的自动化消防工程谈古建消防[J]. 古建园林技术, 2000（2）：59-61

[74] 罗哲文. 关于建立有东方建筑特色的文物建筑保护维修理论与实践科学体系的意见[J]. 古建园林技术, 2001（2）：31-35

[75] 王丽娟, 马立军. 浅议文物古建筑修缮的阶段验收[J]. 古建园林技术, 2001（2）：40-41

[76] 孟繁兴, 张畅耕. 应县木塔维修加固的历史经验[J]. 古建园林技术, 2001（4）：29-33

[77] 袁健力. 现代测试技术在古建筑保护中的作用[J]. 古建园林技术, 2002（2）：45-49

[78] 潘连生. 从古建修缮行业的特点推论古建队伍的定位与发展[J]. 古建园林技术, 2002（4）：62-64

[79] 李引擎. 建立防灾系统确保城市理性发展[J]. 建筑学报, 2008（7）

[80] 严新明, 童星. 江苏省自然灾害风险管理研究[J]. 江南大学学报（人文社会科学版）, 2006, 5（5）：26-31

[81] 谢兴楠. 江苏地质灾害特征、成因及防治建议[J]. 地质学刊, 2009, 33（2）：154-159

[82] 王秀英, 聂高众, 王登伟. 汶川地震诱发滑坡与地震动峰值加速度对应关系研究[J]. 岩石力学与工

程学报,2010,29(1)

[83] 吴孝祥.江苏省主要气象灾害概况及其时空分布[J].气象科学,1996,16(3):291-297

[84] 许遐祯,潘文卓,缪启龙.江苏省龙卷风灾害易损性分析[J].气象科学,2010,30(2):208-213

[85] 许遐祯,潘文卓,缪启龙.江苏省龙卷风灾害风险评价模型研究[J].大气科学学报,2009,32(6):
792-797

[86] 肖卉,姜爱军,沈瑱,等.江苏省最大日降水量时空分布特征及其统计拟合[J].气象科学,2006(4)

[87] 赵燕生.江苏省冰雹天气气候分析[J].气象科学,1982(1):140-146

[88] 陆应昶,胡晓抒,赵金扣,等.江苏省肺癌死亡和大气污染情况地理信息系统的相关性[J].中国肿瘤,2003,12(7)

[89] 韩敏,王体健,许瑞林.江苏省大气污染和酸雨的现状及预测[J].污染防治技术,2003,16(2):19

[90] 姜勇,沈红军.江苏省酸雨形势与污染状况分析[J].江苏环境科技,2006,19(1)

[91] 金浩波,司蔚.江苏省酸雨污染现状及趋势分析[J].江苏环境科技,2000,13(4):22-23

[92] 杨亚弟,杜景林,李桂荣.古建筑震害特性分析[J].世界地震工程.2009(3):12-16

[93] 谢启芳,薛建阳,赵鸿铁.汶川地震中古建筑的震害调查与启示[J].建筑结构学报(增刊2):18-23

[94] 朱凯,李爱群,李延和.南京民国建筑抗震性能鉴定与安全性评价[J].常州工学院学报,2005(12):
7-12

[95] 王亚勇,戴国莹.《建筑抗震设计规范》的发展研究和最新修订[J].建筑结构学报,2010(6):7-16

[96] 朱叶飞,陈火根,张登明,等.基于PS-InSAR的1995—2000年苏州地面沉降监测[J].地球科学进展,2010(4):428-434

[97] 白丽娟.做故宫消防工程的一点体会[J].山西警官高等专科学校学报,2009(1):5-9

[98] 胡明星,董卫.GIS技术在历史街区保护规划中的应用研究[J].建筑学报,2004(12):63-65

[99] 胡明星,董卫.基于GIS的镇江西津渡历史街区保护管理信息系统[J].规划师,2002,18(3):71-73

[100] 张剑葳,陈薇,胡明星.GIS技术在大遗址保护规划中的应用探索——以扬州城遗址保护规划为例[J].建筑学报,2010(6):23-27

[101] 董泰.《石结构建筑物防震抗震科普画册》简介[J].国际地震动态,1984(3)

[102]《周口店遗址保护规划》实施情况2006年度监测报告[J].文物保护工程,2007(2):10-16

[103] 朱光亚.关于中国建筑遗产保护实践中若干问题的思考[J].文物保护工程,2009(2):12-17

[104] 杨万荣.欠发达地区文物保护现状及其对策[J].中国文物科学研究,2006(3):31-36

[105]"住在文物里的烦恼"的法律问题——被确定为全国重点文物保护单位的建筑能否擅自维修?[J].文物保护工程,2005(1):25-30

[106] 吕舟.面向新世纪的中国文化遗产保护[J].建筑学报,2001(3):58-60

[107] 何芬,李凤霞,廖正昕.关于文物保护单位及建设控制地带划定中的思考——第七批文物保护单位建控地带划定中的体会[J].北京城市规划建设,2008(3):65-71

[108] 李晓东.关于文物保护单位防范体系建设的保障系统[J].中国文物科学研究,2007(1):35-39

[109] 胡继高.当前文物保护科技发展中人才培养问题[J].中国文物科学研究,2006(1):41-45

专著中析出文献

[110] WIJESURIYA G, WRIGHT E, ROSS P. Cultural context, monitoring and management effectiveness (Role of monitoring and its application at national levels) [M]//STOVEL H. Monitoring world heritage. Paris :UNESCO World Heritage Centre and ICCROM,2004

[111] BALL D J. Risks of injury — an overview [M]//MCLATCHIE G, HARRIES M, WILLIAMS C. ABC of sports medicine(2nd edition). London:BMJ Press, 2000:88-91

会议论文(集)

[112] DE MAEYER P, NEUTENS T, DE RYCK M. Proceedings of the 4th International Workshop on 3D Geo-Information [C]. Ghent : Ghent University, 2009

[113] WU M. Understanding 'preventive conservation' in different cultural contexts[C]//GUYOT O, JAMES J. Preventive conservation: practice in the field of built heritage, Fribourg, SCR, 2009 [C]. Fribourg: University of Fribourg, 2009

[114] GUYOT O, JAMES J. Preventive conservation: practice in the field of built heritage. Fribourg, SCR, 2009 [C]. Fribourg: University of Fribourg, 2009

[115] CANZIANI A. Planned conservation of XX Century architectural heritage [C]. Milano: Mondadori Electa S. P. A, 2009

[116] Manfred K. Learning from the history of preventive conservation[C]//ROY A, SMITH P, Preventive conservation practice, theory and research: preprints of the contributions to the Ottawa Congress, 12-16 September, 1994. London: International Institute for Conservation of Historic and Artistic Works,1994: 1-8

[117] MICHALSKI S. An overall framework for preventive conservation and remedial conservation [C]//ICOM Committee for Conservation. *9th Triennial Meeting*, *Dresden*. London: ICOM, 1990: 589-591

[118] MICHALSKI S. A systematic approach to preservation: Description and integration with other museum activities[C]//ROY A, SMITH P. Preventive conservation practice, theory and research: preprints of the contributions to the Ottawa Congress, 12-16 September 1994. London: International Institute for Conservation of Historic and Artistic Works,1994: 8-11

[119] AGNEW N. Conservation of ancient sites on the silk road[C]//proceedings of the Second International Conference on the Conservation of Grotto Sites, Mogao Grottoes, Dunhuang, People's Republic of China, June 28 — July 3, 1993. Los Angeles: the Getty Conservation Institute, 1994

[120] GEORGE A. Preventive maintenance: some UK experiences. [C]//Preventive conservation: practice in the field of built heritage, Fribourg, 2009. Fribourg: University of Fribourg, 2009: 27-29

[121] HAAGENRUD S E, HENRIKSEN J F, VEIT J, et al. Wood-Assess—Systems and methods for assessing the conservation state of wooden cultural buildings[C]//Proc. CIB World Building Congress. Sweden: Gavle, 1998.

[122] ERIKSSON B, NORBERG P, NOREN J, et al. Development and validation of the WETCORR method for continuos monitoring of surface time of wetness and the corresponding moisture content in wood: Proc. CIB World Building Congress [C]. Sweden: Gavle, 1998.

[123] HENRIKSEN J F, HAAGENRUD S E, ELVEDAL U, et al. Wood-Assess-Mapping environmental risk factors on the macro-local and micro-scale[C]//Proc. CIB World Building Congress. Sweden: Gavle, 1998.

[124] LEICESTER R H, WANG C H, NGUYEN M, et al. Engineering models for biological attack on timber structures[C]//10DBMC International Conference on Durability of Building Materials and Components. Lyon: [出版者不详], 2005

[125] ACCARDO G, ALTIERI A, CACACE C, et al. Risk map: a project to aid decision-making in the protection, preservation and conservation of Italian cultural Heritage[C]// TOWNSEND J H,

EREMIN K, ADRIAENS A. Conservation Science 2002：Papers from the Conference Held in Edinburgh, Scotland 22-24 May 2002. Los Angeles：Archetype Publications Ltd, 2002：44-49

[126] SCHUEREMANS L, VAN BALEN K, BROSENS K, et al. Church of Saint-James in Leuven (B)- structural assessment and consolidation measures[C]//LOURENÇO P B, ROCA P, MODENA C, et al. Structural analysis of historical constructions. New Delhi：[出版者不详], 2006

[127] SMARS P, DERWAEL J J, PEETERS V, et al. Displacement monitoring in the church of Sint-Jacob in Leuven. [C]//LOURENÇO P B, ROCA P, MODENA C, et al. Structural analysis of historical constructions. New Delhi：[出版者不详], 2006

[128] 沐蕊. 云南陆军讲武堂白蚁种属及防治[C]//文物保护与修复纪实——第八届全国考古与文物保护(化学)学术会议论文集. 北京：中国化学会,2004

[129] 沐蕊. 昆明木结构古建筑白蚁灾害与防治[C]//科技、工程与经济社会协调发展——中国科协第五届青年学术年会论文集. 北京：中国土木工程学会,2004

[130] 沐蕊. 云南建水文庙虫害综合防治[C]//中国文物保护技术协会第四次学术年会论文集. 北京：科学出版社,2005

[131] 国家文物局. 全国世界文化遗产监测工作会议资料汇编[C]. 敦煌：敦煌研究院,2007

[132] 林浩,娄学军. 宁波保国寺大殿的历次维修特点研究[C]//世界遗产保护论坛：古建筑保护与教育/世界遗产教育论文汇编. 中国. 苏州,2008年12月4—5日. 苏州：[出版者不详],2008

[133] 宁波市保国寺古建筑博物馆. 保国寺大殿科技保护监测系统：建设与初步结果,2008年6月21—22日[C]. 宁波：保国寺古建筑博物馆,2008

[134] 台湾"行政院"文化建设委员会,中国科技大学(台湾). 2010文化资产保存利用与保存科学国际研讨会[C]. 台北：中国科技大学(台湾),2010

学位论文

[135] CORE M. MDDS(Monument Damage Diagnostic System)：The development of an expert system as a survey and damage interpretation tool for the stability of masonry structures [D]. Belgium：RLICC, K. U. LEUVEN, 2009

[136] ACHIG M C. Methodology for analysis, diagnosis and monitoring of damage in heritage architecture(earth and timber)in cuenca-Ecuador — case study "Casa Pena" in the barranco of the city [D]. Belgium：RLICC, K. U. LEUVEN, 2010

[137] LAGERQVIST B. The conservation information system — photogrammetry as a base for designing documentation in conservation and cultural resources management [D]. Sweden：Gothenburg University, 1996

[138] SORIANI B. Protection of cultural heritage — potentials offered by resource management system (CHRMS) using spherical high dynamic range imaging technology [D]. Belgium：RLICC, K. U. LEUVEN, 2008

[139] ALBERS L. Terrestrial laser scanner-practical guideline for students in the conservation field [D]. Belgium：RLICC, K. U. LEUVEN, 2009

[140] 刑烨炯. 古民居聚落的消防对策研究[D]. 西安：西安建筑科技大学,2007

[141] 谭小蓉. 古塔结构纠偏及抗震保护方法研究[D] 西安：西安建筑科技大学,2007

[142] 李小伟. 清代大式殿堂体系弹塑性分析及基于性能的抗震性能评估[D]. 西安：长安大学,2006

[143] 邓春燕. 砖土拱城门结构的安全性分析及加固技术研究[D]. 南京：东南大学,2004

[144] 李铁英. 应县木塔现状结构残损要点及机理分析[D]. 太原：太原理工大学,2005

[145] 石灿峰. 武汉市历史建筑结构诊断与修缮工法对策研究[D]. 武汉:华中科技大学,2005

[146] 李沛豪. 历史建筑遗产生物修复加固理论与实验研究[D]. 上海:同济大学,2009

[147] 兰巍.设计·技术·评估——近代银行建筑历史性保护研究[D].天津:天津大学,2009

[148] 史学涛.结构健康监测系统的研究[D].上海:同济大学,2006

[149] 丁小珊. 清代城市消防管理研究[D].成都:四川大学,2006

[150] 赵旭寰.江苏省雷电分布规律及预报研究[D].南京:南京信息工程大学,2008

[151] 刘希臣.我国古建筑防火保护策略的研究[D].重庆:重庆大学,2008

[152] 柯吉鹏.古建筑的抗震性能与加固方法研究[D].北京:北京工业大学,2004

[153] 张鹏程.中国古代木构建筑结构及其抗震发展研究[D].西安:西安建筑科技大学,2003

[154] 章立.虚拟现实技术在建筑遗产保护中的应用研究[D].无锡:江南大学,2009

[155] 林源.中国建筑遗产保护基础理论研究[D].西安:西安建筑科技大学,2007

[156] 罗瑜斌.珠三角历史文化村镇保护的现实困境与对策[D].广州:华南理工大学,2010

[157] 蹇彪. 快速城市化时期的文化遗产保护管理研究——以重庆市为例[D]. 重庆:重庆大学,2009

[158] 陈蔚.我国建筑遗产保护理论和方法研究[D].重庆:重庆大学,2006

[159] 王涛.建筑遗产保护管理模式研究[D]. 南京:东南大学,2005

[160] 沈海虹.集体选择视野下的城市遗产保护研究[D].上海:同济大学,2006

[161] 吴美萍.文化遗产的价值评估研究[D]. 南京:东南大学,2006

[162] 白颖.建筑遗产保护规划编制体系中的技术问题研究[D]. 南京:东南大学,2003

[163] 梁哲.中国建筑遗产信息管理相关问题初探[D].天津:天津大学,2007

[164] 狄雅静.中国建筑遗产记录规范化初探[D].天津:天津大学,2009

[165] 胡潇方.历史文化村镇保护监控系统研究——以荻港古村保护为例[D]. 上海:同济大学,2008

[166] 李将.城市历史遗产保护的文化变迁与价值冲突——审美现代性、工具理性与传统的张力[D]. 上海:同济大学,2006

[167] 徐波.城市防灾减灾规划研究[D]. 上海:同济大学,2007

[168] 李昕.转型期江南古镇保护制度变迁研究[D].上海:同济大学,2006

[169] 邵甬.复兴之道——中国城市遗产保护[D]. 上海:同济大学,2005

专著

[170] CASSAR M. Climate change and the historic environment [M]. Nottingham:The Russell Press, 2005

[171] STOVEL H. Risk preparedness: a management manual for the world heritage [M]. Rome: ICCROM, 1998

[172] IRMAK R T. Disaster prevention and preparedness planning [M]. Boston: Pearson Custom Publishing, 2006

[173] LARSEN K E, MARSTEIN N. Conservation of historic timber structures [M]. Oxford: Butterworth Heinemann, 2000

[174] BRANDI C. Teoria del restauro [M]. Rome: edizioni di storia e letteratura, 1963. (reprint, Turin: G. Einaudi,1977. Translated by Gianni Ponti with Alessandra Melucco Vaccaro)

[175] PUTT N, SLADE S. Teamwork for preventive conservation [M]. Rome: ICCROM, 2004

[176] JOKILEHTO J. A history of architectural conservation [M]. Oxford: Butterworth-Heinemann, 1999

[177] LETELLIER R. Recording, documentation, and information management for the conservation of

heritage places [M]. Los Angeles：The Getty Conservation Institute, 2007

[178] ABBOT J, GUIJT I. Changing views on change：a working paper on participatory monitoring of the environment [M]. London：International Institute for Environment and Development(IIED), 1997

[179] FEILDEN B M. Conservation of historic buildings [M]. Elsevier：Butterworth-Heinemann, 1994

[180] CHAMBERS J H. Cyclical maintenance for historic buildings [M]. Washington D. C. ：Inter-agency Historic Architectural Services Program, Office of Archeology and Historic Preservation, National Park Service, U. S. Dept. of the Interior, 1976

[181] DONKIN L. Crafts and conservation：synthesis report for ICCROM [M]. Rome：ICCROM, 2001

[182] LEMAIRE R M, Van Balen K. Stable-unstable structural consolidation of ancient buildings. monumenta omnimodis investigata [M]. Leuven(BEL)：Leuven University Press, 1988

[183] FEILDEN B M. Conservation of historic buildings [M]. Oxford：Architectural Press, 2003

[184] PICKARD R. Policy and law in heritage conservation [M]. London & New York：Spon Press, 2001

[185] FITCH J M. Historic preservation：curatorial management of the built world [M]. New York：McGraw-Hill,1982

[186] English Heritage. Building legislation and historic buildings [M]. London：Architectural Press, 1987

[187] 傅朝卿. 国际历史保存及古迹维护宪章、宣言、决议文、建议文[M]. 台北:台湾建筑与文化资产出版社,2002

[188] 陈志华. 保护文物建筑和历史地段的国际文献[M]. 台北:台湾博远出版公司,1992

[189] 国家文物局. 国际文化遗产保护文件选编[M]. 北京:文物出版社,2007

[190] 周云,李伍平,浣石,等.防灾减灾工程学[M]. 北京:中国建筑工业出版社,2007

[191] 刘钧.风险管理概论[M]. 北京:清华大学出版社,2008

[192] 陈允适.古建筑木结构与木质文物保护[M]. 北京:中国建筑工业出版社,2007

[193] 陈嵘.苏州云岩寺塔维修加固工程报告[M]. 北京:文物出版社,2008

[194] 中国文物研究所. 应县木塔监测系统设计. 北京:中国文物研究所,2007

[195] 白寿彝.中国通史第七卷《五代辽宋夏金时期》[M]. 上海:上海人民出版社,1999

[196] 王荣初.西湖诗词选[M]. 杭州:浙江人民出版社,1997

[197] 姚雨芗(原纂),胡仰山(增辑),《大清律例会通新纂》卷三十二《刑律杂犯》[M]//近代中国史料丛刊第9期. 台北:文海出版社,1999

[198] 福建省地方志编纂委员会.八闽通志(上、下)[M]. 福州:福建人民出版社,2006

[199] 故宫博物院.总管内务府现行则例[M]. 海口:海南出版社,2000

[200] 李采芹,王铭珍.中国古建筑与消防[M]. 上海:上海科学技术出版社,1989

[201] 孟正夫.中国消防简史[M]. 北京:群众出版社,1984

[202] 吴庆洲.中国古城防洪研究[M]. 北京:中国建筑工业出版社,2009

[203] 于倬云.紫禁城宫殿[M]. 北京:生活·读书·新知三联书店,2006

[204] 梁思成. 清工部《工程做法则例》图解[M]. 北京:清华大学出版社,2006

[205] 应劭,王利器.新编诸子集成续编:风俗通义校注(套装上下册) [M]. 北京:中华书局,2010

[206] 史培军.中国自然灾害系统地图集[M]. 北京:科学出版社,2003

[207] 文物出版社.全国重点文物保护单位分布图(第一批至第六批)[M]. 北京:文物出版社,2007

[208] 邬伦.地理信息系统原理、方法和应用 [M]. 北京 :北京大学出版社,2000

[209] 罗哲文.罗哲文历史文化名城与古建筑保护文集[M].北京:中国建筑工业出版社,2003

[210] 阮仪三.城市遗产保护论[M].上海:上海科学技术出版社,2005

[211] 单霁翔.城市化发展与文化遗产保护[M].天津:天津大学出版社,2006

[212] 张松.历史城市保护学导论[M].上海:上海科学技术出版社,2001

[213] 常青.建筑遗产的生存策略——保护与利用设计实验[M].上海:同济大学出版社,2003

[214] 王军.日本的文化财保护[M].北京:文物出版社,1997

[215] 李雄飞.城市规划与古建筑保护[M].天津:天津科学技术出版社,1989

[216] 陆地.建筑的生与死——历史性建筑再利用研究[M].南京:东南大学出版社,2004

[217] 徐嵩龄,张晓明,章建刚.文化遗产的保护与经营——中国实践与理论进展[M].北京:社会科学文献出版社,2003

[218] 李其荣.城市规划与历史文化保护[M].南京:东南大学出版社,2003

[219] 杨巨平.保护遗产,造福人类:世界文化遗产的保护与管理[M].北京:世界知识出版社,2005

古籍

[220] (宋)费衮.梁溪漫志:卷6[M].上海:上海古籍出版社,1985

[221] (宋)佚名.道山清话[M].《全宋笔记》本,郑州:大象出版社,2003

[222] (宋)曾公亮,等.武经总要:前集卷14[M].上海:上海古籍出版社,1987

[223] 佚名.宋史全文:卷31[M].哈尔滨:黑龙江人民出版社,2003

[224] (宋)洪迈.容斋随笔:三笔卷5[M].上海:上海古籍出版社,1978

[225] (清)黄本骥编.历代职官表[M].上海:上海古籍出版社,2005

[226] (宋)吴自牧.梦粱录:卷10[M].杭州:浙江人民出版社,1980

[227] (宋)李诫.营造法式[M].北京:中国建筑工业出版社,2007

[228] (宋)孟元老,邓之诚.东京梦华录[M].北京:中华书局,1982

[229] (宋)施宿.嘉泰会稽志:卷4[M].《四库全书》本.上海:上海古籍出版社,1987

[230] (宋)李焘.续资治通鉴长编:卷333[M].北京:中华书局,2004

[231] (宋)李焘.续资治通鉴长编:卷68[M].北京:中华书局,2004

[232] (宋)谢深甫.庆元条法事类:卷80[M].《续修四库全书》本.上海:上海古籍出版社,2002

[233] (宋)李焘.续资治通鉴长编:卷407[M].北京:中华书局,2004

[234] (宋)王安石.临川先生文集:卷27[M].《四部丛刊初编》本.上海:上海书店,1989

[235] (宋)袁采.袁氏世范:卷3[M].北京:北京图书馆出版社,2003

[236] (清)徐松.宋会要辑稿·刑法[M].北京:中华书局,1957

[237] (宋)李元弼.作邑自箴[M].四部丛刊续编.上海:商务印书馆,1934

[238] (宋)谢深甫.庆元条法事类[M].常熟瞿氏本印行复印本,1948

[239] (明)刘若愚.酌中志[M].北京:北京古籍出版社,1994

[240] (清)鄂尔泰,张廷玉.国朝宫史:卷3[M].北京:北京古籍出版社,1994

[241] (春秋)管仲.管子[M].北京:北京燕山出版社,1995

[242] (清)夏仁虎.旧京琐记[M].沈阳:辽宁教育出版社,1996

[243] (晋)崔豹.苏氏演义[M].沈阳:辽宁教育出版社,1998

[244] (宋)沈括.梦溪笔谈[M].济南:齐鲁书社,2007

法律法规和国家标准

[245] 国务院办公厅.国务院办公厅转发文化部、建设部、文物局、发改委等部门关于加强我国世界文化遗

产保护管理工作意见的通知[S].北京:国办发〔2004〕18 号,2005

[246] 国家技术监督局,中华人民共和国建设部.GB 50165—92 古建筑木结构维护与加固技术规范[S].北京:中国建筑工业出版社,1992

[247] 国家文物局.全国重点文物保护单位保护规划编制要求[S].北京:文物办发〔2003〕87 号,2004

[248] 国家文物局.全国重点文物保护单位保护范围、标志说明、记录档案和保管机构工作规范(试行)[S].北京:国家文物局,1991

[249] 清华城市规划设计研究院文化遗产保护研究所.中国文物古迹保护准则案例阐释[S].北京:国际古迹遗址理事会中国委员会,2005

[250] 国际古迹遗址理事会中国委员会.中国文物古迹保护准则[S].Log Angeles:The Getty Conservation Institution, 2002

[251] 中华人民共和国建设部.GB 50357—2005 历史文化名城保护规划规范[S].北京:中国建筑工业出版社,2005

[252] 国务院法制农业资源环保法制司,住房与城乡建设部法规司、城乡规划司.历史文化名城名镇、名村保护条例[S].北京:知识产权出版社,2009

[253] 国家文物局.关于发布《国家文物局突发事件应急工作管理办法》的通知[S].北京:文物办发〔2003〕87 号,2003

[254] 国家文物局.文物系统安全保卫人员上岗条件暂行规定[S].北京:文物博发〔2000〕020 号, 2000

[255] 中华人民共和国建设部.GB/T 50344—2004 建筑结构检测技术标准[S].北京:中国建筑工业出版社,2004

[256] 中华人民共和国建设部.GB 50016—2006 建筑设计防火规范[S].北京:中国建筑工业出版社,2006

[257] 中华人民共和国建设部.GB 50140—2005 建筑灭火器配置设计规范[S].北京:中国建筑工业出版社,2005

[258] 中华人民共和国建设部.GB 50023—1995 建筑抗震鉴定标准[S].北京:中国建筑工业出版社,1996.

[259] 中华人民共和国建设部.GB 50011—2001 建筑抗震设计规范[S].北京:中国建筑工业出版社,2001.

[260] 中华人民共和国住房和城乡建设部.GB 50057—2010 建筑物防雷设计规范[S].北京:中国建设出版社,2011

[261] 中华人民共和国建设部,国家质量监督检验检疫总局.GB 50116—2008 火灾自动报警系统设计规范[S],北京:中国计划出版社 2008

[262] 国家质量技术监督局,中华人民共和国建设部.GB 50084—2001 自动喷水灭火系统设计规范[S].北京:〔出版者不详〕,2001

[263] 全国地震区划图编制委员会.GB 18306—2001 中国地震动参数区划图[S].北京:〔出版者不详〕,2001

[264] 全国人民代表大会常务委员会.中华人民共和国防震减灾法[S].北京:中华人民共和国主席令第七号, 2008

[265] 江苏省住房和城乡建设厅.关于收集江苏省区域抗震防灾规划基础资料的函[S].南京:苏建函抗〔2010〕755 号,2010

[266] 江苏省人民政府.政府办公厅关于转发省国土资源厅江苏省主要地质灾害易发区划分报告的通知[S].南京:苏政办发〔2002〕63 号,2002

[267] 江苏省国土资源厅.江苏省地质灾害防治规划(2006—2020 年)[S].南京:〔出版者不详〕,2005

[268] 江苏省人民政府.省政府关于进一步加强防震减灾工作的意见[S].南京:苏政发〔2010〕55 号,2010

[269] 江苏省住房和城乡建设厅.关于印发《地震重点监视防御地区建设系统抗震防灾工作要点》的通知

[S]. 南京:建质[2008]56 号,2008

[270] 中华人民共和国建设部. 城市抗震防灾规划管理规定[S]. 北京:中华人民共和国建设部令第 117 号,2003

[271] 江苏省人民政府. 省政府关于江苏省地质灾害防治规划的批复[S]. 南京:苏政复[2006]31 号,2006

[272] 江苏省人民政府. 省政府办公厅关于转发省国土资源厅江苏省主要地质灾害易发区划分报告的通知[S]. 南京:苏政办发[2002]63 号,2002

[273] 国家文物局. 可移动文物技术保护设计资质管理办法(试行) [S]. 北京:国家文物局,2007

[274] 江苏省建设厅. 关于印发《江苏省建筑工程抗震设防审查管理暂行办法》的通知[S]. 南京:苏建抗(2002)253 号,2002

[275] 江苏省人民政府. 省政府办公厅关于成立江苏省减灾委员会的通知[S]. 南京:江苏省人民政府办公厅文件苏政办发[2005]78 号,2005

[276] 江苏省人民政府. 江苏省防震减灾条例[S]. 南京:江苏省第十届人民代表大会常务委员会第十次会议,2004

[277] 江苏省气象局. 江苏省气象灾害防御条例[S]. 南京:江苏省人大常委会农业与农村工作委员会,2006

[278] 江苏省人民政府. 江苏省气象管理办法[S]. 南京:省政府令 14 号,2008

[279] 江苏省人民政府. 江苏省气象灾害评估管理办法(征求意见稿)[S]. 南京:省政府令 86 号,2010

[280] 江苏省人民政府. 江苏省灾害性天气预警信号发布与传播管理办法[S]. 南京:江苏省政府第 41 次常务会议,2010

[281] 江苏省人民政府. 江苏省消防条例[S]. 南京:江苏省第十一届人民代表大会常务委员会第十八次会议,2003

[282] 中国气象局. 江苏省重大气象灾害预警应急预案[S]. 北京:[出版者不详],2008

[283] 全国人大常委会办公厅. 中华人民共和国消防法[S]. 北京:人民出版社,1998

[284] 全国人大常委会办公厅. 中华人民共和国城市居民委员会组织法[S]. 北京:中国民主法制出版社,1989

[285] 中华人民共和国建设部. 城市规划编制办法[S]. 北京:中国法制出版社,2005

[286] 中华人民共和国建设部. 城市紫线管理办法[S]. 北京:中国建筑工业出版社,2003

[287] 中华人民共和国文化部,中华人民共和国公安部. 古建筑消防管理规则[S]. 北京:[出版者不详],1984

[288] 江苏省人民代表大会常务委员会. 江苏省历史文化名城名镇保护条例[S]. 南京:江苏省人民代表大会常务委员会公告第 48 号,2001

[289] 国务院办公厅. 国家突发公共事件总体应急预案[S]. 北京:中国法制出版社,2006

[290] 国务院办公厅. 国家自然灾害救助应急预案[S]. 北京:[出版者不详],2006

电子文献和网页

[291] BLADES N, CASSAR M, ORESZCZYN T, et al. Preventive conservation strategies for sustainable urban pollution control in museums [EB/OL]. [2010-3-9] http://eprints. ucl. ac. uk /2442 / 1 /2442. pdf.

[292] ROBERT R. Preventive conservation planning for large and diverse collections [EB/OL]. [2010-3-9] http://museum-sos. org /docs /WallerAIC1996. pdf.

[293] REYDEN D van der. Models of preventive conservation strategies in North America [EB/OL]. [2011-3-9] http://www. si. edu /mci /english /professional_development /past_courses_programs /

programs /relact_pcsna. html.

[294] ICOM-CC. Preventive conservation working group triennial programme 2002-2005, 2005-2008, 2008-2011 [EB/OL]. [2010-5-20] http://www. icom-cc. org /54 /document /.

[295] BALL D, WATT J. Risk management and cultural heritage [EB/OL]. [2010-5-20] http://www. arcchip. cz /w04 /w04_ball. pdf.

[296] LEICESTER R H, WANG C H, COOKSON L C. A probabilistic model for termite attack [EB/OL]. [2010-5-20] http://legacy. forestprod. org /durability04leicester2. pdf.

[297] Australian Standard: Timber-Natural Durability Ratings [S/OL]. [2010-5-20] http://www. rajalaut. com /download /AS% 205604 – 2005% 20Timber% 20 –% 20Natural% 20durability% 20ratings. pdf.

[298] LUHILA M, VINCENT F. Introduction topreventive conservation [EB/OL]. [2010-8-20] http://www. depts. ttu. edu /museumttu /CFASWebsite /5332% 20folder /Intro% 20to% 20Prev% 20Cons. pdf.

[299] ABBOT J,GUIJT I. Changing views on change: a working paper on participatory monitoring of the environment. London: International Institute for Environment and Development, 1997 [R/OL]. [2010-8-20]http://www. mekonginfo. org /assets /midocs /0002096-environment-changing-views-on-change-a-working-paper-on-participatory-monitoring-of-the-environment. pdf.

[300] Guidelines SPRECOMAH 2007-2008 [2009-8-1] http://www. sprecomah. eu /site /

[301] UNESCO World Heritage Center, ICCROM. Monitoring World Heritage[EB/OL]. [2010-3-9] http://whc. unesco. org /documents /publi_wh_papers_10_en. pdf.

[302] Council of Europe. European Charter of the Architectural Heritage [EB/OL]. [2010-3-9] www. icomos. org /docs /euroch_e. html.

[303] Convention for the Protection of the Architectural Heritage of Europe[EB/OL]. [2010-3-9] www. esiweb. org /pdf /granada% 20convention. pdf

[304] List of dates in the history of art conservation [EB/OL]. [2010-3-9] http://en. wikipedia. org /wiki /List_of_dates_in_the_history_of_art_conservation.

[305] CASSAR M. Interdiscipinarity in preventive conservation. Copyright Centre for Sustainable Heritage[EB/OL]. [2010-3-9] http://www. ucl. ac. uk /sustainableheritage /interdisciplinarity. pdf.

[306] YOUNG A, CASSAR M. Indoor climate and tourism effects—a UK perspective [EB/OL]. [2010-3-9]www. arcchip. cz /w07 /w07_young. pdf.

[307] Selective preventive conservation research(1985-1998) [EB/OL]. [2010-3-9] http://www. getty. edu /conservation /science /preventive /index. html.

[308] Preventive conservation[EB/OL]. [2010-4-28] http://www. getty. edu /conservation /education /prevent /index. html.

[309] Guidelines SPRECOMAH 2007-2008[EB/OL]. [2010-4-1] http://www. sprecomah. eu /site /.

[310] BALL D, WATT J. Risk management and cultural heritage. [EB/OL]. [2010-5-1] www. arcchip. cz /w04 /w04_ball. pdf.

[311] Robert R. Waller. Risk management applied to preventive conservation. [EB/OL]. [2010-4-1] http://museum-sos. org /docs /WallerSPNHC1995. pdf.

[312] KRAMER W. Monumentenwacht zorg[t] voor monumenten. [EB/OL]. [2009-5-2] http://www. monumentenwacht. nl /.

[313] Monumentenwacht Netherland[EB/OL]. [2009-5-2] http://www. monumentenwacht. nl /.

[314] VADSTRUP S. Working techniques and repair methods for plaster decoration on facades[EB/

OL]. [2009-5-2] http://www.plasterarc.net/essay/essay/Soren01.html.

[315] The risk map of the cultural heritage: survey, georeferencing, monitoring and multiscale modeling. [EB/OL]. [2009 - 5 - 2] http://www.ricercaitaliana.it/prin/dettaglio_completo_prin_en-2004080741.htm#obiettivi.

[316] 中国文化报:"十二五"期间文物保护将由抢救性转向预防性[N/OL].[2011-02-26] http://www.sach.gov.cn/tabid/299/InfoID/26368/Default.aspx.

[317] 奈良-法隆寺文化财防火运动[EB/OL]. [2010-8-31] http://www.wretch.cc/blog/qyur0827/5165526.

[318] 漫谈我国的消防法制史[EB/OL]. [2010 - 6 - 28] http://www.fireobserve.com/article/xfsh/2006109151756.htm.

[319] 马泓波.宋代的消防制度[EB/OL]. [2010-7-3] http://cul.shangdu.com/history/20100210-25718/index.shtml.

[320] 伊永文.宋代城市防火之二[EB/OL]. [2010-7-3] http://www.fire.net.cn/news.aspx?id=58247.

[321] 保国寺大殿环境信息采集与初步分析[EB/OL]. [2010-7-3] http://www.nbwh.gov.cn/

[322] 保国寺大殿科技保护项目介绍[EB/OL]. [2010-3-10] http://www.nbwh.gov.cn/index.php?option=com_content&task=view&id=2366&Itemid=29.

[323] 保国寺大殿环境信息采集与初步分析[EB/OL]. [2010-3-10] http://www.nbwh.gov.cn/index.php?option=com_content&task=view&id=3105&Itemid=29.

[324] 中国科学院传统工艺与文物科技研究中心.文物保护科学技术的国际背景和动向.[EB/OL] http://cossoch.ihns.ac.cn/zhengce/include/showarticle.asp?id=73&sort=%D5%BD%C2%D4

[325] 江苏省地震概况[EB/OL]. [2010-11-10] http://www.njseism.gov.cn/pages/InfoShow.aspx?newsid=98&mid=220401.

[326] 江苏省多轨道业务细化实施方案[EB/OL]. [2010-11-10] http://www.jsmb.gov.cn/science/folder19/folder52/2006/12/22/2006-12-22740.html.

[327] 江苏省环境状况公报(2006)[R/OL]. [2010-11-10]. http://www.jshb.gov.cn/jshbw/hbzl/ndhjzkgb/200909/t20090901_95511.html.

[328] 江苏省环境状况公报(2002)[R/OL]. [2010-11-10] http://www.jshb.gov.cn/jshbw/hbzl/ndhjzkgb/200909/t20090901_91093.html

[329] 尹振良等.地理数据处理服务在青海省气象灾害预报预警地理信息系统中的应用.[EB/OL]. [2010-09-08]http://www.gissky.net/Article/1940.htm.

[330]《江苏省南京市都市发展区地质灾害调查与区划》成果简介 [R/OL]. [2010-11-10] http://www.jsgs.com.cn/chinese/asp/news_view.asp?id=310.

[331] "家住国宝古建筑 维修生尴尬,张再发父子拆墙行违反文物保护法" [EB/OL]. [2011-02-19] http://bbs6.zhulong.com/forum/detail43122_1.html.

其他(由文章作者、单位直接提供的内部资料)

[332] LIPOVEC N C, BALEN K V. Practices of monitoring and maintenance of architectural heritage in Europe: examples of 'MONUMENTENWACHT' type of initiatives and their organisational contexts[C]. CHRESP Conference "Cultural Heritage Research Meets Practice" [C], Ljubljana: 内部资料, 2008

[333] Neza Cebron Lipovec. Preventive conservation in the international documents: from the Athens Charter to the ICOMOS Charter on structural restoration. Leuven(BEL):内部资料,2008

[334] 苏州市文物局.苏州市文物法律法规汇编(上、下编)[M].苏州:内部资料,2007

[335] 苏州市世界文化遗产古典园林保护监管中心.苏州留园曲溪楼修缮工程监测记录报告[R].苏州:内部资料,2010

[336] 2007年版MDDS软件.Leuven(BEL):内部资料,2009

[337] 苏州市园林和绿化管理局.世界文化遗产——苏州古典园林管理动态信息和监测预警系统建设工作总结[R].苏州:内部资料,2008

[338] 苏州市园林和绿化管理局.苏州古典园林管理动态信息系统和监测预警系统建设实施方案[R].苏州:内部资料,2006

[339] 苏州市园林和绿化管理局.世界文化遗产——苏州古典园林监测工作规范(EA350-B0404-2008-001)[S].苏州:内部资料,2008

[340] 苏州市园林和绿化管理局.世界文化遗产——苏州古典园林管理动态信息和监测预警系统建设工作计划[R].苏州:内部资料,2008

[341] 苏州市园林和绿化管理局.世界文化遗产建筑监测方案及计划[R].苏州:内部资料,2005

[342] 东南大学建筑设计研究院.苏州留园曲溪楼修缮工程方案设计[M].南京:内部资料,2007

插图目录

OL]．[2010－11－10]．http：//www．jshb．gov．cn/jshbw/hbzl/ndhjzkgb/200909/t20090901_
95511．html．

图6.37　古建筑火灾因素构成及其百分比构成图　来源：刘希臣．我国古建筑防火保护策略的研究[D]．
重庆：重庆大学,2008：19

图7.1　留园和曲溪楼概况图　图片来源：东南大学建筑设计研究院．苏州留园曲溪楼修缮工程方案设计
[M]．南京：内部资料,2007

图7.2　曲溪楼轴网定位示意及编号　来源：东南大学建筑设计研究院．苏州留园曲溪楼修缮工程方案设
计[M]．南京：内部资料,2007

图7.3　曲溪楼病害现状说明示意图　来源：上、中两图为东南大学建筑设计研究院．苏州留园曲溪楼修
缮工程方案设计[M]．南京：内部资料,2007；下图为作者自绘

图7.4　曲溪楼的病害分析图(一)　来源：作者自绘

图7.5　曲溪楼的病害分析图(二)　来源：作者自绘

图7.6　曲溪楼建筑整体位移监测点分布示意

图7.7　曲溪楼梁挠度监测点示意

图7.8　曲溪楼柱倾斜监测点示意

图7.9　曲溪楼水平沉降监测点示意

图7.6—图7.9　来源：东南大学建筑设计研究院．苏州留园曲溪楼修缮工程方案设计[M]．南京：内部资
料,2007

致　谢

本书得以出版要感谢的人很多。

感谢我的博士生导师朱光亚教授,因有他的谆谆教导,我才得以顺利完成学业和本书写作,他的渊博学识、坚韧品性、勤奋态度和博大胸怀更值得我终生学习。感谢比利时鲁汶大学 RLICC 国际保护中心主任 Koeraad Van Balen 教授给予的指导和帮助。感谢东南大学建筑学院的陈薇教授、张十庆教授、周琦教授、胡石老师和诸葛净老师以及东南大学人文学院喻学才教授在本书写作中给予的意见。

感谢苏州园林监管中心主任周苏宁先生和副主任薛志坚先生,感谢敦煌研究院孙毅华女士,感谢罗马国际文物保护与修复研究中心(ICCROM)的 Nicolina Falciglia 先生,感谢苏州古建专家沈忠人先生,他们均为本书的写作提供了宝贵的资料。

感谢东南大学出版社姜来老师及其他编辑和工作人员的辛勤工作。

感谢师姐杨丽霞和吕海平、师兄李新建和顾恺、学长淳庆在本书写作上给予的指点和帮助,感谢陈建刚、姚迪、罗薇、都莹、王元、石宏超、乐志、丁真浩、张轶群、白颖、李练英、纪立芳、朱穗敏、杨莹、喻梦哲、许若菲、庞旭、王新宇、周淼、宋剑青、万婷婷、李倩等同门的帮助和支持,感谢古建所顾效、徐枚、高琛、姚舒然等同仁的支持,感谢访问学者卫红女士的鼓励,感谢同级同学曾娟、张明皓、谢宏权的帮助,感谢同系楚超超、钟行明、陈涛、季秋、张剑葳、贾亭立、李国华等的帮助,感谢同一工作室的夏丽君、张艺年和殷如清的帮助和陪伴。

感谢好友龚海华、樊东娌、徐荣荣、郑秀敏、陈聪、陶晶晶、张丽娜、洪静、周莉、王建梅、刘奔腾、郑国,感谢曾同住成园 2-615 的室友唐霁楠、陈宗花、王琴、吴平平、张鹏、黄维、刘莎、程瑶,感谢他们的支持和陪伴。

感谢留学比利时期间遇到的老师、同学和朋友。感谢鲁汶大学 RLICC 保护中心 Krista De Jonge 教授、Luc Verpoest 教授、Mario Santana 教授、Barbara van der Wee 教授和 Paul Lievevrouw 教授的帮助,感谢比利时鲁汶大学 RLICC 国际保护中心的同事 Neza、Hannelore、Hsien-yang、Barbara, Sorna、Tokiko、Willa 的帮助,感谢比利时鲁汶大学 RLICC 国际保护中心硕士班学生 Cecilia、Thomas、Marieke、Barbara、Maria、Tom 等给予的帮助。感谢在比国求学期间遇到的朋友郭宗侠、朱渊、李连鸣、李鹂、刘新海、陈彦田、吴书斌、向涛、赵海光、翁立、丁雁南、汪浩、Renny、钟华颖、薛春霖、丁雁南。

最后,感谢我的家人,我的父亲吴宝林先生、母亲张水娥女士、姐姐吴卫萍和哥哥周小华,我的侄女吴欣逸和侄子吴欣周两位小朋友,还有我的先生刘铭旭,他们是我坚强的后盾,他们的支持和鼓励帮我度过了写作中最困难的阶段,他们永远是我前进的力量源泉。

内 容 提 要

　　建筑遗产的预防性保护是近几年国际建筑遗产保护界的最新研究课题之一,在国内还处于概念认知的最初阶段。本书围绕"建筑遗产的预防性保护是什么?"以及"建筑遗产的预防性保护作为一个外来概念如何在中国现有保护体制下实现可行性应用?"这两个关键问题展开。

　　本书试图在以下几个方面有所进展:(1)预防性保护的发展脉络研究——对预防性保护的各个发展阶段进行了梳理,并尝试从西方建筑遗产保护史的角度分析预防性保护最初出现的社会历史背景以及后来预防性保护被建筑遗产保护界所重视的缘由;(2)构建建筑遗产的预防性保护的框架;(3)现阶段建筑遗产的预防性保护的应用性探讨——从建筑遗产的灾害预防、病害分析及其基础上的监测和日常维护等方面对预防性保护在我国的可行性应用进行探讨。此外,本书也尝试对古今中外与预防性保护相关的实践进行梳理,以作为对预防性保护研究的现有基础资料的一个补充。

　　本书可供从事文化遗产和建筑遗产保护的研究人员、项目管理者、政府工作人员和其他爱好者阅读参考。

图书在版编目(CIP)数据

中国建筑遗产的预防性保护研究 / 吴美萍著. —南
京:东南大学出版社,2014.12
　(建筑遗产保护丛书/朱光亚主编)
　ISBN 978-7-5641-5392-2

　Ⅰ.①中…　Ⅱ.①吴…　Ⅲ.①建筑-文化遗产-保护
-研究-中国　Ⅳ.①TU-87

中国版本图书馆 CIP 数据核字(2014)第 296091 号

出 版 发 行	东南大学出版社
出 版 人	江建中
网　　址	http://www.seupress.com
电子邮箱	press@seupress.com
社　　址	南京市四牌楼 2 号
邮　　编	210096
电　　话	025-83793191(发行)　025-57711295(传真)
经　　销	全国各地新华书店
印　　刷	南京玉河印刷厂
开　　本	889mm×1194mm　1/16
印　　张	15.5
字　　数	480 千
版　　次	2014 年 12 月第 1 版
印　　次	2014 年 12 月第 1 次印刷
书　　号	ISBN 978-7-5641-5392-2
印　　数	1~2 200 册
定　　价	70.00 元

本社图书若有印装质量问题,请直接与营销部联系。电话(传真):025-83791830